高等学校规划教材

纳米材料的制备及应用

黄开金　主编

北　京
冶 金 工 业 出 版 社
2009

内 容 提 要

本书共4章。纳米材料的制备是纳米技术研究的最重要的基础技术，是纳米特性研究、纳米测量技术、纳米应用技术及纳米产业化的前提条件，也是纳米材料研究者始终关注和研究的重点。目前世界各国对纳米材料的研究主要包括制备、微观结构、宏观物性和应用4个方面。本书着重介绍了国内外已经规模化生产纳米材料的各种制备技术的工艺和设备，同时对常见的纳米金属、纳米金属氧化物、纳米羟基磷灰石、碳纳米管等典型纳米材料的应用进行了较全面的介绍。

本书可以作为大专院校纳米材料及相关专业师生的参考书，也可供纳米材料制备及应用领域的研究开发、工程应用的研究人员及相关工程技术人员参考。

图书在版编目(CIP)数据

纳米材料的制备及应用/黄开金主编. —北京：冶金工业出版社，2009. 4

高等学校规划教材

ISBN 978-7-5024-4859-2

Ⅰ. 纳…　Ⅱ. 黄…　Ⅲ. 纳米材料—高等学校—教材

Ⅳ. TB383

中国版本图书馆 CIP 数据核字(2009)第 030668 号

出 版 人　曹胜利

地　　址　北京北河沿大街嵩祝院北巷 39 号，邮编 100009

电　　话　(010)64027926　电子信箱　postmaster@ cnmip. com. cn

责任编辑　尚海霞　美术编辑　李　心　版式设计　张　青

责任校对　卿文春　责任印制　李玉山

ISBN 978-7-5024-4859-2

北京兴华印刷厂印刷；冶金工业出版社发行；各地新华书店经销

2009 年 4 月第 1 版，2009 年 4 月第 1 次印刷

787 mm×1092 mm　1/16；15. 75 印张；420 千字；243 页；1-3000 册

33. 00 元

冶金工业出版社发行部　电话：(010)64044283　传真：(010)64027893

冶金书店　地址：北京东四西大街 46 号(100711)　电话：(010)65289081

（本书如有印装质量问题，本社发行部负责退换）

前　言

纳米材料与同质的块体材料相比,表现出特殊的光学、电学、热学、磁学、力学等性能,因而引起国内外科学工作者的特别关注。纳米材料的制备是纳米技术研究的最重要的基础技术,是纳米特性研究、纳米测量技术、纳米应用技术及纳米产业化的前提条件,也是纳米材料研究者始终关注和研究的重点。目前世界各国对纳米材料的研究主要包括制备、微观结构、宏观物性和应用4个方面。纳米材料的规模化制备是纳米材料能够大面积推广应用的前提,也是目前纳米材料推广应用遇到的最大障碍,即由于纳米材料规模化制备技术的不完善,导致纳米材料的价格居高不下,从而严重制约了纳米材料的大面积推广应用,因此国内外纳米材料工作者正竭尽全力开发新的规模化制备技术。目前国内有关集中介绍纳米材料规模化制备技术和典型应用方面的书籍不多,多散见于不同的专著或教材之中,而且介绍的内容不够系统,这给初学者和从事纳米技术开发及应用的工程技术人员带来极大的不便。

本书集中介绍了国内外已经规模化生产纳米材料的各种制备技术的工艺和设备,同时对常见的纳米金属、纳米金属氧化物、纳米羟基磷灰石、碳纳米管等典型纳米材料的应用进行了较全面的介绍。书中所引用的大量文献资料基本都是近10年的,具有较强的时效性,也有助于读者了解纳米材料制备技术和应用发展的最新趋势。在此谨向这些作者致以深切的感谢。

本书反映了编者近几年来从事纳米材料制备及应用课程教学改革的成果,希望对纳米材料制备及应用课程的教学内容起到抛砖引玉的作用。本书可以作为大专院校纳米材料及相关专业师生的参考书,也可供从事纳米材料制备及应用领域的研究开发、工程应用的研究人员及相关工程技术人员参考。

本书在编写及出版过程中,得到了冶金工业出版社的大力支持和帮助,同时也得到了华中科技大学教学改革基金(项目编号:0610)和精品教材基金(项目编号:0121110005)的资助,在此一并致以衷心的感谢。

由于编者水平有限,加之全书在结构及内容上都融入了编者的理解及观点,不足之处在所难免,恳请读者给予批评指正。

编　者

2009年1月

目　录

1　纳米科技基础知识 ……………………………………………… 1

1.1　引言 ……………………………………………… 1

1.2　纳米科学技术的发展史 ……………………………………………… 2

1.3　纳米材料的特性 ……………………………………………… 4

1.4　纳米材料的分类 ……………………………………………… 5

参考文献 ……………………………………………… 6

2　纳米材料典型制备技术的工艺和设备——物理方法篇 ……………………………………………… 8

2.1　引言 ……………………………………………… 8

2.2　等离子体法制备纳米材料 ……………………………………………… 9

2.2.1　等离子体的概念、特性及分类 ……………………………………………… 9

2.2.2　等离子体法制备纳米材料的特点 ……………………………………………… 10

2.2.3　等离子体加热物理气相合成法的设备和工艺 ……………………………………………… 11

2.2.4　氢电弧等离子体法制备纳米材料的设备和工艺 ……………………………………………… 14

2.3　丝电爆炸技术制备纳米材料的设备和工艺 ……………………………………………… 28

2.3.1　丝电爆炸技术的原理 ……………………………………………… 28

2.3.2　丝电爆炸技术的特点 ……………………………………………… 30

2.3.3　影响丝电爆炸技术纳米颗粒尺寸大小和分布的因素 ……………………………………………… 30

2.3.4　丝电爆炸技术的设备 ……………………………………………… 30

2.4　激光—感应复合技术制备纳米材料的设备和工艺 ……………………………………………… 40

2.4.1　激光—感应复合加热技术的原理 ……………………………………………… 40

2.4.2　激光—感应复合加热技术的特点 ……………………………………………… 40

2.4.3　激光—感应复合加热技术的温度场和技术特征 ……………………………………………… 41

2.4.4　影响激光—感应复合加热技术纳米颗粒尺寸大小和分布的因素 ……………………………………………… 43

2.5　高能球磨法制备纳米材料的设备和工艺 ……………………………………………… 47

2.5.1　高能球磨法的基本原理 ……………………………………………… 47

2.5.2　高能球磨法的反应机理 ……………………………………………… 48

2.5.3　高能球磨法的影响因素 ……………………………………………… 49

2.5.4　高能球磨法制备纳米晶体材料的机制 ……………………………………………… 50

2.5.5　高能球磨法制备纳米材料的工艺参数 ……………………………………………… 51

2.5.6　高能球磨机的分类和工作原理 ……………………………………………… 51

参考文献 ……………………………………………… 56

3 纳米材料典型制备技术的工艺和设备——化学方法篇 …… 59
3.1 催化裂解法制备碳纳米管的设备和工艺 …… 59
3.1.1 催化裂解法制备碳纳米管的原理 …… 59
3.1.2 催化裂解法制备碳纳米管的特点 …… 60
3.1.3 催化裂解法制备碳纳米管的分类和工作原理 …… 60
3.1.4 催化裂解法制备碳纳米管的影响因素 …… 62
3.1.5 催化裂解法制备碳纳米管的机理 …… 64
3.1.6 其他催化裂解法制备碳纳米管的设备 …… 65
3.2 激光诱导化学气相沉积法制备纳米材料的设备和工艺 …… 67
3.2.1 激光诱导化学气相沉积法的原理 …… 67
3.2.2 激光诱导化学气相沉积法的特点 …… 68
3.2.3 激光诱导化学气相沉积法的影响因素 …… 68
3.2.4 激光诱导化学气相沉积法的设备特征 …… 69
3.3 超重力法制备纳米材料的设备和工艺 …… 71
3.3.1 超重力的概念及其实现方法 …… 72
3.3.2 超重力法制备纳米材料的基本原理 …… 73
3.3.3 超重力法制备纳米材料的特点 …… 74
3.3.4 超重力法制备纳米材料的影响因素 …… 74
3.3.5 超重力法制备纳米材料的设备特征 …… 78
3.4 燃烧火焰—化学气相冷凝法制备纳米材料的设备和工艺 …… 81
3.4.1 燃烧火焰—化学气相冷凝法制备纳米材料的基本原理 …… 81
3.4.2 燃烧火焰—化学气相冷凝法制备纳米材料的特点 …… 82
3.4.3 燃烧火焰—化学气相冷凝法制备纳米材料的影响因素 …… 83
3.4.4 燃烧火焰—化学气相冷凝法制备纳米材料的设备特征 …… 83
3.5 溶胶—凝胶法制备纳米材料的工艺 …… 86
3.5.1 溶胶—凝胶法制备纳米材料的基本原理 …… 86
3.5.2 溶胶—凝胶法制备纳米材料的工艺过程 …… 87
3.5.3 溶胶—凝胶法制备纳米材料的特点 …… 88
3.5.4 溶胶—凝胶法制备纳米材料的影响因素 …… 88
3.6 化学沉淀法制备纳米材料的工艺 …… 93
3.6.1 化学沉淀法制备纳米材料的基本原理 …… 94
3.6.2 化学沉淀法制备纳米材料的特点 …… 94
3.6.3 化学沉淀法制备纳米材料的工艺过程和影响因素 …… 94
参考文献 …… 97

4 纳米材料的典型应用 …… 99
4.1 纳米铝粉在固体推进剂中的应用 …… 99
4.1.1 推进剂的概念、分类及发展方向 …… 99
4.1.2 固体火箭发动机尾烟产生的原因 …… 100

4.1.3 金属燃烧剂在固体推进剂中的作用 …… 101
4.1.4 纳米铝在固体推进剂中的应用 …… 102
4.2 纳米铝粉在高能炸药中的应用 …… 107
4.2.1 炸药和含铝炸药的概念 …… 107
4.2.2 含铝炸药的研究现状 …… 108
4.2.3 纳米铝在高能炸药中的应用现状 …… 111
4.3 纳米铜在宫内节育器中的应用 …… 112
4.3.1 宫内节育器IUD的概念和分类 …… 112
4.3.2 宫内节育器IUD的避孕机理 …… 113
4.3.3 含铜IUD腐蚀的研究现状 …… 116
4.3.4 含铜IUD的优缺点 …… 118
4.3.5 开展新型宫内节育器IUD材料研制的意义 …… 120
4.3.6 聚合物基纳米金属铜复合材料作为IUD材料的理论基础 …… 120
4.3.7 纳米金属铜/聚合物复合材料的制备方法 …… 122
4.3.8 纳米铜/低密度聚乙烯复合材料的表征 …… 122
4.3.9 纳米铜/低密度聚乙烯复合材料在模拟宫腔液中的腐蚀行为 …… 123
4.4 纳米铜在润滑油中的应用 …… 126
4.4.1 润滑油及其添加剂的重要性 …… 126
4.4.2 纳米润滑油添加剂的优点 …… 126
4.4.3 纳米润滑油添加剂作用原理 …… 127
4.4.4 纳米润滑油添加剂种类 …… 127
4.4.5 纳米铜颗粒在润滑油中的分散稳定性研究 …… 128
4.4.6 纳米铜添加剂的摩擦学作用机理 …… 128
4.4.7 纳米铜润滑油添加剂的摩擦学特性 …… 130
4.4.8 纳米铜润滑油添加剂发展的新趋势 …… 131
4.4.9 纳米铜润滑油添加剂应用实例 …… 132
4.5 纳米银在抗菌材料中的应用 …… 132
4.5.1 银用于抗菌杀菌的历史 …… 133
4.5.2 银应用于现代医学的形式 …… 133
4.5.3 纳米银的抗菌特点 …… 134
4.5.4 纳米银的抗菌机理 …… 135
4.5.5 含银无机抗菌材料的种类 …… 136
4.5.6 含银无机抗菌材料的发展方向 …… 138
4.5.7 纳米银抗菌剂的应用情况 …… 138
4.6 纳米铁在磁记录材料中的应用 …… 142
4.6.1 物质磁性的本质 …… 143
4.6.2 磁记录的过程 …… 143
4.6.3 纳米磁性材料的介观磁性 …… 143
4.6.4 纳米铁磁性材料的特性和应用领域 …… 144
4.7 纳米氧化锌在紫外屏蔽剂中的应用 …… 144
4.7.1 太阳紫外线辐射及其生物效应 …… 145

4.7.2 紫外线的防护及紫外屏蔽剂的分类 …… 146
4.7.3 紫外屏蔽原理 …… 147
4.7.4 纳米氧化物的紫外屏蔽特性 …… 147
4.7.5 影响纳米氧化物紫外屏蔽性能的因素 …… 148
4.7.6 纳米氧化物紫外屏蔽的基本原理 …… 149
4.7.7 纳米氧化锌在紫外屏蔽剂中的应用 …… 150
4.8 纳米二氧化钛在紫外屏蔽剂中的应用 …… 153
4.8.1 纳米二氧化钛在化妆品中的应用 …… 154
4.8.2 纳米二氧化钛在防紫外纺织品中的应用 …… 157
4.8.3 纳米二氧化钛在抗紫外玻璃中的应用 …… 158
4.9 纳米氧化锌在光催化剂中的应用 …… 160
4.9.1 纳米氧化锌光催化机理 …… 160
4.9.2 纳米氧化锌单一光催化剂的应用 …… 160
4.9.3 纳米氧化锌复合光催化剂的应用 …… 167
4.10 纳米二氧化钛在光催化剂中的应用 …… 171
4.10.1 纳米二氧化钛光催化机理 …… 171
4.10.2 纳米二氧化钛光催化剂存在的主要问题及改进措施 …… 172
4.10.3 影响纳米二氧化钛光催化剂的因素 …… 174
4.10.4 纳米二氧化钛光催化剂的应用 …… 174
4.11 纳米氧化锌在气敏传感器中的应用 …… 177
4.11.1 气体传感器的工作原理和分类 …… 178
4.11.2 金属氧化物半导体气体传感器的气敏机理 …… 178
4.11.3 影响金属氧化物气体传感器灵敏度的因素 …… 178
4.11.4 氧化锌气敏传感器的研究进展 …… 182
4.11.5 纳米氧化锌气敏传感器的应用 …… 184
4.12 纳米二氧化硅在塑料中的应用 …… 193
4.12.1 塑料的定义与分类 …… 194
4.12.2 纳米二氧化硅在热固性塑料中的应用 …… 194
4.12.3 纳米二氧化硅在热塑性塑料中的应用 …… 197
4.13 纳米二氧化硅在阻燃材料中的应用 …… 200
4.14 纳米羟基磷灰石在人工骨中的应用 …… 204
4.14.1 骨的基础知识 …… 204
4.14.2 羟基磷灰石的特点 …… 207
4.14.3 纳米羟基磷灰石的特点 …… 208
4.14.4 纳米羟基磷灰石(nHA)复合材料 …… 210
4.15 碳纳米管在场效应管中的应用 …… 217
4.15.1 晶体管的定义和分类 …… 218
4.15.2 晶体管的发展历史 …… 218
4.15.3 场效应晶体管 …… 219
4.15.4 碳纳米管场效应晶体管 …… 220
参考文献 …… 232

1 纳米科技基础知识

1.1 引言

纳米，即毫微米，是一个长度的计量单位，简写为 nm。其英文为 nano 或 nanometer，由描述物体大小的英文字头 nano 和“米”的英文 meter（代号为 m）组合而成；nano 来源于希腊语“侏儒（dwarf）”，用于描述物体大小，代号为 n。$1\ nm = 10^{-9}\ m$，即十亿分之一米。图 1－1 是纳米尺度尺寸比较图。

目前人类对客观世界的认知存在 3 个领域（见图 1－2），即宏观领域、微观领域和介观领域。其中宏观领域是指以人的肉眼可见的最小物体开始为下限，上至无限大的宇宙天体；微观领域是指以分子、原子为最大起点，下限是无限的领域；介观领域是指介于宏观和微观之间的领域，包括了从微米、亚微米、纳米到团簇尺寸的范围。

纳米科学技术，简称纳米科技，是 20 世纪 80 年代末诞生的新科技，它的基本含义是：在纳米尺寸范围内认识和改造自然，通过直接操作和安排原子、分子创制新的物质。纳米科技是研究由尺寸在 0.1～100 nm 之间的物质组成的体系的运动规律、相互作用以及可能的实际应用中的技术问题的科学技术。

纳米技术是单个原子、分子层次上对物质的种类、数量和结构形态进行精确的观测、识别和控制的技术，是在纳米尺度内研究物质的特征和相互作用，并利用这些特性制造具有特定功能产品的高新技术。

因此，人们通常把在 1～100 nm 空间内制备、研究和工业化纳米材料，以及利用纳米尺度（1～100 nm）物质进行交叉研究和工业化的综合技术叫做纳米技术。

由此可见，纳米科学研究的领域是人类过去从未涉及的非宏观、非微观的中间领域，开辟了人类认识世界的新层次，也使人们改造自然的能力延伸到分子、原子水平，这标志着人类的科学技术进入了一个新时代，即纳米科技时代。纳米科技是 21 世纪科技产业革命的重要内容之一，可以与产业革命相比拟，是高度交叉的综合性学科，主要包括七方面相对独立的内容，即纳米体系物理学、纳米化学、纳米材料学、纳米生物学、纳米电子学、纳米加工学和纳米力学。

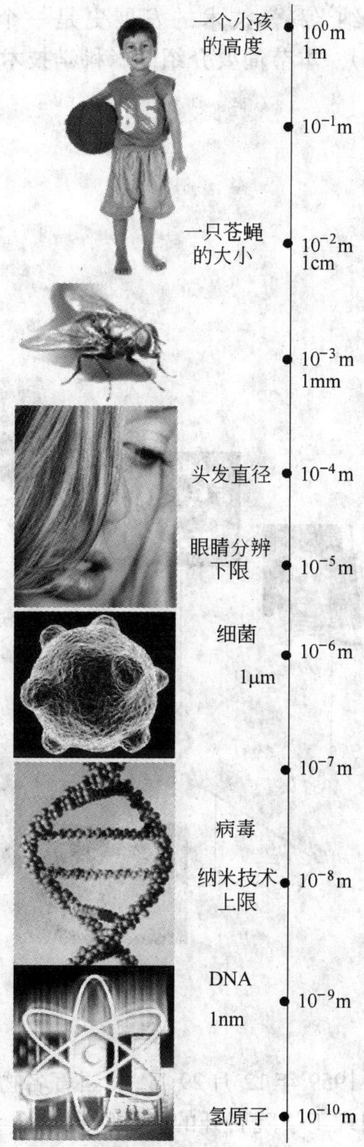

图 1－1　纳米尺度尺寸比较图

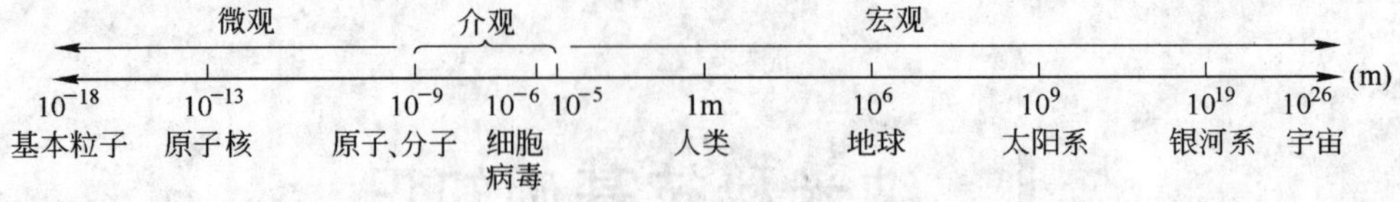

图 1－2　人类探索世界的不同层次

下面从纳米科学技术的发展史、纳米材料的特性和纳米材料的分类 3 个方面进行介绍。

1.2　纳米科学技术的发展史

纳米科学技术的发展史是一个由幻想到现实的过程，其中不乏里程碑式的事件（见图 1－3）。本节简要介绍纳米科学技术发展史中具有划时代意义的大事。

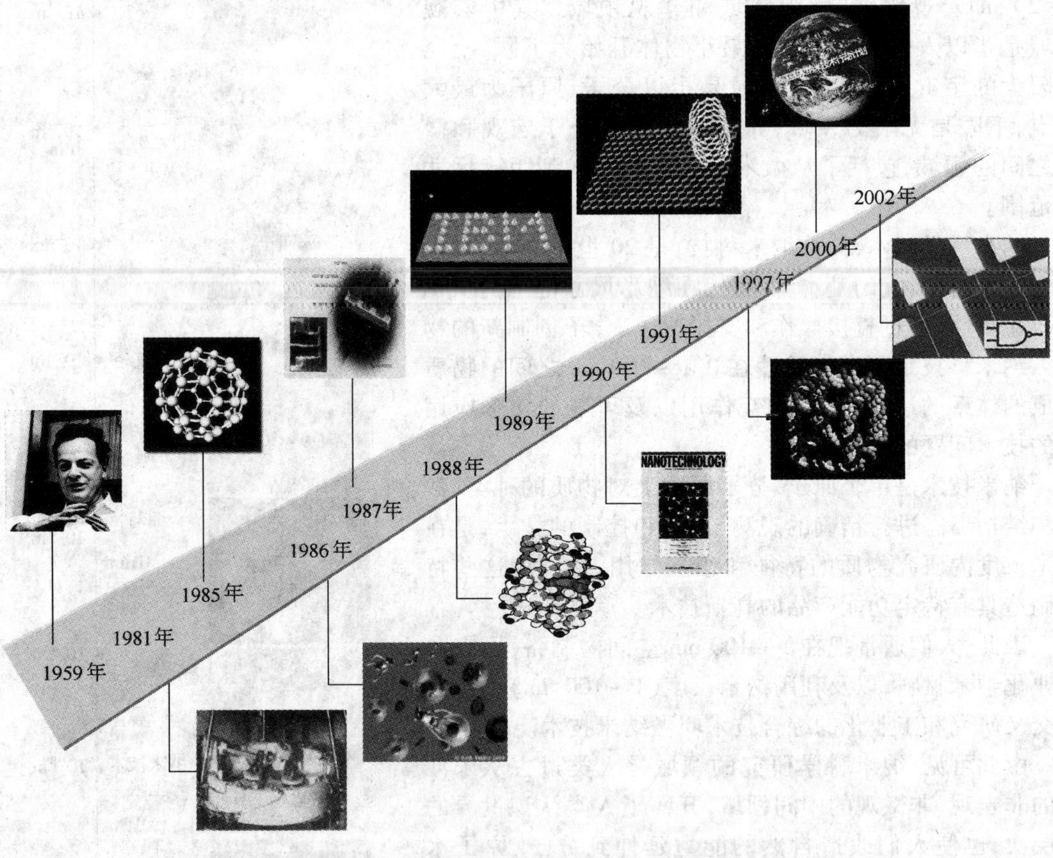

图 1－3　纳米科技发展的里程碑节点

1959 年 12 月 29 日，美国著名物理学家、诺贝尔奖获得者 R. P. 费曼（Richard P. Feynman）在加州理工学院召开的美国物理学会年会会议上做了一次富有想象力的演说，即“在物质底层有大量的空间”。他指出：“倘若我们能按意愿操纵一个个原子，将会出现什么奇迹？”他还说：“我想谈的是关于操纵和控制原子尺度上的物质的问题，这方面确实大有发展潜力——我们可以采用切实可行的方式进一步缩小器件的尺寸。我不打算讨论我们将如何做到这一点，而只想谈谈原则上我们能做些什么。……现在我们还没有走到这一步仅仅是因为我们没有在这方面花足够的时间和精力。”费曼的这些想法即使在当时的科学界都认为是科学幻想，可谁能知道在30年后，他这次历史性的演讲，不仅预测了纳米技术将会崛起，而且变成了现实。

1962年，日本东京大学的物理学家久保亮武（Ryogo Kubo）教授在研究金属粒子理论时提出了金属超微粒中电子能级具有类似孤立原子中的能级的不连续性观点[1]，推动了向纳米尺度的微粒进行探索。

1974年，日本东京理科大学（Science University of Tokyo）的谷口紀男（Norio Taniguchi）教授首次使用“纳米技术（nanotechnology）”这个词，用来描述精细机械加工[2]。用这一个新词来强调当时的微米科技已不足以满足工业界的要求，需要有新的技术和新的精度标准。

1981年，麻省理工学院空间系统实验室的K. E. 德雷克斯勒（K. Eric Drexler）教授在其发表的一篇极富想象力的论文[3]中首次提出“分子制造”的观点。1986年，他在自己的著作《创造的动力》中对分子纳米技术的思想进行了系统的阐述，并大胆预测：如果能造出纳米级大小的机器人，并按人类设计的程序逐个地控制分子甚至原子，并按人的意愿移动到化学上合理的任何一种结构中，人类将能制造任何可能制造的东西。

1981年，德国博士生G. 比尼格（Gerd Binnig）在H. 罗勒尔（Heinrich Rohrer）教授的指导下，在瑞士苏黎世的IBM实验室里做“导体间的电子隧道效应问题”博士论文研究时发明了看得见原子的扫描隧道显微镜（STM，scanning tunneling microscopy）[4]，实现了人类直接“看”到单个原子的愿望！这是迈向纳米技术重要的里程碑。比尼格和罗勒尔也因此获得了1986年的诺贝尔物理奖。

1984年，德国萨尔兰大学的物理学家H. 格莱特（H. Gleiter）等人[5]首次采用惰性气体蒸发冷凝法制备了具有清洁表面作用的纳米Fe、Cu、Pd等金属粉末，然后在真空室中原位加压制得纳米固体，从而使纳米材料进入了一个新的阶段。

1985年，英国Sussex大学的诺贝尔奖获得者H. W. 科罗脱（H. W. Kroto）教授以及美国得克萨斯州Rice大学的R. 斯麦利（R. Smalley）教授和R. 科尔（R. Curl）教授等人，采用激光加热石墨蒸发并在甲苯中形成直径大约是1 nm的C_{60}足球烯分子[6]，于是在全世界兴起了C_{60}的研究热潮。他们三人因此而获得1996年的诺贝尔化学奖。

1987年7月，美国阿贡（Argonne）国家实验室的Siegel博士在美国纽约召开的界面科学与工程学术会议上首次报告纳米TiO_2多晶陶瓷具有良好的韧性[7]，这一突破性进展造成第一次世界性纳米热潮。

1989年，美国国际商业机器公司（IBM，International Business Machines）阿尔马登（Almaden）研究中心的D. M. 爱格勒（D. M. Eigler）和E. K. 施维仁（E. K. Schweizer）博士成功地用扫描隧道显微镜在镍金属（110）表面移动氙原子，对单个原子进行重排，将35个氙原子排布成了世界上最小的IBM商标[8]，实现了人类另一个幻想——直接操纵单个原子。原理上这也是实现了费曼的设想：按人的意愿排布一个个原子来构建纳米器件。从此，人类迈向纳米技术的征途真正开始了。

1990年，在美国东海岸的巴尔的摩（Baltimore）召开第二届国际STM会议的期间，召开了第一届国际纳米科学与技术会议，这次会议标志着一个将微观基础理论研究与当代高科技紧密结合起来的新型学科——纳米科技正式诞生了。会议正式提出了纳米材料学、纳米生物学、纳米电子学和纳米机械学的概念，并决定出版《纳米技术》、《纳米结构材料》和《纳米生物学》三种国际性专业期刊。从此，一门崭新的具有潜在应用前景的科学技术——纳米科技得到了全世界科技界的密切关注。

1991年，日本NEC公司筑波研究所的饭岛澄男(Sumio Iijima)发现了碳纳米管(carbon nanotube)[9]，它是由石墨碳原子层弯曲而成的碳管，直径一般为几个纳米到几十个纳米，管壁厚度仅为几个纳米。碳纳米管的质量是相同体积钢的1/6，而强度却是钢的10倍，于是，碳纳米管立刻成为纳米研究热点之一。

2000年1月21日，当时的美国总统克林顿在加州理工学院正式宣布一项新的国家计划——国家纳米技术推进计划(NNI，National Nanotechnology Initiative)，指出纳米技术对保持美国科学技术和经济的领先地位非常重要。美国政府这一举措引起了世界范围的广泛关注，新一轮科技竞争从此拉开帷幕。

1.3　纳米材料的特性

纳米材料又称为超微颗粒材料，由纳米粒子组成。纳米粒子也叫超微颗粒或纳米颗粒，是纳米材料基元，一般是指尺寸在1～100 nm间的粒子，是处在原子簇和宏观物体交界的过渡区域。从通常的关于微观和宏观的观点看，这样的系统既非典型的微观系统也非典型的宏观系统，是一种典型的介观系统。它具有表面效应、小尺寸效应、量子尺寸效应和宏观量子隧道效应。当人们将宏观物体细分成超微颗粒(纳米级)后，它将显示出许多奇异的特性，即它的光学、热学、电学、磁学、力学以及化学方面的性质和大块固体时相比，将会有显著的不同。

在宏观领域中，某种物质固体的理化特性一般与该固体颗粒的尺度大小无关。但人们在追求材料超微化过程中发现，当物质颗粒小于100 nm时，物质本身的许多固有特性均发生质的变化，呈现出奇异的物理、化学性质，出现了所谓的"反常"现象。这种现象称为"纳米效应"。具体情况如下：

(1) 纳米材料的表面效应。纳米材料的表面效应是指纳米粒子的表面原子数与总原子数之比随粒径的变小而急剧增大后所引起的性质上变化的现象，如图1-4所示。从图中可以看出，粒径在10 nm以下时，表面原子数的比例迅速增加。当粒径降到1 nm时，表面原子数比例达到约90%以上，原子几乎全部集中到纳米粒子的表面。由于纳米粒子表面原子数增多，表面原子配位数不足和高的表面能，这些原子易与其他原子相结合而稳定下来，因此具有很高的化学活性。

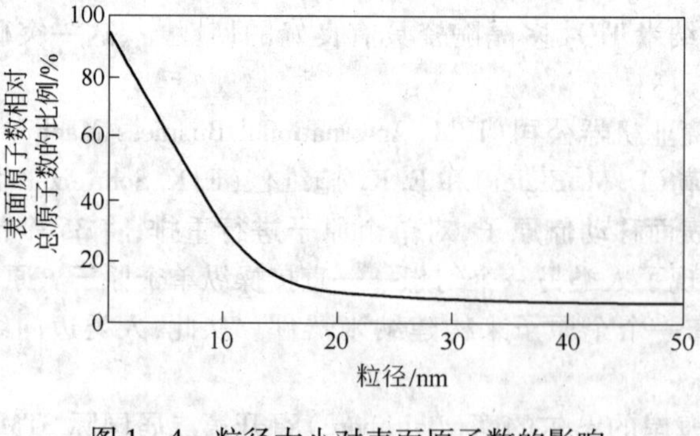

图1-4　粒径大小对表面原子数的影响

表面效应的主要影响有：表面化学反应活性增强、催化活性增强、纳米材料的稳定性降低、铁磁质的居里温度降低、熔点降低、陶瓷材料烧结温度降低、晶化温度降低、纳米材料呈现超塑性和超延展性、介电材料呈现高介电常数、出现吸收光谱的红移现象等。

(2) 纳米材料的小尺寸效应。纳米材料的小尺寸效应是指由于颗粒尺寸变小而引起材料的宏观物理或化学性质变化的现象。纳米颗粒尺寸小,表面积大,在熔点、磁性、热阻、电学性能、光学性能、化学活性和催化性等方面会呈现出与大尺寸颗粒明显不同的特性。例如,金属纳米颗粒对光的吸收效果显著增加、纳米微粒的熔点降低等。小尺寸效应的主要影响有:材料的强度与硬度提高、金属材料的电阻升高、呈现宽频带强吸收性质、磁有序态向磁无序态的转变、超导相向正常相的转变、非导电材料的导电性出现、磁性纳米颗粒的高矫顽力等。

(3) 纳米材料的量子尺寸效应。量子尺寸效应是指当粒子尺寸下降到接近或小于激子玻尔半径,费米能级附近的电子能级由准连续能级变为分立能级的现象。量子尺寸效应带来的能级改变、能级变宽,使微粒的发射能量增加,光学吸收向短波方向移动,直观上表现为样品颜色的改变。

量子尺寸效应的主要影响有:导体向绝缘体的转变、吸收光谱的蓝移现象、纳米颗粒的发光现象等。

(4) 纳米材料的宏观量子隧道效应。微观粒子具有贯穿势垒的能力,称为隧道效应。纳米材料中的粒子具有穿过势垒的能力,因此具有隧道效应。此外,一些宏观物理量如微颗粒的磁化强度、量子相干器件中的磁通量等也显示出隧道效应,称为宏观的量子隧道效应。例如,用来表征具有铁磁性磁铁的宏观物理量——磁化强度。当磁铁粒子尺寸达到纳米级时,磁铁即由铁磁性变为顺磁性或软磁性,对应的磁化强度由较大值变为较小值甚至为零。宏观量子隧道效应以及量子尺寸效应将会是未来微电子、光电子器件的基础,或者它确立了现存微电子器件进一步微型化的极限,当微电子器件进一步微型化时必须要考虑上述的量子效应。例如,在制造半导体集成电路时,当电路的尺寸接近电子波长时,电子就通过隧道效应而溢出器件,使器件无法正常工作,经典电路的极限尺寸大概在 0.25 μm。目前研制的量子共振隧道晶体管就是利用量子效应制成的新一代器件。

总之,由于纳米材料的上述四大特性,造就了纳米材料特殊的物理和化学性质,特别是在力学、热学、磁学、光学、电学等方面,与同质的块体材料呈现巨大的差异。这也是人们开展研究纳米材料的源泉所在。

1.4 纳米材料的分类

纳米材料是纳米科学技术的基础。现代材料和物理学家所称的纳米材料是指固体颗粒小到纳米尺度的超微粒子和晶粒尺寸小到纳米量级的固体和薄膜。

从广义上讲,纳米材料是指在三维空间中至少有一维处于纳米尺度范围或由它们作为基本单元构成的材料。其分类可以有不同的方法。

如果按维数分,纳米材料的基本单元可以分为零维、一维和二维三类。其中零维纳米材料是指在空间三维尺度均在纳米尺度的材料,如纳米尺度颗粒、原子团簇等;一维纳米材料是指在空间有两维处于纳米尺度的材料,如纳米丝、纳米棒、纳米管等;二维纳米材料是指在三维空间中有一维在纳米尺度的材料,如超薄膜、多层膜、超晶格等。因为这些单元往往具有量子性质,所以对零维、一维和二维的基本单元分别又有量子点、量子线和量子阱之称。

如果按材料结构分,纳米材料可分为纳米微粒、纳米固体和纳米组装体系三个层次。

纳米微粒是指线度处于 1 ~ 100 nm 之间的粒子的聚合体,它是处于该几何尺寸各种粒子聚合体的总称。纳米微粒的形态并不限于球形,还有片状、棒状、针状、星状、网状等。一般认为,微观粒子聚合体的线度小于 1 nm 时,称为簇,而通常所说的微粉的线度又在微米级。纳米微粒的线度恰好处于这两者之间,所以又称作超微粒。构成纳米微粒的成分可以是金属或金属氧化物或其他各种类的化合物。

纳米固体是由纳米微粒聚集而成的凝聚体，从几何形态的角度可将纳米固体划分为纳米块状材料、纳米薄膜材料和纳米纤维材料。这几种形态的纳米固体又称作纳米结构材料。纳米块状材料通常是指由表面洁净的纳米微粒经高压形成的三维凝聚体。纳米薄膜则是指二维的纳米固体。纳米薄膜又可分为两类：一种是由纳米粒子组成的薄膜；另一种是在纳米微粒间有较多的孔隙、无序原子或其他材料的薄膜，如纳米微粒镶嵌在另一种基体材料中的颗粒膜就属此类。当材料的线度只在二维方向被限制在纳米量级时，就形成了纳米纤维，也叫一维纳米材料或一维量子线。

按照纳米固体中纳米微粒结构状态的不同，可将其分为纳米晶体、纳米非晶体和纳米准晶材料。包含的纳米微粒为晶态的纳米固体就是纳米晶体。在显微结构上，它有两种组元：一种是晶体组元，其原子位于晶粒内格点上；另一种是界面组元，原子位于晶粒间的界面上。它们都达到了纳米量级尺度，因而又有纳米微晶材料的说法。由具有短序的非晶态纳米微粒组成的纳米固体称为纳米非晶体。而将只有取向对称性的纳米级准晶微粒弥散在基体中时，就得到了纳米准晶材料。

根据纳米固体的组成材料相数的多少，纳米固体可以分为纳米相材料和纳米复合材料 。由单相纳米微粒构成的纳米固体通常称为纳米相材料，如纳米氧化物等。由不同材料的纳米微粒或两种及两种以上的固相的纳米微粒，至少在一个方向上以纳米微粒级尺寸复合而成的纳米固体称为纳米复合材料。

纳米组装体系是指由人工组装合成的纳米结构的材料体系，也叫纳米尺度的图案材料。它是以纳米微粒以及它们组成的纳米丝和管为基本单元，在一维、二维和三维空间组装排列成具有纳米结构的体系。

纳米微粒、丝、管可以是有序或无序的排列，其特点是能够按照人们的意愿进行设计，使整个体系具有人们所期望的特性，因而该领域被认为是材料化学和物理学的重要前沿课题。纳米组装体系又可分为纳米阵列体系、介孔组装体系和薄膜镶嵌体系。

应该指出的是，纳米材料大部分都是用人工制备的，属于人工材料，但是自然界中早就存在纳米微粒和纳米固体。例如天体的陨石碎片、人体和兽类的牙齿都是由纳米微粒构成的。蜜蜂的体内也存在磁性的纳米粒子，这种磁性的纳米粒子具有“罗盘”的作用，可以为蜜蜂的活动导航。人工制备纳米材料的历史至少可以追溯到1000多年前。中国古代利用燃烧蜡烛来收集的炭黑作为墨的原料以及用于着色的染料，这种炭黑就是最早的纳米材料；中国古代铜镜表面的防锈层，经检验证实为由纳米氧化锡颗粒构成的一层薄膜。

参考文献

[1] Kubo R. Electronic properties of metallic fine particles[J]. Journal of the Physical Society of Japan, 1962, 17(6): 975 ~ 986.

[2] Taniguchi N. On the basic concept of nanotechnology[C]. In: Japan Society of Precision Engineering ed. Proceedings of International Conference of Precision Engineering. Tokyo: Japan Society of Precision Engineering, 1974, Part II: 18 ~ 23.

[3] Drexler K E. Molecular engineering: an approach to the development of general capabilities for molecular manipulation[J]. Proceedings of the National Academy of Science of the United States of America, 1981, 78(9): 5275 ~ 5278.

[4] Binning G, Rohrer H, Gerber C, et al. Tunneling through a controllable vacuum gap[J]. Applied Physics Letters, 1982,40(2): 178 ~ 180.

[5] Birringer R, Gleiter H, Klein H P, et al. Nanocrystalline materials: an approach to a novel solid structure with gas-like disorder[J]. Physics Letters A, 1984, 102(8): 365 ~ 369.

[6] Kroto H W, Heath J R, O'Brien S C, et al. C_{60}: Buckminsterfullerene[J]. Nature, 1985,318(6042): 162 ~ 163.

[7] Siegel R W, Hahn H, Ramasamy S, et al. Structures and properties of nanophase TiO_2[J]. Journal de Physique Colloque, 1988,49(C-5): 681 ~ 686.

[8] Eigler D M, Schweizer E K. Positioning single atoms with a scanning tunneling microscope[J]. Nature, 1990, 344(6266): 524 ~ 526.

[9] Iijima S. Helical microtubules of graphitic carbon[J]. Nature,1991,354(6348):56 ~ 58.

2 纳米材料典型制备技术的工艺和设备——物理方法篇

2.1 引言

纳米材料的制备是纳米技术研究的最重要的基础技术，是纳米特性研究、纳米测量技术、纳米应用技术及纳米产业化生产的必备前提条件，也是纳米材料研究者始终关注和研究的重点。目前，世界各国对纳米材料的研究主要包括制备、微观结构、宏观物性和应用等4个方面。其中规模化纳米材料的制备研究是纳米材料推广应用的根本保证，因而被各国列为重点发展项目。

目前，纳米材料的制备方法很多。根据是否发生化学反应可分为物理方法和化学方法两类；根据制备状态的不同，可分为气相法、液相法和固相法三类；按反应物状态可分为干法和湿法两类；按照纳米材料形成物态可分为纳米粒子、纳米薄膜和纳米块材制备。图2－1所示是按照制备状态不同的分类情况。

- 纳米材料制备方法
  - 气相法
    - 物理气相法
      - 气体冷凝法
      - 氢电弧等离子体法
      - 溅射法
      - 真空沉积法
      - 加热蒸发法
      - 混合等离子体法
    - 化学气相反应法
      - 气相分解法
      - 气相合成法
      - 气—固反应法
  - 液相法
    - 溶胶－凝胶法
    - 冷冻干燥法
    - 喷雾法
    - 沉淀法
      - 共沉淀法
      - 化合物沉淀法
      - 水解沉淀法
    - 水热法
  - 固相法
    - 粉碎法
      - 干式粉碎
      - 湿式粉碎
    - 热分解法
    - 固相反应法
    - 其他方法

图2－1　纳米材料制备方法的分类

气相法指直接利用气体或者通过各种手段将物质变为气体，使之在气体状态下发生物理或化学反应，最后在冷却过程中凝聚长大形成纳米材料的方法。其特点是表面清洁、粒度粒径分布窄、粒度容易控制、颗粒分散性好。其优势是通过控制可以制备出液相法难以制得的金属碳化物、氮化物、硼化物等非氧化物纳米材料。使用的加热源通常有电阻加热、等离子加热、高频感应加热、电子束加热、激光加热、电弧加热、微波加热等。应该指出的是,不同的加热方法制备出的纳米材料的量、品种、粒径大小及分布等存在一些差别。

液相法是通过各种途径使均相溶液的溶质和溶剂分离,溶质形成一定形状和大小的颗粒,得到所需粉末的前驱体,热解后得到纳米微粒。液相法具有设备简单、原料容易获得、纯度高、均匀性好、化学组成控制准确等优点,主要用于氧化物系纳米粉体的制备。

固相法是纳米粉体由固相原料制得,按其加工的工艺特点可分为机械粉碎法和固相反应法两类。前者主要指高能球磨法,后者又分为燃烧法和热分解法。燃烧法是把金属盐或金属氧化物按配方充分混合、研磨后进行煅烧,发生固相反应后,直接得到纳米陶瓷粉体或再进行研磨得到纳米陶瓷粉体。热分解法则是利用金属化合物的热分解来制备纳米陶瓷材料。

下面分别介绍目前已经或可以工业化生产的纳米材料制备方法。应该指出的是,用于纳米材料工业化生产的技术应该具备的基本条件是:在保证产品品质的前提下,应具有高产率的特点,因此所开发的技术必须是连续和批量生产技术;能量利用率高;所用原材料的价格便宜、容易获取;对环境无污染。

2.2 等离子体法制备纳米材料

2.2.1 等离子体的概念、特性及分类

所谓等离子体就是被激发电离气体,达到一定的电离度($>10^{-4}$),气体处于导电状态,这种状态的电离气体就表现出集体行为,即电离气体中每一带电粒子的运动都会影响到其周围带电粒子,同时也受到其他带电粒子的约束。由于电离气体整体行为表现出电中性,也就是电离气体内正负电荷数相等,称这种气体状态为等离子体态。由于它的独特行为与固态、液态、气态都截然不同,所以称为物质第四态。图 2-2 所示是水的四种物质状态。总之,等离子体是由大量自由电子和离子及少量未电离的气体分子和原子组成,且在整体上表现为近似于电中性的电离气体。

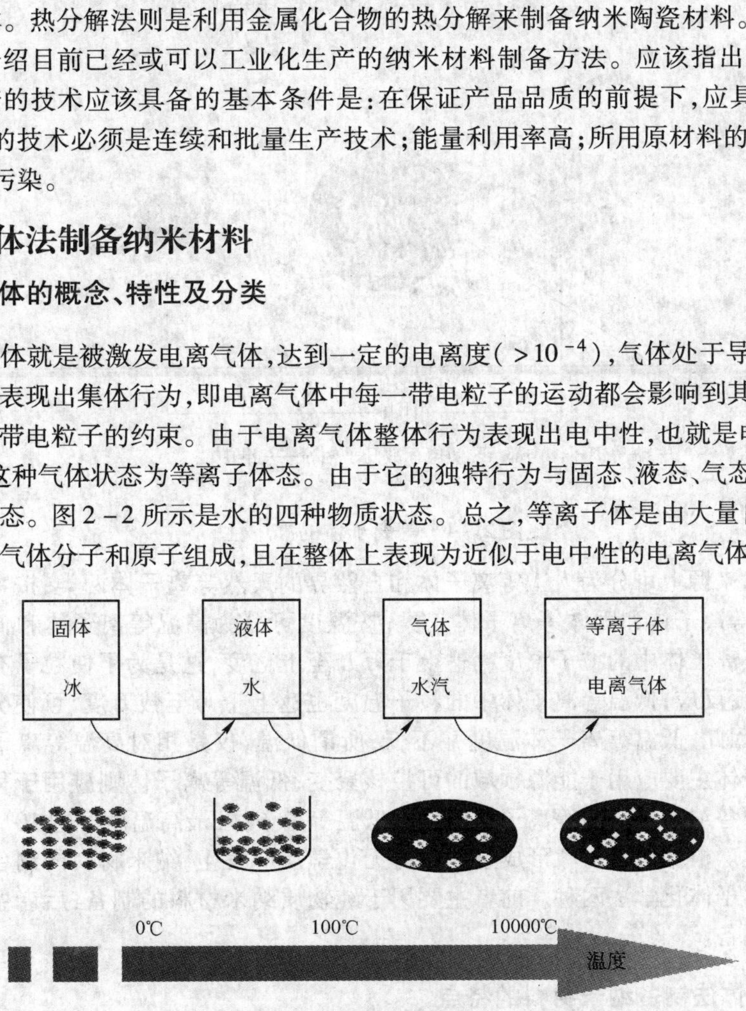

图 2-2 水的四种物质状态

等离子体具有德拜(Debye)屏蔽(见图 2-3)和准中性(见图 2-4)的特性。德拜屏蔽是指在等离子体中引入电场,经过一定时间,等离子体中的电子、离子将移动,屏蔽电场的现象;准中性是指在等离子体内部,正、负电荷数几乎相等的现象。等离子体存在的基本条件有三个:一是空间尺度要求,即等离子体线度远大于德拜长度($\lambda_D \ll L$);二是时间尺度要求,即等离子体碰撞时间、存在时间远大于特征响应时间($\tau \gg \tau_p$);三是集合体要求,即在德拜球中粒子数足够多($N_D = n_e(4\pi\lambda_D^3/3) \gg 1$),具有统计意义。

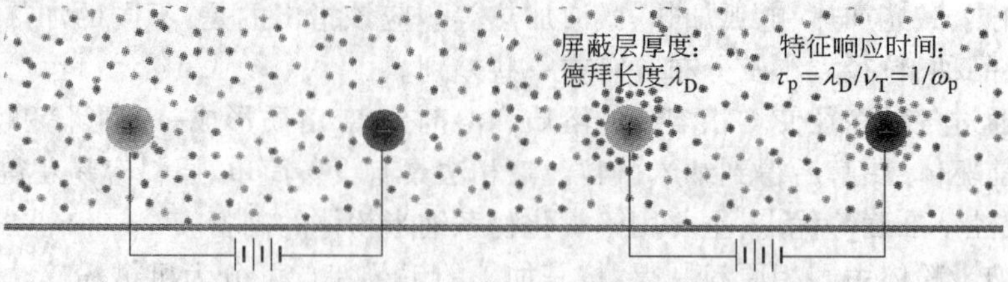

图 2－3　等离子体的德拜屏蔽

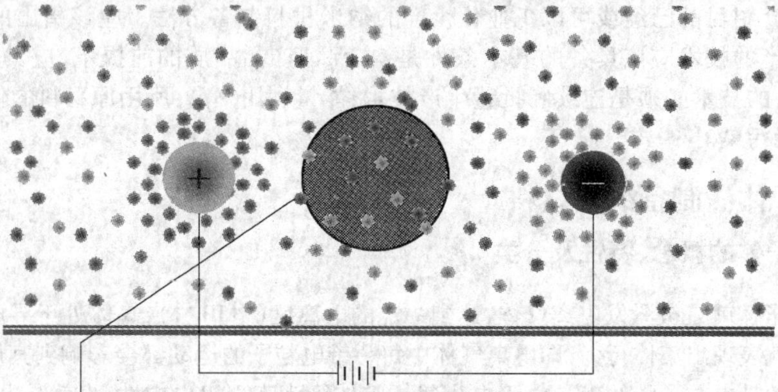

图 2－4　等离子体的准中性

等离子体从来源上可分为人工等离子体和自然界的天然等离子体两类；按物态可分为气体等离子体、液体等离子体和固体等离子体三类；按温度可分为高温等离子体和低温等离子体两类。其中高温等离子体中的粒子温度高达上千万乃至上亿度，这是为了使粒子有足够的能量相碰撞，达到核聚变反应；低温等离子体中的粒子温度也达上千乃至数万度，可使分子、原子离解、电离、化合等。因此，低温等离子体温度并不低，所谓低温，仅是相对高温等离子体的高温而言的。高温等离子体主要应用于能源领域的可控核聚变；低温等离子体则应用于科学技术和工业的许多领域。制备纳米材料的等离子体通常为低温等离子体，最高温度可达 10^4 K 数量级，通常由气体放电产生。根据纳米材料形成过程中有无化学反应发生，纳米材料的制备可分为等离子体物理法和等离子体化学法两种。前者主要用于纯物质纳米材料的制备；后者主要用于化合物类纳米材料的制备。

2.2.2　等离子体法制备纳米材料的特点

采用等离子体法制备纳米材料的特点[1]如下：

（1）高的热性能。等离子体的温度可高达 3×10^4 K，比普通加热过程和冶金、化工反应过程的温度高得多，还具有高的导热性，很高的温度梯度。

（2）高的化学活性。在高温等离子体条件下，大部分分子已变成原子、离子态或激发态，这些高活性基团，为完成化学合成反应创造了有利条件。

（3）极高的冷却速度。在等离子体边缘，其冷却速度可达 $10^6 \sim 10^7$ K/s，由于冷却速度高，抑制了颗粒生长，有利于纳米粒子的形成。

(4) 反应气氛可控。等离子体适应于各种反应气体，可在惰性气体（Ar、He）、氧化性气体（O_2、空气）、氮化气氛（N_2）、含碳气体及其他气氛下操作，因此可制备出各种纳米材料。

目前，国际上用来制备纳米粉末的等离子体发生器主要有高频等离子体发生器、直流电弧等离子体发生器和混合等离子体发生器。高频等离子体发生器是依靠高频耦合产生离子体，其特点是无电极污染，产生的等离子体区域比较大，气流速度小，粉末在高温区的停留时间较长（20～50 ms），易于中心供粉。它的缺点是等离子体中心温度低，热效率低（一般最高可达50%），对外界干扰敏感。当增大反应物供粉速度时，等离子体不稳定易导致熄弧，不易于工业化生产。直流电弧等离子体发生器是目前使用最广泛的等离子体发生器，它的特点是热效率高（可高达80%），电弧稳定性好，成本低，便于操作，适合于大规模的工业化生产。缺点是流动速度高，反应物在高温区的停留时间短（0.2～2 ms），同时存在寿命问题。混合等离子体发生器集中直流等离子体发生器和高频等离子体发生器的优点，在高频等离子体发生器上方串联一直流电弧等离子体发生器，改善了等离子体的温度分布，但该套装置复杂，成本高，操作困难，目前还处于实验室研究和开发阶段。三种等离子体的温度分布如图2－5所示。

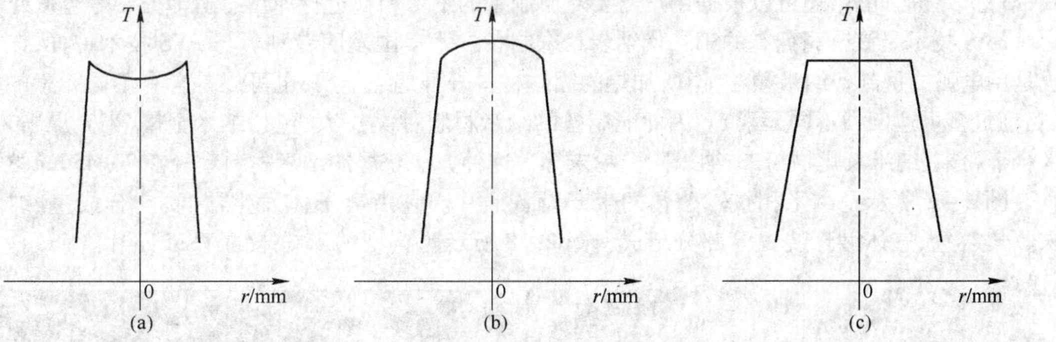

图2－5　三种等离子体的温度分布
(a) 高频等离子体；(b) 直流等离子体；(c) 混合等离子体

2.2.3 等离子体加热物理气相合成法的设备和工艺

美国纳米相技术公司（Nanophase Technologies Corporation）于1989年成立，是世界上纳米材料的主要制造商和供应商之一。它的技术来自美国阿尔贡（Argonne）国家实验室研制的等离子体加热物理气相合成法（PVS，physical vapor synthesis）。目前该公司拥有PVS和NAS（nano arc synthesis）两项纳米粉末制备方法的美国发明专利。这些技术具有连续生产、粉体粒径可控、经济的特点，生产的纳米粉体的粒径分布集中、纯度高。其纳米氧化物粉体如TiO_2、Al_2O_3、ZrO_2、In_2O_3、SiO_2、Fe_2O_3等的产量可达年产数百吨，但金属纳米粉体如铁、铝、铜、镍、银、金、钯等的产量较低。

2.2.3.1 PVS技术的原理

首先用来自等离子体发生器产生的电弧能量加热块体金属使之熔化、蒸发，形成金属蒸气原子，然后向金属蒸气原子中通入反应气体使它们彼此混合，并与金属蒸气原子发生化学反应形成分子簇，最后通入冷凝气体使这些反应后的分子簇冷凝而成纳米颗粒（见图2－6）。在实际制备过程中，需要通过高速循环气流将冷凝后的纳米颗粒输送到收集容器中，从而避免纳米颗粒的长大和团聚。

2.2.3.2 影响PVS技术纳米颗粒尺寸大小和分布的因素

影响PVS技术纳米颗粒尺寸大小和分布的因素主要有固体金属形成蒸气的速率、反应气

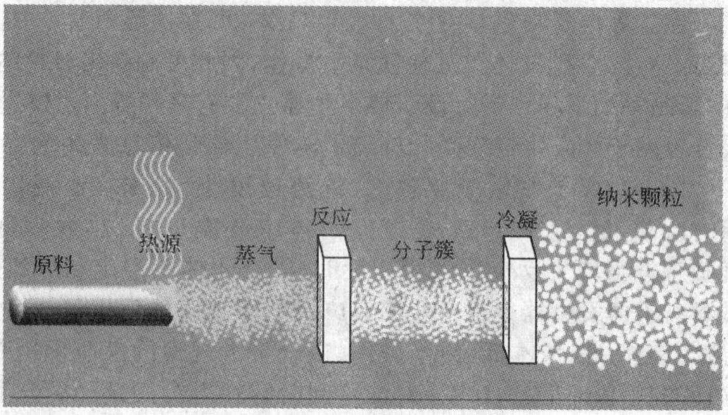

图 2－6　PVS 技术原理

体的种类和压力大小、输送系统中的循环气流速度大小等。这种方法获得的纳米颗粒粒径范围在 8～75 nm 之间。此外，还可以根据用户需要对所制备的纳米颗粒进行原位有机薄壳层等包覆处理。

NAS 技术是该公司拥有的第二代纳米粉末制备技术美国发明专利。与 PVS 技术一样，该方法也是用电弧能量制备纳米颗粒，但所加热的固体材料既可是纯金属，也可以是含有不同元素的合金（目前最多可达四种不同元素）。因此能制备的纳米材料种类扩大，包括纳米金属/半金属粉末、纳米合金粉末、纳米氮化物粉末、纳米陶瓷粉末等。这种方法获得的纳米材料粒径在 7～45 nm 之间。

图 2－7 所示是纳米相技术公司的生产设备照片。它由离子体发生器、真空合成室、纳米粉末收集装置、气体循环装置等部分组成。图 2－8 所示为典型纳米粉末的 TEM 照片。

图 2－7　纳米相技术公司生产设备

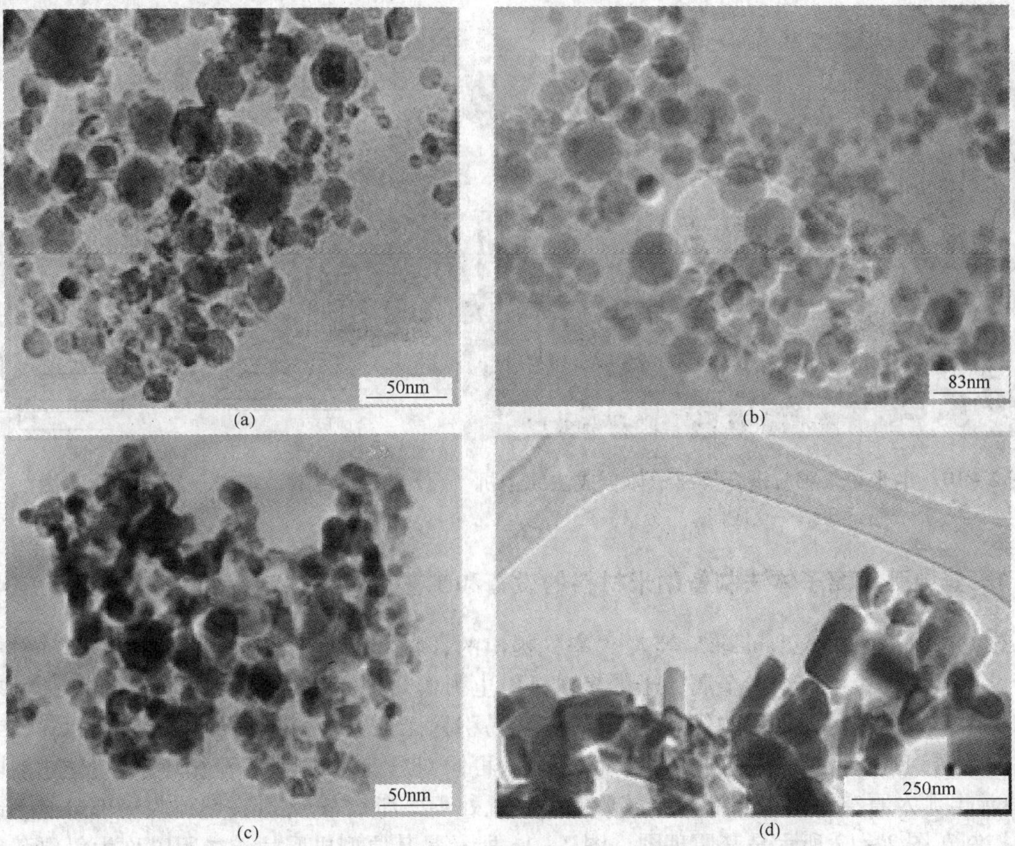

图 2－8 典型纳米粉末的 TEM 照片

(a) 纳米 Fe_2O_3;(b) 纳米 Al_2O_3;(c) 纳米 CuO;(d) 纳米 ZnO

除了用等离子体加热块体原料外,国外还发展了用等离子体加热微米颗粒的技术,如瑞士的 M. Leparoux 等人[2]采用感应耦合等离子体合成法,分别加热原始粉末为 1 ~3 μm 的 WC 和小于 10 μm 的 SiC,成功批量制备出平均颗粒尺寸分别为 20 nm 的 WC 和 40 nm 的 SiC(见图 2－9)。图2－10 所示是纳米粉末感应耦合等离子体合成法原型机照片,它由 1 个耦合射频电源的感应等离子炬(见图 2－11)、1 个真空合成室、1 个纳米粉末分筛装置、1 个气体循环装置和 1 个粉末进料器组成。

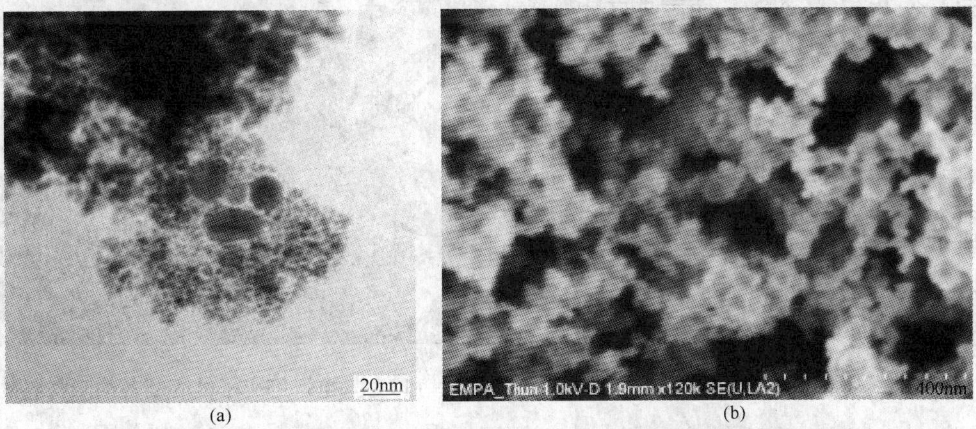

图 2－9 感应耦合等离子体合成法制备的纳米颗粒

(a) WC; (b) SiC

图 2 - 10　纳米粉末感应耦合等离子体合成法原型机
1—等离子炬;2—反应器;3—分筛装置

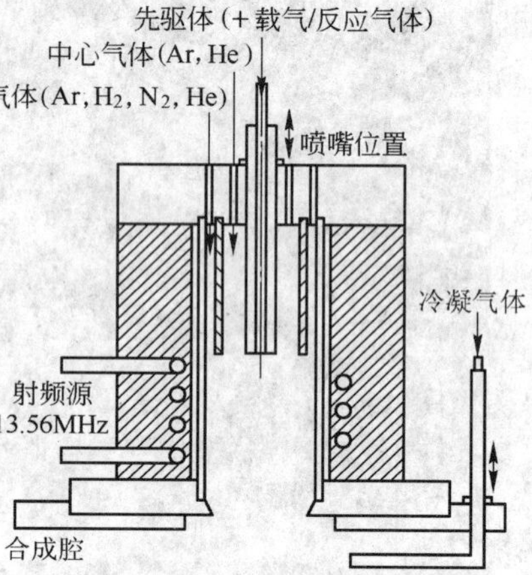

图 2 - 11　等离子炬结构示意图

2.2.4　氢电弧等离子体法制备纳米材料的设备和工艺

该方法是由日本人 Tanaka K 等人[3]率先提出的,国内青岛科技大学的张志焜和崔作林教授自行设计了可批量生产纳米金属粒子的多电极氢电弧等离子体法纳米材料制备装置[4],并获得国家实用新型专利。此方法的优点是产量高,不易引入杂质,抗污染,可加入难熔金属。该装置主要由不锈钢真空反应室、室内装可转动的阳极、可倾斜进动的阴极、气流循环泵、粉体过滤收集器、直流电源及真空泵机组等部分组成。整个装置处于冷却状态,尤其在粉体收集部分有制冷装置的控制。图 2 - 12 所示是其原理图。图 2 - 13 所示是其原型机照片。之所以称为氢电弧等离子体法,主要是在制备工艺中使用氢气作为工作气体,其作用是可大幅度提高产量。其原因被归结为氢原子化合为氢分子(H_2)时放出大量的热,从而产生强制性的蒸发,使产量大幅度增加。以纳米金属钯为例,该装置的产率一般可达到 300 g/h。而且氢的存在可以降低熔化金属的表面张力,增加了蒸发速率。

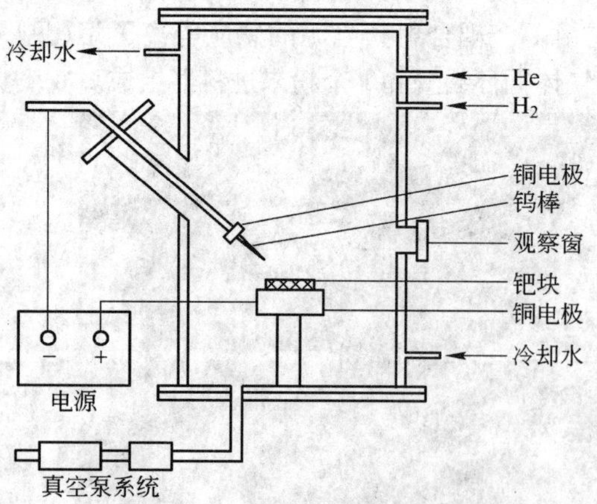

图 2 - 12　氢电弧等离子体法制备纳米材料的原理

图 2 - 13　氢电弧等离子体法制备纳米材料的装置

该制备方法的原理是:含有氢气的等离子体与金属间产生电弧,使金属熔融,电离的 N_2、Ar 等气体和 H_2 溶入熔融金属,然后释放出来,在气体中形成了金属的超微粒子,用离心收集器或过滤式收集器使微粒与气体分离从而获得纳米微粒。

该制备方法的优点是纳米颗粒的生成量随等离子气体中氢气的浓度增加而上升。例如，氩气中的 H_2 占 50% 时，电弧电压为 30 ~ 40 V，电流为 150 ~ 170 A 的情况下每秒钟可获得 20 mg 的铁超微粒子。为了制取陶瓷纳米颗粒，如 TiN 及 AlN，则掺有氢的惰性气体采用氮气，被加热蒸发的金属为钛及铝等。

用此方法制备的金属纳米粒子的平均粒径与制备的条件及材料有关。一般为几十纳米，如纳米镍粒子中粒径处于 10 ~ 60 nm 之间的约占 78%（见图 2－14）。粒子的形状一般为多面体。磁性纳米粒子一般为链状（见图 2－15）。

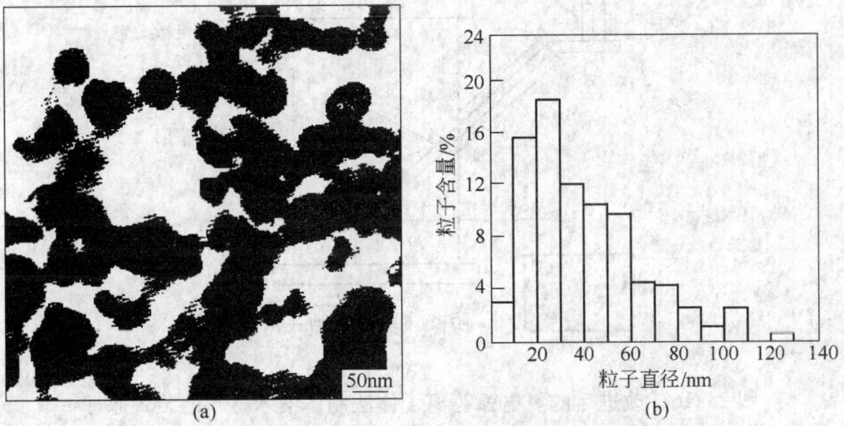

图 2－14 氢电弧等离子体法制备的纳米镍粒子和尺寸分布

（a）纳米镍；（b）尺寸分布

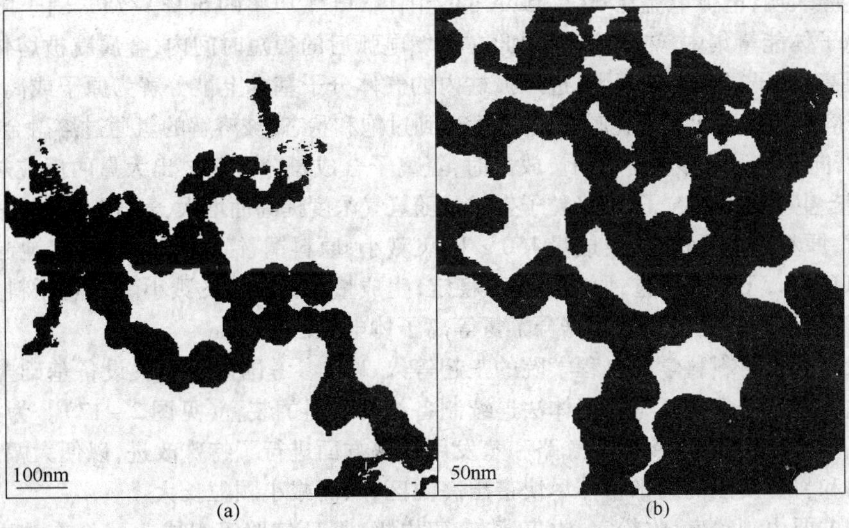

图 2－15 氢电弧等离子体法制备的纳米铁和纳米钯粒子

（a）纳米铁；（b）纳米钯

使用该方法已经制备出 30 多种纳米金属、合金和氧化物等。例如纳米铁、钴、镍、铜、锌、铝、银、铋、锡、钼、锰、铟、钛、钯、铯、CuZn、PdNi、CeNi、CeFe、CeCu、ThFe、氧化铝、氧化钇、氧化钛、氧化锆等。

我国东北大学[5]、南京工业大学[6]、四川大学[7]等和日本技术研究所[8]等单位进一步发展和完善了此技术。此外,兰州理工大学等单位先后开发出阳极弧放电等离子体[9]和约束弧等离子体[10]制备纳米材料的技术和装备。下面分别进行介绍。

东北大学材料与冶金学院的李志杰等人[5]对青岛科技大学的张志焜等人设计的氢电弧等离子体法制备纳米材料的装置进行了改进(见图2-16),并用此装置成功地制备出平均粒径分别为75 nm、56 nm、81 nm和77 nm的纳米金属铝、铁、铜和铅粉末,工作气氛是氢氩混合气体,其压强比 $p_{Ar}:p_{H_2}=1:1$,气体总压强为101.3 kPa,流速为17 m/s。

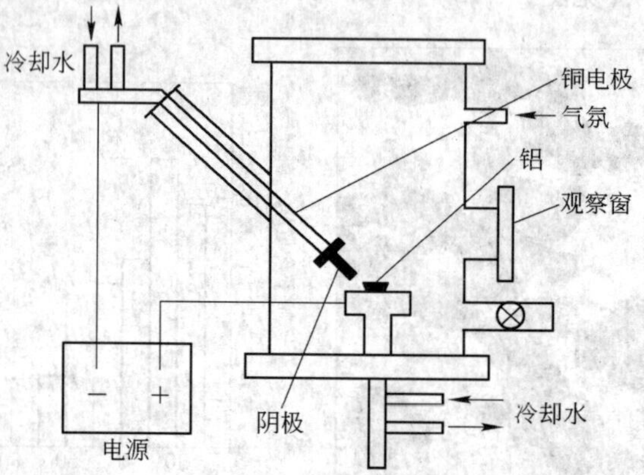

图2-16　改进后的氢电弧等离子体法制备纳米材料的装置原理

同时还给出了氢等离子体电弧反应法原理:电弧等离子体是一种高温电磁流体,其弧柱内的温度高达 10^4 K,弧柱边缘处的温度在1000K以上。阳极接收弧柱中的电子流,因此它是主要受热部分。实验表明,电弧电流在60~300 A的范围内,电弧功率的50%~75%用于阳极加热,由于电弧等离子体能量集中,热效率高,因此在点燃电弧后的很短时间内,金属就被熔化;由于弧柱内的温度很高,粒子碰撞十分频繁,进入弧柱内的气体分子基本上被分解为原子或离子状态。电离的氢大量溶解于熔融状态的金属内部,浓度达到过饱和状态,被溶解的氢通过熔融金属的对流等作用而移动,向非电弧区移动而放出。放出时,氢离子合成氢分子而放出大量的反应热,强迫熔融金属蒸发而产生金属纳米粒子,纳米粒子生成量随氢气浓度提高而增大,氢气起着催化剂的作用。

制备时,原料铁电弧稳定,生成量150 g/h,飞溅小;原料铜、铝电弧不稳定,熔池起泡较严重,粉生成量100 g/h,飞溅很严重;原料铅电弧稳定,生成量500 g/h,飞溅小。不同原料制备纳米粉时,弧光的颜色不同。这些很好地符合了氢等离子体电弧法原理。

南京工业大学材料科学与工程学院的王超等人[6]在参考国内外有关设备基础上,设计并制造出另一种改进型的氢电弧等离子体法连续制备纳米材料的装置(见图2-17)。为提高粉体制备产率及质量,此设备在水冷循环气路和蒸发用坩埚方面进行了特殊改进,以便大幅度提高设备能量利用率和将蒸发出的纳米粉体尽快带出高温区,从而减小颗粒长大。

该设备主要由制粉室、收粉室、收集滤布、双电极、循环气路等组成。试验前,把金属材料放入水冷石墨坩埚内,将工作室净化,密封,抽真空至0.001 Pa,然后按一定比例充入氩气和氢气,制备过程始终通循环冷却水。在阴极和阳极间引燃电弧,在高温电弧的作用下,金属迅速熔化并蒸发,并由大风量气体换热循环风机吹出的气体带至收粉室,最后沉积在收粉室内壁和鼠笼的滤布上。蒸发一段时间后,熄灭电弧,冷却后充入氩气至常压,钝化一定时间后收集收粉室和滤布上的粉末,即可得到金属纳米粉体。

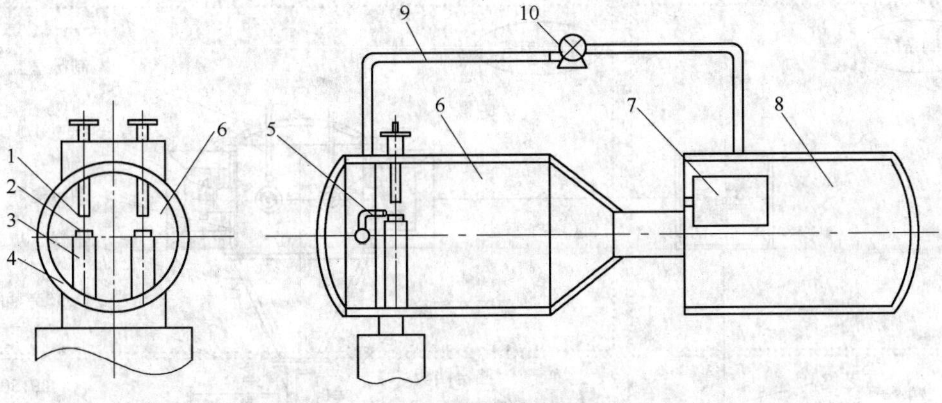

图2-17　高真空双枪直流电弧金属纳米粉连续制备设备简图

1—钨电极;2—坩埚;3—水冷铜模;4—水冷隔腔;5—吹风口;6—制粉室;
7—鼠笼和滤布;8—收粉室;9—循环气路;10—大风量风机

大量制备经验表明,影响此法制备纳米金属粉体的主要因素有氢氩压强比(p_{H_2}/p_{Ar})、电流和充气压力。

电流是影响产率的主要因素,充气压力是影响粒度分布的主要因素。当电流从300 A提高到450 A时,纳米铁粉产率提高了近两倍。阳极吸收的能量主要是用于材料的蒸发和电极传热的损耗,当电流上升时,供热强度提高,弧光面积增加,电弧输入阳极的功率也随之增加,从而增大了熔融金属的强制蒸发面积,导致产率增大。充气压力是影响纳米铁粉平均粒径的最显著因素,可能的原因有两点:第一,充气压力增大,导致单位空间内的分子数增多,初生粒子受到的碰撞几率随之增加,即金属自由程变小,从而使粒子冷却的机会变小,粒径变大;第二,由于充气压力的变大,等离子体的浓度变大,从而导致电弧功率的增大,由于弧柱区温度的升高,高温生长区明显扩大,从而促进了粒子的生长。此外,氢氩压强比对粒径分布的影响较小,这很可能是由设备特殊的循环水冷气路所引起的。高温区的粒子被大风量气体迅速带出,使得长大几率变小,因此平均粒径分布较窄。

四川大学材料科学与工程学院的蒋渝博士[7]在涂铭旌院士的指导下,对氢电弧等离子体法制备纳米材料的设备和工艺进行了更为系统的研究,并从理论上深入探讨了该制备方法所涉及的3个基本机理:粉体质量控制因素及其内在机理——温度梯度机制;粉体产量控制因素及其内在机理——氢的抢先分子蒸发机制和粉体收集控制因素及其内在机理——纳米粒子不等温流场中的热泳机制。

图2-18和图2-19所示分别是他们设计和制造的氢电弧等离子体法制备纳米材料装置的方框图和实物照片。

他们设计制造的制备设备总重为18 t,极限真空度为1.66×10^{-4} Pa,工作真空度为1.2×10^{-2} Pa;等离子体区温度场工作温度为5000~6000℃;冷却温度梯度为4500~5000℃/cm;阴极系统双枪总电流最大载荷为2000 A;远、近并行控制的主控系统;动密封电动连续进料机构;真空或氩气或大气状态下,可提供最大100 t液压压力,进行纳米金属粉末的原位加压成形;用双枪分离控制,独立进料,独立起弧。制备设备装置分为以下11个部分:

(1) 真空系统。一级机械泵和二级分子泵保证真空度20~25 min内达到0.01 Pa。

(2) 制粉系统(反应器)。产生等离子体高温温度场,气化固态金属。

(3) 捕粉系统。通过冷却系统,使气相金属原子团簇凝结,生成纳米金属微粒。

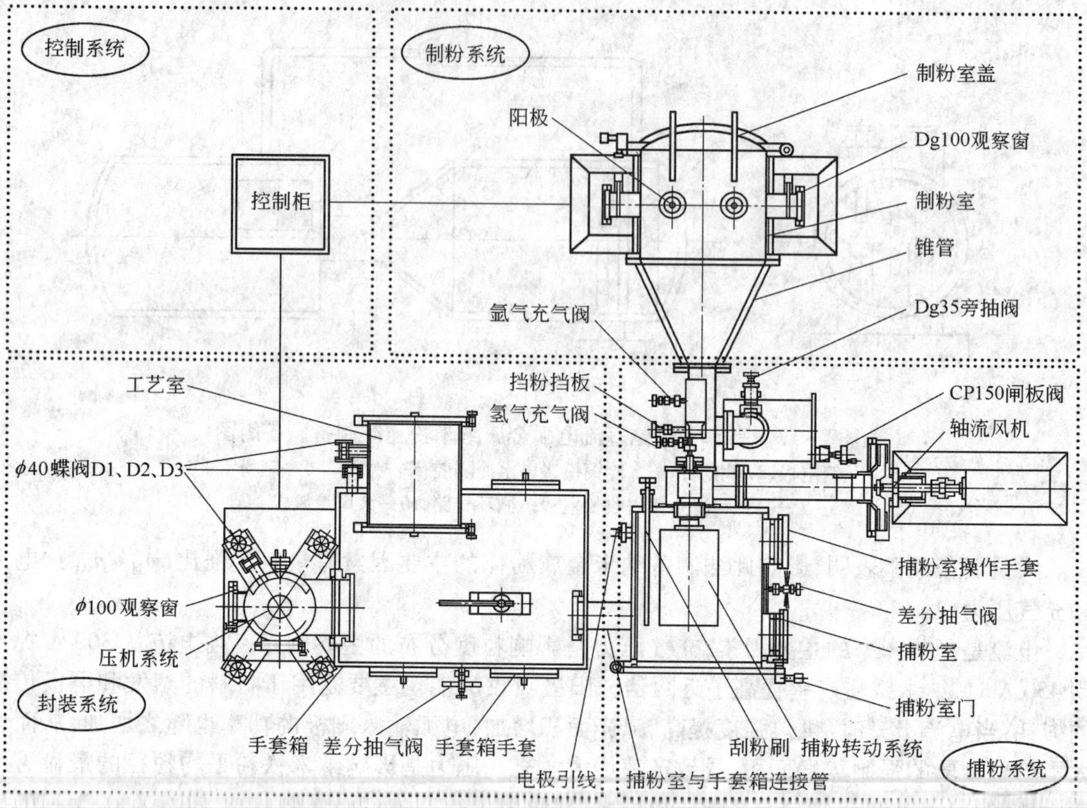

图2-18 氢电弧等离子体法制备纳米材料装置

图2-19 氢电弧等离子体法制备纳米材料装置的实物照片

（4）动力系统。提供双极枪大电流低电压的大功率电源系统。

（5）水循环系统及安全应急系统。提供循环冷却水，保证整套系统正常工作。同时保证在突发情况下，保证断开功率、紧急补充冷却水等辅助子系统。

（6）气流循环系统。保证制粉室、捕粉室的气体循环，将反应器中的金属微粒以气固两相流的方式输运到捕粉室中。

(7) 仪表控制系统。采用近程集中式仪表控制柜和远程仪表控制面板,两套系统并行控制设备工作状况。

(8) 封装系统。采用大规格的真空手套箱,保证极为活泼的纳米金属粉末可以进行氩气保护封装;或者在手套箱中进行钝化处理。

(9) 电动进料及真空密封机构。保证在制粉过程中真空密闭气流循环的前提下,工作进行的同时电动连续进料。

(10) 真空液压系统。可以在真空、氩气或大气状态下,提供 100 t 液压压力,原位进行纳米金属粉末的直接加压成形,从而制备大块纳米金属。

(11) 工质系统。提供必须的工作气体环境。

图 2-20 所示是氢电弧等离子体法制备纳米金属粉体的生产工艺流程。图 2-21 所示是采用此方法制备出的纳米铜、纳米铁和纳米镍的 TEM 照片及尺寸分布图。

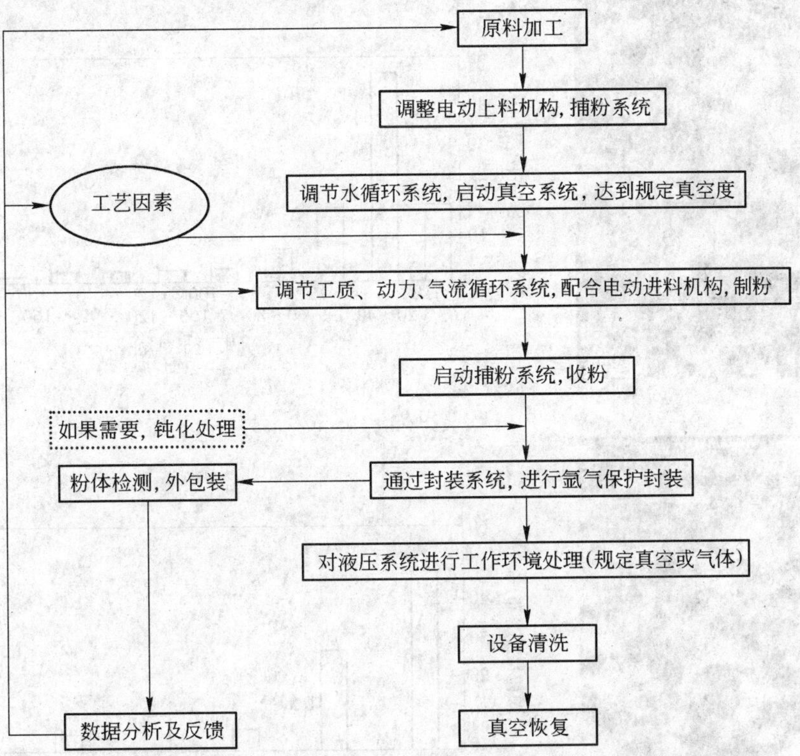

图 2-20　氢电弧等离子体法制备纳米金属粉体的生产工艺流程

蒋渝指出,同其他等离子体法制备纳米材料一样,采用氢电弧等离子体法制备纳米金属粉体的影响因素很多。从材料本身角度来看,材料蒸气压起了决定性作用。金属蒸气离开蒸发液面后迅速冷却,达到过饱和状态,发生均匀形核,最初的晶核尺寸一般在 1 nm 以下;形核发生于蒸发液面附近的一薄层区域中,形核速度对蒸气压变化非常敏感,随蒸气压增大,形核速度呈数量级地急剧增大。从外界条件来看,等离子体电流强度、冷态总压、氢氩比、气流循环强度等多方面都有较大影响。稳定电流是连续生产的必要条件,在连续电动进料的前提下,提高电流数值将增加出粉产率,但带来的温度上升效应将可能使粉末的粒度发生变化;冷态总压变化,不仅与等离子起弧密切相关,也影响出粉产率;高纯氢的引入,对于粉末产率有较大的提高,对于制粉过程中

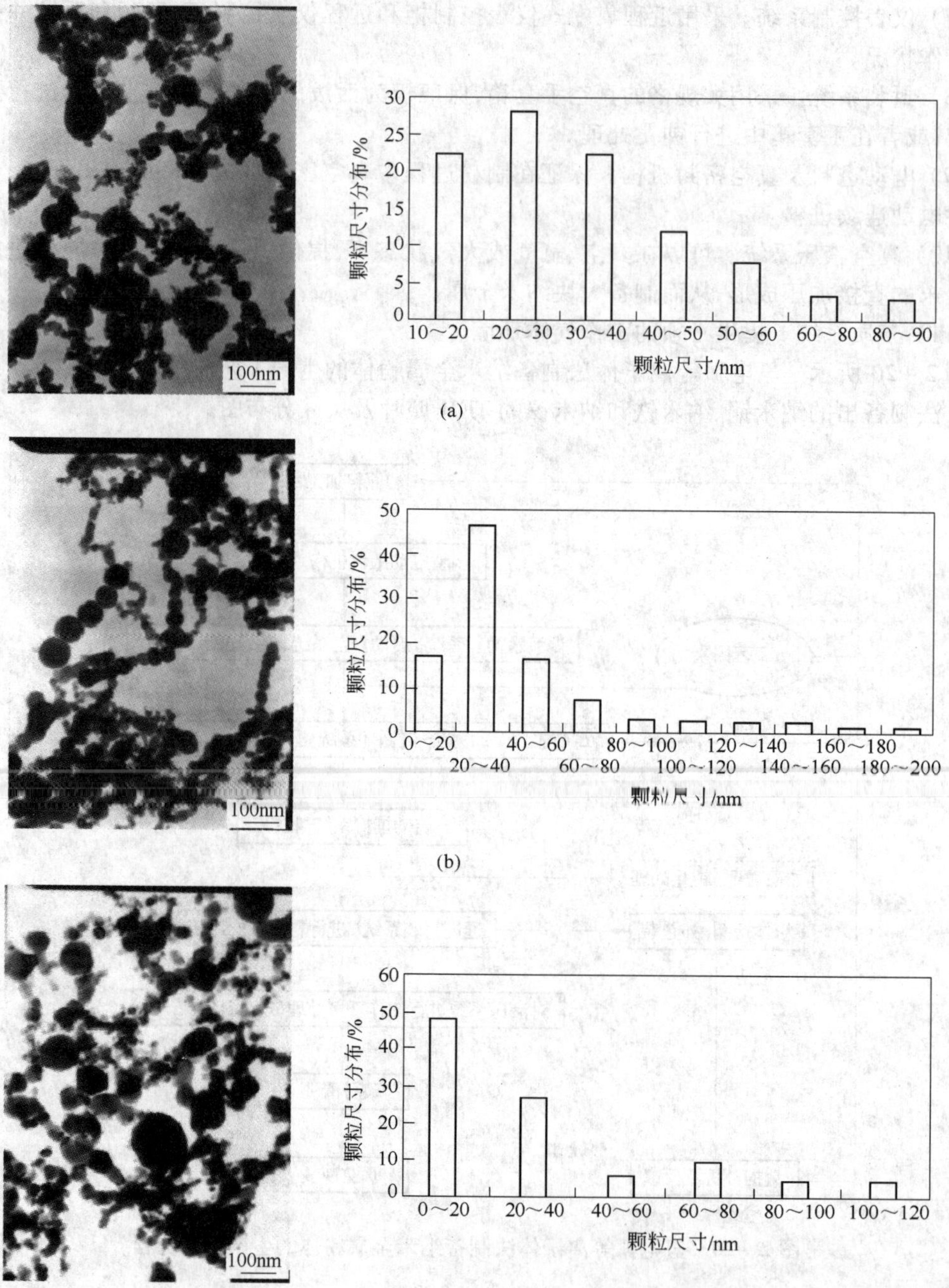

图2-21　氢电弧等离子体法制备的不同纳米金属颗粒的TEM照片及尺寸分布

(a) 纳米铜；(b) 纳米铁；(c) 纳米镍

的某些关键性工艺控制有较大影响，但是高纯氢的使用会提高成本，同时对设备的安全性能和真空检漏带来额外的要求；气流循环强度增大，气流对金属液流的雾化效果逐渐增强，金属粉末粒度变细；同时，气流对纳米金属颗粒作用而形成的气固两相流流速增加，有利于粉末捕集。

下面详细介绍蒋渝博士提出的氢在熔融金属液相中引发的抢先分子蒸发机制。

氢作用机制可从4个阶段解释，以铁为例，其各阶段情况如图2－22(a)所示。为对比起见，一般蒸发过程如图2－22(b)所示；氢引发的抢先分子蒸发过程如图2－22(c)所示。

在图2－22中，等离子体高温使氢被离解成活性氢原子，阴极射流将活性氢带入熔融液相后，由于溶解度差异会形成氢的微气泡；该气泡中较小的残余压力（因为气泡内压开始较小[11]）使得气泡界面周围铁熔体向该气泡内的蒸发接近于分子蒸发，从而使气泡内铁蒸气有较大的蒸发速率；当气泡逸出液面时，具有较高蒸气分压的铁蒸气被气泡带出液面，宏观上大大提高了铁的蒸发速率，从而有效提高制粉产率。

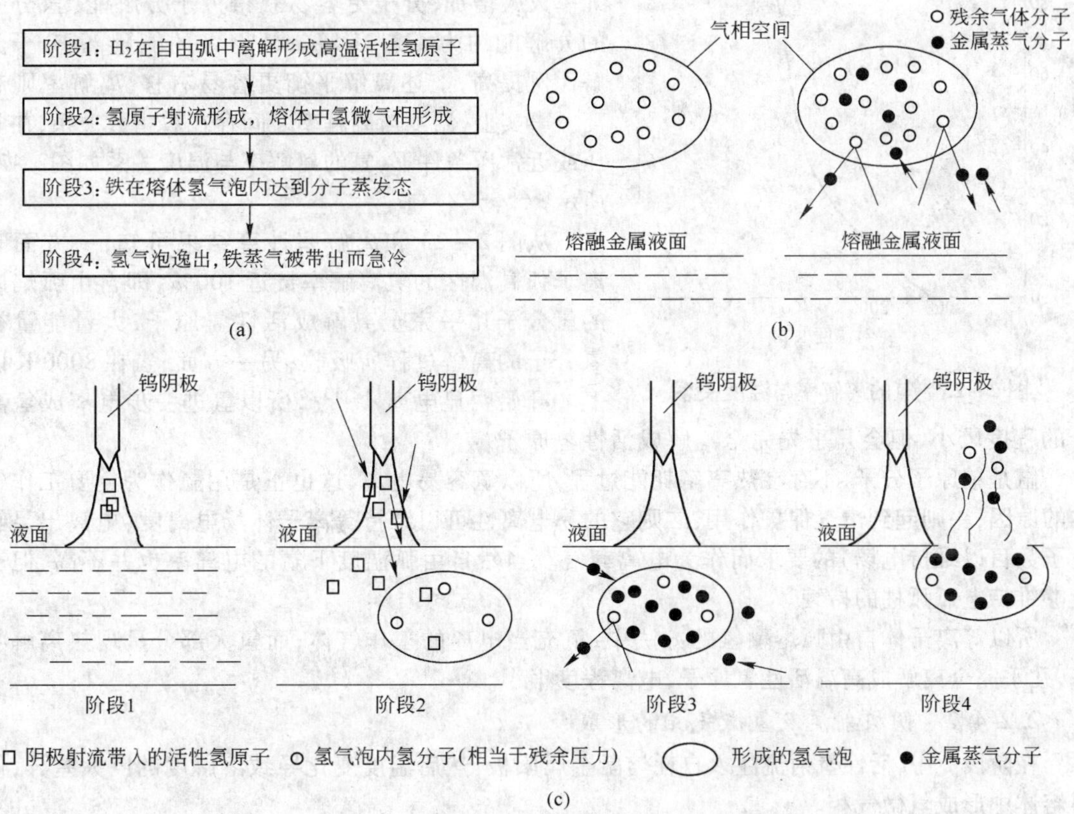

图2－22　氢作用机制

(a) 氢抢先分子蒸发的各阶段；(b) 一般蒸发；(c) 氢的抢先分子蒸发

2.2.4.1　氢的离解形成活性氢原子

等离子体自由弧稳定运行时，气氛中氢和氩是明显不同的。阶段1中，氢是双原子分子，首先热离解生成活性氢原子，达到离解平衡后，继续供能才能够电离；而氩是单原子分子，不存在离解过程，在等离子电场作用下直接电离。

氢的热离解方程为：

$$H_2 \Leftrightarrow H + H$$

设离解平衡常数为 K_p，双原子分子 H_2 的离解率为 α，系统压力为 p，H_2 和 H 的分压分别为 p_{H_2} 和 p_H，则离解平衡常数 K_p 为[12]：

$$K_p = \frac{p_{\mathrm{H}}^2}{p_{\mathrm{H_2}}} = \frac{4\alpha^2}{1-\alpha^2}p \tag{2-1}$$

式中，离解率 α 表示已分解的分子数与分解前分子总数之比。

以纳米铁粉的某个制备工艺为例（冷态总压81.06kPa(0.8atm)，氢氩比1:3），因等离子体自由弧轴心线温度在5000～6500 K之间，该温度范围内氢的热离解过程 K_p 值约为45[13]，将相关参数代入式2-1后计算得离解率 α 为99.12%。

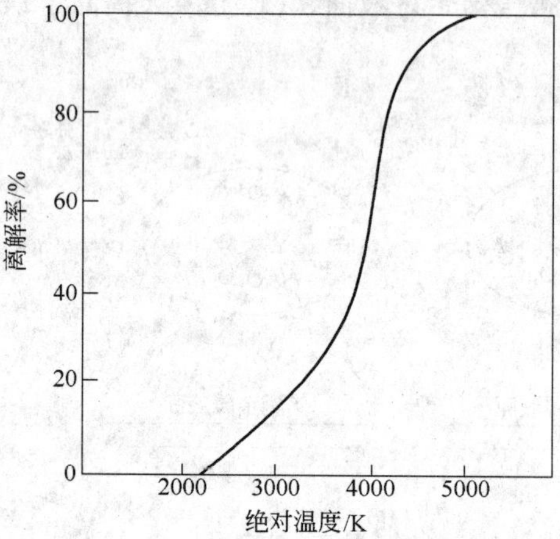

图2-23　氢的离解率与温度关系

双原子分子热离解过程中，温度是影响离解度的主要因素。温度升高，分子热运动增强，高能分子碰撞几率大大增加，分子更容易获得大于分解能（氢分子的分解能约为432.21 kJ/mol[12]）的能量，氢分子分解比例提高，上述离解平衡更容易右移，离解率则越高。事实上，温度与离解率之间存在着指数关系，在常压或近常压条件下，氢的离解率与温度关系如图2-23所示[12]。

从图2-23和离解率计算结果可知，一方面等离子弧高温区的氢离解率接近100%，即自由弧焰区的氢分子几乎完全离解成活性氢原子，大量能量被氢分子的离解过程所吸收；另一方面，氢在8000 K以上才开始明显电离[12,13]，所以氢进一步电离成氢离子的程度较小，但会几乎先完全离解成活性氢原子。

氩是单原子分子，不存在热离解耗能过程，所以氩容易电离，这也正是用氩作为主要工作气体的原因，一则起到惰气保护作用，二则它的易电离性可以维持等离子体场电离度（电离出足够电子数目以维持电场）的要求而作为电离载气。当然自由弧温度下氩的电离率也并不高，但已能够维持电弧弧柱的持续。

所以等离子体自由弧熔融氢的方法中，氩充当电离的工作气体；而氢大部分呈现热离解状态，几乎完全离解成高温活性氢原子，电离程度很小。

2.2.4.2　阴极射流及氢微气相的形成

在阶段2中，活性氢射流注入自耗熔融金属阳极；然后温度变化导致溶解度的巨大差异，使得熔体中形成氢微气相。

A　等离子电弧自磁压差的计算及磁泵现象

等离子弧的弧柱半径为 R，弧电流为 I，可把电弧看成由无数小股平行的电流所组成。从电磁原理可知，当平行导线中通过相同方向的电流时，它们本身的磁场和电流作用会产生电磁力；每一股电流都受到一个洛伦兹力的作用，它是由各股电流的感应磁场作用于该股电流所形成的，由右手定则可以定出力的方向，可知各股电流间相互吸引，从而产生自磁压缩效应，其宏观表现就是产生一个作用于电弧气体的附加压力 Δp[14]。

$$\Delta p = \frac{5}{3}\cdot\frac{\mu_0}{4\pi}\cdot\frac{I^2}{\pi R^2} = 0.53\times10^{-7}\frac{I^2}{R^2} \tag{2-2}$$

式中　Δp——作用于电弧气体的附加压力，Pa；

μ_0——真空磁导率，$\mu_0 = 4\pi\times10^{-7}$ N/A^2；

I——电流强度，A；

R——弧柱半径,$R=R(L)$,L为考察点到阴极弧枪的距离,随L增大,R也增大,m。

由式2-2知,电流强度越大,则附加应力也越大,该应力使得电弧直径有缩小的趋势。等离子体法的电流强度一般在400~700 A 范围内,如此大的电流使得该力不可忽视。

制备中可清楚观察到,从阴极到阳极自由弧弧柱半径逐渐增大,根据式2-2计算,沿电弧轴线方向从阴极到阳极各点的附加压力逐渐变小,而这恰恰说明,靠近阳极区域的压力场比靠近阴极区域的压力场要小,其压差正好造成从阴极到阳极的轴向气体压力梯度,换句话说,造成从阴极到阳极的气体流动。

阴极不断向阳极发射出的这种射流就是电弧等离子体的阴极射流,上述的轴向自磁压差是阴极射流形成的根本原因;而由阴极射流造成的阴极区域的低压会进一步将阴极周围的气体不断抽进弧柱,这就形成了电弧等离子体的磁抽吸或磁泵现象。磁泵效应形成的气体流动再叠加真空轴流风机驱使的气体流动(也是从阴极到阳极),使电弧轴线附近形成沿轴向的高速等离子体流。

纳米铁粉体制备中,等离子体电弧从阴极到阳极的弧柱半径及根据式2-2计算的附加压力数值见表2-1。其中在$L=0$处R小于阴极极枪半径(3 mm)的原因是弧光往往从阴极表面某个突起开始,而并非阴极整个半球面均参与起弧。

表2-1 电流强度为$I=600$A 时自由弧径向各处附加压力

距阴极距离 L/mm	0	3	6	9	12
实测弧柱半径 R/mm	2.2	2.7	3.1	4.2	4.9
附加压力 Δp/N·m^{-2}	3942	2617	1985	1081	795

由表2-1可知,自磁压缩附加压力沿径向从阴极到阳极急速衰减,阴、阳极之间有3942-795=3147 Pa 的压差,致使阴极不断向阳极发出射流;射流在阴极附近造成的低压又使阴极附近气体不断被抽进弧柱而形成磁泵现象,以维持射流的持续;说明了阴极射流的形成的确是由自磁压差造成的,而阴极射流带来的磁泵效应正好将阶段1中的氢分子热离解后所形成的高温活性氢原子抽吸到弧柱中,再以射流的方式送入阳极的熔融金属液体中,这就是氢射流的形成过程。

B 阴极射流冲击力的计算

阶段1中离解的活性氢原子由于磁泵现象进入阴极射流,然后沿弧柱径向被阴极射流挟带而注入阳极的熔融金属液体内。阴极射流冲撞阳极表面时会产生较大的冲击力,郭鸿志等人[15]推导计算了此冲击力:

$$F=10^{-7}\cdot I^2\cdot\ln(1+\sqrt{z/R_C}) \tag{2-3}$$

式中 F——阴极射流作用于阳极表面的冲击力,N;

I——电流强度,A;

z——轴向距离,m;

R_C——阴极斑半径,m。

制备纳米材料时,$z=12$ mm,$R=2.2$ mm,$I=600$ A。代入式2-3计算得$F=0.05$ N。这种阴极射流对熔融金属液面的冲击力可以理解为含活性氢原子的阴极射流进入熔融阳极液体的具体体现,在制备中的确发现这种冲击力导致阳极液面下凹。

C 氢溶解度的变化估算

氢的溶解是吸热过程,其溶解度随温度升高而显著提高;活性氢原子、氢分子在制粉空间内

均以气体状态存在,均符合西维特(Sievert)公式,考虑到温度和压强的综合影响,西维特公式表示为[11]:

$$\lg S = \lg S_0 + 0.5\lg p - 0.0261(Q/T) \tag{2-4}$$

式中 S——气体在熔融铁液中的溶解度(质量分数),%;

S_0——溶解度常数(质量分数),%;

p——气体分压,Pa;

Q——氢溶解吸收热,J/mol;

T——温度,K。

温度为5000~6500 K的活性氢被阴极射流以作用力的方式(而并非溶解度的方式)刚注入铁熔融金属液相时,温度高而溶解度极大;进入熔体后温度急降至铁的熔点1808 K,造成溶解度也急剧下降,氢原子将重新结合成氢分子;当氢分子浓度进一步达到饱和时就会形成氢气泡。按式2-4的粗略估算,S和S_0呈线性关系,S和p呈平方根关系,S和T呈指数关系,为此仅计算温度差所引起的溶解度差异就达10^4数量级,这种差异是导致氢气泡生成的根本原因,所以阶段2中的金属熔融液体内部有大量的氢微气相生成。

2.2.4.3 氢气泡中的抢先分子蒸发

在熔融金属液体表面的蒸发属于一般蒸发类型,由于残余压力远大于铁的饱和蒸气压,按照Carman经典蒸发理论,铁的蒸发速率远远达不到最大理论蒸发速率的水平,这是因为一般蒸发的任何阶段,残压始终存在而阻碍着铁蒸气的挥发,纯氩气氛下的阳极表面蒸发就属于这种情况。

氢气氛引入后,氢分子离解成活性氢原子,再通过阴极射流被注入熔融金属液体,然后因为溶解度变化的原因重新在熔体内形成氢气泡。对于熔融金属来说,微小的氢气泡也是一个蒸发空间。但这个微气相空间和表面层的一般蒸发空间有很大的不同,从液相内直接成形的氢微气泡内并没有残余压力,氢气泡本身的内压开始也很小,其逐渐长大依靠氢元素在熔体内的扩散聚集,这需要相对较长的时间。而这个时间段对于气泡界面周围的铁熔体来说,相当于具有极低的残余压力,以致此时铁熔体相对于微气相空间的蒸发接近于Carman的分子蒸发阶段,实际蒸发速率就接近于最大理论蒸发速率值。"抢先"的含义就在于氢气泡在液相内靠氢扩散聚集而长大的时间被铁的分子蒸发进程所利用,使得铁在氢气泡内的分子蒸发(而不是一般蒸发)能够抢先进行。

换句话说,气相分子阻碍液相分子向气相内蒸发的作用,对残压分子和金属蒸气分子来说是一致的;如果金属蒸气分子在残压小的气相空间内能够先满足最大蒸发状态,气相中的金属蒸气分压就会大得多,表现为蒸发速率接近材料的最大理论蒸发速率(只和材料本身的饱和蒸气压有关)。对于铁熔融金属表面层的一般蒸发,始终存在的残压阻碍了气相中铁蒸气的挥发,使蒸发速率很小;但对于氢微气相,气泡界面周围铁的"抢先分子蒸发"过程使蒸发速率大幅提高,接近最大理论蒸发速率的水平,导致蒸发量的激增。

综上所述,氢气泡内含有比一般蒸发的分压高得多的金属蒸气,一个氢气泡就相当于一个铁的"分子蒸发单元",这使得氢微气相内蒸发的单位产率极高;同时,熔融金属液体内的众多氢气泡又使得有效蒸发面积也远远大于阳极熔池表面的蒸发面积;两者叠加的结果使得氢气氛显著提高蒸发量,从而大幅提高纳米金属粉体的产率。

2.2.4.4 氢气泡的逃逸

在阶段3中充满了较大金属蒸气分压的氢气泡,不一定能够逃逸出液面,因为即使金属蒸气

达到最大限度的饱和,氢气泡内压仍然可能不足以满足气泡的逸出条件[11]:

$$p_H + p_{Fe} > p_w + \rho h + \frac{2\sigma}{r} \quad (2-5)$$

式中 p_H, p_{Fe}——分别为氢气泡内部氢和铁的压力,Pa;
p_w——制粉空间工作压力,Pa;
h——气泡在熔体内深度,m;
ρ——铁熔体密度,kg/m^3;
σ——表面张力,N/m;
r——气泡半径,m。

由式2-5知,首先生成的小气泡半径小,$2\sigma/r$值大,气泡长大困难;随着熔融铁蒸发进入微气相,气泡内压上升;尤其是其后阶段中,气泡内氢分压会因为氢在熔体内的继续脱溶和扩散而持续增加,直至达到逸出条件;同时随r增大,表面张力作用项减小,有利气泡继续长大和逃逸,当满足式2-5时,富含铁蒸气的氢气泡将离开熔融液面并破裂,氢气泡内裹的铁金属蒸气被带出而进入制粉空间急冷,宏观上形成由纳米金属粉末微粒组成的"金属烟"(因为氢、氩气体不可能出现可见烟雾状态)。

由于金属熔融液体本身的黏度很大,氢在金属熔体内的微气泡不容易观察到,但"金属烟"的存在是制备中已证实的现象,当材料本身蒸气压越大、氢分压越大或电流强度越大时,"金属烟"现象越明显,产率相应也就越高。

大量的微气泡存在于金属熔体中,其有效蒸发面积比阳极表面直接蒸发面积大得多;微气相内分子的蒸发速率也远大于阳极表面一般蒸发的蒸发速率;而氢气泡的逃逸顺利地将高得多的蒸气分压的挥发性金属烟带出到冷凝空间,所以氢对铁金属蒸发的影响非常显著,进而明显提高粉体的制备产率。

以上4个阶段的说明就是氢气氛抢先分子蒸发机制的物理模型解释。因此,氢的加入是提高氢电弧等离子体法制备纳米金属粉体材料产率的根本原因。

日本技术研究所 M. Tanaka 等人[8]也对氢电弧等离子体法制备纳米材料的装置进行了改进(见图2-24),并利用此装置加热锡-银块体制备出不同粒径的纳米锡-银颗粒(见图2-25)。

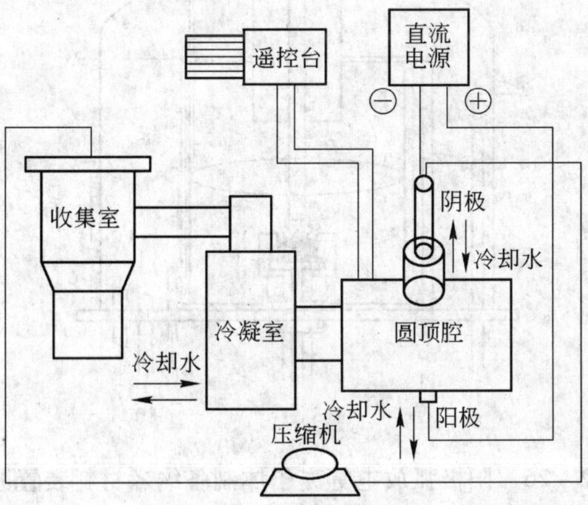

图2-24 改进型氢电弧等离子体法制备纳米材料的装置原理

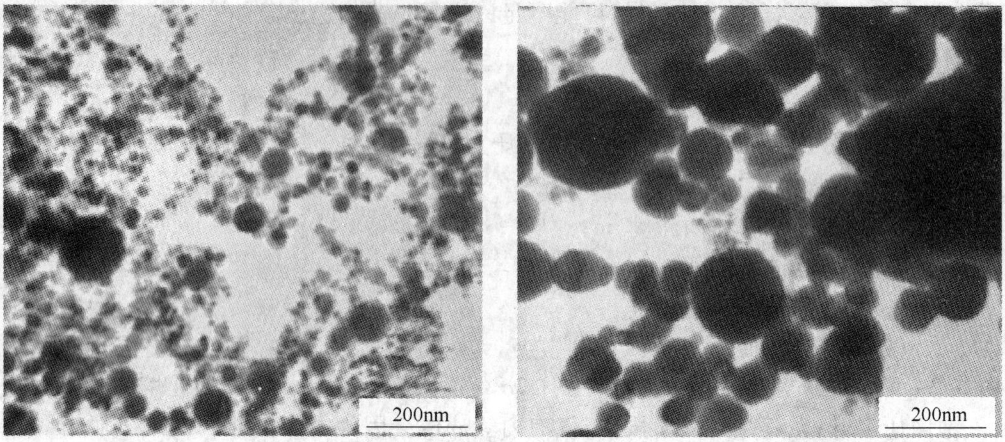

(a)　(b)

图 2－25　氢电弧等离子体法制备的不同气氛下的纳米锡－银颗粒

(a) 100% Ar;(b) 50% Ar + 50% H_2

此外,兰州理工大学等离子体与金属材料研究所的魏智强等人先后开发出阳极弧放电等离子体[9]和约束弧等离子体[10]制备纳米材料的技术和装备。图 2－26 所示是他们自行设计的阳极弧放电等离子体制备纳米材料装置原理图。主要由直流电源装置、配气装置、抽气装置、真空室、液体冷却筒、粉末收集器、固定阳极(水冷却)和螺旋式阴极等几个部分组成。制备时,先用机械泵和扩散泵将反应室抽至真空度达 0.001 Pa,多次采用高纯氩净化冲洗,进一步降低真空室内杂质气体浓度,再充入惰性保护气体氩,并调节气压约为 1000 Pa。然后接通电源,在极短的时间内,两极间起电弧,气体被电离,形成稳定的等离子体。金属镍被高温等离子体迅速加热、熔融、蒸发成金属蒸气,与气体原子相互碰撞,成核、凝并、生长形成纳米微粒。经过一定时间的氩气稳定钝化处理,就可获得松散的镍纳米粉。图 2－27 所示是氩气压为 1 kPa、电弧电流为 100 A 和水冷却背景条件下制得的纳米镍粉的 TEM 照片及其衍射花样。

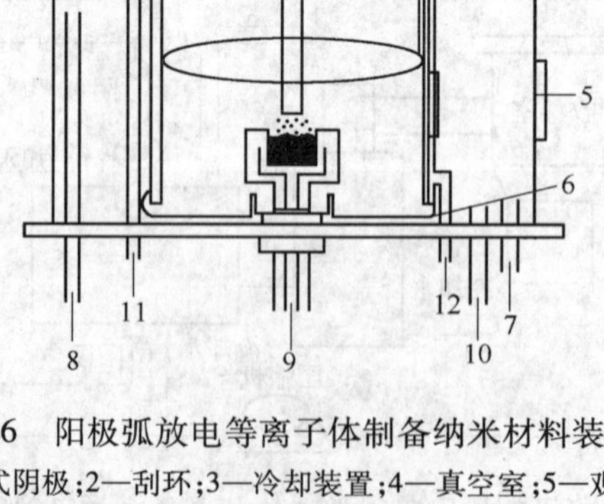

图 2－26　阳极弧放电等离子体制备纳米材料装置原理

1—可推进式螺杆式阴极;2—刮环;3—冷却装置;4—真空室;5—观察孔;6—收集器;7—真空泵;8—配气装置;9—冷却阳极;10—真空测量计;11—进口;12—出口

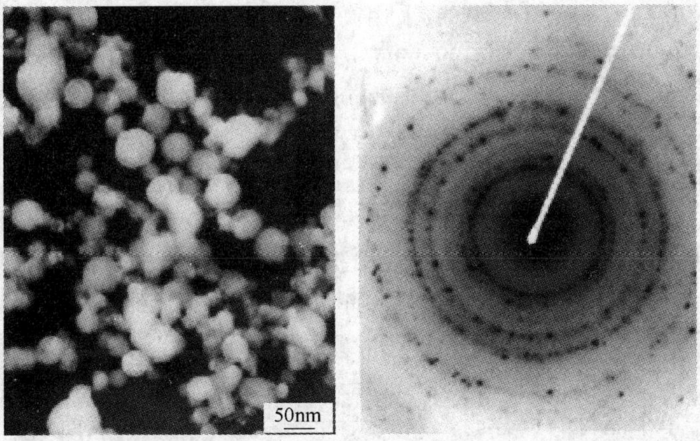

图 2 - 27 纳米镍粉 TEM 照片及其衍射花样

图 2 - 28 所示是他们自行研制的约束弧等离子体制备金属纳米粉的装置原理图。主要由真空室、配气装置、直流电源、高频点火器、液体冷却收集筒、水冷阳极铜坩埚和等离子体枪体等几个部分组成。等离子体枪体是整个设备的核心部分，主要由水冷喷嘴和钨极组成，喷嘴和钨极之间接高频引弧电源。直流电源接在水冷铜坩埚和钨极之间，原料放置在水冷铜坩埚内。本装置的技术特征：等离子体电弧分布区域小，温度梯度大，一般为 $10^5 \sim 10^6$ K/m，成核速率大；全封闭液体骤冷装置，冷却速度高（1000 K/s），晶核生长速率大；在惰性保护气体中生成，纯度高，杂质少，在准热平衡状态下生成，结晶组织良好，分散性好；纳米粉末的粒度、形貌和其他性能通过调节工艺参数可控制；本方法具备连续生产能力，产量高，适合工业化批量生产。约束弧等离子体经过水冷喷嘴的内腔及其狭小的孔道等外部约束条件使电弧受到机械约束、电磁约束和工作气体气流的冷却约束三种约束效应，弧柱被压缩形成高温、高电离度和高能量密度的等离子弧。约束弧等离子体是一种高温新热源，它的温度高，能量集中（弧柱中心温度可达 3×10^4 K，能量密度高达 10^7 W/cm^2），具有高的导电和导热性能，高稳定性和反应气氛可变等特点，可直接用于制备各种难熔金属、金属陶瓷（氧化物、氮化物和碳化物等）的纳米粉末。

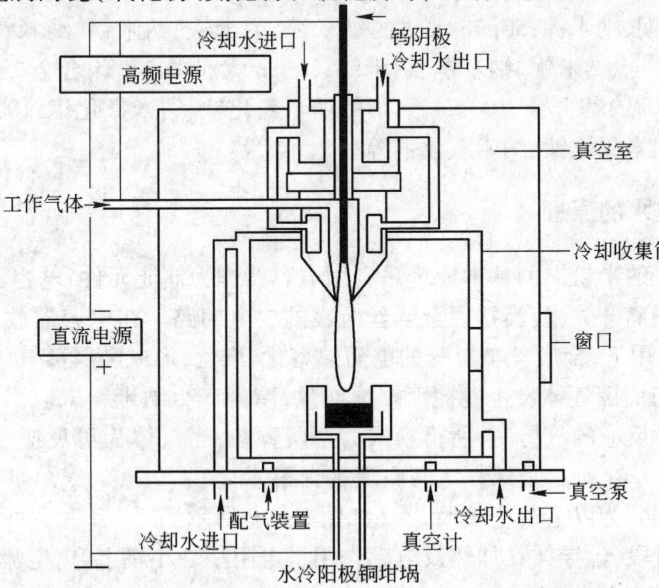

图 2 - 28 约束弧等离子体制备纳米金属粉的装置原理

在制备时，先将真空室抽至 0.001 Pa，采用高纯惰性气体氩净化冲洗数次，降低真空室内杂质气体浓度，再充入保护气体氩（纯度 99.99%），并调节气压约为 1000 Pa。由高频电源在钨电极和喷嘴之间放电，实现高频引弧，然后接通直流电源，使钨电极和原料之间产生电弧。在气压和电弧电流作用下，离子化气体冲出喷嘴形成等离子流火焰。它是由电子、光子、正离子和中性粒子组成的一种高温高活性离子化的导电气体。块状金属被高温等离子体加热熔融，温度升高到动能超过原子的表面束缚能而挣脱金属表面发射出来，形成金属蒸气与周围惰性气体原子激烈碰撞，并向四周扩散。其中有带电粒子的反极扩散和中性粒子的自由扩散，扩散过程伴随着带电粒子与处于基态和激发态中性粒子的碰撞和库仑碰撞，粒子不断电离复合，进行充分的能量和电荷交换。由于惰性气体的对流，在接近冷却收集筒过程中，金属蒸气迅速损失能量而冷却，造成很高的局域过饱和，这将导致均匀的成核过程。因此金属蒸气首先形成原子簇，在接近冷却筒表面的区域内，由于单个晶粒的聚合而长大，最后沉积在冷却收集筒表面上。经过一定时间的氩气稳定钝化处理，就可获得松散的纳米粉末。表 2-2 给出了约束弧等离子体制备纳米金属粉的参考工艺参数。

表 2-2　制备纳米金属粉的参考工艺参数

热功率/kW	气压/kPa	气氛	弧电压/V	弧电流/A	冷却背景	产率/g · min^{-1}	平均粒径/nm
3	0.3～2	Ar	20～30	70～150	水冷	2～3	20～70

2.3　丝电爆炸技术制备纳米材料的设备和工艺

采用适用于工业上连续生产的丝电爆炸（EEW, electro-explosion of wire）专利技术制备纳米材料的美国阿刚耐公司（Argonide Corporation）于 1994 年在美国宾夕法尼亚州的匹兹堡成立，后搬迁至佛罗里达州桑福德（Sanford）工业园区。该专利技术由俄罗斯新西伯利亚科学院的核物理专家开发，后与美国洛斯阿拉莫斯国家实验室合作形成批量生产，并转让给美国阿刚耐公司。该公司的主要产品为二十多种高纯纳米金属粉、纳米合金粉、纳米氮化物和纳米金属氧化物，如 Alex 牌纳米铝、纳米铜、纳米镍，50 nm 大小的纳米锌、纳米铁、纳米锡、纳米钨、纳米钼、纳米钛、纳米铟、纳米银、纳米金、纳米铌、纳米钽、纳米铂，50 nm 大小的 Ni/Ti 合金（50/50 和 51/49）、黄铜、316L 不锈钢、C276 镍基合金，100 nm 大小的纳米氮化钛、纳米氮化铝，100 nm 大小的纳米氧化铝、纳米氧化铁、纳米氧化钛、纳米氧化铜等。

2.3.1　丝电爆炸技术的原理

丝电爆炸法制备纳米粉末的基本原理是利用电容器作为储能元件，电容器充电完成后，利用高压触发脉冲触发隔离开关，使其接通金属丝所在的放电回路。在电容器放电产生的大电流脉冲（幅值为 kA 级）作用下，金属丝被自身的电阻热熔化、汽化，形成金属蒸气（或进一步形成等离子体）在腔内膨胀，与周围气体发生碰撞而损失能量，冷凝产生纳米粉末。当电爆炸腔内充满不能与金属丝发生化学反应的气体时，所得粉末为金属颗粒；当气体为可反应气体时，产生纳米金属化合物粉末。图 2-29 所示是该方法的原理示意图[16]。

通常将爆炸过程分为以下几个阶段[17]（如图 2-30 所示）：

（1）固态加热阶段，丝导体在加热及电感作用下电阻呈现小幅上升，电流的欧姆加热使导体逐步趋向熔化，如图 2-30（a）所示。

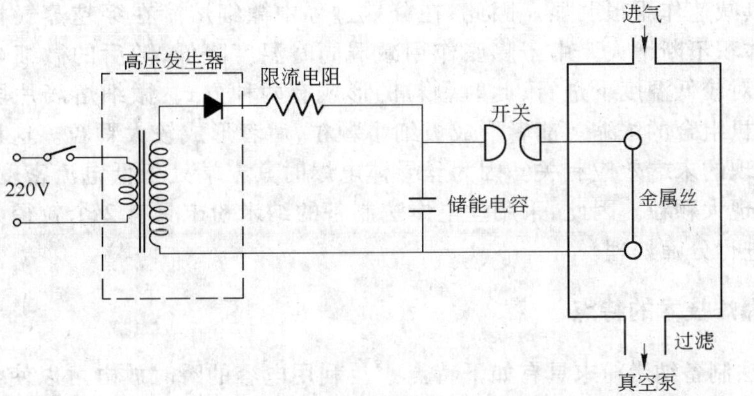

图 2-29　丝电爆炸制备金属纳米粉原理

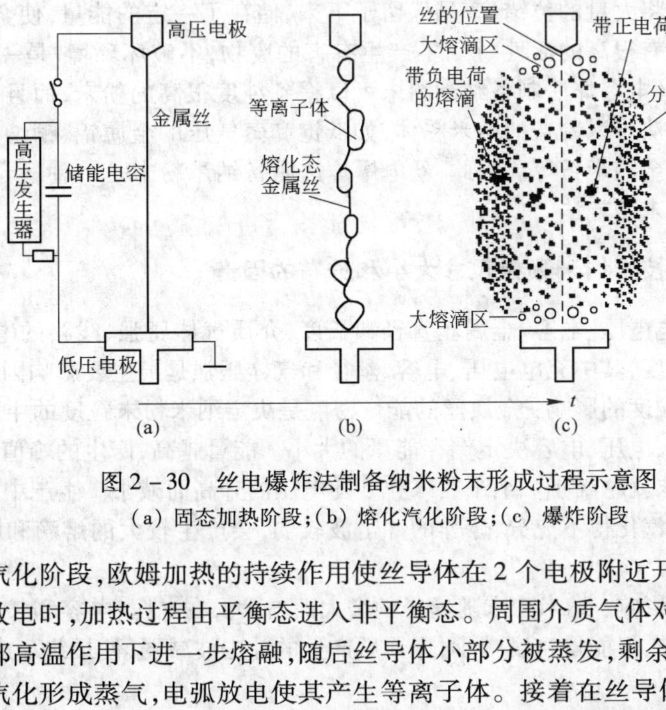

图 2-30　丝电爆炸法制备纳米粉末形成过程示意图
(a) 固态加热阶段;(b) 熔化汽化阶段;(c) 爆炸阶段

(2) 熔化汽化阶段,欧姆加热的持续作用使丝导体在 2 个电极附近开始熔化,丝导体在电极附近出现径向放电时,加热过程由平衡态进入非平衡态。周围介质气体对这部分有冷却作用,另外丝导体在内部高温作用下进一步熔融,随后丝导体小部分被蒸发,剩余破裂形成熔滴片段,同时也出现部分汽化形成蒸气,电弧放电使其产生等离子体。接着在丝导体其他部位发生相似变化(有研究表明,在丝导体两端被夹持时,电爆表现为丝导体两端最先断裂,剩余部分处于无约束状态),并出现等离子体,在强烈的热作用下整段丝进一步膨胀并开始出现弯曲,如图 2-30(b)所示。电磁箍缩效应使蒸气的膨胀力受到限制而产生内部高压,高压蒸气的继续快速膨胀驱使等离子体迅速向外扩张数毫米距离,从而形成了等离子壳。此时仍然有电流通过,电流的进一步加热将导致丝爆炸。

(3) 爆炸阶段,丝导体的中段部分首先形成过热态的微细熔滴片段及部分被升华为蒸气相,如图 2-30(c)所示,此时出现高能电子喷发,喷发的电子直接参加离子化。在扩张的最初阶段,蒸气相径向向外运动,且速度远大于微细熔滴片段,同时产生冲击波。从物理学角度看,这个过程为熔滴小片段在过热的液态金属中的运动。当微细熔滴片段的外表层金属被蒸发,同时也冷却了蒸气相和微细熔滴本身。在这里,熔滴片段的形成与电爆时金属间化学键断裂有关。这个过程伴随着热电子喷发,因而熔滴片段带正电,而蒸气相带负电。由于蒸气相密度较小,其减速作用很明显。因此,在分散过程中微细熔滴在穿越蒸气相时会捕捉一部分蒸气,从而体积不断增大。由于膨胀作用减弱同时温度降低,随后的微细熔滴片段与蒸气相作用是在相对较低温度下进行,此时颗粒的形成有两种方式:微细熔滴片段的表层气相浓缩和蒸气相随机组合的浓缩。前者形成极细小颗粒,后者形成较大颗粒。这种大颗粒形成与丝导体电爆出现的末端效应有关。因为丝导体电爆时其末端处于低电流密度作用,加热时间较长时容易出现大颗粒。因此,采用丝电爆法制备的纳米粉末具有2个粒径大小区间分布的特征,故需要进行分筛处理。

2.3.2　丝电爆炸技术的特点

丝电爆炸法制备纳米粉末具有如下特点[18]:利用电容的瞬时放电可以使金属丝在很短的时间获得很高的能量密度,具有脉冲技术工艺的优点,能量利用率高;通过调节放电参数(电容量、电阻、电感、充电电压和金属丝尺寸等),可有效控制纳米粉末粒度;由于金属丝膨胀爆炸的过程中,冷却速度很快,将大量的位错、孪晶保留了下来,储存了一定的能量,使金属丝爆炸制备的纳米金属及合金粉具有很高的活性[19];不产生有害的废物,不破坏环境,是一种"绿色"的制备纳米粉末的方法;用丝电爆炸法制备纳米粉末可以得到纯度很高的粉末,而且分散性好;采用此法可以制备出其他方法难以制备的纳米粉体,如低饱和蒸气压的金属铝、铜纳米粉,高熔点的钨、钼纳米粉,铜-锌合金纳米粉等。因此,丝电爆炸法制备纳米粉末是一种适合于产业化的低成本高效率制备纳米粉末的方法。

2.3.3　影响丝电爆炸技术纳米颗粒尺寸大小和分布的因素

制备过程表明,充电电压、电容、金属丝直径和长度、介质气体压强、线路的电感和电阻等工艺参数影响纳米粉末粒度,其中充电电压、电容、丝径和气体压强是最主要影响因素[16]。

(1) 电压、电容对粒度的影响:金属丝的能量密度是决定纳米粉末粒度的主要因素,而电容储存的能量 $E=0.5CU^2$,电压、电容决定储存能量的大小。能量越高,产生的峰值电流越大,冲击波越强,形成的纳米粉末就越细小。纳米粉末粒度随电压的升高而减小。生产中发现,如果电压过低,能量过小,金属丝汽化得不充分,爆炸的冲击波较弱,会产生较大的熔滴和断裂的碎片,纳米粉末颗粒粗大。

(2) 丝径对粒度的影响:纳米粉末随丝径的增大而增大。在电压、电容和长度一定时,丝径增大,峰值电流有所增加,但能量密度减小,爆炸后产生的冲击波减弱,使最终形成的纳米粉末粒度增大。

(3) 气体压强对粒度的影响:纳米粉末粒度随气体压强的增大而增大。由于气体分子浓度增大,爆炸后高速运动的金属蒸气与气体分子碰撞的几率增大,金属蒸气自由程变小,结合的机会增大,冷却机会减少,从而促进了粒径的生长,形成分子团的直径变大。

(4) 放电回路电感对粒度的影响:电感对爆炸过程有重要影响。电感能阻碍和延缓峰值电流,电感越大,峰值电流降低,使冲击波减弱,得到的纳米粉末粒度增大。要得到最大电流,必须尽可能减小回路电感。

2.3.4　丝电爆炸技术的设备

图2-31[20]和图2-32所示分别是俄罗斯托木斯克高压研究所生产的丝电爆炸技术制备纳米材料的设备结构方框图和UDP-4G型设备照片。图2-33是丝电爆炸法制备的典型纳米粉末的TEM照片[20]。图2-34所示是美国阿刚耐公司采用丝电爆炸法制备纳米材料时的爆炸瞬间照片。

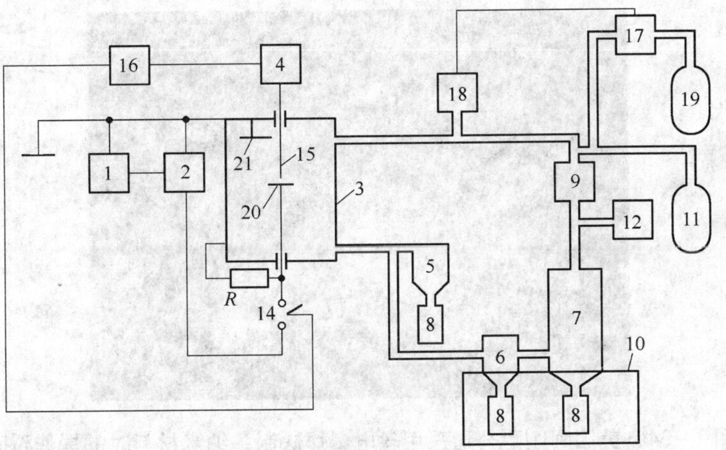

图 2-31 丝电爆炸法制备纳米材料设备的结构方框图

1—高压放电装置;2—电容器;3—爆炸腔体;4—送丝机构;5—捕集器;6—气旋;7—过滤装置;8—漏斗;9—风扇;10—密封箱;11—瓶子;12—真空泵;14—三电极气动开关;15—丝;16—开关触发器;17—气流控制阀;18—氧气传感器;19—瓶子;20—高压电极;21—观察窗

图 2-32 丝电爆炸法制备纳米材料的 UDP-4G 型设备照片

1—爆炸室;2—粉末过滤器;3—集粉室;4—高压电路

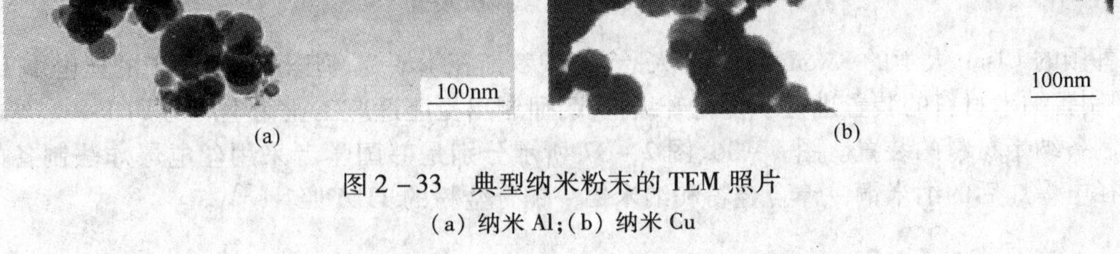

图 2-33 典型纳米粉末的 TEM 照片

(a) 纳米 Al;(b) 纳米 Cu

图 2 – 34　美国阿刚耐公司采用丝电爆炸法制备纳米材料时的爆炸瞬间

国际上除美国和俄罗斯外，日本、韩国、印度等国家也开发出丝电爆炸法制备纳米材料的设备。我国河南焦作伴侣纳米材料公司、辽宁辽阳奥克纳米材料有限公司、吉林省四平市高斯达纳米材料有限公司、广东开平克德纳米材料有限公司等单位生产所用的丝电爆炸法制取金属纳米粉末设备，都是从俄罗斯托木斯克高压电研究所引进的设备，生产规模能达到稳定日产 140 nm 以下的金属粉体 10 kg 左右。此外，我国吉林大学、兰州理工大学、中南大学等高等学校也自行或参与上述国内生产单位的设备升级改造。下面对这方面的情况进行介绍。

日本的研究人员开发出一种使丝电爆炸法连续进行的设备（见图 2 – 35）[21]。装置由送丝轮、导向轮和回转轴组成，回转轴上均布有 8 根棒状的电极，导电胶粘接带固定于电极上，用于固定金属丝，有的通过机械作用来固定金属丝。铜电极在具有不均匀厚度的导向树脂的作用下上下运动，在凸轮的作用下实现向里和向外运动，实现对金属丝的固紧与松开。每次爆炸一根金属丝，然后转动转盘，完成 8 次电爆炸之后，将爆炸腔内气体抽出，在过滤器上收集产生的粉末。

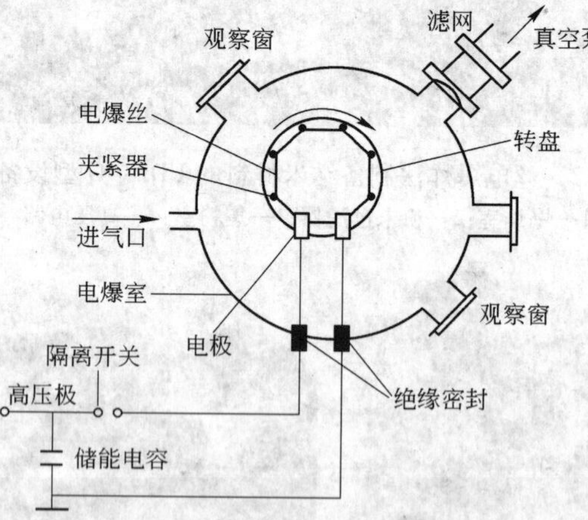

图 2 – 35　丝电爆炸法装置

韩国的 Ulsan 大学的 Kwon Y. S. 等人[22]对俄罗斯托木斯克高压研究所生产的丝电爆 UDP-4G 型制备纳米材料的装置进行了优化升级换代，研制出更能适应工业化生产的 UDP-5 型丝电爆炸法制备纳米材料的装置。图 2 – 36、图 2 – 37 所示分别是韩国学者采用丝电爆炸法制备的不同丝径电爆炸后的纳米铜 – 镍合金粉和纳米铝 – 铜合金粉的 TEM 照片[23]。

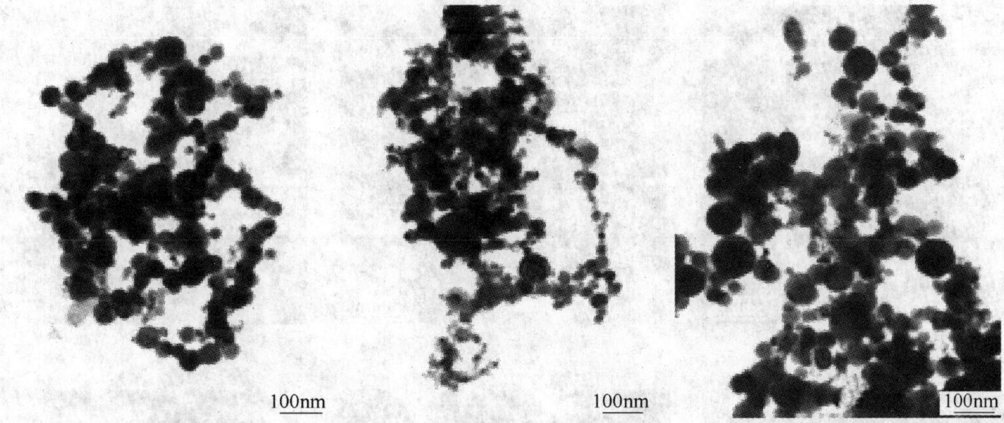

图 2－36　不同直径铜－镍丝电爆炸后的铜－镍合金纳米粉 TEM 形貌

(a) 0.224 mm;(b) 0.251 mm;(c) 0.331 mm

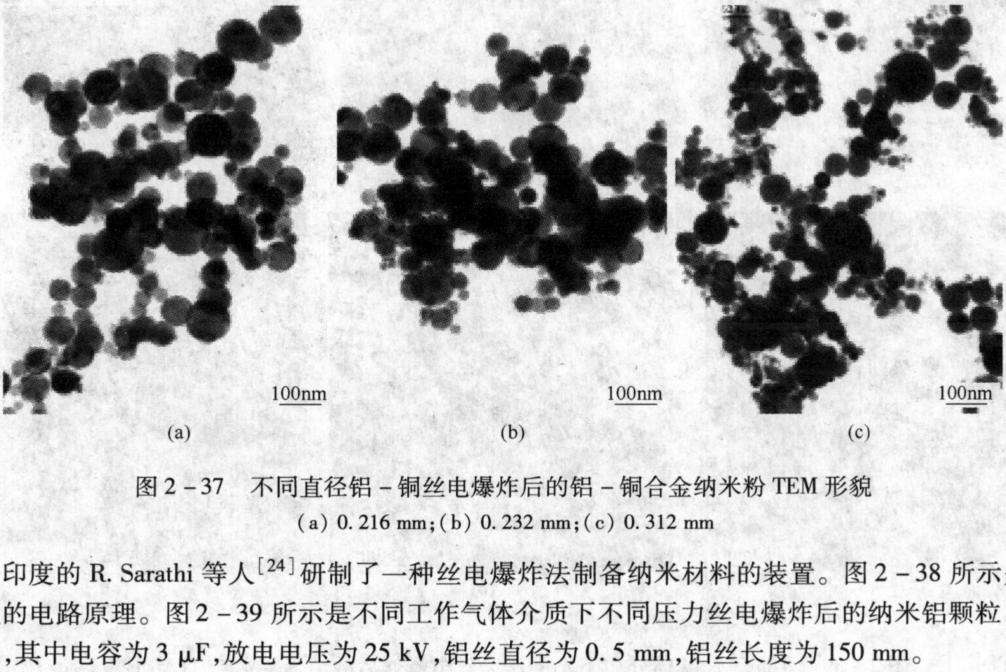

图 2－37　不同直径铝－铜丝电爆炸后的铝－铜合金纳米粉 TEM 形貌

(a) 0.216 mm;(b) 0.232 mm;(c) 0.312 mm

印度的 R. Sarathi 等人[24]研制了一种丝电爆炸法制备纳米材料的装置。图 2－38 所示是该装置的电路原理。图 2－39 所示是不同工作气体介质下不同压力丝电爆炸后的纳米铝颗粒 TEM 形貌,其中电容为 3 μF,放电电压为 25 kV,铝丝直径为 0.5 mm,铝丝长度为 150 mm。

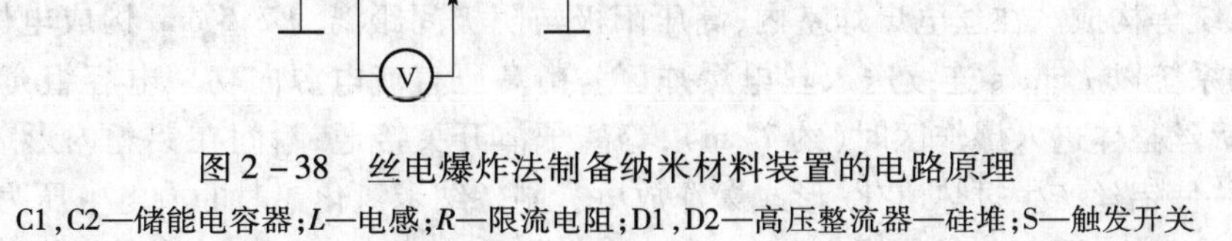

图 2－38　丝电爆炸法制备纳米材料装置的电路原理

C1,C2—储能电容器;L—电感;R—限流电阻;D1,D2—高压整流器—硅堆;S—触发开关

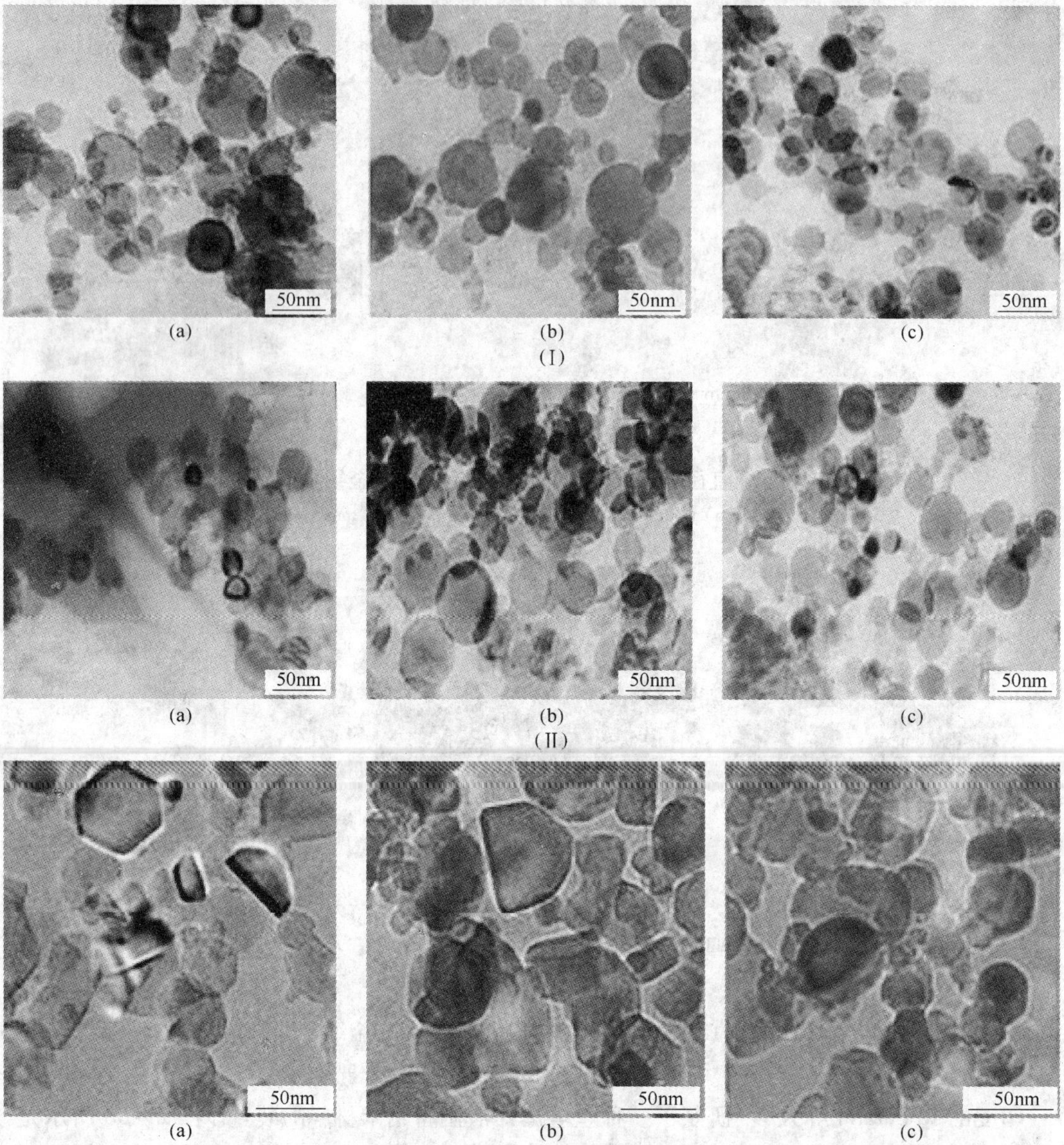

图2-39 不同工作气体介质下不同压力丝电爆炸后的纳米铝颗粒TEM形貌

(Ⅰ) He;(Ⅱ) Ar;(Ⅲ) N_2;(a) 0.025 MPa;(b) 0.05 MPa;(c) 0.1 MPa

吉林大学超硬材料国家重点实验室的杨海滨等人[25]采用该室自行设计制造的丝电爆炸纳米粉体生产设备(见图2-40)制备出平均粒径为50 nm的纳米氮化铝。该装置由高压直流电源、功率电容组、等离子体开关、电爆炸室、抽真空与充排气系统、气体介质循环系统、粉体收集与原位包装系统等构成。在丝电爆炸室内,高压阳极与阴极间距离为7.5 cm,构成电爆炸区,金属铝丝由驱动系统以7 cm/s连续送入丝电爆炸区。由高压直流电源向功率电容组充电到预定电压,当金属铝丝整体进入爆炸区时(约7 cm),等离子体开关接通,瞬间在铝丝内形成10^7 A/cm^{2}的强电流,并使铝丝产生过热汽化,形成爆炸放电。制备纳米氮化铝时的放电电压为34 kV,功率电容组容量为1.6 μF,铝丝纯度为99.99%,铝丝直径为0.4 mm。制备时首先将整个系统抽真空至1 Pa,然后充入高纯氮(纯度为99.999%)对系统进行多次清洗,再充入高纯氮至预定气压。所得纳米氮化铝在氮气保护下原位封入隔氧塑料袋内待用。

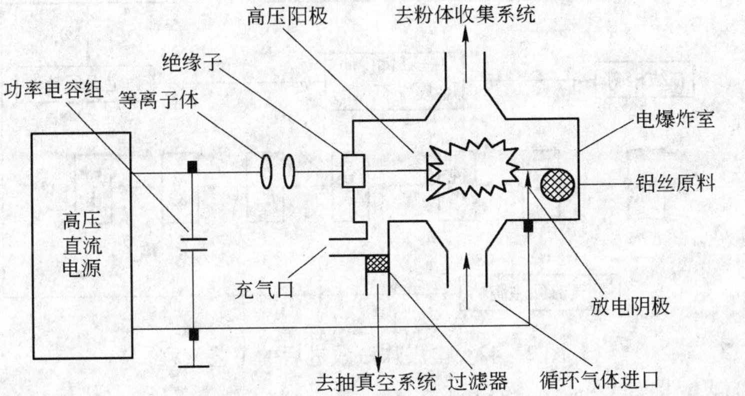

图2-40　丝电爆炸装置示意图

吉林大学的贺新升[26]和陈宾[27]等人还参加了四平市高斯达纳米有限公司从俄罗斯引进丝电爆炸制备纳米材料设备的升级改造工作,研制成功国内第一台SNB-1型连动式电爆法金属纳米粉制取设备。其设备结构如图2-41所示。改进后的工艺流程如图2-42所示,这样生产速率获得了大的提高,由原来的班产2.0~2.4 kg达到了5~7 kg。

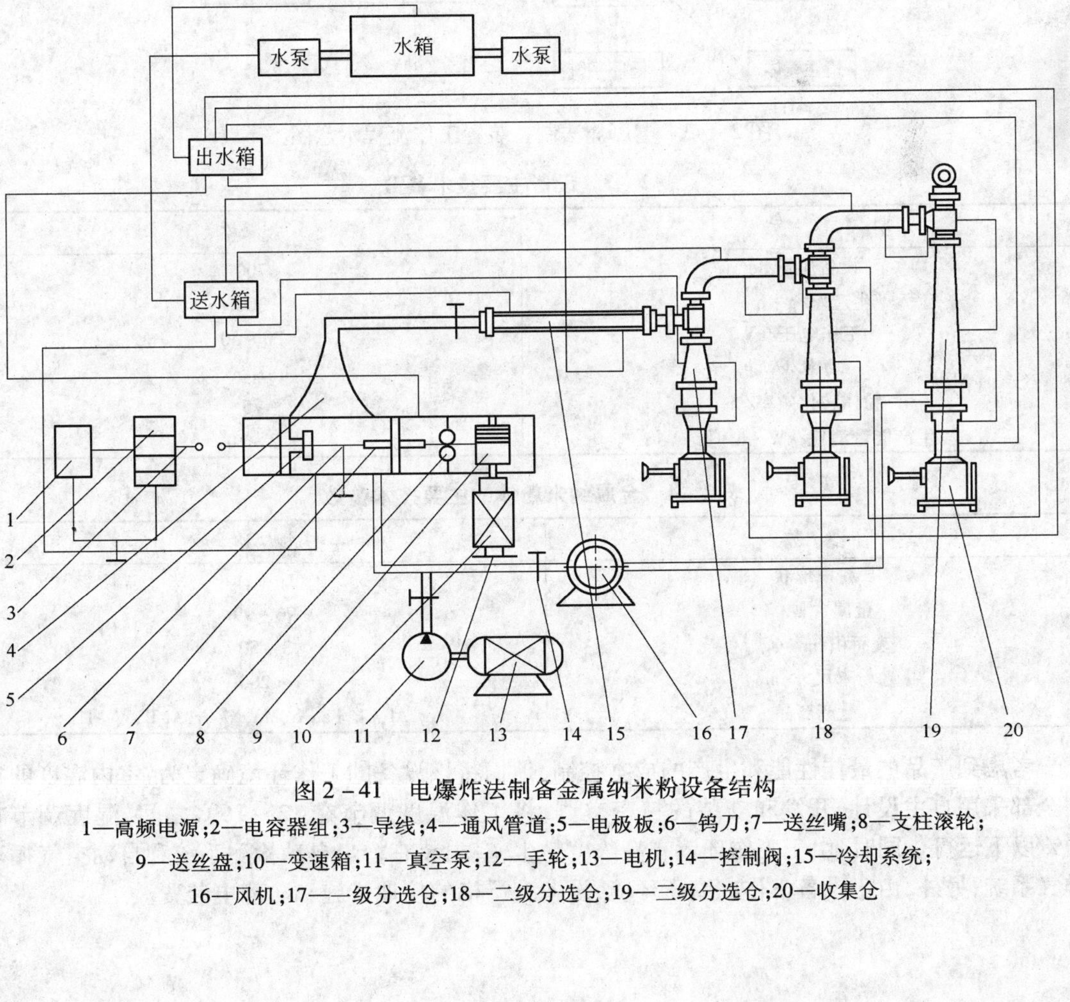

图2-41　电爆炸法制备金属纳米粉设备结构

1—高频电源;2—电容器组;3—导线;4—通风管道;5—电极板;6—钨刀;7—送丝嘴;8—支柱滚轮;9—送丝盘;10—变速箱;11—真空泵;12—手轮;13—电机;14—控制阀;15—冷却系统;16—风机;17—一级分选仓;18—二级分选仓;19—三级分选仓;20—收集仓

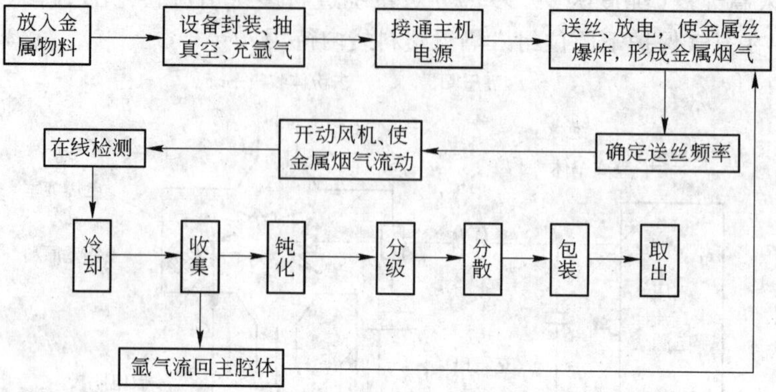

图 2-42 电爆炸法改进后的工艺流程

中南大学的樊志良等人[28]也设计了一套丝电爆炸法制备纳米金属粉体的设备。图 2-43 所示是制备装置工作流程示意图。表 2-3 和表 2-4 分别是设备主要技术参数和金属纳米粉体的主要技术参数。

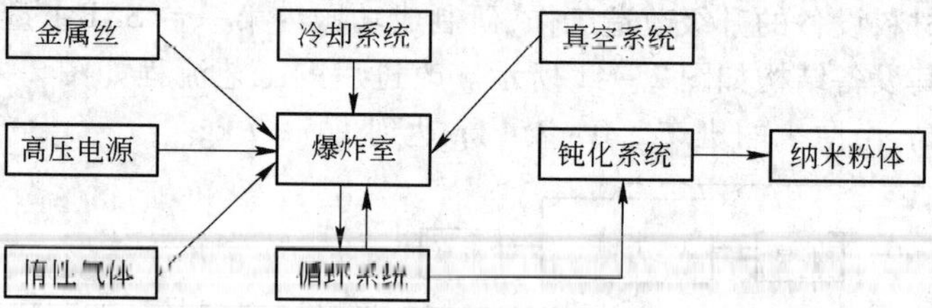

图 2-43 电爆炸法制备装置工作流程示意图

表 2-3 设备主要技术参数

参 数	规 格
设备质量/kg	700
生产率/g·h^{-1}	300
工作电压/kV	20~50
功率/kW	2.5
粉体转化效率/%	75
生产能量消耗/kW·h·kg^{-1}	2~10

表 2-4 金属纳米粉体的主要技术参数

参 数	规 格
粉末形状	球 体
金属含量/%	96~99
表面积/m^2·g^{-1}	3~50
粉末尺寸/nm	<200
量产产品	Ag, Al, Cu, Fe, Ni, Mo, Ni-Cr, Al-B, W-Al

考虑到产品的最佳性能和生产的成本控制，他们将该设备的工作环境确定为：室内温度的控制全部采用自主设计、开发和安装的精密空调，将工作温度调节在 12~16℃之间，湿度调节在 50%以下运行。同时，由于工作环境有高浓度粉尘，室内装有粉尘自动检测系统和自动空气循环排气系统；另外，由于设备工作在高压环境，设备有严格的接地措施和防静电装置。

操作的具体程序是先对容器进行真空处理,将设备内空气抽走,即抽真空。然后在设备内放入氩气,氩气的工作气压保持在1.5 MPa内。准备完毕后,加入工作电压30 kV,保持爆炸室的工作气压为1.5 MPa,按照30次/min的频率产生爆炸,通过冷却循环系统冷凝后生成金属纳米粉体。

生产完成后,必须进行钝化处理,即在惰性气体环境中将刚刚生产出来的高活性的金属纳米粉体处理成稳定、安全的产品过程,钝化过程中要缓慢搅拌2~3次,搅拌过程在氩气保护下进行,钝化时间正常情况下一般在密封箱内钝化6天就能取出进行包装,包装一般使用两层密封袋,密封袋包装后还要在密封箱放置3天,在第9天就能取出。

兰州理工大学的张周伍[16]和魏风波[17]等人分别设计制造出接触型连续丝电爆炸(见图2-44)和无接触型丝电爆炸(见图2-45)制备纳米材料的装置。前者主要由金属丝加载装置、高电压电路系统、控制电路系统、粉末收集装置等组成。金属丝加载装置实现金属丝的连续进给,高电压电路对一定长度的金属丝大功率脉冲放电使其发生爆炸,并且脉冲高压大电流可以连续产生,金属丝可以连续爆炸,爆炸后产生的超细粉末通过粉末收集装置收集。电机的运转、金属丝的进给、电容的充电放电和高压开关的动作等一系列过程都由控制电路系统控制,实现了电爆制粉过程的自动化。后者主要由丝导体整列送进装置、电爆炸装置、粉末收集系统和高电压电路及控制系统四部分组成。整列送进装置使丝导体竖直排列,排列规则的丝导体逐根送入绝缘送丝管,管末端穿过高压电极并与之相连,下端是低压电极。电路及控制系统包括电容器、电压谐调器和升压器、控制开关等。电容器充电电压为6~15 kV,高压直接加载到爆炸电极形成强电场。丝导体竖直送入,在电爆电极间的强电场中爆炸生成纳米粉并弥散在气体介质中,随循环气流进入粉末收集系统,气体被过滤最后返回电爆室。鼓风机负压吸气作为循环驱动动力,罗茨真空泵作为洗气动力,粉末收集采用单级过滤方式。

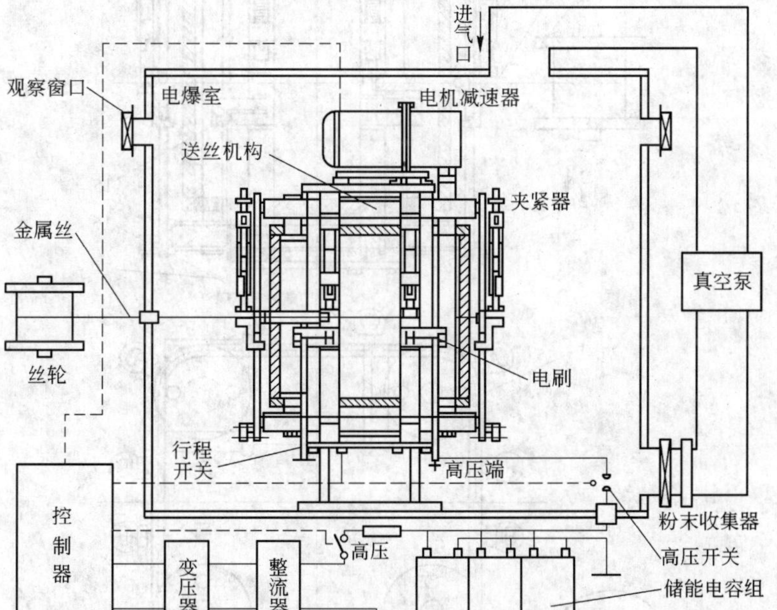

图2-44 接触型连续丝电爆炸制粉设备工作原理

图2-46和图2-47所示分别是张周伍等人[16]提出的连续丝电爆炸制粉设备金属丝加载装置结构图和纳米粉末收集装置示意图。其中拉动式金属丝连续加载装置是提高生产效率的关键。装置采用电极匀速运动,金属丝直线进给结构,它由电机减速动力结构、同步带传动结构、金

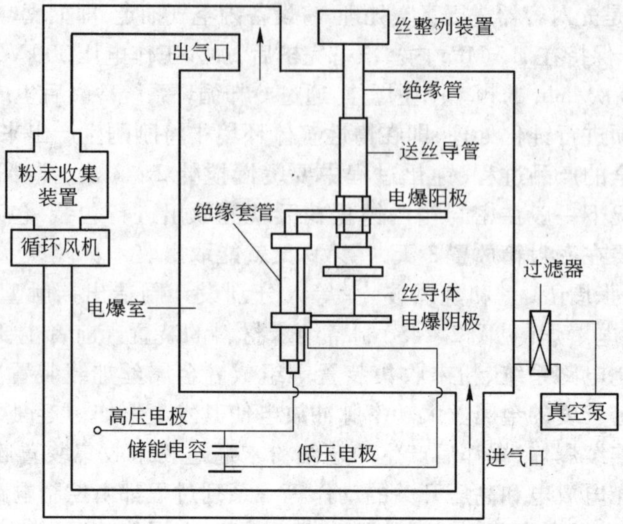

图2-45 无接触型丝电爆炸制粉设备示意图

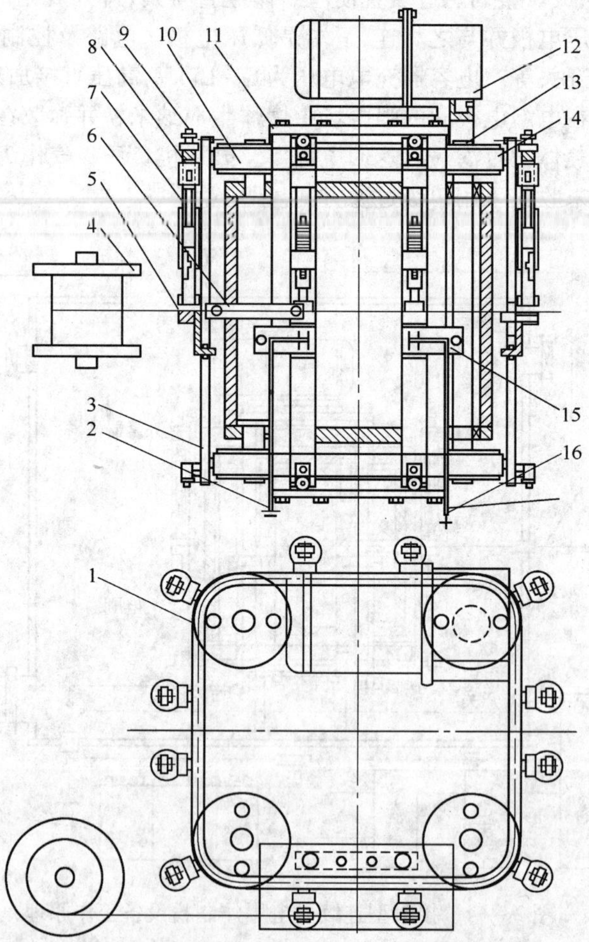

图2-46 连续丝电爆炸设备金属丝加载装置结构

1—同步带；2—接地端；3—电极固定板；4—丝轮；5—导电块；6—导线嘴；7—导杆；8—导套；9—小轮；10—从动轮；11—挡板；12—电机减速器；13—主动轴；14—主动轮；15—电刷；16—高压接线端

属丝夹紧结构、送丝结构、导电结构五部分组成。同步带传动装置是由4块钢板焊接而成的方形支撑框架、主动轴、悬臂轴、带轮和同步带构成。同步带1置于框架上下两端，分别与主动轮14、从动轮10相啮合。电机减速器12驱动主动轴13带动同步带运动。上下同步带上均匀分布12个金属丝夹紧结构，随同步带匀速运动，它们不但夹紧金属丝并拉动其往前运动，同时作为电极使用，通过其中的导电块（导电板）5加载电容储能。两对电极之间的距离与电爆的金属丝的长度相匹配。在支撑框架的上下两面均固定有挡板11，上下两挡板之间有两绝缘棒连接，两电刷15分别固定于两根绝缘棒上，左边的电刷与接地端相连，右边的电刷与放电回路高压线端相连。每对金属丝夹紧结构的两端装有小轮9，上方的小轮固定在导杆7上，导杆与导套8配合上下运动，下方的小轮直接固定在电极固定板3上。当夹紧机构进入挡板区域时，挡板压迫小轮使导杆向下运动，将金属丝夹紧，随着同步带的匀速运动，夹紧器拉动金属丝向前运动，接着金属丝又被后面的夹紧器夹紧。当两夹紧器运动至与两电刷完全接触时，行程开关闭合，高压开关电路导通，产生电流信号，高压开关快速闭合，形成放电回路，储能电容器对金属丝放电，产生瞬时强大电流，使金属丝爆炸。由此一个电爆周期完成，以上过程可连续进行。送丝过程中，金属丝保持直线运动，不需要弯曲，克服了缠绕送丝加载方式的缺点，所以可以增加金属丝的直径，并且提高金属丝的进给速度和爆炸频率。这种设备使用的金属丝的直径为0.2～1.2 mm，同时，每次爆炸的金属丝的长度也可增加。因此，此机构能适应金属丝直径在较大的范围内调整，生产效率可以大大提高。

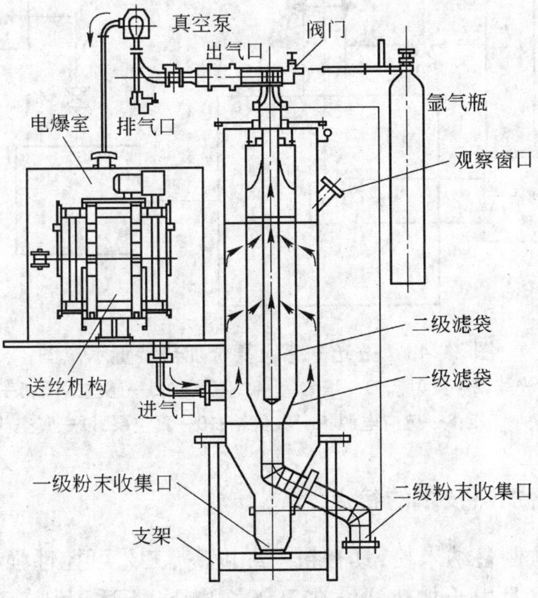

图2－47　纳米粉末收集装置示意图

粉末收集装置也是丝电爆炸法制备纳米材料的重要组成部分。在收集时要能高效地实现粉末的保护、分级、分散、收集和储存。粉末收集系统由介质气体供给装置、粉末过滤收集装置和真空泵抽气装置三部分组成（见图2－47）。他们设计的装置中的介质气体采用氩气，在电爆容器中充入氩气，金属丝爆炸产生的超细粉末悬浮在介质气体中，用真空泵将悬浮着粉尘的氩气抽入到粉末收集装置。粉末过滤收集装置中安装有一级和二级过滤袋，过滤袋中装有粉末抖落机构，粉末经过过滤袋时粘在滤袋上经抖落或直接降落到收集容器中。这样经过不同的滤袋时，就可以分别得到较粗和较细的粉末，从而很方便地进行分级，而气体可以循环使用。氩气可以对粉末进行保护，避免氧化。

2.4　激光—感应复合技术制备纳米材料的设备和工艺

采用适用于工业上连续生产的激光—感应复合加热（HLIH，hybrid laser and induction heating）专利技术制备纳米材料的深圳市尊业纳米材料有限公司于1999年在深圳市成立。该专利技术由华中科技大学材料科学与工程学院的谢长生教授发明，并转让给深圳市尊业纳米材料有限公司。该公司的主要产品为十多种高纯纳米金属粉和纳米金属氧化物，如纳米铝、纳米铜、纳米镍、纳米锌、纳米铁、纳米钴、纳米银、纳米碳包铁、纳米碳包镍、纳米碳包铜和纳米氧化锌等。

2.4.1　激光—感应复合加热技术的原理

激光—感应复合加热技术的原理是：首先用高频感应将金属材料整体加热到较高温度，从而使金属材料对激光的吸收率大大提高，有利于充分发挥激光的作用；然后再引入激光可以使金属材料迅速蒸发，并产生很大的温度与压力梯度，不仅粉末产率较高，而且易于控制粉末粒度。图2-48所示是该方法加热装置示意图[29]。

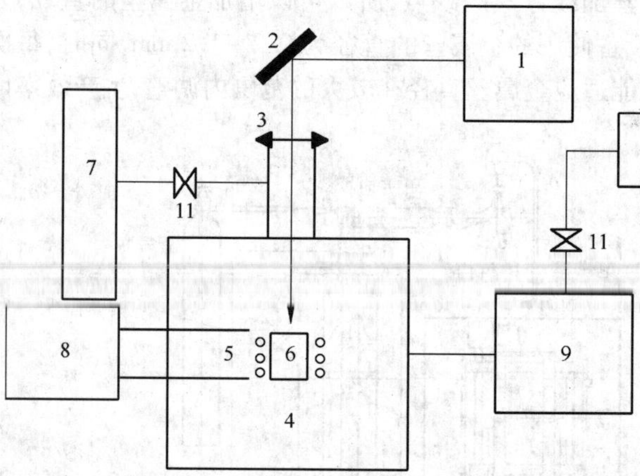

图2-48　激光—感应复合加热装置示意图

1—激光器；2—反射镜；3—聚焦镜；4—蒸发室；5—感应线圈；6—坩埚；
7—气瓶；8—感应电源；9—收集箱；10—真空泵；11—真空阀

2.4.2　激光—感应复合加热技术的特点

采用感应加热蒸发法制备纳米粉，具有粉末纯度高、工艺可控性强、易于实现工业化生产等优点，但能量利用率不高，且由于加热温度在2000℃以下，不适于制备高熔点金属和合金。丝电爆炸法生产率较高，但由于蒸发时金属液滴飞溅，纳米粉体的粒径分布很宽，在粒径和工艺过程控制方面存在一定的难度[29]。激光加热法由于具有两大特点而备受关注：(1) 加热源可以放在系统之外，不受蒸发室的影响；(2) 高熔点金属和陶瓷均可用它进行熔融和蒸发。但是，固体金属和合金一般对激光的反射能力很强，直接用激光对金属和合金进行熔融和蒸发制备纳米粉效率较低，即使采用峰值功率高的大功率激光器（如价格昂贵的准分子激光器）也难以提高金属纳米粉体的产率，从而使纳米粉体制造成本增加。对激光与材料的交互作用研究表明[30]，材料对激光的吸收率随温度升高而增大。金属材料对 CO_2 激光的吸收率均很小（不大于5%），当温度升高到接近熔点时，吸收率可达40%～50%；若温度接近沸点时，吸收率可高达90%，而且激光功率越大，吸收率越高。根据制备金属和合金纳米粉的感应加热蒸发法和激光加热法的上述特点，华中科技大学材料科学与工程学院的谢长生教授将这两种方法复合，提出一种全新的激光与感应复合加热技术。此方法能在保持金属和合金纳米粉清洁度和纯度高的基础上，大幅度提高纳米粉的产率和产量。

总之，采用激光—感应复合加热法制备金属和合金纳米粉体材料，具有能量利用率高，工艺参数可调、产品质量可控、适应面广、易于工业化生产等特点。

2.4.3 激光—感应复合加热技术的温度场和技术特征

谢长生等人对这种激光—感应复合加热技术制备纳米材料的温度场进行了计算机数值模拟，并对技术特征进行了分析，具体情况如下[29]：

在图 2－48 中，金属原料置于耐热坩埚中，先用高频感应电流将原料加热，再将 CO_2 激光束聚焦于其表面。采用双层坩埚，用八结点等参数单元对金属熔体和坩埚进行网格剖分，如图 2－49 所示。计算过程中所用吸收比为 50%，有效激光功率为 1000 W，激光光斑直径为 8 mm。采用的边界条件为：(1) 环境温度设置为 500 K，AB、BC、CD、DE 与环境进行对流换热，换热系数为 10.18×10^{-6} W/(mm^2 · ℃)；(2) EF 边为金属与环境的接触边，存在对流换热，换热系数为 34.5×10^{-6} W/(mm^2 · ℃)；(3) GF 为激光光斑作用区，该区域的热流密度可以计算。

考虑到金属相变潜热的影响，温度场模拟时材料热物性参数采用比焓，计算公式参见文献[31]。为简化计算过程，不考虑温度对坩埚材料及保温材料热导率的影响，仅考虑金属热导率随温度的变化。计算所用软件为 ANSYS 有限元分析软件。

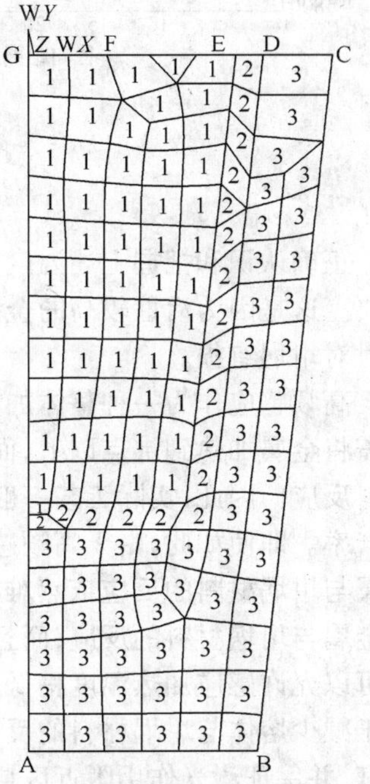

图 2－49 计算模型所用网格剖分图

2.4.3.1 温度分布特征

图 2－50 给出了铁、镍、铜、铝不同时间的径向温度分布。由图可知，材料的热物性对温度分布有重要影响。铜、铝的导热系数大，沿径向的温度分布曲线较为平缓，激光光斑作用区域附近的温度梯度不大。铁、镍的导热系数较小，温度分布曲线较为陡峭，激光光斑作用区域附近温度梯度较大。由图 2－50 还可以看出，在同一激光作用时刻，不同材料所能达到的最高温度存在明显差异。铁所能达到的最高温度远高于镍、铜、铝。

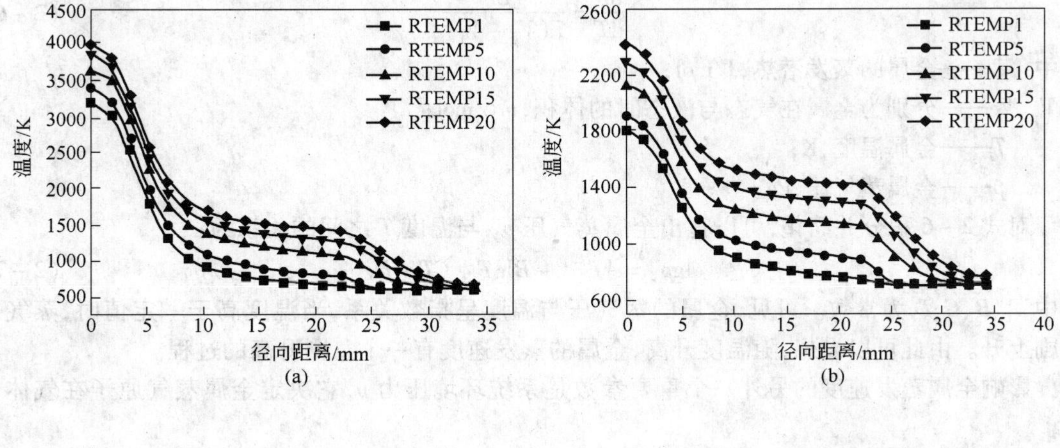

(a) (b)

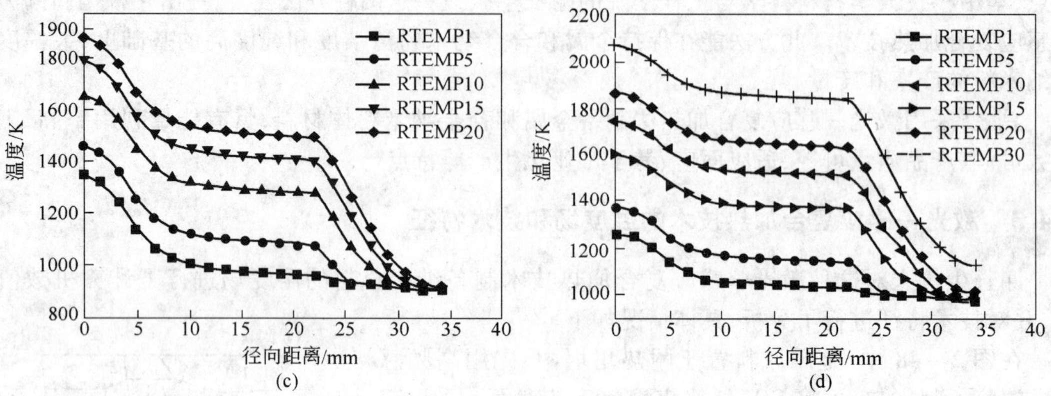

图 2－50　铁、镍、铝、铜的温度分布曲线

(a) 铁；(b) 镍；(c) 铝；(d) 铜

正确认识和把握上述温度分布特征，对制备高质量纳米粉体材料和延长坩埚使用寿命极为重要。这是因为活性较高的金属在高温下易于与坩埚材料发生反应，从而影响纳米粉末的纯度，同时对坩埚有损。

高频感应作为一种整体加热手段，在制备高熔点金属纳米粉末时会面临一种矛盾：要提高产率需将金属加热到沸点以上，而熔体整体的高温又将剧烈散热、纳米粉末粒径增大、金属与坩埚材料反应。因此，实际工艺一般是将加热温度控制在接近沸点的某个温度，以致在一定程度上牺牲产率。即使如此，由于高频感应的趋肤效应，坩埚内的熔体将在与坩埚接触处产生高温区，使金属与坩埚材料的反应依然难以控制。因此由于激光加热仅限于局部，感应与激光复合不会导致金属与坩埚材料的反应，而且金属蒸发主要集中在激光作用附近区域，以沸腾的方式完成。所以可以允许感应加热温度稍低而不会大幅度影响粉末产率。此时与坩埚接触处的温度较低，有利于减少熔体与坩埚材料的反应。对于导热性能良好的铜、铝等金属，为了降低与坩埚接触处的温度，并保证激光作用附近区域有足够高的温度，必须提高激光功率，这已被计算机模拟和实验所证实。

2.4.3.2　技术特征——温度、系统环境压力与蒸发区域

对于金属的蒸发过程，金属表面的热平衡温度是很重要的参数，它决定金属的蒸气压，从而决定在一定压力条件下的金属蒸发速度。金属蒸气压与金属温度的关系可以用克劳修斯－克莱普朗方程描述：

$$\frac{\mathrm{d}p}{\mathrm{d}T}=\frac{L}{T(V_g-V_1)} \tag{2-6}$$

式中　L——金属的蒸发潜热，J/mol；

V_g, V_1——分别为金属在气态与液态时的体积，m^3/mol；

T——金属温度，K；

p——金属蒸气压，Pa。

对式 2－6 积分并简化，可以得出金属蒸气压 p_V 与温度 T 之间的关系为：

$$\lg p_V = AT^{-1} + B\lg T + CT + D \tag{2-7}$$

式中，A、B、C、D 为常数。可见，金属的蒸气压与温度呈指数关系，当温度高于一定值时，蒸气压急剧上升。由此可以设想，随温度升高，金属的蒸发速度有一个急剧升高的过程。

影响金属蒸发速度的另外一个重要参数是系统环境压力 p，它决定金属蒸气原子在气体介

质中迁移而离开金属液面的难易程度。大量研究表明,金属的蒸发可分为三种情况:

(1) 一般蒸发。这种蒸发是在 $p > p_V$ 的情况下进行的。此时,蒸发空间存在许多残余气体,蒸发物质的蒸气分子与残余气体分子碰撞而难以迅速离开液面附近,蒸发速率受扩散速度控制。增加热量输入,则物质的温度升高,p_V 随之增大,扩散速度随之提高。

(2) 沸腾蒸发。当系统环境压力 $p = p_V$ 时,熔体中可能生成气泡,并能够长大,形成剧烈的沸腾蒸发。由于沸腾蒸发部位不局限在熔体表面,因此其速率比一般蒸发快得多。增大供热速度,熔体温度不会升高,只会在熔体中产生更多的气泡,增大蒸发面,加速蒸发,这时的温度即为该压强下的沸点。

(3) 分子蒸发。若 p 减小到 $p < p_V$,蒸气分子的平均自由程大于或等于蒸发面与冷凝面的距离,这时蒸发速度最大。

可见,p 和 p_V 对蒸发速率的影响极大,良好的蒸发条件应该是 $p \leqslant p_V$。这可以通过调节冷凝壁的冷却效果以及改变真空度来控制系统环境压力 p,或通过提高金属熔体的温度以加大 p_V 来实现。对于金属纳米粉末的制备而言,由于控制粉末粒度等方面的需要,一般要求蒸发室的系统压力在几百帕到几万帕之间,因此不可能无限制地提高真空度来增大蒸发速率,这时提高金属熔体的温度是一种必要的手段。

金属的沸点随系统环境压力的变化差异很大,不同金属的沸点差别也很大。增大蒸发面积也是提高纳米粉体材料产率的重要因素。如图 2-51 所示,金属的沸点随系统环境压力的增大而升高(曲线 A),改变加热条件可改变金属的温度分布曲线的布置,同时改变曲线 A 与温度分布曲线的交点 C 的位置,进而使蒸发区域的尺寸 d_C 产生变化。因此,为达到高的产率,在制备纳米粉末的工艺装置中,可以通过改变系统环境压力和供热能力来达到目的。

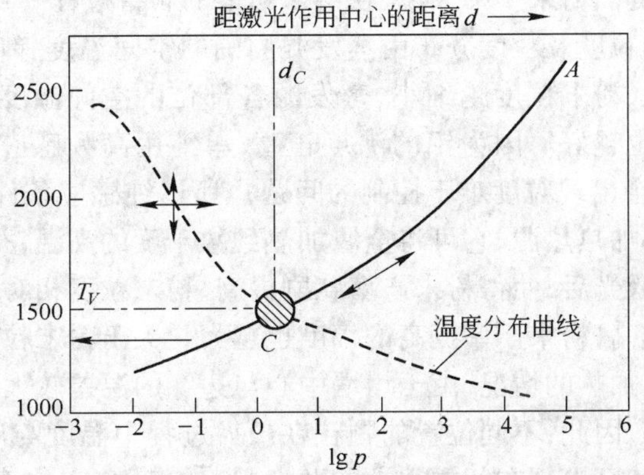

图 2-51　沸点、系统环境压力和温度分布关系图

2.4.4　影响激光—感应复合加热技术纳米颗粒尺寸大小和分布的因素

下面以激光—感应复合加热法制备在固体火箭推进剂中得到广泛应用的纳米铝粉为例进行阐述[32]。

制备原料为 99.99%(质量分数)的工业纯铝块。原料盛放于 ϕ40 mm×40 mm 的石墨坩埚中。蒸发室抽真空到 10 Pa 以下,用高纯氩气清洗两次后保持氩气压力为 5 kPa。启动高频感应电源对原料加热,输入功率 3.5 kW。5 min 后原料开始熔化,引入激光使熔体温度迅速上升并汽化。蒸发一段时间后停机冷却,充入 50.66 kPa 的氩气及少量空气钝化 10 h。制备时激光功率变化在 800~1800 W 之间,焦距为 250 mm。保护气嘴悬高为 50 mm。作为对比,在相同条件下,用单纯感应加热也制取了纳米铝粉。

图2－52所示是纳米铝粉的产率随激光功率的变化曲线。可见,加入激光后,粉末产率有一个跳跃式的提高,并且随激光功率升高,粉末产率急剧提高。当激光功率为1800 W时,粉末产率为54 g/h。图2－53所示是粉末平均粒度随激光功率的变化曲线。可以看出,加入激光后,粉末粒度稍有减小,但随激光功率升高,粉末粒度变化不明显。

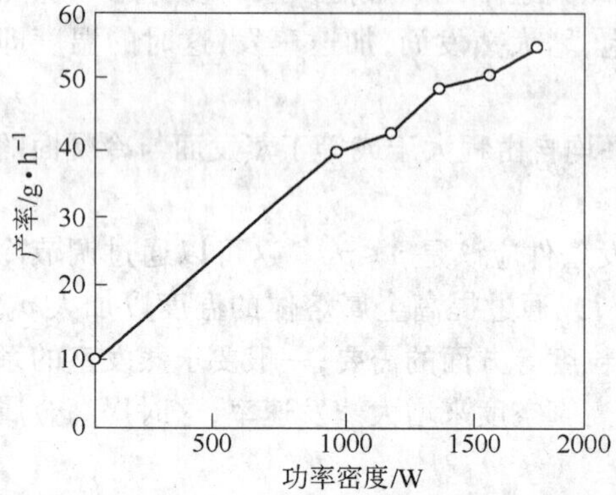

图2－52 纳米铝粉的产率随激光功率的变化

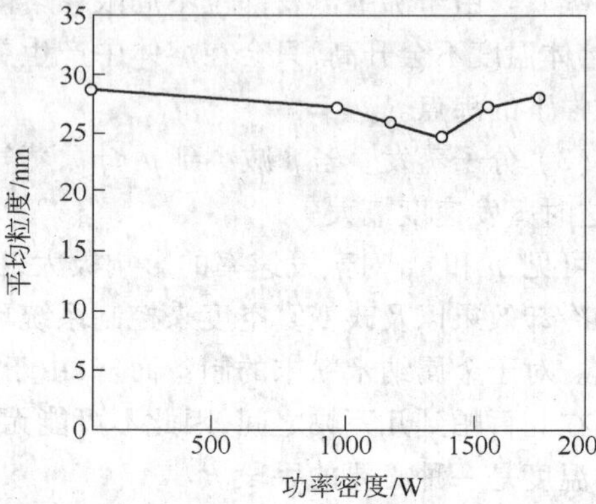

图2－53 纳米铝粉的平均粒度随激光功率的变化

蒸发法制备纳米粉末的产率主要取决于金属的蒸发速度。在外部冷却条件相同情况下,金属的蒸发速度最终由其被加热到的温度来决定。温度越高,金属蒸气压也越高,蒸发速度也就越大。尤其当温度提高到金属的沸点以上后,金属的蒸发方式由表面蒸发转变为体积蒸发,蒸发速度急剧提高。因此,对提高粉末产率来说,在纳米粉木的制备过程中将材料加热到沸点以上是十分有利的。纳米粉末的粒度及粒度分布由蒸发源周围的空间温度梯度与压力梯度决定,空间温度梯度与压力梯度越大,粉末粒度越细小,蒸发源各部位的空间温度梯度与压力梯度分布越均匀,粉末粒度的均一性也越好。因为铝的沸点较高,单纯用高频感应很难将其加热到沸点以上(即使能加热到高温也会出现粒度难于控制的问题),所以纯感应条件下粉末产率较低。激光是能量密度非常高的局部加热热源,它可将金属加热到数千度的高温,并能造成很大的温度梯度与压力梯度。因此,引入激光后,使得粉末产率急剧提高、粉末粒度相对减小。激光功率越大,金属表面所能达到的温度越高,粉末产率提高的幅度也越大。关于粉末粒度分布的均一性问题,可这样考虑。对于单纯感应加热的情况,由于坩埚中心与边缘的温差较大,造成坩埚上方的温度梯度与压力梯度分布不均匀,因此,不同位置的颗粒在长大过程中温度与压力的变化情况不一样,最终粉末粒度差别较大,甚至出现在相差很大的两个尺度分散分布的情况。而对于激光—感应复合加热的情况,由于大部分蒸气几乎从同一局部喷出,温度与压力的变化情况差别不大,故粉末粒度分布较为集中,可减轻粉末分散分布的程度。激光功率越高,从光斑位置喷出的蒸气所占比例越高,故粒度也更趋于集中。

另外,根据前面的温度场计算机数值模拟结果表明,在加热功率相同的条件下,不同受热金属的温度分布曲线差异较大;改变激光和感应热源的输入功率,可以改变温度分布曲线的形状。通过调节温度分布曲线和系统环境压力,可以改变激光—感应复合加热蒸发区域的大小,进而改变金属和合金纳米粉体材料的产率。

图2－54所示是激光—感应复合加热技术制备纳米材料的设备照片。图2－55是激光—感应复合加热法制备纳米材料时蒸发的动态过程[33]。图2－56所示是激光—感应复合加热法制备的典型纳米粉末TEM照片[33]。图2－57所示是激光—感应复合加热法制备纳米材料的喷发模型[34]。

图 2-54 激光—感应复合加热技术制备纳米材料的设备照片

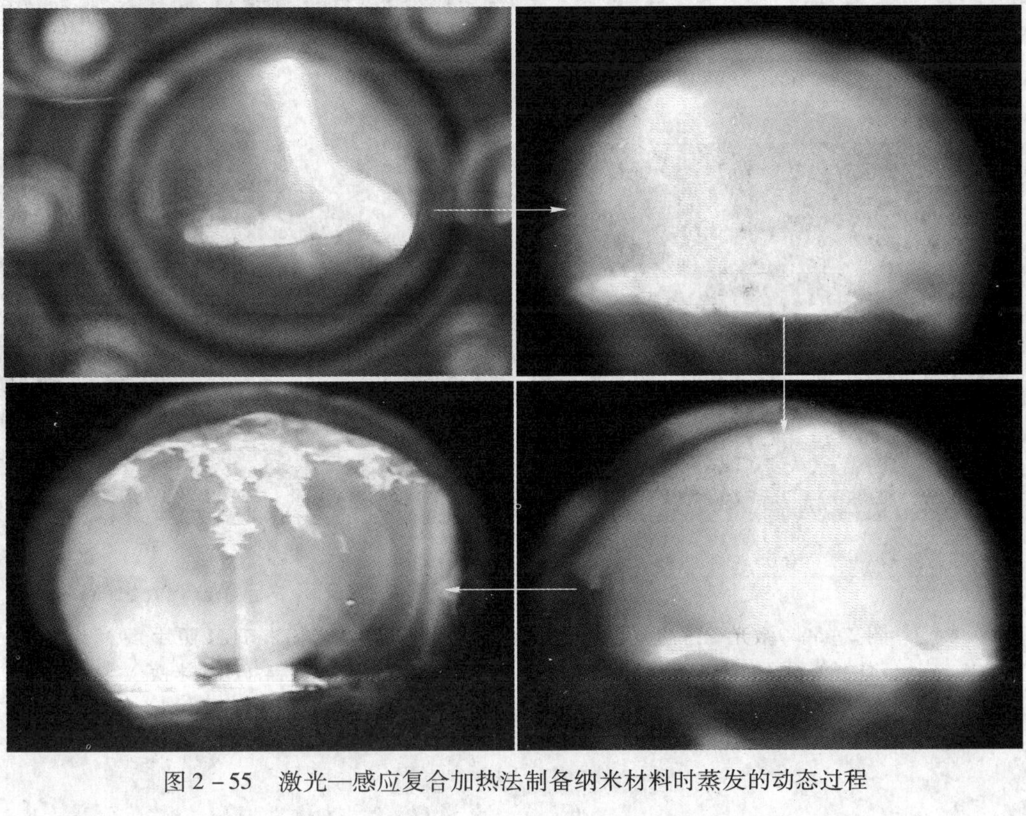

图 2-55 激光—感应复合加热法制备纳米材料时蒸发的动态过程

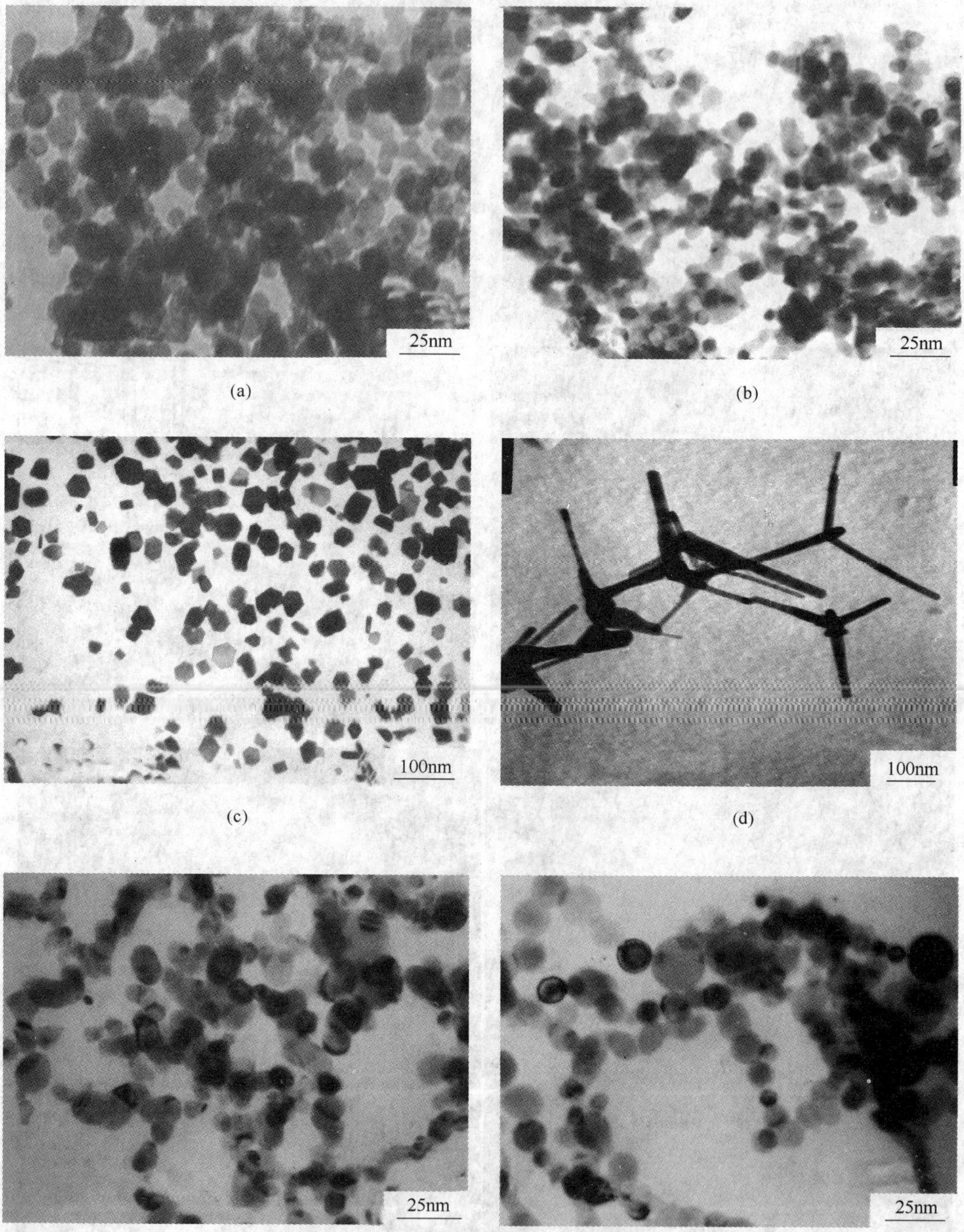

图2－56　激光—感应复合加热法制备的几种典型纳米粉末 TEM 照片

（a）纳米铝；（b）纳米铜；（c）纳米锌；（d）纳米氧化锌；（e）纳米镍；（f）纳米铁

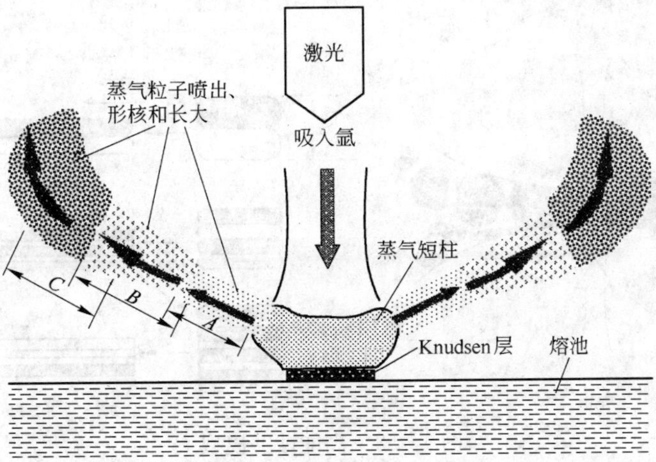

图 2-57 激光—感应复合加热法制备纳米材料的喷发模型

2.5 高能球磨法制备纳米材料的设备和工艺

机械球磨法是利用球磨机的转动或振动使硬球对原料进行强烈的撞击、研磨和搅拌，把金属和合金粉末粉碎为纳米级微粒的方法。由于这种方法是利用机械能达到合金化而不是用热能或电能，所以又称为机械合金化(MA, mechanical alloying)。目前已用机械球磨法成功制备出 Fe-B、Ni-Si、Nb-Al、Ti-Al(-B)等十多个合金系、不同晶粒尺寸的纳米金属间化合物；还可以容易地使具有体心立方结构(如 Cr、W、Fe 等)和密排六方结构(如 Zr、Hf、Ru 等)的金属形成纳米晶体结构；机械球磨法还可用于制备不互溶体系的纳米结构，如 Fe-Cu、Ag-Cu、Cu-W、Al-Fe 合金粉等。机械球磨法制备纳米晶体材料的主要缺点是晶粒尺寸不均匀，易引入杂质，但其产量高、工艺简单，并能制备出用常规方法难以获得的高熔点的金属或合金的纳米晶体材料。因此，机械球磨法是制备纳米晶体材料非常有效而简便的方法。

高能球磨(HEBM, high energy ball milling)法是机械球磨技术中应用最为广泛的一种方法。高能球磨法与传统低能球磨的不同之处在于球磨的运动速度较大，不受临界转速的限制，使粉体产生塑性变形及相变，而传统的球磨工艺只对粉体起破碎和混合均匀的作用，高能球磨通过搅拌器将动能通过磨球传递给被作用物质，能量利用率大大提高，它已经成为制备纳米材料的重要方法之一。1988 年，日本京都大学 P. H. Shingu 等人[35]首先利用高能球磨制备 Al-Fe 纳米晶体材料，为纳米晶体材料的制备找出一条实用化的途径。

2.5.1 高能球磨法的基本原理

高能球磨法的原理[36]是将粉末材料放在高能球磨机内进行球磨，粉体被磨球介质反复碰撞，承受冲击、剪切、摩擦和压缩多种力的作用，被重复性挤压、变形、断裂、焊合及再挤压变形。球磨初期，金属粉体很软，具有一定的塑性，粉体产生塑性变形，经冷焊合而形成复合粉，经过进一步球磨，粒子变硬，塑性下降，大的复合颗粒很容易产生裂纹，被磨球碰撞破碎，此时粒子焊合与断裂破碎的趋势平衡，粒子尺寸恒定在一个较窄的范围内，粒子表面活性增强，复合粉组织结构细化并发生扩散和固态反应而形成合金粉。1988 年，日本的新宫秀夫提出了压延和反复折叠的高能球磨模型，如图 2-58 所示。在此模型中，利用高能球磨将粉体压延 10 次，其粉体的厚度将被减小到原来的 1/100000，形成非常小的微观复合结构，如果是易加工的材料，高能球磨很容易使之达到纳米级。

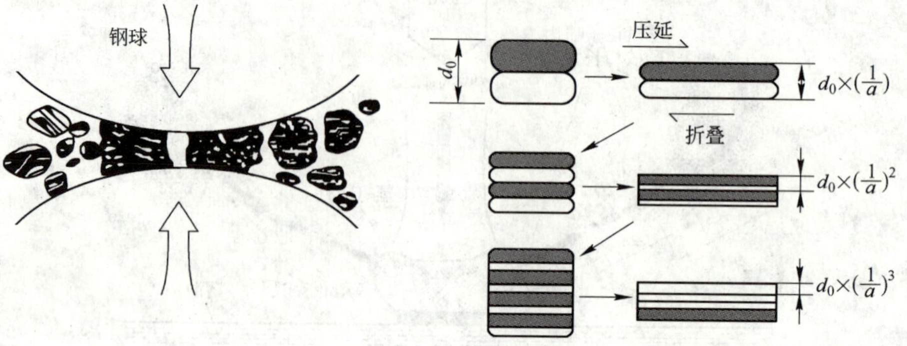

图 2－58　高能球磨模型

球磨过程中，粉体颗粒被反复压延，产生强烈的塑性变形，从而在颗粒晶格内形成应力和应变，使颗粒内产生大量的缺陷，这显著降低了元素的扩散激活能，使得组元间在室温下可进行原子或离子扩散；颗粒不断冷焊、断裂及组织细化，形成了无数的扩散/反应偶，同时扩散距离也大大缩短；应力、应变、缺陷和大量纳米晶界、相界的产生，使系统储能很高，达每摩尔几十千焦，粉体活性被大大提高；在球与粉体颗粒碰撞瞬间会造成界面温升。

2.5.2　高能球磨法的反应机理

由于高能球磨反应过程的复杂性，导致其反应机理[36]也非常复杂。

2.5.2.1　界面反应为主的反应机理

有固相参加的多相化学反应过程是反应剂之间达到原子级结合、克服反应势垒而发生化学反应的过程，其特点是反应剂之间有界面存在。在球磨过程中粉末系统的活性达到足够高时，球与粉末颗粒相互碰撞的瞬间造成的界面温升诱发了此处的化学反应，反应产物将反应剂分开，反应速度取决于反应剂在产物层内的扩散速度。在球磨过程中，由于粉末颗粒不断发生断裂，产生了大量的新生表面，并且反应产物被带走，从而维持反应的连续进行，直至整个过程的结束。

粉末经精细球磨到一定程度后，粉末颗粒变得非常细小，并随着表面积的增大而增大了颗粒之间在界面直接发生反应的几率，因此宏观表现为界面反应为主。

在球磨过程中，粉末经不断的碰撞产生大量的新鲜表面，当颗粒之间达到一定的原子间距时，彼此相互焊合而发生原子间结合。不断的碰撞产生大量的新鲜结合表面，使得反应不断地进行，最终使产物的晶粒不断细化。

2.5.2.2　扩散为主的反应机理

在高能球磨过程中，粉末被反复破碎和焊合，产生大量新鲜的结合界面，形成细化的多层状复合颗粒。继续研磨，由于塑性变形，内部缺陷（空位、位错等）增加，导致晶粒进一步细化。此时在其内组元间发生了固态反应扩散，其扩散有 3 个特点：扩散的温度较低；扩散距离很短；体系能量增高，扩散系数提高。

在高能球磨过程中，粉末在较高能量碰撞作用下产生大量的缺陷（空位、位错等），且缺陷密度随球磨时间的增加而增加，因此，高能球磨所诱发的固态反应实际上是缺陷能和碰撞能共同作用的结果。室温球磨时，虽然粉末本身的温升不高，但由于产生了大量的缺陷（空位），从而增强了元素的扩散能力，使本来在高温下才能发生的过程在室温下也有可能实现。

2.5.2.3 活度控制的金属相变原理

高能球磨过程中的金属相变有别于常见的固态相变,突出表现在其非平衡性和强制性,相变产物常常为过饱和固溶体、非晶等非平衡相,也可能形成非晶金属间化合物等。

金属相变理论认为,溶质原子的活度决定组元的化学势的高低。活度可以 $a = p/p_0$ 表示,p 和 p_0 分别为溶质在合金中和处于单质状态的蒸气压。在热力学平衡条件下,$0 < a < 1$,但是在高能球磨的非平衡状态下,a 值可以大于1。球磨能量越大,畸变能越大,a 值也越大。因此,在高能球磨中,由于活度的增加,一方面使增殖的位错和晶界大大破坏了晶体结构的完整性,而另一方面由位错所产生的应力场又可降低一组元在另一组元的化学势,从而使得溶质元素的固溶度提高。

2.5.3 高能球磨法的影响因素

高能球磨法所需设备少,工艺简单,但影响最终产品的组成和性能的因素却很多[36]。

(1) 球磨容器。球磨容器的材质及形状对球磨结果有重要影响。在球磨过程中,球磨介质对球磨容器内壁的撞击和摩擦作用会使球磨容器内壁的部分材料脱落而进入球磨物料中造成污染。常用的球磨容器的材料通常为淬火钢、工具钢、不锈钢、WC 内衬淬火钢或 WC-Co 等。有时为了特殊的目的而选用特殊的材料,例如球磨物料中含有铜或钛时,为了减少污染而选用铜或钛球磨容器。此外,球磨容器的形状也很重要,特别是内壁的形状设计,例如,异形腔,就是在磨腔内安装固定滑板和凸块,使得磨腔断面由圆形变为异形,从而提高了介质的滑动速度并产生了向心加速度,增强介质间的摩擦作用,这有利于合金化进程。

(2) 球磨转速。球磨机的转速越高,就会有越多的能量传递给研磨物料。但是,并不是转速越高越好。这是因为,一方面,球磨机转速提高的同时,球磨介质的转速也会提高,当达到某一临界值或以上时,磨球的离心力大于重力,球磨介质就紧贴于球磨容器内壁,磨球、粉料和磨筒处于相对静止状态,此时球磨作用停止,球磨物料不产生任何冲击作用,不利于塑性变形和合金化进程;另一方面,转速过高会使球磨系统温升过快,温度过高,有时这是不利的,例如较高的温度可能会导致在球磨过程中需要形成的过饱和固溶体、非晶相或其他亚稳态相的分解。

(3) 球磨时间。球磨时间的长短直接影响着产物组分和纯度,球磨时间对粒度的影响也较明显。在开始阶段,随着时间的延长,粒度下降较快,但球磨到一定时间以后,即使继续延长球磨时间,产品的粒度值下降幅度也不太大,不同的样品有不同的最佳球磨时间。因此,在一定条件下,随着球磨的进程,合金化程度会越来越高,颗粒尺寸会逐渐减小并最终形成一个稳定的平衡态,即颗粒的冷焊和破碎达到一动态平衡,此时颗粒尺寸不再发生变化。但另一方面,球磨时间越长造成的污染也就越严重,影响产物的纯度。

(4) 球磨介质。高能球磨中一般采用不锈钢球为球磨介质,为避免球磨介质对样品的污染,在球磨一些易磨性较好的物料时,也可采用瓷球。球磨介质要有适当的密度和尺寸,以便对球磨物料产生足够的冲击,这些对 MA 的最终产物都有直接的影响。例如研磨 Ti-Al 混合粉末时,若采用直径为15 mm 的磨球,最终可得到 Ti-Al 固溶体,而若采用直径为20 ~ 25 mm 的磨球,在同样的条件下,即使研磨更长的时间,也得不到 Ti-Al 固溶体。

(5) 球料比和装球容积比。在球磨过程中,球料比是决定反应率的关键因素,因为它决定了碰撞时所捕获的粉末量和单位时间内有效碰撞的次数。球料比影响粉末粒子的碰撞频率,球料比越高,合金化速率越快、越充分,通常情况下,球料比指的是球磨介质与球磨物料的质量比(通常研磨介质是球状的,所以称球料比)。相同条件下,随着球料比增加,球磨能量升高,微粒粒度变细,但球料比过大,生产率会过分降低,这是不可取的。当球料比一定、球径确定时,球运动的平均自由程取决于装球容积比(磨球总体积/球筒体积)。增大装球容积比,球运动的平均自由程减小,使两球碰撞时捕获的微粒量减小;当装球容积比过大时,球运动的平均自由程太小,微粒变形量减小,效率下降。

(6)球磨温度。球磨温度升高,球磨形成纳米材料的有效应变减少、晶粒尺寸增大,显著影响粉末制成块体材料的力学性能。而且无论球磨的最终产物是固溶体、金属间化合物、纳米晶,还是非晶相都涉及扩散问题,而扩散又受到研磨温度的影响,所以温度也是球磨的一个重要影响因素。一般认为,球磨时粉末的温升不要超过 350 K。

(7)球磨气氛。气体环境是产生污染的一个重要因素。在球磨过程中,金属粉末粒子和磨球进行剧烈的碰撞,粒子重复性地被挤压变形、断裂、焊合及再挤压变形。在每次冲击载荷的作用下,粉末粒子都会产生新生表面,其表面能很高,极易被氧化而重新结合在一起。因此,球磨一般在真空或惰性气体保护下进行。

(8)过程控制剂。在球磨过程中,粉末存在着严重的团聚、结块和粘壁现象,大大阻碍了球磨的进程。为此,常在球磨过程中添加过程控制剂(PCA),如硬脂酸、固体石蜡、液体酒精和四氯化碳等,以降低粉末的团聚、粘球、粘壁以及研磨介质与研磨容器内壁的磨损程度,可以较好地控制粉末的成分,提高出粉率。

2.5.4　高能球磨法制备纳米晶体材料的机制

粉末形成纳米晶有两种途径[36]:粗晶材料经过高能球磨法形成纳米晶;非晶材料经过高能球磨法形成纳米晶。

粗晶粉末经高强度机械球磨,产生大量塑性变形,并产生高密度位错。在初期,塑性变形后的粉末中的位错先是纷乱地纠缠在一起,形成"位错缠结"。随着球磨强度的增加,粉末变形量增大,缠结在一起的位错移动形成"位错胞",高密度位错主要集中在胞的周围区域,形成胞壁。这时变形的粉末是由许多"位错胞"组成,胞与胞之间有微小的取相差。随着球磨强度进一步增加,粉末变形量增大,"位错胞"的数量增多,尺寸减小,跨越胞壁的平均取向差也逐渐增加。当粉末的变形量足够大时,由于构成胞壁的位错密度急剧增加而使胞与胞之间的取向差达到一定限度时,胞壁转变为晶界形成纳米晶。

非晶粉末在球磨过程中的晶体生长是一个形核与长大的过程。在一定条件下,晶体在非晶基体中形核。晶体的生长速率较低,且其生长受到球磨造成的严重塑性变形的限制,由于机械合金化使晶体在非晶基体中形核位置多且生长速率低,所以形成纳米晶。

当对纯金属进行高能球磨时,球磨主要是导致其晶粒的细化,对于大多数的金属,其晶粒尺寸都可细化至纳米范围。一般认为,在高应变速率下,由位错的密集网络组成的切变带的形成是主要的变形机制。在球磨初期,平均原子水平的应变因位错密度的增加而增加。这些强应变区域在某个位错密度下,位错将发生多边化,形成亚晶,这种亚晶粒开始时被具有小于 20°偏倾角的低角晶界分隔开来,继续球磨导致原子水平应变的下降和亚晶粒的形成。进一步球磨时,在材料的未应变部分的切变带中发生形变,该带中已存在的亚晶粒粒度进一步减小至最终晶粒尺寸,且亚晶粒相互间的相对取向最终变成完全无规则。由于纳米晶晶粒本身是相对无位错的,当达到完全纳米晶结构时,位错运动所需要的极高应力阻止极小微晶体的塑性变形。因此,进一步的形变和储能只能通过晶界滑移来完成,这将导致亚晶粒的无规则运动。所以,球磨最终所获得的材料是由相互间无规则取向的纳米微晶粒组成。一般情况下,对于点阵结构相同的金属而言,熔点越高,球磨后得到的晶粒尺寸越细。这是因为晶粒细化的过程取决于位错的运动。根据位错理论,球磨能达到的最小晶粒尺寸与切变模量成正比,通常熔点高的金属,原子间结合力强,切变模量大。

2.5.5　高能球磨法制备纳米材料的工艺参数

高能球磨法是一个无外部热能供给的高能球磨过程,是一个由大晶粒变成小晶粒的过程。其工艺参数中球磨时间、球磨转速、料球比、装样率和球径5个因素是起主要作用的[37]。

在转速和装样率固定不变的情况下,粒度和均匀性系数随着时间和料球比的变化而变化:料球比越大,时间越小,获得的粉体粒度越大、均匀性系数越小;反之,粒度越小、均匀性系数越大。这说明当料球比越小、时间越长,研磨介质之间以及研磨介质和罐壁之间的撞击和研磨的频率越高、强度越大,有利于粉体的细化,而当料球比较大、时间较短时,研磨介质与粉体的撞击和研磨频率、强度均会下降,不利于粉体的细化。但料球比也不能过小,过小的料球比不仅会降低生产率,还会产生撞空现象,加速研磨介质的磨损,使产品杂质增多。

在转速和时间不变的情况下,粉体粒度和均匀性系数随着料球比和装样率的变化而变化:料球比愈大,装样率越大,获得的粉体粒度越大、均匀性系数越小;反之,粉体粒度越小、均匀性系数越大。分别固定装样率和料球比时,随着料球比的增大,粒度反而减小、均匀性系数增大,随着装样率的增大,粒度增大、均匀性系数减小。

在转速和料球比不变的情况下,粉体粒度和均匀性系数随着时间和装样率的变化而变化:时间短,装样率大获得粉体粒度大、均匀性系数小;反之,粒度小、均匀性系数大。这表明大的装样率和短的球磨时间不利于粉体的细化。

在时间和装样率均不变的情况下,粉体粒度和均匀性系数随着转速和料球比的变化而变化:小的料球比,大的转速可以得到较细的粉体。而且可以得到,在大的料球比的情况下,可以选取较大的转速来抑制料球比的不利后果。

2.5.6　高能球磨机的分类和工作原理

目前MA使用的球磨机可以分为普通球磨机和高能球磨机两类。而常用的高能球磨机又分为搅拌式、行星式和振动式三种[38]。

2.5.6.1　普通球磨机

普通球磨机特点是粉碎比大,结构简单,机械可靠性强,工艺成熟,可标准化。其工作原理如图2-59所示。

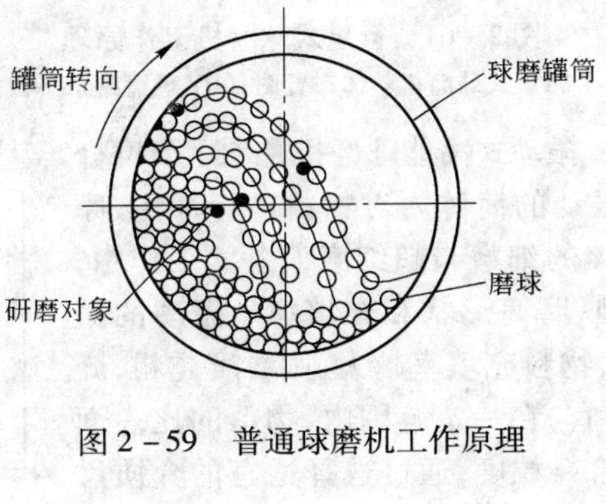

图2-59　普通球磨机工作原理

当球磨机按规定的转速运转时,在离心力和摩擦力的作用下,研磨介质与物料一起被提升到一定高度后,在重力作用下脱离筒壁沿抛物线轨迹下落。然后,它们又被提升一定高度,再沿抛物线轨迹下落。如此周而复始,使处于研磨介质之间的物料受冲击作用而被击碎、混合。同时,由于研磨介质的滚动和滑动，颗粒受研磨、摩擦、剪切等作用而被磨碎。球磨机的临界转速受球磨机筒体直径和长度的影响。一般其工作转速 n 与球磨罐直径 D 的关系式为 $n=32/\sqrt{D}$。

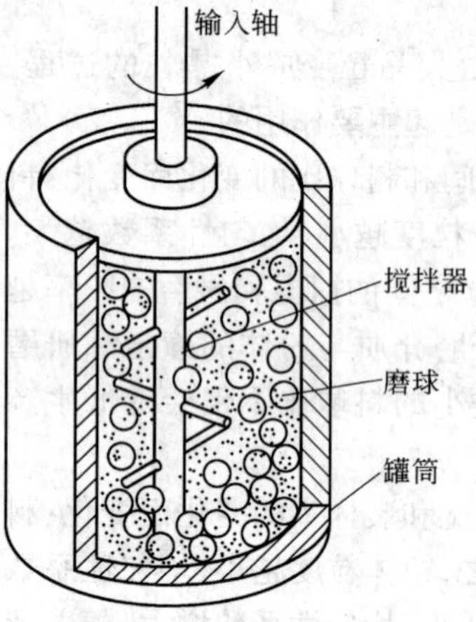

图 2-60 搅拌式球磨机工作原理

2.5.6.2 高能球磨机

（1）搅拌式高能球磨机。搅拌式高能球磨机主要由 1 个静置研磨筒和 1 个旋转搅拌器（搅拌装置）构成，如图 2-60 所示。其特点是受搅拌器极限转速的制约程度小，可以传递给磨球较高的能量，但是球磨过程中搅拌器的磨损严重，容易对物料产生污染。

搅拌式高能球磨机通过搅拌器搅动研磨介质产生冲击、摩擦和剪切作用，使物料粉碎。研磨介质通过不规则运动对物料产生三种作用力：研磨介质间互相冲击产生的冲击力；研磨介质转动产生的剪切力和摩擦力；研磨介质填入搅拌臂所留下的空间而产生的撞击力。

在搅拌式高能球磨机中，常常使用球形研磨介质，其平均直径小于 6 mm，用于超细粉碎时，一般小于 1 mm。搅拌器的圆周速度一般为 4 ~ 20 m/s，速度越高，搅拌器的磨损越严重。

（2）行星式高能球磨机。行星式球磨机的特点是磨球的运动方式更为复杂，获得的能量更高，此种球磨机在相同的工艺参数下，可以同时制备几组物料，便于进行科学研究，应用最广泛。其工作原理是，在旋转盘的圆周上装有几个随转盘公转又做高速自转的球磨罐。球磨罐内的磨球在惯性力的作用下，对物料形成很大的高频冲击和摩擦，进行快速细磨，如图2-61所示。

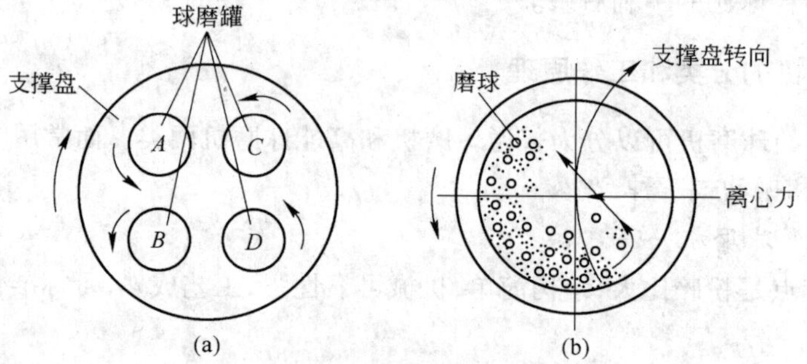

图 2-61 行星式球磨机工作原理

(a) 行星式球磨机整体布置图；(b) 球磨罐水平截面

（3）振动式高能球磨机。振动式高能球磨机是利用研磨介质（球形或棒状）在做高频振动的筒体内对物料进行冲击、摩擦、剪切等作用而使物料粉碎的细磨与超细磨设备。工作中，介质的运动取决于振动类型、磨筒形状和充填率。振动的振幅、频率越高，物料粒度越细，物料充填率越大，则粒度越粗，介质的充填率以 60% ~ 80% 为宜，在一定范围内，物料的比表面积与粉碎时间成正比，根据给料粒度，通过选择适宜的介质尺寸，调节振动的振幅和频率以及给料量和介质的充填率等可以得到所要求的物料细度。振动式高能球磨机比行星式高能球磨机能量略高（见图 2-62）。

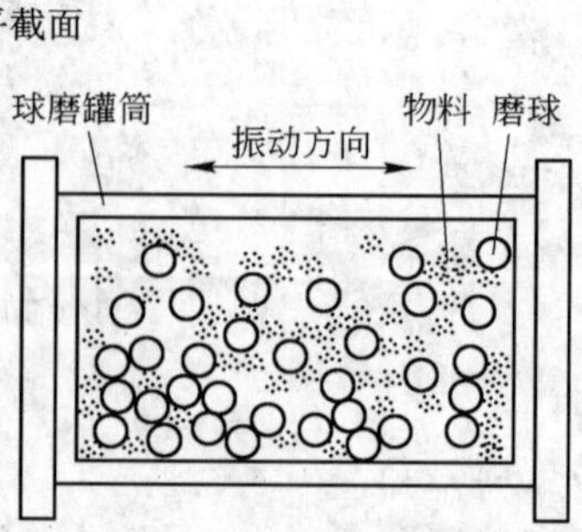

图 2-62 振动式球磨机工作原理

图 2-63 所示是南京大学仪器厂生产的 QM-1SP2 行星式高能球磨机结构示意图。该机采用变频调速方式进行调速,有单向运行和正反交替运行两种运行方式,并可定时停机。

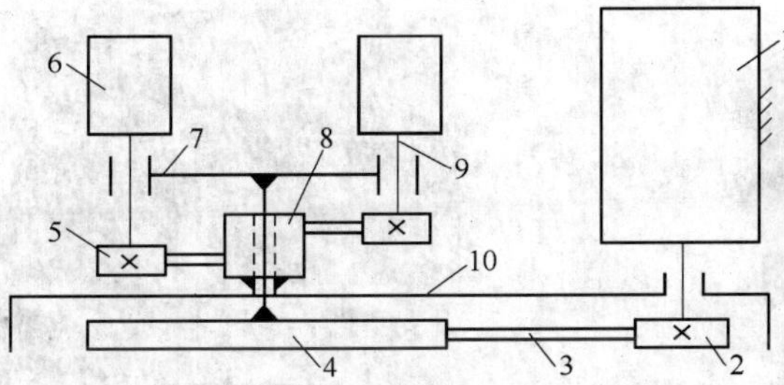

图 2-63 QM-1SP2 行星式高能球磨机结构示意图

1—调速电机;2—小皮带轮;3—皮带;4—大皮带轮;5—行星带轮;6—球磨筒;7—转盘;8—太阳带轮;9—磨筒中心转轴;10—机体

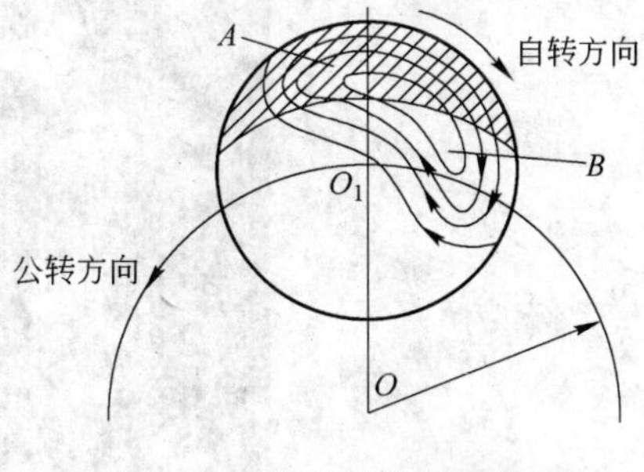

图 2-64 行星式高能球磨机的运转状态简图

球磨时,行星式球磨机有 4 个球磨筒绕中心轴 O 公转,由于 4 个球磨筒的运动状态完全相同,所以只画出了 1 个球磨筒,如图 2-64 所示,球筒转动过程中物料则处于公转运动状态,这样便使磨筒中的物料压偏向筒壁运动至 A 区。在磨筒绕自身轴 O 自转作用下,物料同研磨球剧烈地混合,施加在物料上的力比重力大 10 倍,这种情况下,物料位于 B 区,这种运动类似于普通球磨机。当球磨机工作时,研磨球由于具有较大的惯性力,对粉料能产生强烈撞击,撞击力随着转速的提高成平方增加,这将给粉料破碎提供极高的能量。同时,对于行星式高能球磨机,磨球开始脱离筒壁的位置是一定的,转盘转速的提升将使得磨球的撞击力迅速增大,以对粉体产生强烈撞击,转盘转速的提升可增加磨球对物料的撞击频率,在行星式高能球磨机中,同样质量的磨球撞击力要比在普通球磨机中提高十几倍甚至几十倍。在撞击频率上更为明显,普通球磨机中磨球的撞击频率一般不过 1~2 次/s,而行星式高能球磨机磨球的撞击频率一般为 10~15 次/s。这种强烈的撞击和高频率的撞击进一步为物料粉碎提供能量。此外,磨球脱离筒壁后,并不像普通球磨机那样在筒内空间做抛落运动,而是贴附于筒底擦动,磨球相对于筒底运动(既有滚动也有滑动)时对粉体的强烈碾压及搓擦作用,更有利于提高研磨能力。在工作过程中能产生极高的能量。由于磨筒自转和公转产生的离心力及磨筒与磨球间摩擦力等的作用,磨球与物料在筒内产生相互冲击、摩擦、上下翻滚等,起到了磨碎物料的作用。

因此,行星式高能球磨机中的磨球不仅具有比在普通球磨机中对粉体高出 10 倍左右的撞击力与撞击频率,同时又在筒底上做复杂运动,对粉体强烈碾压与搓擦,使得筒内粉料能在较短时间内研磨到纳米级。

图 2-65 所示是三种适用于工业化生产的高能球磨机的实物照片。图 2-66 所示是不同球料比高能球磨后 Al_2O_3-Y_2O_3 粉体的 TEM 照片[39]。

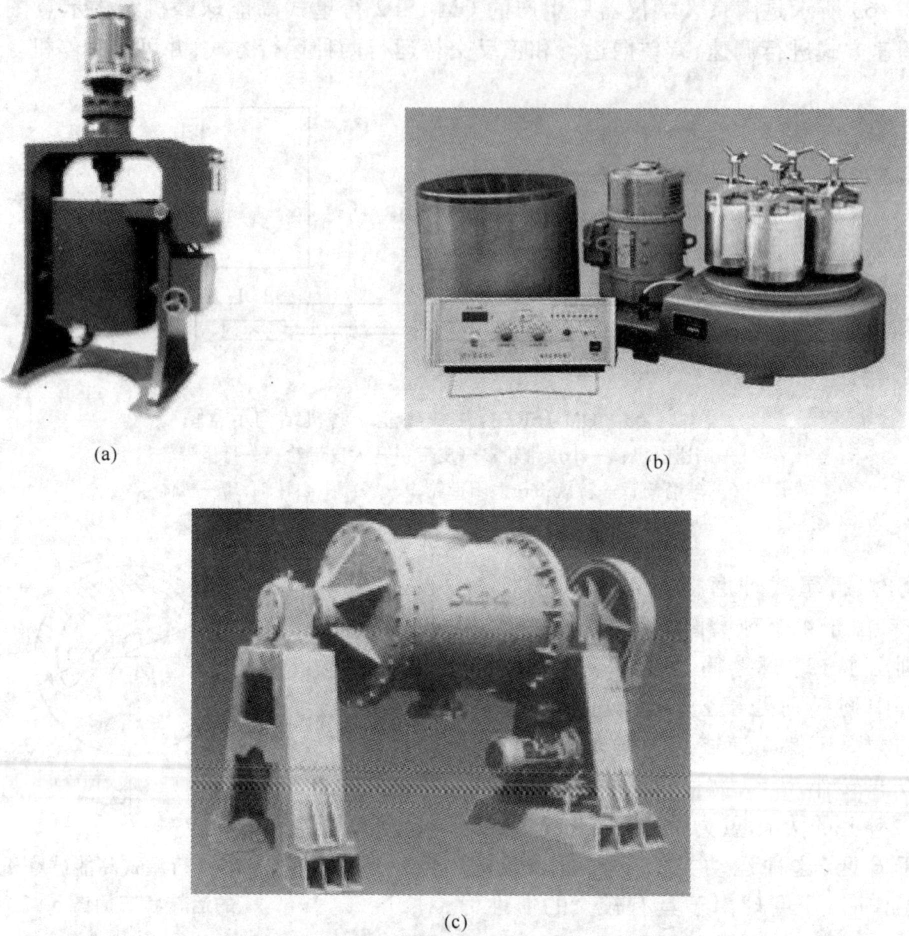

图 2 - 65　三种高能球磨机的实物照片

(a) 搅拌式球磨机；(b) 行星式球磨机；(c) 振动式球磨机

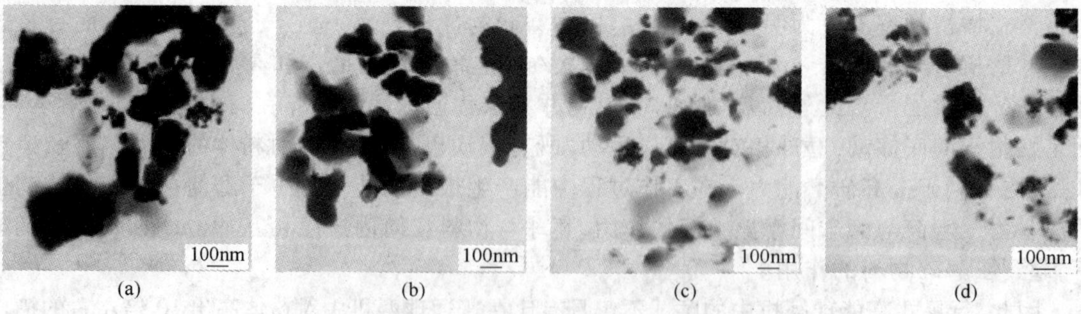

图 2 - 66　不同球料比高能球磨后 Al_2O_3-Y_2O_3 粉体的 TEM 照片

(a) 球料比为 5；(b) 球料比为 10；(c) 球料比为 20；(d) 球料比为 40

除此之外，河北秦皇岛燕山大学的曲源等人[40]还设计发明了适合于工业化生产的吊簧式双筒或多筒液冷微纳米球磨机（见图 2 - 67）以及多层次分级纳米球磨机（见图 2 - 68）。

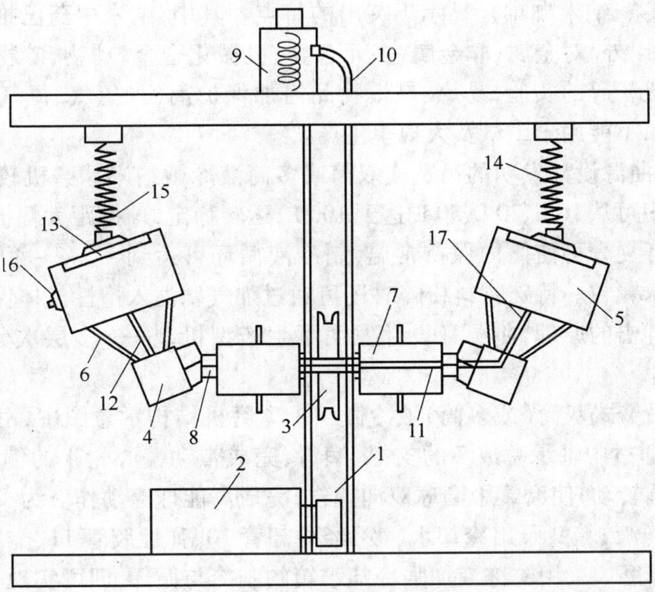

图 2－67 吊簧式双筒(或多筒)液冷微纳米球磨机结构示意图

1—支架;2—电动机;3—传动轮;4—偏心轮;5—磨罐;6—悬臂;7—中轴承总成;8—中轴;9—冷却液箱;10—冷却管;11—弹性胶管;12—金属管;13—冷却夹套;14—吊簧;15—万向节;16—气塞;17—阀门

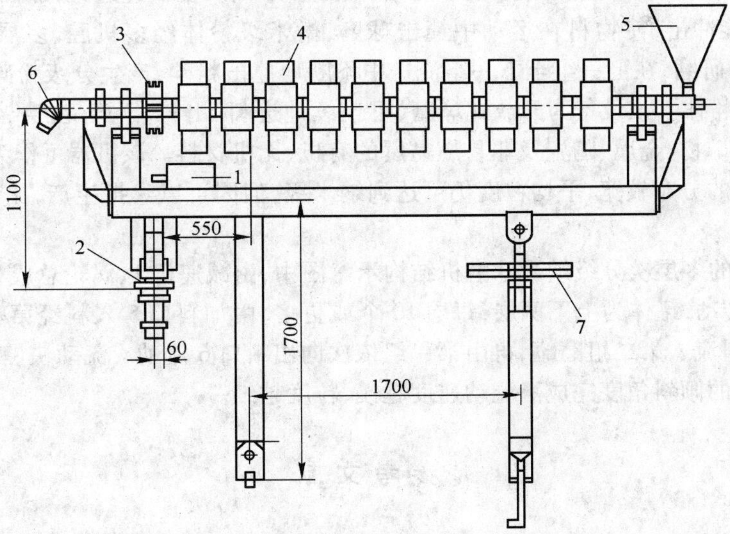

图 2－68 多层次分级纳米球磨机结构示意图

1—减速机;2—涡轮总成;3—驱动轮;4—罐体;5—加料口;6—出料口;7—升降轮

吕庆等人[40]设计发明的多维纳米球磨机工作原理是:多维摆动式高能纳米球磨机通过罐体快速的多维摆动式运动,使磨介在罐内不规则运动,从而产生巨大的冲击力,延长磨介的运动轨迹,提高冲击能,减少撞击盲点,其工作效率是传统球磨机的几十倍,可显著提高罐内磨介的冲击能量和运动次数,使被粉碎的物质颗粒达到纳米级,同时大大提高了粉体颗粒的均匀度,粉碎粒径最小为 10 nm,属封闭式高能球磨。秦皇岛市太极环纳米制品有限公司用该设备已成功研制纳米食品(如纳米茶、纳米咖啡),显示出突出的特点。其中,纳米中药已推广应用。该设备应用范围广泛,除植物以外,对金属、非金属、多元合金、机械化合金、动物、矿物、药材等有机、无机材料均可进行纳米级粉碎的实验,易燃、易爆物品需加保护剂(如氩气、氮气、一氧化碳等)。但是,该设备放大较难,不能用于中试及大规模生产。

在此基础上,由曲源设计发明的吊簧式双筒或多筒液冷微纳米球磨机较好地解决了这一难题。该产品单筒容积可从10 L、20 L、50 L达到100 L,运转稳定,球抛距大幅提高,冲击力更强,通过软管连接的水循环夹套可使筒内保持常温,制冷液循环可达到 -5 ~ -40℃,可加工出10 nm以上纳米级或亚微米颗粒。特殊物料粉碎时还可通过加气塞注入惰性气体保护。

根据这一甩砸冲击的原理,曲源又设计发明了生产型机型——多层次分级纳米球磨机(见图2-68)。

在图2-67的吊簧式双筒(或多筒)液冷微纳米球磨机结构示意图中,由支架1电动机2带动传动轮3中轴8,通过中轴承总成7的支撑、润滑,完成带动偏心轮4的偏心转动,再由悬臂6带动磨罐5进行椭圆转动,使磨罐中磨球双向撞击,完成高能球磨动作。为了降低由球磨撞击产生的高温,由冷却水(液)箱9泵出冷却水(液)经冷却管10、弹性胶管11、金属管12注入冷却夹套13中,实现常温球磨。采用防冻液加强冷却水箱的制冷与循环,即可实现 -5 ~ -40℃低温球磨。在吊簧控制方而,罐体由吊簧14通过机架上的万向节和罐体上万向节15连接,控制罐体椭圆运动,通过罐体的椭圆运动产生双向抛球动作,使磨球往返抛击,通过球与壁、球与球的撞击,在冷却环境中实现高能球磨。对易燃易爆物料通过气塞16加入惰性气体进行高能球磨。阀门17在调换弹性胶管时使用。

多层次分级纳米球磨机采用调酒师手臂动作原理,双向反复快速运转,加强了磨介轨迹变换的几率,产生高能冲击,使物料在运动中撞击球磨,微米级粉体经多机腔、多层次、多直径磨介(由大逐渐变小)研磨,在上一组至下一组流送中不断地撞击粉碎,产生分级粉碎效果,最后粉碎成10 nm以上的粉体。该设备为开放式球磨,可连续地进料、出料,干磨、湿磨皆可,可广泛地应用于动物、植物、矿物、金属、陶瓷及非易燃易爆的有机、无机材料。该机器可作为大批生产使用,虽然其颗粒粒径的分布较宽,平均粒度仍可达到纳米级,但因可以大批生产,比起其他方法成本仍大大降低。

在图2-68的多层次分级纳米球磨机结构示意图中,由减速机1、涡轮总成2,经驱动轮3带动20个罐体4转动,罐体为上下两层,每层10个或更多,由加料口5入料经第一组磨罐180°往返甩砸球磨,物料流入第二组磨罐,再由第一组依次向出料口6流动。流动快慢通过升降轮7升降变化改变主机的倾斜角度完成。流动速度越慢,粒度越细。

参 考 文 献

[1] 关波. 氧化物纳米粉末的直流电弧等离子体制备及放电等离子(SPS)烧结[D]. 武汉:武汉理工大学,2004.

[2] Leparoux M, Schreuders C, Shin J W, et al. Induction plasma synthesis of carbide nanopowders[J]. Advanced Engineering Materials, 2005, 7(5): 349 ~ 353.

[3] Tanaka K, Ishizaki K, Yumoto S, et al. Production of ultra-fine silicon powder by the arc plasma method[J]. Materials Science, 1987, 22(6): 2192 ~ 2198.

[4] 张志焜,崔作林. 纳米技术与纳米材料[M]. 北京:国防工业出版社,2000:113 ~ 118.

[5] 李志杰,曲家惠,左良,等. 金属纳米粉材料的研制[J]. 东北大学学报(自然科学版),2004,25

(3):243～246.
[6] 王超,张振忠,段志伟. 直流电弧等离子体法制备纳米铁粉[J]. 铸造技术,2007,28(3):417～420.
[7] 蒋渝. 纳米金属粉体材料的氢等离子体制备机理及其润滑减摩特性研究[D]. 成都:四川大学,2004.
[8] Tanaka M, Watanabe T. Vaporization mechanism from Sn-Ag mixture by Ar-H_2 arc for nanoparticle preparation[J]. Thin Solid Film, 2008,516(19):6645～6649.
[9] 魏智强,温贤伦,王君,等. 工艺参数对阳极弧放电等离子体制备镍纳米粉的影响[J]. 稀有金属材料与工程,2004,33(3):305～308.
[10] 魏智强,夏天东,闫志巾,等. 约束弧等离子体制备铝纳米粉体的研究[J]. 粉末冶金技术,2006,24(3):170～174.
[11] 戴永年,赵忠. 真空冶金[M]. 北京:冶金工业出版社,1988:308,321～322.
[12] 等离子化学应用编写组. 等离子化学及其在冶金中的应用[M]. 成都:成都科技大学出版社,1986:65～66.
[13] 陈杰熔. 低温等离子体化学及其应用[M],北京:科学出版社,2001:276.
[14] 马腾才,胡稀伟,陈银华. 等离子体物理原理[M]. 合肥:中国科学技术大学出版社,1988:231.
[15] 郭鸿志,张书臣. 直流电弧炉电弧速度场和温度场的数值计算[J]. 钢铁研究学报,2003,15(1):6～11.
[16] 张周伍. 电爆法制备金属超细粉体材料的设备与工艺研究[D]. 兰州:兰州理工大学,2006.
[17] 魏风波. 丝导体无接触电爆法制备金属超细粉的设备及试验研究[D]. 兰州:兰州理工大学,2007.
[18] Frederick T. Metallic nanopowders produced by the electro-exploding wire process[J]. The International Journal of Powder Metallurgy, 1999, 35(7): 38～45.
[19] Dong S S, Zou G T, Yang H B, et al. Thermal characteristic of ultrafine-grained aluminum produced by wire electrical explosion[J]. Scripta Materialia, 2001,44(1):17～23.
[20] Kotov Y A. Electric explosion of wires as a method for preparation of nanopowders[J]. Nanoparticle Research, 2003,5(5,6): 539～550.
[21] Cho C, Murai K, Suzuki T, et al. Enhancement of energy deposition in pulsed wire discharge for synthesis of nanosized powders[J]. IEEE Transactions on Plasma Science, 2004,32(5): 2062～2067.
[22] Kwon Y S, Ilyin A P, Tikhonov D V, et al. Installation UDP-5 for nanopowders production by wire electrical explosion[J]. IEEE, Electrical Engineering, KORUS,2004:227～229.
[23] Kim W, Park J S, Suh C Y, et al. Fabrication of alloy nanopowders by the electrical explosion of electrodeposited wires[J]. Materials Letters, 2007,61(21): 4259～4261.
[24] Sarathi R, Sindhu T K, Chakravarthy S R, Generation of nano aluminum powder through wire explosion process and its characterization[J]. Materials Characterization, 2007,58(2): 148～155.
[25] 杨海滨,徐鹏,李明辉,等. 纳米氮化铝粉体的电爆炸合成[J]. 纳米加工工艺,2004,1(5):34～37.
[26] 贺新升. 电爆法制备金属纳米粉电控技术研究[D]. 长春:吉林大学,2006.
[27] 陈宾. 金属纳米粉制备工艺及设备研究[D]. 长春:吉林大学,2006.
[28] 樊志良. 高品质金属纳米粉体的电爆炸法制备与处理工艺研究[D]. 长沙:中南大学,2006.
[29] 谢长生,胡木林,胡军辉,等. 激光复合加热制备金属纳米粉体材料[J]. 材料热处理学报,2001,22(1):20～24.
[30] Allmen V. Laser-beam interactions with materials[M]. New York: Speinger Verlag Press, 1987.
[31] 魏庆成. 冶金热力学[M]. 重庆:重庆大学出版社,1996:184.
[32] 胡军辉,吴润,夏辉,等. 激光感应复合加热制备纳米 Al 粉的工艺研究[J]. 激光技术,2000,24(6):348～350.
[33] 黄开金,谢长生,宋武林,等. 激光—感应复合加热法制备(纳米)粉体技术及其应用[J]. 中国粉体

工业,2008(2):35～39.

[34] 胡军辉. 激光—感应复合加热蒸发法制备金属纳米粉末的研究[D]. 武汉:华中科技大学,1999.

[35] Bin H, Kobayashi K F, Shingu P H. Mechanical alloying and consolidation of aluminum-iron system[J]. Journal of Japan Institute of Light Metals, 1988,38(3): 165～171.

[36] 黄素贞. 高能球磨制备纯 Al 纳米晶体材料及性能研究[D]. 昆明:昆明理工大学,2006.

[37] 严高. 超细石英粉体制备及工艺参数优化[D]. 哈尔滨:哈尔滨工业大学,2006.

[38] 邓春岩,李国彬,陈芳,等. MA 法制备复合材料常用设备的比较分析(综述)[J]. 河北科技师范学院学报,2006,20(2):66～70.

[39] 长青,左洪波,张明福,等. 高能球磨 Al_2O_3-Y_2O_3 粉体混合物的研究[J]. 兵器材料科学与工程,2006,29(3):46～50.

[40] 曲源,李青山,朱润芝. 高能纳米球磨机的应用研究[J]. 纳米科技,2007,4(5):66～68.

3 纳米材料典型制备技术的工艺和设备
——化学方法篇

3.1 催化裂解法制备碳纳米管的设备和工艺

碳纳米管被誉为“纳米之王”,由于其直径和螺旋角不同,它既可呈金属导电性,也可呈半导体特性。它具有接近自然界材料理论上的最高强度,比一般的钢要强上百倍,但密度只有钢的1/6。碳纳米管还具有极好的场致电子发射性能、高频宽带电磁波吸收特性以及导热、贮氢、吸附和催化性能等。它是由石墨层卷曲而成的无缝纳米级管状晶体,分为单壁碳纳米管和多壁碳纳米管两种,有直形、弯曲、螺旋等不同外形,端点有的封闭、有的开口。

率先采用适用于工业上连续生产的移动床催化裂解法专利技术制备碳纳米管的深圳市纳米港有限公司,于2001年4月25日在深圳市成立。该专利技术由中国科学院成都有机化学研究所的于作龙教授发明,并转让给深圳市纳米港有限公司。该公司的主要产品为各种规格碳纳米管、纳米碳纤维、纳米晶石墨等碳基纳米材料。

3.1.1 催化裂解法制备碳纳米管的原理

催化裂解法制备碳纳米管的基本原理[1]是:在高温下,含碳化合物(如甲烷、乙烯、丙烯和苯等烃)、金属有机化合物、CO等在金属催化剂的作用下分解为碳原子,沉积在金属颗粒的表面,然后溶解、扩散进入金属体相,最后析出生长成为碳纳米管。图3-1所示是以甲烷为原料制备碳纳米管的原理示意图。

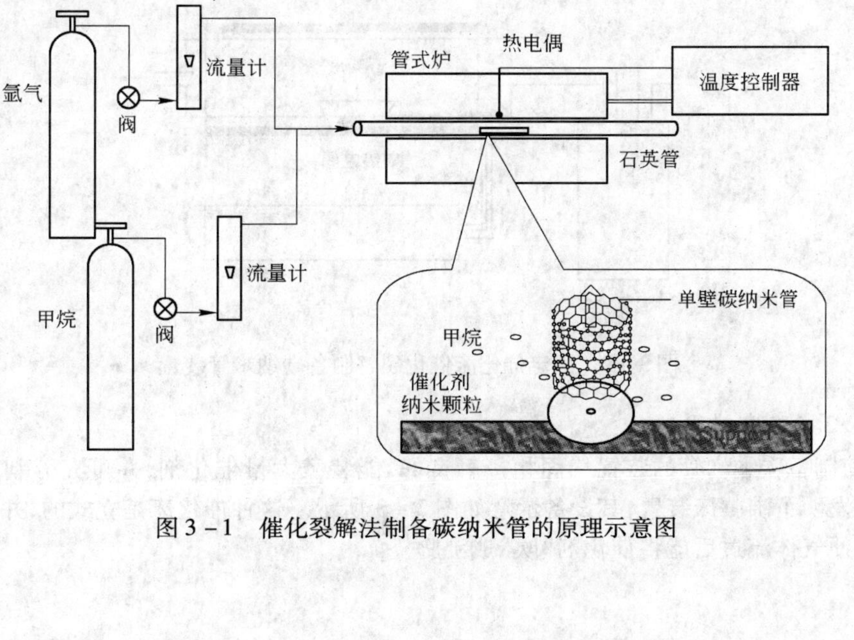

图3-1 催化裂解法制备碳纳米管的原理示意图

3.1.2　催化裂解法制备碳纳米管的特点

催化裂解法是一种比较先进的方法，它具有碳纳米管含量高的优点，也是能够实现碳纳米管大批量、低成本工业化生产的唯一方法。同时还具有生长温度低、反应过程常压可控、设备简单成本低、生成物纯度高并容易实现规模化生产等特点[2]，是目前研究最热门、应用最广泛的制备方法。它以过渡金属或其氧化物或氢氧化物为催化剂，在常压并在相对较低的温度下热解碳氢气体合成碳纳米管。该方法工艺简单，可控性强。该法主要应用于多壁碳纳米管的制备，其装置、催化剂、碳源、辅助气体以及反应条件等都会对产物的纯度、产量、形貌和性能产生影响。

3.1.3　催化裂解法制备碳纳米管的分类和工作原理

碳纳米管要实现工业应用，首先必须解决碳纳米管的低成本大量制备问题。碳纳米管自1991年被发现以来，其制备工艺得到了广泛研究。目前有三种主要的制备方法，即电弧放电法、激光烧蚀法和催化裂解法。在电弧放电法和激光烧蚀法制得的产物中，碳纳米管均与其他形态的碳产物共存，分离纯化困难，收率较低，且难以规模化。催化裂解法的装置可分为固定催化床、沸腾催化床、移动床催化、喷淋催化床、双温区流动催化床等几种[2~4]。

3.1.3.1　固定催化床

固定催化床是催化裂解法制备碳纳米管最典型的制备装置，原理如图3－2所示。制备碳纳米管时，将催化剂放入固定催化床石英管中部的石英舟上，在保护气氛中将反应炉慢速升温至催化剂的还原温度，然后通还原气体，待催化剂活化后升温至催化裂解所需的温度，再通入反应气催化裂解。反应结束后反应炉降温至室温，得到含催化剂的碳纳米管粗产物样品。采用固定催化床可以在较低的气体流速和反应温度下制备碳纳米管，但因为反应时催化剂固定不动，给碳纳米管提供生长空间有限，产物移出困难，只能进行间歇操作。此外，该方法中的催化剂只能以薄层的形式展开，这样才会有好的效果，否则催化剂利用率低，产量受限制，因此不太适宜工业化生产。

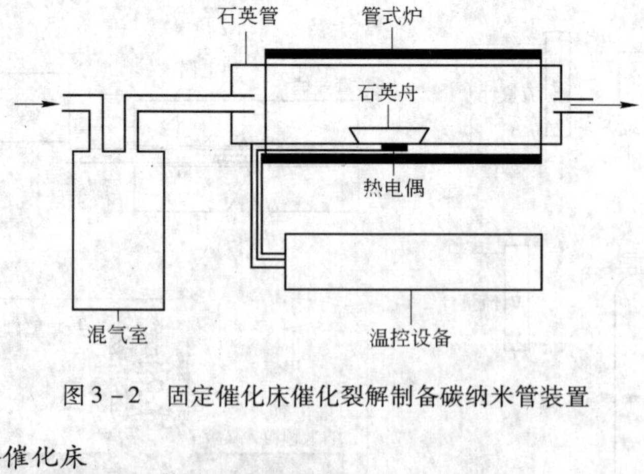

图3－2　固定催化床催化裂解制备碳纳米管装置

3.1.3.2　沸腾催化床

为了使制备碳纳米管的装置气固相接触良好，能装载大量催化剂，并可充分利用催化剂表面，于作龙发明了沸腾床装置，其设备示意如图3－3所示。这种催化床是立式的，并且装有气体分散器，以便气体流过后能将催化剂“吹”成沸腾。

制备时，将催化剂放入沸腾床的反应腔，在保护气中升温至催化剂的还原温度，然后通还原气体。待催化剂活化后升温至催化裂解所需的温度，接着通入反应气体。调节反应气以适当的流速使催化剂处于“沸腾”状态，同时使反应气与催化剂始终接触良好。反应停止后，在保护气保护下冷却至室温，收集产物。催化裂解反应中，原料气体以一定的流速通过气体分布板，将活化了的催化剂“吹”成“沸腾”状态。催化剂颗粒一直在运动，相互间距离比固定催化床的催化剂颗粒间距大得多，因而其表面更易生长碳纳米管。又因催化剂颗粒的相互碰撞，碳纳米管易从其表面脱落下来，从而可保证高开口率碳纳米管的形成。沸腾床中催化剂量较大时，原料气体仍能与催化剂表面充分接触，从而可保证催化剂的高利用率。

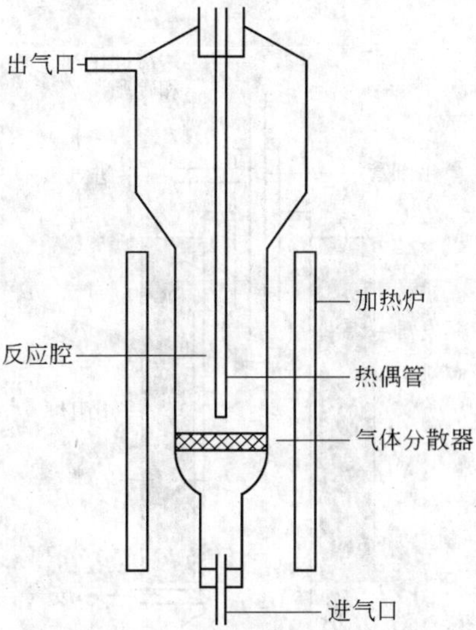

图 3－3 沸腾床催化裂解制备碳纳米管的装置

沸腾床催化裂解反应工艺气固接触良好，适合处理大量固体颗粒催化剂，用沸腾床催化裂解法代替固体床催化裂解法可大幅度提高碳纳米管的制备量。但与固定催化床一样，只能间歇操作，不利于低成本大批量碳纳米管的制备。

3.1.3.3 移动床催化

要实现碳纳米管的大批量制备，必须首先解决催化剂连续投放问题和催化剂与产物及时导出的问题。移动床催化能很好地解决这两个问题，装置示意如图 3－4 所示。连续制备碳纳米管是通过如下过程实现的：在封闭的移动床催化裂解反应器中，经过还原处理的纳米级催化剂通过喷嘴连续均匀地布洒到移动床上，移动床以一定的速度移动。催化剂在恒温区的停留时间可通过控制移动床的运动速度加以调节。原料气的流动方向可与床层的运动方向一致，也可相反。原料气在催化剂表面裂解生成碳纳米管。当催化剂在移动床上的停留时间达到设定值时，催化剂连同在其上生成的碳纳米管从移动床上脱出进入收集器，反应尾气通过排气口排出。

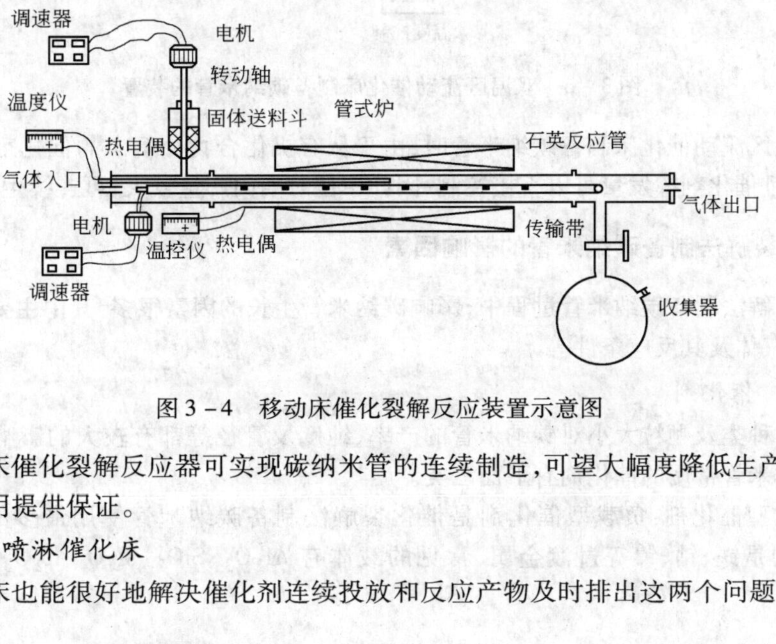

图 3－4 移动床催化裂解反应装置示意图

采用移动床催化裂解反应器可实现碳纳米管的连续制造，可望大幅度降低生产成本，为碳纳米管的工业应用提供保证。

3.1.3.4 喷淋催化床

喷淋催化床也能很好地解决催化剂连续投放和反应产物及时排出这两个问题，装置示意如

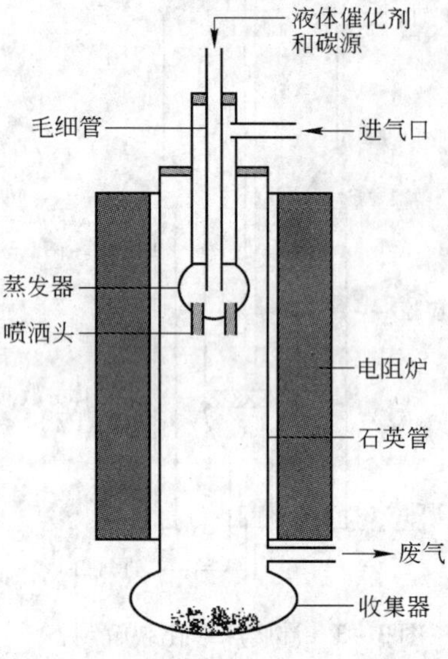

图3-5 喷淋催化床裂解制备碳纳米管的装置

图3-5所示。实验原理是将催化剂按一定比例溶解于液体碳源中,当反应炉温度达到生长温度时,从喷洒头将溶解有催化剂的碳源直接喷洒到反应炉内,反应结束后,用保护气冷却至室温,收集产物。

虽然使用喷淋催化床为大量制备碳纳米管提供了可能,但由于催化剂与碳源的比例难以优化,喷洒过程中催化活性颗粒分布不均,喷洒的催化活性颗粒很难以纳米级形式存在,因此碳纳米管所占比例少,而且常有大量炭黑生成。

3.1.3.5 双温区流动催化床

双温区流动催化床可解决催化裂解法制备碳纳米管过程中催化剂催化活性颗粒分布不均的问题,并能有效控制催化剂和碳源的投放量。它在低温区直接加热可汽化的催化剂前驱体,使之以气体形式同烃类气体一起引入反应室,在高温区完成催化剂和烃类气体的分解。分解的催化剂原子在反应区聚集成纳米级颗粒,浮游在反应空间,充分发挥催化作用,其装置示意如图3-6所示。

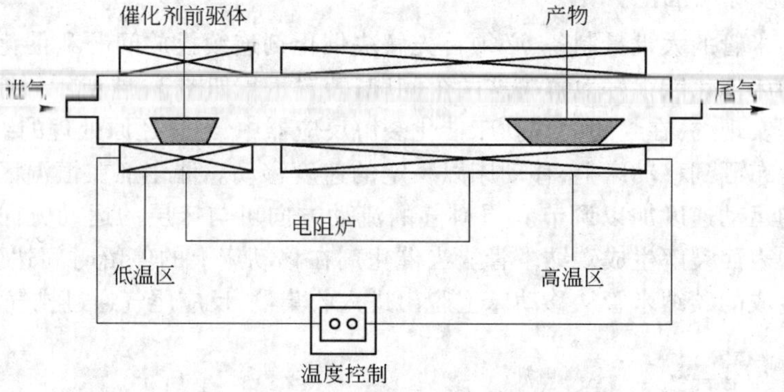

图3-6 双温区流动催化床制备碳纳米管的装置

采用双温区流动催化床制备碳纳米管时,由于从有机化合物分解出的催化剂颗粒可在二维空间内分布,且催化剂挥发量可以直接控制,因此单位时间内产量较大,可连续生产。

3.1.4 催化裂解法制备碳纳米管的影响因素

在催化裂解法制备碳纳米管过程中,影响碳纳米管生长的因素很多,其中主要的影响因素是催化剂、反应气体及其反应条件等[2]。

3.1.4.1 催化剂

催化剂的种类及颗粒大小对碳纳米管的产率、纯度及管径等都有较大的影响。目前催化裂解法制备碳纳米管常用的催化剂有下面三类。

(1)负载型催化剂:负载型催化剂是催化裂解法制备碳纳米管使用最多的催化剂,这种催化剂常用的是铁、钴、镍等过渡金属,常见的载体有 Al_2O_3、SiO_2、MgO、Al_2O_3-SiO_2、沸石、硅藻土等。

负载型催化剂中不同的金属在碳纳米管合成中表现出不同的活性,例如碳纳米管的生长速度按铁、钴、镍的顺序依次增大,碳纳米管的管径也按铁、钴、镍的顺序依次增大,而碳纳米管的石墨化程度却按铁、钴、镍的顺序依次降低,其中铁是最适合于单壁碳纳米管生长的催化活性金属,镍主要用来催化生长多壁碳纳米管。因此必须按照制备的主要目的选择活性金属。

(2) 金属粉体催化剂:过渡金属粉体也可直接催化制备不定向碳纳米管,但制备的碳纳米管的质量和产量都比较差,所以通常采用合金粉末作为催化剂,如Fe-Ni、Co-Ni、Fe-Ni、Fe-Co等。

(3) 金属有机化合物催化剂:金属有机化合物催化剂又称浮动催化剂。与其他催化剂不同,金属有机化合物既是催化活性中心的提供者,又是碳源。这类催化剂一般以气态进入,催化效率很高,而且有利于碳纳米管的定向。

3.1.4.2 反应气体

(1) 碳源气体。碳源气体主要为碳氢化合物和碳氧化合物等,常用的有甲烷(CH_4)、乙炔(C_2H_2)、乙烯(C_2H_4)、丙烯(C_3H_6)、一氧化碳(CO)及苯(C_6H_6)等。一般含碳量少的碳源反应气体,如CH_4、CO等制备出的碳纳米管纯度高,对于单壁碳纳米管的生长有利;而含碳量多的碳源反应气体,如C_2H_2、苯蒸气等制备出的碳纳米管生成物中,大部分为多壁碳纳米管且无定形碳的成分相对较多。此外,在合成碳纳米管时,不同的碳源气体活性有很大的差别,而且所得的碳纳米管的结构和性能也不同。不饱和烃比饱和烃的活性更大。碳源的催化活化顺序为:乙炔 > 丙酮 > 乙烯 > 正茂烷 > 丙烯 >> 甲醇 = 甲苯 >> 甲烷。

(2) 辅助气体。催化裂解法制备碳纳米管的辅助气体通常有氢气、氩气、氮气等。氢气的作用主要是还原催化剂和刻蚀非晶碳。氩气或氮气的作用是保护催化剂及碳纳米管不被氧化,同时也起到载气的作用。氢气通过刻蚀催化剂可减少或避免催化剂被碳包覆而停止生长,通过刻蚀非晶碳可提高碳纳米管的纯度。氢气含量低,刻蚀性弱,产物中非晶碳含量相对较多,碳纳米管纯度较低;氢气含量高,刻蚀性强,产物中碳纳米管纯度较高,但生长较慢;若氢气含量过高,则刻蚀性太强,可能把催化剂及刚生成的碳纳米管刻蚀掉,导致无碳纳米管生成。

3.1.4.3 反应条件

(1) 裂解温度。催化裂解法制备碳纳米管的裂解温度一般在600~1200℃之间。不同碳源其裂解温度不同,不同催化剂其裂解温度也有差异。其他条件相同时,不同裂解温度对碳纳米管的形貌和产率都有影响。陈程雯等[5]分别以Fe-MgO、Co-MgO和Ni-MgO为催化剂,甲烷为碳源气,氢气为还原气,研究了裂解温度在873~1073 K范围内对碳纳米管产物的形貌和产率的影响。他们发现:Fe-MgO催化剂制备碳纳米管的产率随制备温度的升高而提高,而Ni-MgO催化剂制备碳纳米管的产率随制备温度的升高而降低。Fe-MgO催化剂制备碳纳米管,在1073 K甚至更高的制备温度才能达到其最高产率。Co-MgO催化剂制备碳纳米管的产率在973 K左右产率较高,而用Ni-MgO催化剂制备碳纳米管,则在873 K甚至更低的制备温度就能达到最高产率。三种催化剂制备的碳纳米管在873~1073 K之间石墨化程度随制备温度的升高而提高。

(2) 裂解时间。反应时间直接影响碳纳米管的产量,对碳纳米管的长度也有影响。李轩科等[6]以甲烷为碳源气,以氢气为载气和还原气,以自制纳米NiO/SiO_2气凝胶为催化剂,研究了反应时间对产物产率和形貌的影响。结果表明:随反应时间的延长,碳纳米管的产率不断提高,一定时间后增长趋于平缓。在一定反应时间内，随反应时间延长，碳纳米管的长径比也随之增加，而直径的变化不大。这表明碳纳米管产率的增加与其长度的增长关系较大。

（3）碳源流量。碳源流量对纳米管产量和结构有很大影响。曹章铁等人[7]用低压化学气相沉积法在不同碳源流量下，以镍片为催化剂，制备碳纳米管薄膜，研究了乙炔流量对碳纳米管薄膜产量和结构的影响。结果表明：随着乙炔流量的增加，碳纳米管薄膜厚度增加，产量增大。在乙炔体积流量为 10 mL/min 下制备的碳纳米管直径分布范围最小（10 ~ 100 nm），石墨化程度最高，缺陷密度最小，晶形最完整。随着乙炔体积流量的增大（30 ~ 90 mL/min），碳纳米管的直径分布范围增大（10 ~ 300 nm），石墨化程度降低，缺陷密度增大，非晶化程度增加。因此，通过碳源流量可以控制碳纳米管薄膜的厚度和结构。

3.1.5　催化裂解法制备碳纳米管的机理

催化裂解法制备碳纳米管的机理与气相生长碳纤维相似[8]。在一定的温度下，碳源气体首先在纳米级的催化剂表面裂解形成碳源，碳源通过催化剂扩散，在催化剂表面长出纳米管，同时推着小的催化剂颗粒前移。直到催化剂颗粒全部被石墨层包覆，纳米管生长结束。实际上，用此法制备的碳纳米管的顶端或中部都发现了催化剂颗粒，从而验证了此机理的正确性。图 3 - 7 所示为各种规格的碳纳米管 TEM 照片。

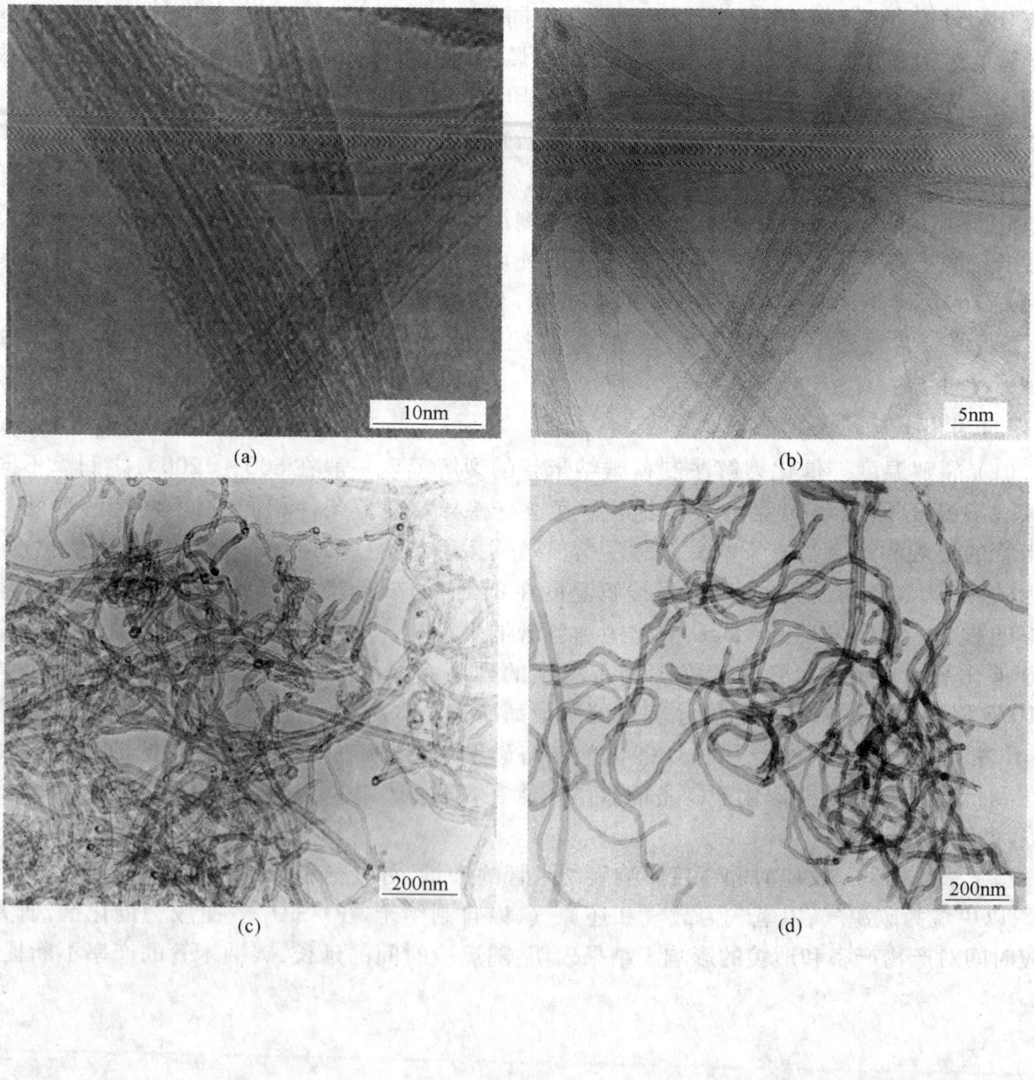

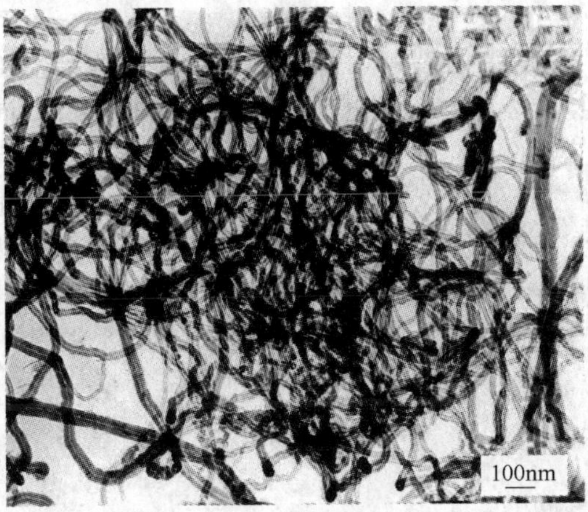

(e)

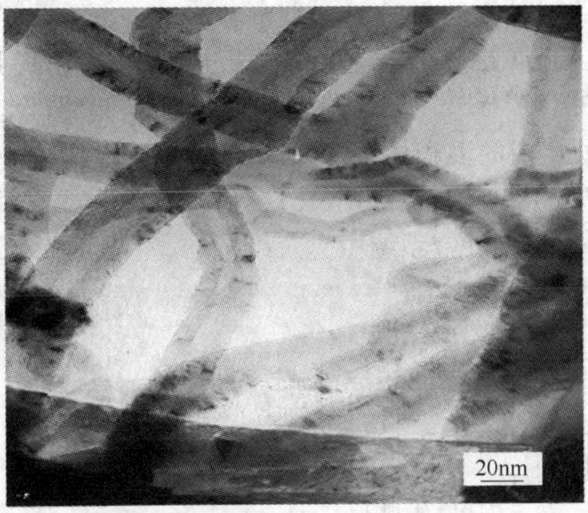

(f)

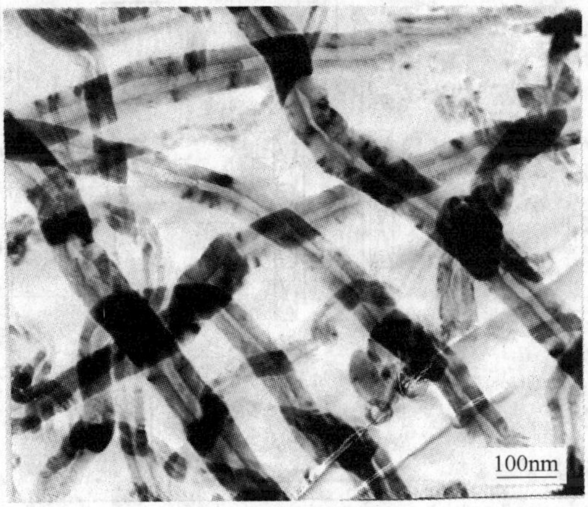

(g)

图3-7 各种规格的碳纳米管TEM照片
(a) 单壁碳纳米管；(b) 双壁碳纳米管；(c) 管径10~20 nm的多壁碳纳米管；
(d) 管径10~30 nm的多壁碳纳米管；(e) 管径20~40 nm的多壁碳纳米管；
(f) 管径40~60 nm的多壁碳纳米管；(g) 管径60~100 nm的多壁碳纳米管

3.1.6 其他催化裂解法制备碳纳米管的设备

除了于作龙教授发明了“沸腾床催化裂解法批量制备碳纳米管工艺”和“移动床催化裂解法连续制备碳纳米管工艺”，实现了碳纳米管的连续化批量制备外，清华大学、北京化工大学、华中师范大学等高等学校也纷纷研制出适合工业化批量制备碳纳米管的设备，具体情况如下：

清华大学的吴德海教授也是国内较早从事催化裂解法批量制备碳纳米管的专家之一。他们研制的设备主要是立式浮动催化装置（见图3-8）[9]，该装置的主体为反应容器（陶瓷管，外径68 mm，内径58 mm，长度1600 mm），垂直放置在电阻炉（额定温度为1200℃）中。反应容器的上部是蒸发器，包括进气口及反应溶液入口。反应容器的下面安装产物收集瓶、过滤器及尾气出口。反应溶液通过液体流量泵引入蒸发器并随载气以蒸气的形式一同引入反应容器。在催化裂解法中，立式浮动催化裂解法是大批量连续制备多壁碳纳米管和碳纳米纤维的一种有效方法。该方法设备简单，成本低，产量大，可实现连续生产，是最易于实现工业化的一种方法。

北京大学的沈曾民教授也研制出竖式炉浮游催化裂解法制备碳纳米管的装置(见图3-9)[10]。催化裂解法中的浮游法是将碳氢化合物、氢气、催化剂或催化剂前驱体及助催化剂所组成的混合体系导入高温反应系统中,分解产生的碳在催化剂上直接生成纳米碳管。所用碳源主要有苯、正己烷、乙炔等,催化剂有二戊铁、二戊钴、二戊镍、羰基铁等。由于在引入催化剂时,它可在反应系统中呈三维分布,上下浮游,致使其产量大,可连续化,采用此法可望实现纳米碳管的工业化生产。

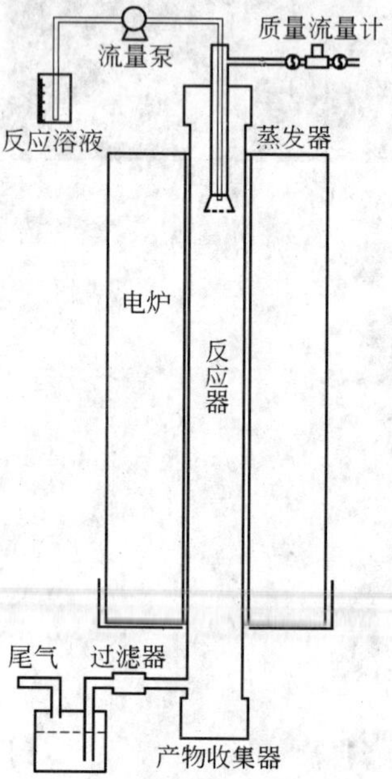

图3-8 立式浮动催化裂解法设备

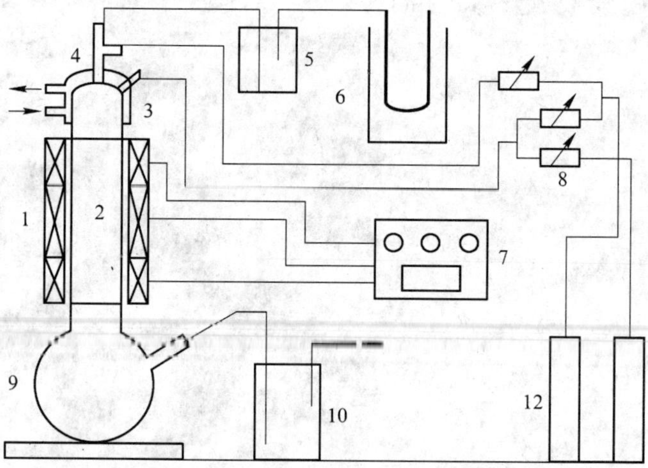

图3-9 竖式炉浮游催化裂解法制备碳纳米管的装置

1—电炉;2—反应室;3—石英管;4—粉碎室;5—材料室;6—压力计;7—温度控制器;8—流量计;9,10—收集器;11—氮气;12—氢气

华中师范大学的贾志杰教授也研制出工业化制备碳纳米管的装置(见图3-10)[11],炉膛规模为高20 cm,宽40 cm,长130 cm。

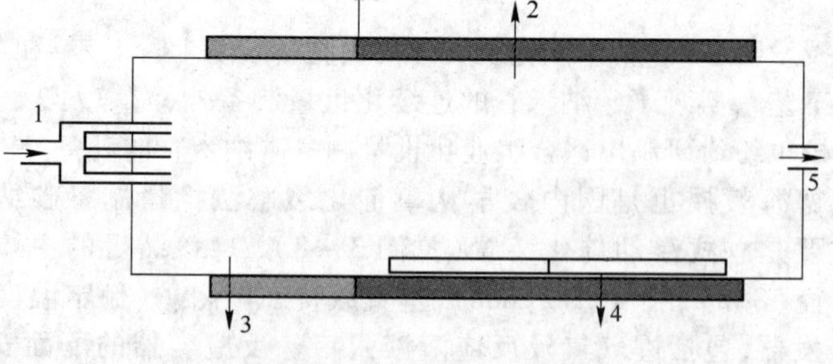

图3-10 催化裂解法制备碳纳米管的卧式工业炉的装置

1—进气口;2—反应区;3—预热区;4—陶瓷舟;5—出气口;6—电阻炉

3.2 激光诱导化学气相沉积法制备纳米材料的设备和工艺

激光诱导化学气相沉积(LICVD,laser induced chemical vapor deposition)法制备纳米材料是美国麻省理工学院的 J. S. Haggerty 等人[12,13]发明的。他们以硅烷(SiH_4)为原料,以 CO_2 为热源,先后制备出 Si、Si_3N_4 和 SiC 纳米粉末。至 1986 年,他们已研制出大型激光诱导化学气相沉积制粉设备,具备了大规模批量生产的技术能力,产率达 9kg/h 的水平。1996 年,中国科学研究院沈阳金属研究所的梁勇研究员将其激光诱导化学气相沉积法制备硅基纳米陶瓷粉的专利技术转让给黑龙江省齐齐哈尔市东北超微粉制造有限公司,使我国从 1997 年开始成为继美国、日本两国后世界上能大批量生产此纳米粉的国家。

3.2.1 激光诱导化学气相沉积法的原理

激光诱导化学气相沉积法的基本原理[14]是:利用反应气体分子激光光解(紫外线光解或红外多光子光解)、激光热解、激光光敏化和激光诱导化学合成反应,在一定工艺条件下(激光功率密度、反应池压力、反应气体配比和流速、反应温度等)控制纳米粒子的成核和生长。制备的纳米材料品种可以是单质、化合物和复合材料等纳米粉末。

例如,采用激光诱导化学气相沉积法制备纳米 Si_3N_4 粉体的基本原理[15]是:利用 SiH_4 分子对 CO_2 激光的强吸收效应,用连续 CO_2 激光束辐照快速流动的混合反应气体(SiH_4 + NH_3),诱导 SiH_4 与 NH_3 分子发生激光热解与合成反应。在 800 ~ 1000℃ 和 20 ~ 90 kPa 的条件下成核生长,获得粒度分布均匀、无团聚的球形非晶态纳米 Si_3N_4 粉体。其化学反应方程式为:

$$3SiH_4 + 4NH_3 \xlongequal{h\nu} Si_3N_4 + 12H_2$$

SiH_4 分子对 CO_2 激光的吸收系数(43 cm^{-1})比 NH_3 分子(0.78 cm^{-1})高得多,CO_2 激光的能量主要通过受激 SiH_4 分子逐步转移给 NH_3 分子,其主要过程大致为:

$$SiH_4 \xlongequal{h\nu} SiH_4^*$$

$$SiH_4^* + SiH_4^* \xlongequal{} SiH_4^{**} + SiH_4$$

$$SiH_4^{**} + SiH_4^* \xlongequal{} Si + 2H_2 + SiH_4$$

$$SiH_4^{**} + NH_3 \xlongequal{} SiH_4 + NH_3^*$$

$$NH_3^{**} + NH_3^* \xlongequal{} N + 3H + NH_3$$

又如,采用激光诱导化学气相沉积法制备纳米 Si 粉体的基本原理[16]是:利用反应气体分子 SiH_4 对特定波长激光(10.6 μm)的共振吸收,使硅烷气体分子被加热离解产生过饱和 Si 蒸气,在输运过程中成核和长大为纳米硅粒子。

再如,采用激光诱导化学气相沉积法制备纳米 SiC 粉体的基本原理[17]是:SiC 的形成分两步,即 Si 的形核生长和碳化。首先由 SiH_4 经激光加热后分解并产生过饱和 Si 蒸气,经气相凝聚成 Si 粒子,然后与 C_2H_4 分解产生的 C 原子发生碳化反应形成 SiC 粒子。

图 3-11 是激光诱导化学气相沉积法制备纳米粉体装置示意图[14]。

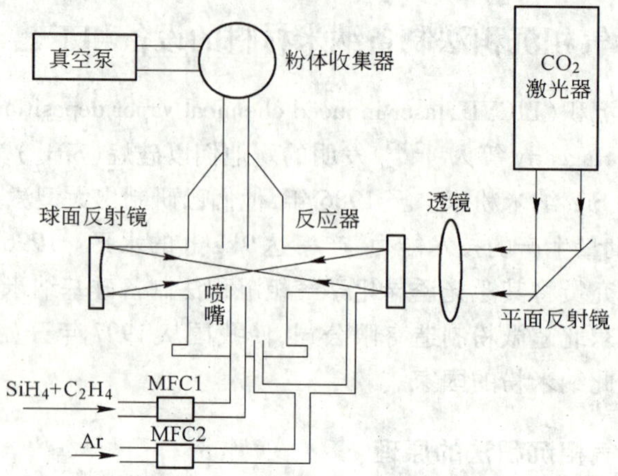

图 3－11　激光诱导化学气相沉积法制备纳米粉实验装置示意图
（MFC 为质量流量控制器）

3.2.2　激光诱导化学气相沉积法的特点

激光诱导化学气相沉积法具有反应气加热速率快（达 10^6 ~ 10^8 ℃/s）、高温驻留时间短（约 10^{-3} s）、冷却速率快、反应可以连续进行等特点。另外，反应区远离反应器壁，这一特点被人们称为“无壁反应”，制得的粉体纯度高，所以激光诱导化学气相沉积法被认为是制备多种纳米粉体的最理想方法。激光诱导化学气相沉积法具有粉体粒子大小可精确控制、无粘连、粒度分布均匀等优点，很易制备几纳米至几十纳米的非晶态或晶态微粒。缺点是原料制造价格高，设备要求高，费用贵[14]。

3.2.3　激光诱导化学气相沉积法的影响因素

在激光诱导化学气相沉积法制备纳米粉体技术中，影响粉体产率的因素有很多[18]，包括激光功率密度、反应气对激光能量的吸收系数 α、反应气流速、反应气与同轴保护载气的热交换、喷嘴直径、同轴保护气喷嘴形状和大小以及反应压力等，这些参数还相互影响、相互制约，对粉体产率的影响较为复杂。因此，目前关于纳米粉体产率还没有严格的理论公式。

另外，在激光诱导化学气相沉积法制粉中，工艺参数的制定决定了粉体的质量。在激光诱导化学气相沉积法制 Si_3N_4 纳米粉中，基本的运行参数有：激光强度（I）、反应池压力（p）、反应火焰温度（T）、反应气体配比（$\varphi_{NH_3}/\varphi_{SiH_4}$）、反应气体流速（$v$）等。除 T 之外，上述每个参数都可以单独控制和调整。

3.2.3.1　激光强度对粉末特性的影响

在其他条件不变的情况下，合成反应温度随激光强度的变化很大（见图 3－12）。激光强度越大，合成反应温度越高，生成的粉末颗粒度越细小（见图 3－13），粉末化学纯度越高。这是因为随着激光强度提高，反应气体的加热速度也随之提高，由此大大加快了 Si_3N_4 的成核速率，使生成的 Si_3N_4 核浓度很高。此时通过核周围空间域内可以用的 Si、N 原子数大为减少，致使生成的粉末粒度更细小。同时，由于快速加热增大了反应速率常数，可使反应具有较高的温度。这个现象使得未合成的过剩 Si、N 在通过高温区时再次合成 Si_3N_4 粒子，从而使产物具有极高的化学纯度。

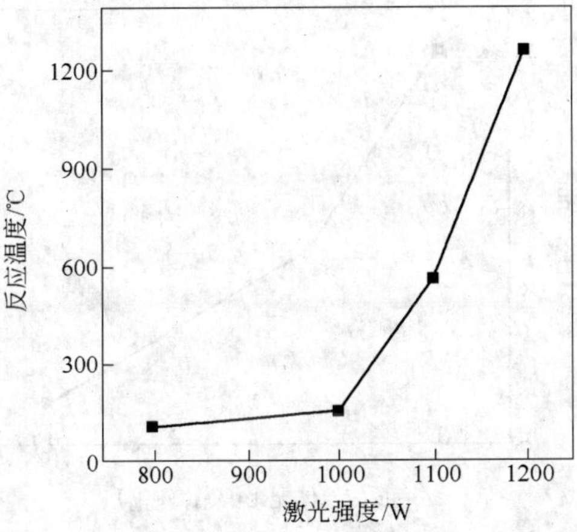

图 3-12 激光强度对反应温度的影响

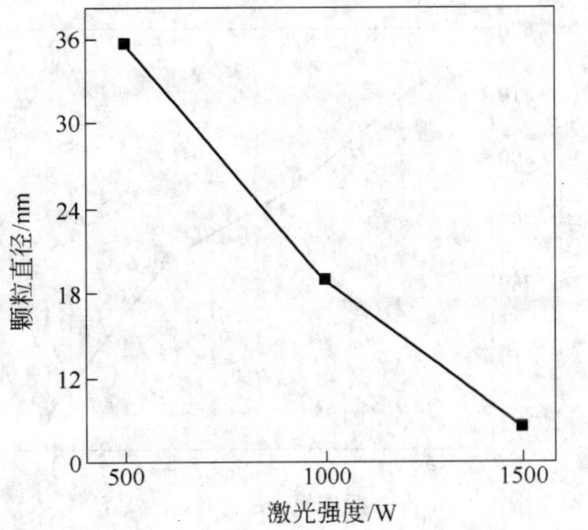

图 3-13 激光强度与氮化硅颗粒直径的关系

3.2.3.2 反应池压力对颗粒特性的影响

实际制粉表明：当反应池压力增大到 81.06 kPa (0.8 atm)时，粒度可达 21 nm；而在压力为 35.46 kPa (0.35 atm)时，粒度仅为 12 nm(见图 3-14)。制粉过程中反应池压力是通过改变抽气速率来调整的，抽气快时反应池压力小，抽气慢时反应池压力大。当压力小时，此时刚形成的纳米氮化硅粒子在反应区的停留时间短，因此颗粒不易长大；当压力升高时，反应气体分子浓度加大，体系热容和吸收率也加大，在一定空间域内可用于核生长的 Si、N 原子数增多，使最终的氮化硅粒子尺寸加大。

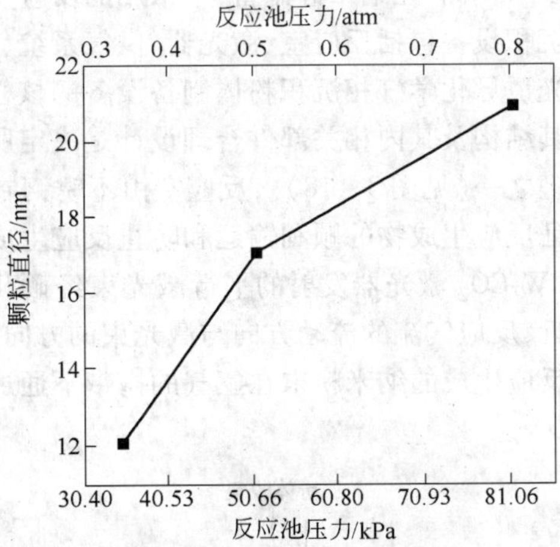

图 3-14 反应池压力与氮化硅颗粒直径的关系

3.2.3.3 反应气体配比($\varphi_{NH_3}/\varphi_{SiH_4}$)对颗粒特性的影响

反应气体配比与反应温度和氮化硅颗粒直径的关系如图 3-15 和图 3-16 所示。由图可以看出，随着反应气体配比的降低，反应温度随之升高，生成的粉体直径增大。这是因为 SiH_4 分子对 CO_2 激光吸收系数比 NH_3 分子的大，SiH_4 分子首先吸收光子而被激活，导致较高的反应火焰温度，所以当反应气体配比低时，即 SiH_4 相对浓度高时，气体反应温度高。此时，在一定空间域内可形核生长的 Si、N 原子数较多，易于颗粒长大，生成的粉体也较大。

3.2.4 激光诱导化学气相沉积法的设备特征

激光诱导化学气相沉积法制备纳米材料时，其反应室有两种类型[15,19]：一种是正交结构，即反应气体的气流方向和激光束方向相互垂直(见图 3-17)，这种结构的优点是反应稳定，便于工业化生产；另一种是平行结构，即反应气体的气流方向与激光束方向同轴，这种结构的优点是光吸收率高，适合于纳米膜的制备。

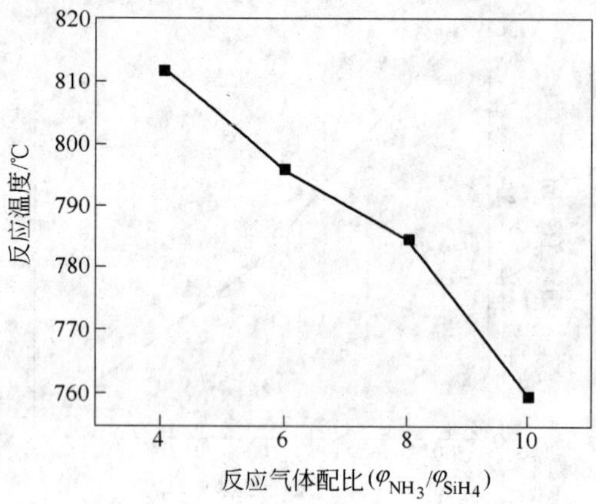

图 3 – 15　反应气体配比与反应温度的关系

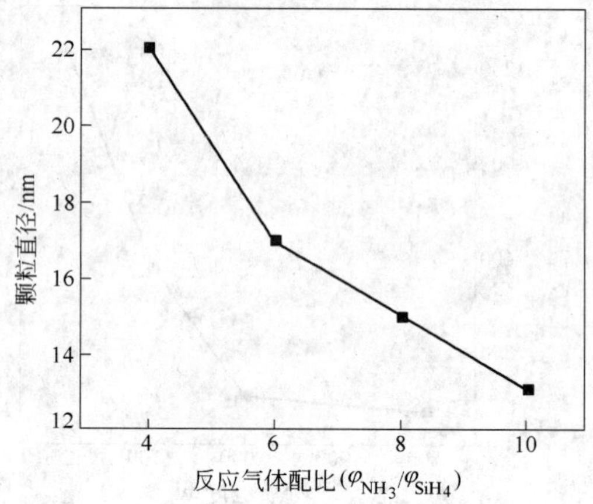

图 3 – 16　反应气体配比与颗粒直径的关系

例如，在纳米硅制备中，常用的反应体系为 SiH_4+H_2 或 SiH_4+Ar 体系。激光诱导化学气相沉积设备包括反应室、激光器、供气系统、收集器、真空系统、冷却系统等附属设备。反应室是激光诱导化学气相沉积粉体制备设备的核心，它是发生化学反应以及纳米粒子成核、长大的地方，其结构及其内相关部件合理设计是决定所生产纳米颗粒形态、物性以及制粉能否顺利进行的关键之一（见图 3 – 18）。反应室由不锈钢制成，参加反应的气体经由气路 1 进入反应室 2，为了保证反应生成物的顺利输运和防止反应生成物的径向扩散，在反应气体的周围吹同轴保护气体氩。CW CO_2 激光器发射的平行激光束经硒化锌（ZnSe）窗口 3 聚焦于反应室内气体喷嘴的轴线附近，反应气流的流动方向与激光束的方向垂直正交，在激光聚焦窗口内表面均吹高纯氩气保护，反应生成的纳米粉末在氩气的携带下通过尾气出口 7 进入粉末收集器。

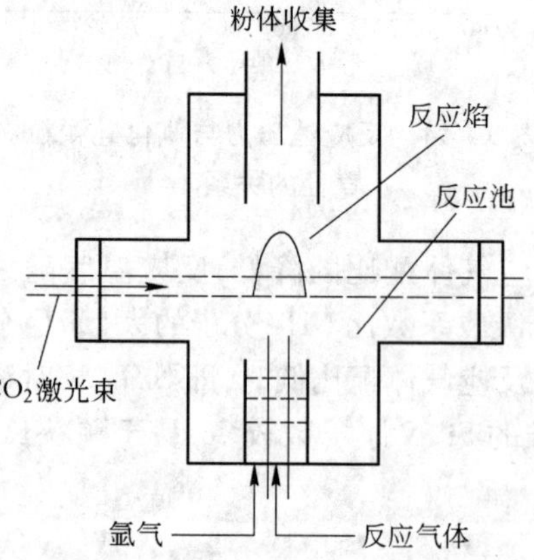

图 3 – 17　正交结构的激光诱导化学气相沉积法

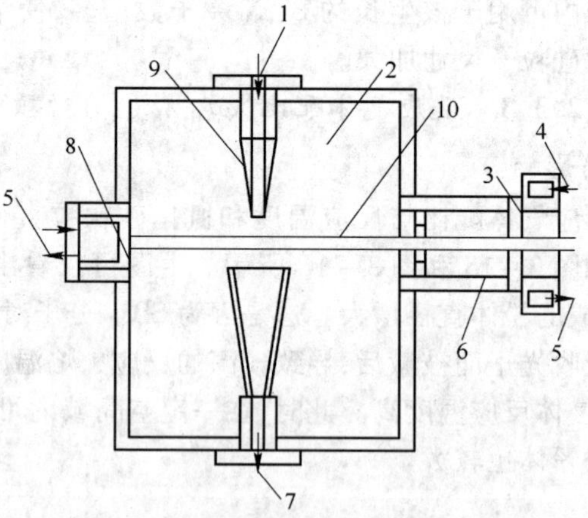

图 3 – 18　激光诱导化学气相沉积法制硅粉装置简图

1—反应气体入口；2—反应室；3—聚焦兼入射窗口；4—冷却水入口；5—冷却水出口；6—氩气入口；7—连接粉末收集器；8—激光吸收座；9—气体喷嘴；10—激光光路中轴

图 3 – 19 是激光诱导化学气相沉积法制备的纳米硅粉的 TEM 照片[20]。图 3 – 20 是激光诱导化学气相沉积法制备纳米粉系统装置图照片[17]。

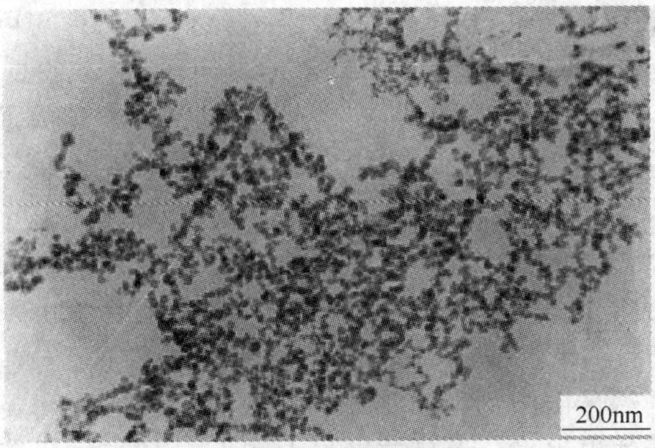

图 3－19 激光诱导化学气相沉积法制备的纳米硅粉的 TEM 照片

图 3－20 激光诱导化学气相沉积法制备纳米粉系统装置图照片

应该指出的是，目前国内外采用激光诱导化学气相沉积法制备的纳米粉体除常见的 Si、Si_3N_4 和 SiC 外，还有 TiB_2、Fe/C/Si、Al_2O_3、SiO_2、Si/C/N 等。所用的反应原料除价格昂贵的硅烷（SiH_4）外，还有价格廉价的大分子有机硅烷六甲基乙硅胺烷（$((CH_3)_3Si)_2NH$，Hexamethyldisilazane，简记为 HMDS）和二甲基二乙氧基硅烷（$(CH_3)_2Si(OC_2H_5)_2$，Diethoxydimethylsilane，简记为 DEODMS）。不过由于 HMDS 和 DOEDMS 在常温条件下呈液态，而激光诱导化学气相沉积法制备纳米粉体时反应物必须为气态才能进行连续充分的光—热转换以及化学反应，因此，需将液态反应物汽化。图 3－21 所示为一种反应物汽化系统原理图[17]。其原理是恒温油槽加热蒸发罐，蒸发罐中的液态反应原料 HMDS 或 DEODMS 由于热传导而被加热到沸点后产生一定的蒸气。加入的附加反应气体 H_2 或 C_2H_4 通过质量流量控制器后进入蒸发罐的液体底部，产生的气泡进一步促进蒸发的同时，还将反应物蒸气一同载出至反应器喷嘴进行激光化学反应，附加反应气同时起到载气作用。

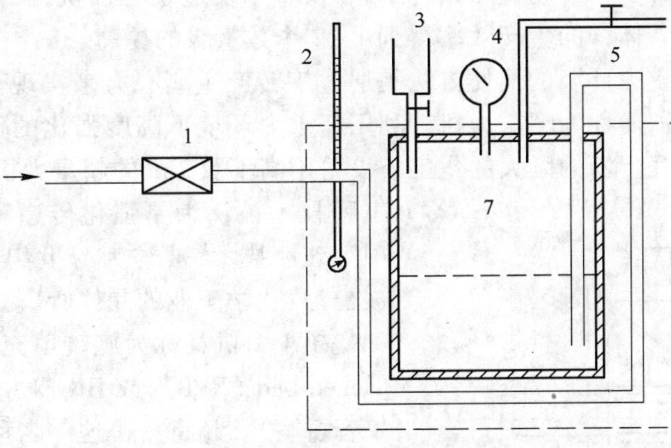

图 3－21 反应物汽化系统原理图

1—质量流量计；2—温度计；3—原料进口；4—压力计；5—出气阀门；6—恒温油浴；7—蒸发罐

3.3 超重力法制备纳米材料的设备和工艺

超重力法制备纳米材料的技术是北京化工大学超重力工程技术研究中心陈建峰教授发明

的。该法利用超重力技术，在分子尺度上有效调控反应结晶过程，获得粒度小、分布均匀、形貌可控的纳米材料。已成功制备出二十多种纳米颗粒，如 $CaCO_3$、$BaCO_3$、$BaTiO_3$、SiO_2、TiO_2、ZnO、ZrO_2、$Al(OH)_3$、$SrTiO_3$、SnO_2、Ag_2CO_3、$BaSO_4$、纳米铜润滑油添加剂、纳米药物等，并开发建成世界上首条年产万吨级超重力法合成纳米粉体材料工业化生产线。该技术的主要发明有：发现了超重力环境下微观混合高度强化的特征现象和合成颗粒的形貌控制方法；原创性地提出了基于分子尺度上的微观混合与反应结晶理论和超重力法合成纳米粉体的新方法，开发了国际首创的碳酸钙等纳米粉体材料超重力法合成新技术；发明设计了结构优化的适合于纳米颗粒合成的新型超重力反应器；开发了纳米颗粒分散与表面处理、纳米颗粒液固分离、纳米粉体动态干燥与包装等系列产业化成套技术。利用该项技术生产的纳米碳酸钙颗粒平均粒径在 15 ~ 30 nm（可调控）、比表面积为 62 ~ 77 m^2/g，技术指标处于国际领先水平。而目前世界上能生产 100 nm 以下的 $CaCO_3$ 主要厂家有：英国的 ICI 公司、法国的 Solvay 公司、美国的矿物技术公司（MTI）、Pfizer 公司、王子造纸公司、Resso Wces Casbec 公司和日本的白石公司、丸尾钙公司等，产品主要用于橡胶、塑料、胶粘剂（含密封胶）、涂料油漆、涂布纸张、油墨、杀虫剂、蜡制品、搪瓷制品及化妆品等。

3.3.1　超重力的概念及其实现方法

超重力指的是在比地球重力加速度（9.8 m/s^2）大得多的环境下，物质所受到的力（包括引力或排斥力）。研究超重力环境下的物理和化学变化过程的科学称为超重力科学。利用超重力科学原理而创制的应用技术称为超重力技术。超重力科学技术正是在这种环境下产生的，它作为一种高新科技，在工业上有重大的应用前景[21,22]。

在超重力环境下，不同大小分子间的分子扩散和相间传质过程均比常规重力场下的要快得多，液—液、气—液、液—固两相在比地球重力场大数百倍至千倍的超重力环境下的多孔介质或孔道中产生流动接触，巨大的剪切力将液体撕裂成微米至纳米级的液膜、液丝和液滴，产生巨大的和快速更新的相界面，使相间传质速率比传统的塔器中的提高 1 ~ 3 个数量级，微观混合和传质过程得到极大强化。同时，在超重力条件下，不仅整个反应过程加快，气体的线速度也得到大幅度提高，这使单位设备体积的生产效率得到 1 ~ 2 个数量级的提高。

在地球上，实现超重力环境的简便方法是通过旋转产生离心力来实现。这种特殊设计的旋转设备称为超重力装备，简称为超重力机。利用超重力环境下高度强化的传质过程和微观混合过程特性，可以将高达几十米的巨大的化工塔设备用高不及 2 m 的超重力机替代。因此，超重力工程技术被认为是强化传递和多相反应过程的一项突破性技术，被誉为跨世纪的技术，超重力机也被誉为“化学工业的晶体管”。

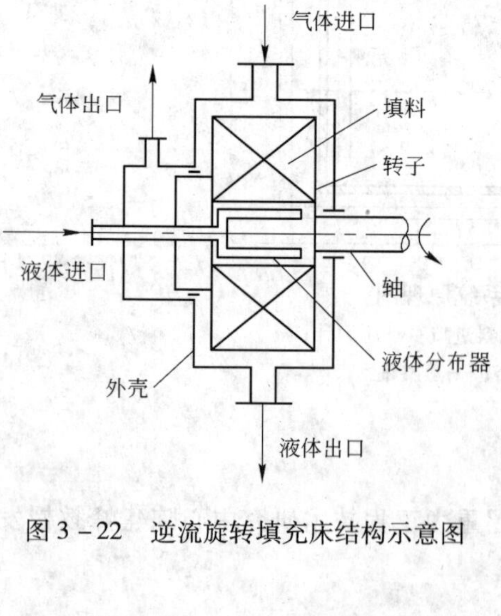

图 3 – 22　逆流旋转填充床结构示意图

超重力机又称为旋转填充床，英文名为 rotating packed bed（RPB），或 HIGEE（是英文 High 和“g”的发音拼写）。超重力机这一名称，是 Higee 一词的意译，是超重力旋转床的简称，用于传递和反应过程。

当超重力机用于气液多相过程时，其气相为连续相的气液逆流接触的超重力机的基本结构如图 3 – 22所示。它主要由转子、液体分布器和外壳组成。机器的核心部分为转子，其主要作用是固定和带动填料旋转，实现良好的气液接触和微观混合。气相经气体进口管由切向引入超重力机外腔，在气体压力的作用下由转子外缘处进入填料。液体由液体进口管引入转子内腔，经喷头淋洒在转子内缘上。进入转子的液体受到转子内填料的作用，周向速度增加，所产生的离心力将其推向转子外缘。在此过程中，液体被填料分散、破碎，形成极大的、不断更新的表面，曲折的流道加剧了表面的更新。液体在高分散、高湍动、强混合以及界面急速更新的情况下，与气体以极大的相对速度在弯曲孔道中逆向接触，极大地强化了传质过程。而后，液体被转子甩到外壳汇集后经液体出口管离开超重力机。气体自转子中心离开转子，由气体出口管引出，完成整个传质或反应过程。

概括地说，超重力机具有如下特点：极大地缩小了设备尺寸与质量；极大地强化了传递过程；物料在设备内的停留时间极短；易于操作，易于停开车，维护与检修方便；可垂直、水平或任意方向安装，不怕颠簸，可安装于运动物体；快速而均匀的微观混合等。

基于以上特点，超重力技术可应用于以下特殊过程：热敏性物料的处理（利用停留时间短）；昂贵物料或有毒物料的处理（利用机内残留量少）；选择性吸收分离；高质量纳米材料的生产（利用快速而均匀的微观混合特性）；聚合物脱除单体等。因此，该技术具有广阔的工业应用前景。

3.3.2 超重力法制备纳米材料的基本原理

超重力反应沉淀法（简称超重力法）制备纳米粉体材料，实质就是在超重力反应器中利用超重力环境实现液相沉淀反应，生成纳米颗粒，制备纳米粉体材料。

利用旋转填料床中产生的强大离心力超重力环境，可使气液的流速和填料的比表面积大大提高而不液泛。液体在高分散、高湍动、强混合以及界面急速更新的情况下，与气体以极大的相对速度在弯曲孔道中逆向接触，极大地强化了传质过程。传质单元高度降低了1~2个数量级，并且显示出许多传质设备所完全不具备的优点。

在超重力环境下，不同大小分子间的分子扩散和相间传质过程均比常重力场下的要快得多，气—液、液—液、液—固两相在比地球重力场大数百倍至千倍的超重力环境下的多孔介质中产生流动接触，巨大的剪切力使液体撕裂成纳米级的膜、丝和滴，产生巨大的和快速更新的相界面，使相间的传递速度比传统的塔器中的提高几个数量级，微观混合和传质过程得到极大强化。据估算：一般水容性介质中，成核特征时间 t_N（即成核诱导期）约为1 ms数量级。据微观混合理论，微观混合均匀化特征时间 t_m 可用式3-1计算：

$$t_m = k_m \left(\frac{\nu}{\varepsilon} \right)^{\frac{1}{2}} \tag{3-1}$$

式中 k_m——常数，它的大小随反应器的不同而改变，$s/m^{1/2}$；

ν——动力学黏度，m^2/s，在水溶液中其值为 1×10^{-6}；

ε——单位质量的能量耗散速率，W/kg。

根据式3-1，在传统搅拌槽式反应器中，ε 为0.1~10 W/kg，因此可估算得到 t_m 为5~50 ms，可见 $t_m > t_N$。这表明在该传统反应器中，成核过程是在非均匀的微观环境中进行的，微观混合状态严重影响成核过程，这就是目前传统沉淀法制备颗粒过程中粒度分布不均和批次重现性差的理论根源。

相反，在超重力条件下，超重力装置内的混合传质得到极大强化，传质系数较常规设备提高10~1000倍，估算 t_m 为0.4~0.04 ms或更小（视操作条件而定），因此 $t_m < t_N$。这可使成核过程在微观均匀的环境中进行，从而使成核过程可控，粒度分布窄化。

可见用超重力法克服了常重力法的缺点，在超重力旋转填充转床中，t_m 在10 μs量级，可保证 t_m 远远小于 t_N。因此，选择超重力旋转填充床作为反应器，通过反应结晶沉淀来合成纳米颗粒，在理论上是完全可行的[21,22]。

3.3.3 超重力法制备纳米材料的特点

超重力法制备纳米材料的优点[23]具体表现为：增加了均相成核的可控性；物质组成达到分子、原子尺度的均匀化，可实现人为调控；反应时间短，制备成本低，能实现规模生产，颗粒粒度分布均匀；工程扩大较易；生产能力大（可提高4~20倍），生产效率高；适应性强，可生产多品种，因为超重力法制备技术和装备不仅适用于气液固三相反应，而且适用于气—液和液—液反应体系来制备纳米材料，即超重力技术和装置具有很强的通用性，是一项平台性的高新技术，可用于多种纳米材料的制备。

3.3.4 超重力法制备纳米材料的影响因素

超重力法制备纳米材料的影响因素很多，如超重力水平、气液比等。下面以超重力法制备纳米碳酸钙[22]为例进行介绍。

3.3.4.1 超重力法制备纳米碳酸钙的原理

利用 $Ca(OH)_2$ 悬浮液和 CO_2 气体在超重力反应器（旋转填充床）中进行碳化反应制备纳米碳酸钙的流程如图 3－23 所示。

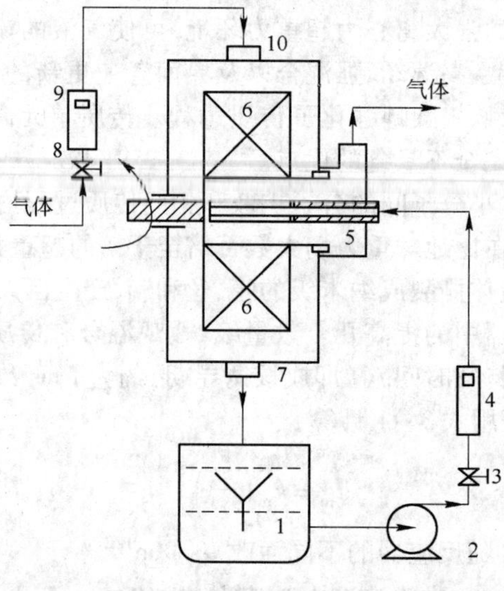

图 3－23 制备纳米碳酸钙碳化流程示意图

1—循环釜；2—泵；3，8—球阀；4—液体流量计；5—液体分布器；6—填料；7—液体出口；9—气体流量计；10—气体入口

循环釜 1 中的 $Ca(OH)_2$ 悬浮液经循环泵 2、液体转子流量计 4 进入超重力反应器，并通过液体分布器 5 喷向转子填料层 6 的内层。来自钢瓶的 CO_2 气体经气体转子流量计 9 进入超重力反应器转子的外缘。$Ca(OH)_2$ 悬浮液在离心力的作用下，在填料层内与 CO_2 气体逆流接触并进行反应生成 $CaCO_3$，产物流回循环釜。整个碳化反应期间，CO_2 气体连续通入反应器，$Ca(OH)_2$ 悬浮液则是一次性加入循环釜，并通过泵不断在超重力反应器和循环釜之间进行循环，此间通过 pH 计测定悬浮液的 pH 值。当 pH 值等于 7 时，停止通入 CO_2 气体，反应结束。

利用 $Ca(OH)_2$ 悬浮液与 CO_2 气体碳化反应制备超细碳酸钙时，其化学方程式可以表示为：

$$Ca(OH)_2(s) + H_2O(l) + CO_2(g) = CaCO_3(s) + 2H_2O(l)$$

根据水溶液的电离理论,该碳化反应系按下列步骤进行:

$$CO_2(g) + H_2O(l) = H_2CO_3(l) = H^+(l) + HCO_3^-(l) = 2H^+(l) + CO_3^{2-}(l)$$

$$Ca(OH)_2(s) = Ca(OH)_2(aq) = Ca^{2+}(l) + 2OH^-(l)$$

$$Ca^{2+}(l) + 2HCO_3^-(l) = Ca(HCO_3)_2(l) = CaCO_3(s) + 2H^+(l)$$

$$Ca^{2+}(l) + 2CO_3^{2-}(l) = CaCO_3(s)$$

$$H^+(l) + OH^-(l) = H_2O(l)$$

CO_2 溶于 H_2O 生成的 H_2CO_3 为弱酸,在水中大部分离解为 H^+ 和 HCO_3^-,仅有少量 CO_3^{2-},即 HCO_3^- 的浓度远远大于 CO_3^{2-} 的浓度。由于化学反应速率与反应物浓度乘方的乘积成正比,因此,Ca^{2+} 与 HCO_3^- 化合生成 $Ca(HCO_3)_2$ 的速率远远大于 Ca^{2+} 与 CO_3^{2-} 化合生成 $CaCO_3$ 的速率。因此,$Ca(OH)_2$ 浆液碳化过程中,溶液中的大量 Ca^{2+} 与 HCO_3^- 结合生成 $Ca(HCO_3)_2$,随后再生成 $CaCO_3$。

Ca^{2+} 同 HCO_3^-、CO_3^{2-} 生成难溶 $CaCO_3$,液相中的 Ca^{2+} 减少,使固相的 $Ca(OH)_2$ 不断溶解进入液相中,并解离成 Ca^{2+} 和 OH^-。Ca^{2+} 与 HCO_3^-、CO_3^{2-} 相结合,生成难溶解的 $CaCO_3$,如此继续下去,直到悬浮液中的 $Ca(OH)_2$ 全部转变成 $CaCO_3$ 为止。

从上述过程可知,碳化反应在气、液、固多相体系中进行,主要包括相间传质、碳化反应和结晶 3 个步骤,它涉及 CO_2 气体吸收,$Ca(OH)_2$ 固体的溶解,$CaCO_3$ 的沉淀及 $CaCO_3$ 粒子的成核、生长和凝并过程。由于化学反应本身速率很快,因此 CO_2 气体吸收与固体 $Ca(OH)_2$ 的溶解过程就成为碳化过程的控制步骤,而且 CO_2 的传质吸收过程还是整个过程的主要控制步骤。在碳化反应前期,过程速率主要由 CO_2 的吸收速率决定;在碳化反应后期,过程速率主要由固体 $Ca(OH)_2$ 的溶解速率决定。因此,强化碳化反应过程中的 CO_2 吸收和(或)固体 $Ca(OH)_2$ 的溶解过程,均能提高过程总的宏观速率,从而缩短碳化反应时间。

3.3.4.2 超重力法制备纳米碳酸钙的工艺

A 超重力水平对碳化过程的影响

图 3-24 是超重力水平 g_r 对碳化时间 t_R 的影响曲线。由图可知:随着 g_r 的增加,碳化时间 t_R 总体上呈减小趋势。$Ca(OH)_2$ 与 CO_2 气体的多相反应发生在相界面上,反应速率同反应物移向界面和产物离开界面的扩散过程紧密相关。超重力反应器为涡流扩散过程的强化提供了条件,使整个反应的宏观速率明显提高。但是,当超重力加速度 g_r 增大到一定值后,液体微滴化作用增强的幅度趋缓,致使 CO_2 的吸收和固体 $Ca(OH)_2$ 溶解的强化增长的幅度也减缓,从而 t_R 随着 g_r 变化也趋缓。

图 3-25 和图 3-26 所示分别是超重力水平 g_r 对产物平均粒度 d_p 和产物粒度分布 σ 的影响曲线。由图 3-25 可知:产物平均粒度 d_p 随 g_r 的增加而减小。这是因为 g_r 增加,过程宏观速率增加,使反应体系 $CaCO_3$ 过饱和度增加,成核晶粒数目增加,晶粒减小。同时,产物过饱和度空间分布均匀,晶核生长时间变短,产物粒度分布也变窄。

B $Ca(OH)_2$ 浓度对碳化过程的影响

图 3-27 是 $Ca(OH)_2$ 初始浓度对碳化时间 t_R 的影响曲线。由图可知:随着 $Ca(OH)_2$ 初始浓度的增加,碳化反应时间增大。这是因为在碳化反应过程中,$Ca(OH)_2$ 悬浊液是一次性加入,增加 $Ca(OH)_2$ 初始浓度相当于增加反应物总量,在其他条件相同的情况下,这会引起反应时间的延长。

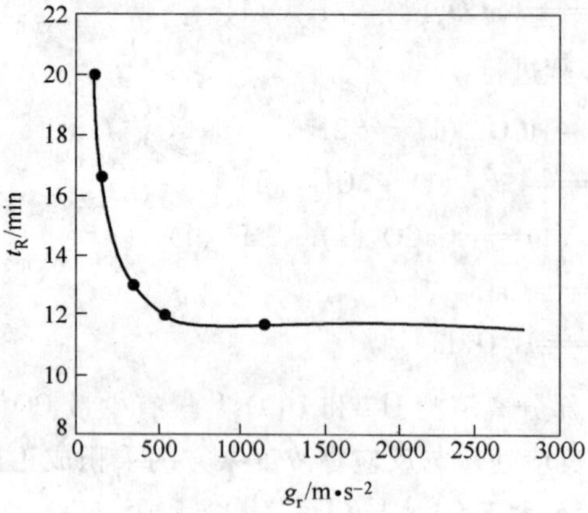

图 3 – 24　超重力水平 g_r 对碳化时间 t_R 的影响

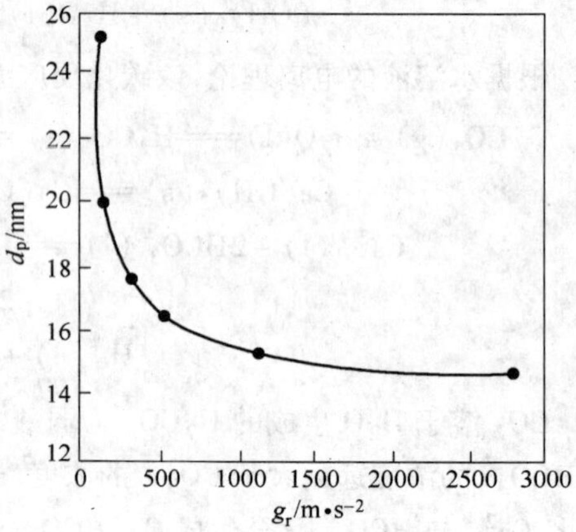

图 3 – 25　超重力水平对产物平均粒度的影响

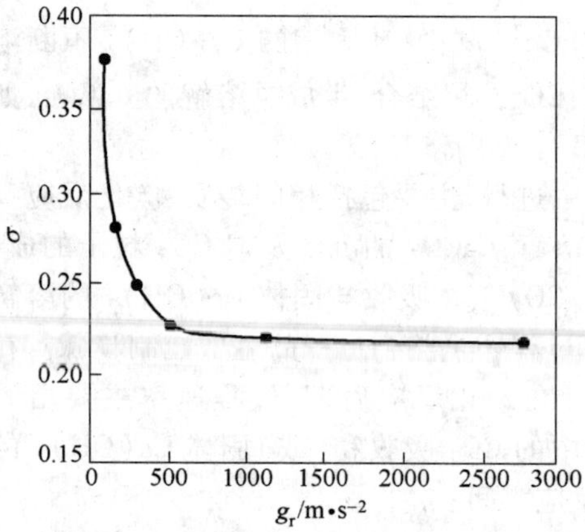

图 3 – 26　超重力水平对产物粒度分布的影响

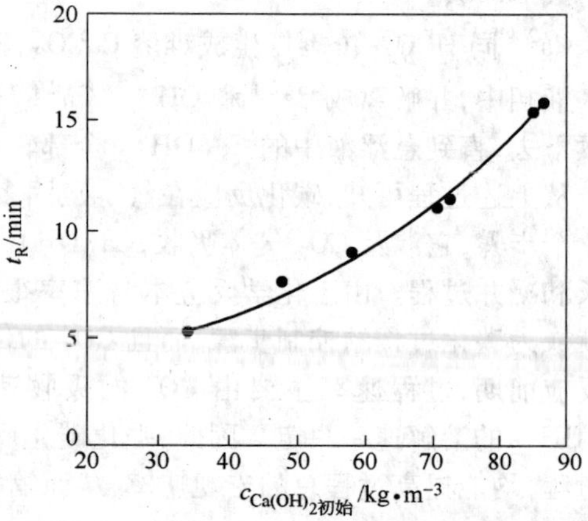

图 3 – 27　$Ca(OH)_2$ 初始浓度对碳化时间 t_R 的影响

图 3 – 28 和图 3 – 29 所示分别是 $Ca(OH)_2$ 初始浓度对产物粒度和粒度分布的影响曲线。由图可知：随着 $Ca(OH)_2$ 初始浓度增加，产物粒度增大，分布变差。在其他操作参数不变的情况下，增加初始浓度相当于增加反应过程中 $Ca(OH)_2$ 对 CO_2 的过量程度。这有利于 CO_2 的完全反应，可形成更高的过饱和度，加速 $CaCO_3$ 的成核和生长。成核速率的增加，有利于新生成更多的晶核，使产物粒径变小。$CaCO_3$ 生长速率的增加，使晶核长得更大，晶粒粒度变大。同时，$Ca(OH)_2$初始浓度的增大，不仅使碳化反应时间延长，晶核生长时间增加，而且由于其体系黏度明显增大，碳化过程中出现凝胶化现象较严重，且持续时间长，阻碍了晶核粒子的运动，为粒子的凝并生长提供了可能，从而使产物粒子粒度变大、分布变宽。以上几个方面影响的综合结果，致使随着 $Ca(OH)_2$ 初始浓度的增加，产物粒度变大、分布变差。

C　循环液体体积流量和气体体积流量对碳化过程的影响

图 3 – 30 表明，随着液气比 L/G 的增加，碳化时间 t_R 呈减小趋势。增加循环液体体积流量有利于超重力反应器中填料层内液相的均匀分布，增加局部反应区内产物过饱和度，使成核、生长速率加快，成核数量增加，产物平均粒度变小，粒度分布变窄，如图 3 – 31 和图 3 – 32 所示。

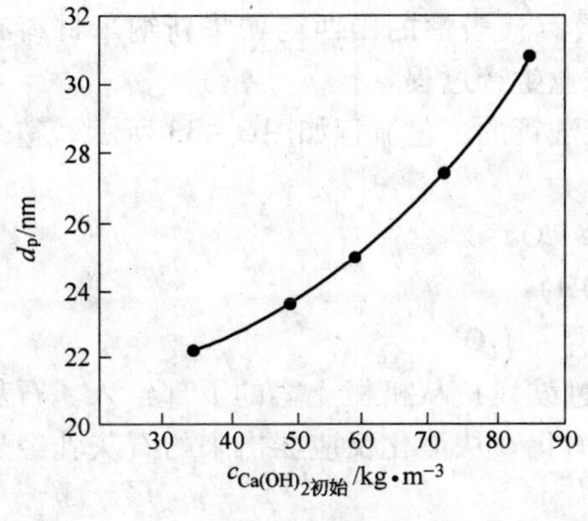

图 3-28　$Ca(OH)_2$ 初始浓度对产物粒度的影响

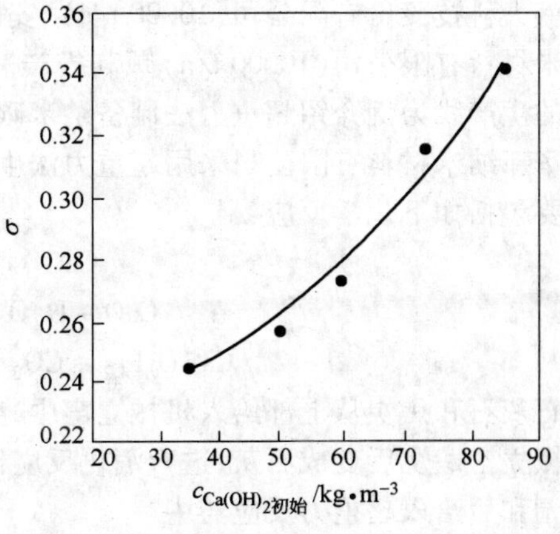

图 3-29　$Ca(OH)_2$ 初始浓度对产物粒度分布的影响

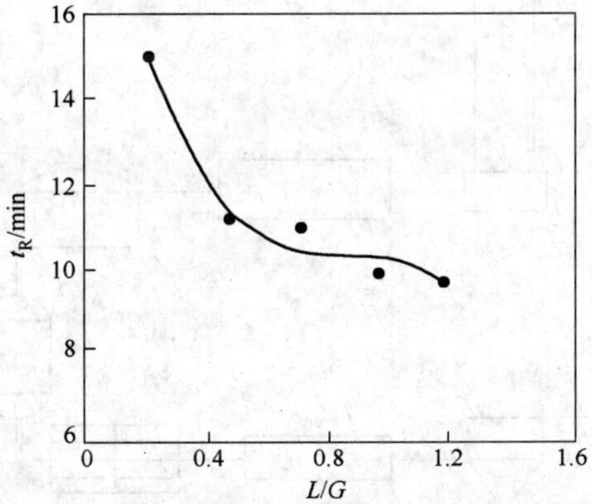

图 3-30　液气比对碳化时间的影响

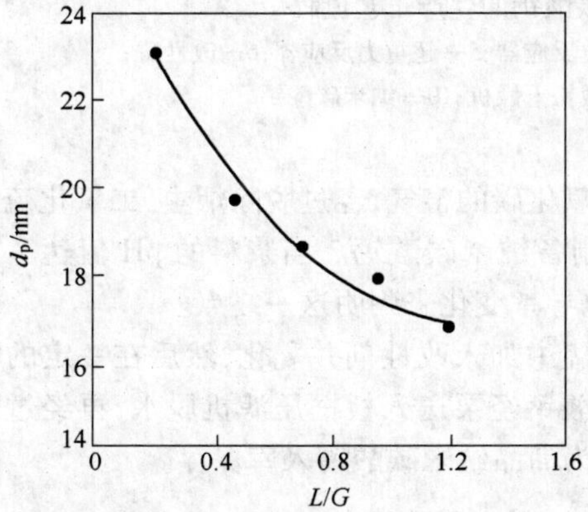

图 3-31　液气比对产物粒度的影响

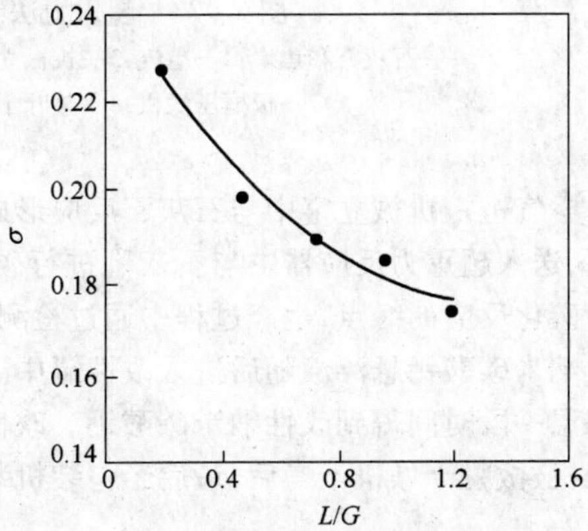

图 3-32　液气比对产物粒度分布的影响

3.3.4.3　超重力法制备纳米碳酸钙的工业生产过程

超重力法制备纳米碳酸钙的技术已成功应用于工业生产中。利用这一技术建立的生产线已分别在广东恩平化工有限公司(3000 t/a)、内蒙古乌海蒙西高新材料股份有限公司(3000 t/a)、山东盛大科技股份有限公司(10000 t/a)、安徽巢东纳米材料有限公司(10000 t/a)和山西芮城华新纳米材料有限公司(10000 t/a)顺利投产。下面以具有代表性的山西芮城华新纳米材料有限公司的生产线为例介绍超重力法制备纳米碳酸钙的工业生产过程。

华新纳米材料有限公司采用超重力法生产纳米碳酸钙的工艺流程如图 3 - 33 所示。整个工艺主要包括如下化学反应:

$$CaCO_3 = CaO + CO_2$$

$$CaO + H_2O = Ca(OH)_2$$

$$Ca(OH)_2 + CO_2 = CaCO_3 + H_2O$$

石灰石和焦炭从上部给入机械立窑中,空气则通过鼓风机从机械立窑的下部给入。石灰石经机械立窑煅烧后变成石灰,进入消化反应器中进行消化。从消化反应器出来的石灰乳经过精制和调和后给入超重力反应器中。

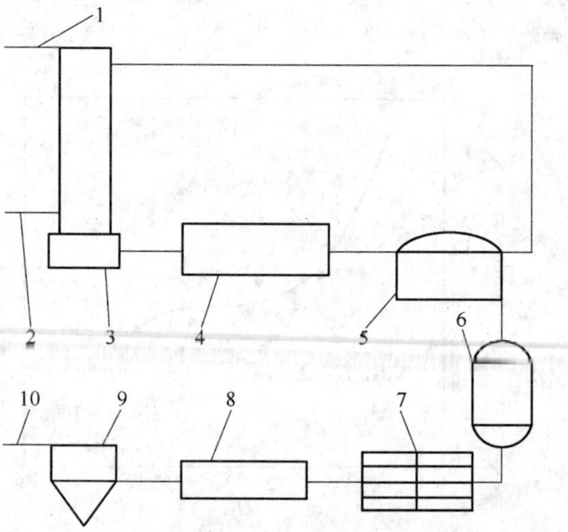

图 3 - 33　超重力法制备纳米碳酸钙的生产工艺流程

1—石灰石和焦炭;2—空气;3—机械立窑;4—消化反应器;5—超重力反应器;6—改性罐;7—板框压滤机;8—桨叶干燥机;9—微粉干燥机;10—纳米碳酸钙

空气进入机械立窑中与石灰石反应形成富含二氧化碳的窑气,经过脱除烟尘、二氧化硫和焦油后,送入超重力反应器中与石灰乳进行碳化反应制备纳米碳酸钙。当浆料的 pH 值达 7 左右时为碳化反应的终点,生产过程中通过检测浆料的电导率变化来判明这一终点。

纳米碳酸钙悬浮液随后进入改性罐中。在改性罐中加入改性剂并乳化,然后在一定的温度下保温一段时间得到改性纳米碳酸钙。改性纳米碳酸钙经泵送入板框压滤机脱水,再经过桨叶干燥机、微粉干燥机干燥后,最后经包装机装袋后成为商品纳米碳酸钙入库保存。

3.3.5　超重力法制备纳米材料的设备特征

超重力法制备纳米材料所用的旋转填料床是 20 世纪 80 年代发展起来的一种新兴的、高效的气液传质设备。其工作原理是在填料床中施以数百至千倍重力(超重力)的离心力作用下,液相在填料表面形成液膜,液膜快速向外环流动,液膜厚度急剧减小,载体湿润面积增加,相界面积增加导致了由液相控制的传质、传热和反应过程得到极大的强化。传质单元高度降低了 1 ~ 2 个数量级,并且显示出许多传统设备所完全不具备的优点。从而使巨大的塔器变为高度不到 2 m 的超重机。因此,超重力技术被认为是强化传递与多相反应过程的一项突破性技术,被誉为"化学工业的晶体管"。

超重力旋转床的主要结构包括外壳、转子和液体分布器,设备的核心部分是转子,其主要作用是固定和带动填料旋转,实现良好的气液接触与微观混合。超重力旋转床按气液接触方式分为逆流、错流、撞击流和折流等,根据坡料转子的摆放位置可分为立式和卧式。基于超重力旋转床的结构,其处理物系是多种多样的,根据不同需要可以是气液或液液两相,也可以是气液固三相,无论如何变化,超重力旋转床总是以气液、液液两相或气液固三相在模拟的超重力场实现"三传一反"的强化过程[24]。

逆流结构以丝网填料旋转床为代表,结构如图 3－34 所示。由丝网填料构成的环状填料床(简称转鼓)在电机的带动下以每分钟数百至数千转的转速旋转。强制气体由气体进口管导入外腔,在压力作用下自转鼓周边进入床层,经过填料进入内腔,从中心排出;液体由位于转鼓内腔的静止液体分布器均匀喷洒在转子内缘上进入床层,在高速旋转产生的离心力作用下,由转鼓内缘沿径向向外流动,碰到静止的器壁后落下,从位于底部的液体出口排出。在此过程中,由于强大的离心力作用,液体在高分散、强混合及界面快速更新的环境下与气体充分接触,极大地强化了传质和反应过程。

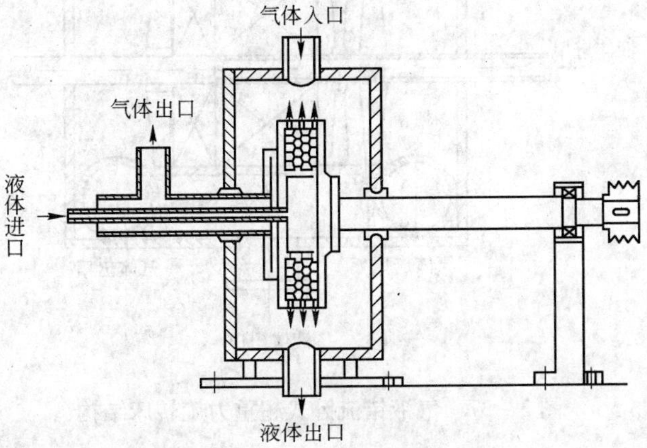

图 3－34　逆流旋转填料床结构

错流旋转床主要有三种结构,如图 3－35～图 3－37 所示。图 3－35 为多级雾化径向超重力旋转床,气流通过旋转床的进气口进入旋转床,吸收液从位于旋转床中央带有小孔的喷水管喷在第一级同心圆环填料层上,被强大离心力强制沿径向做雾化分散,经历第一级雾化后,液滴再洒到第二级同心圆环填料层上,再经历离心雾化,最后液体沿器壁在重力作用下落到旋转床底由排液管排出。在旋转床内,气液两相错流运动。

图 3－36 为多级轴向错流超重力旋转床,装有上下两层填料的转子固定在与轴相连的中隔套上,在电机的带动下旋转。气体沿轴向自下而上通过下层填料后进入中隔套进行二次分布,再进入上层填料,然后从旋转床的上部气体出口离开。液体从位于转子中心的液体分布器进入转子内缘,沿径向甩出,与沿轴向穿过填料层的气体错流接触传质,液体被甩到外壁后垂直落下,从液体出口排出。液体进料管共有 4 个,可单独使用或同时使用几个进料管来控制液体的最大进料量和进料位置。当液流量较小,只需使用下层的 2 个进料口时,上层填料便起到除雾器的作用。

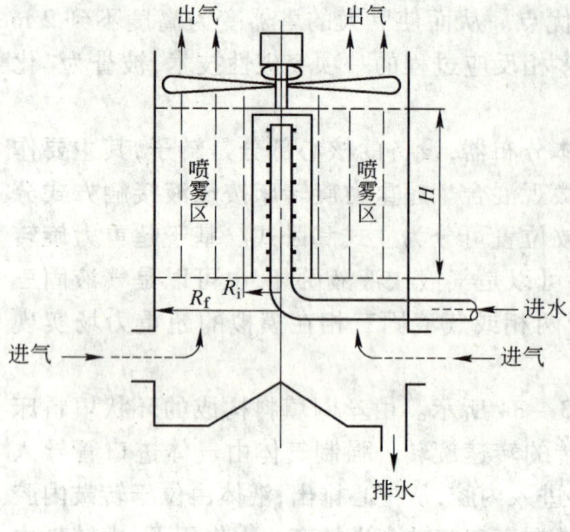

图 3－35　多级雾化径向超重力旋转床结构

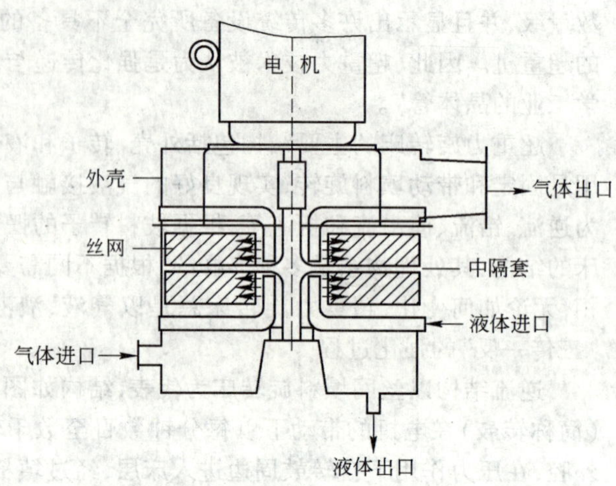

图 3－36　多级轴向错流超重力旋转床结构

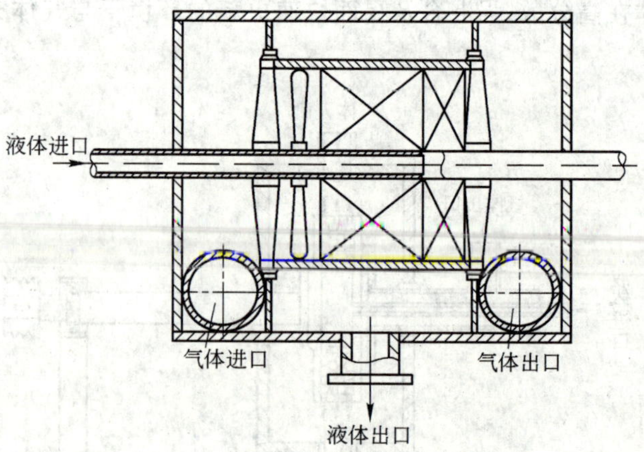

图 3－37　气液错流卧式超重力旋转床结构

图 3－37 为气液错流卧式超重力旋转床结构，液体由空心轴进入，在转子的喷淋段沿径向喷出与轴向流动的气体错流接触后被抛到外腔，然后由设备底部排出；气体由进气口输入，经过叶轮增压后进入填料层与液体错流接触，然后沿轴向通过除雾段，最后从气体出口离开。

撞击流旋转填料床（见图 3－38）是在撞击流反应器和旋转填料床的基础上发展起来的一种新型反应设备。在 IS-RPB 内，液体先在喷嘴处实现撞击，撞击后形成一扇形的雾面，在其扇形边缘处液体已实现混合且具有动能，其扇形边缘处的液体进入到了旋转填料床的内腔，在离心力的作用下填料层内进一步混合与传质，在这样的一个流体流动的情况下，混合与传质过程得到了极大的强化。因此，IS-RPB 反应器综合了撞击流反应器和旋转填料床反应器的特点，是一种新型的强化“三传一反”过程的设备，具有传质强度高、通过强度高、停留时间短等优点。

图 3－39 所示是南京某公司生产的超重力机实物照片。图 3－40 所示是超重力法制备的纳米材料的 TEM 照片[25,26]。

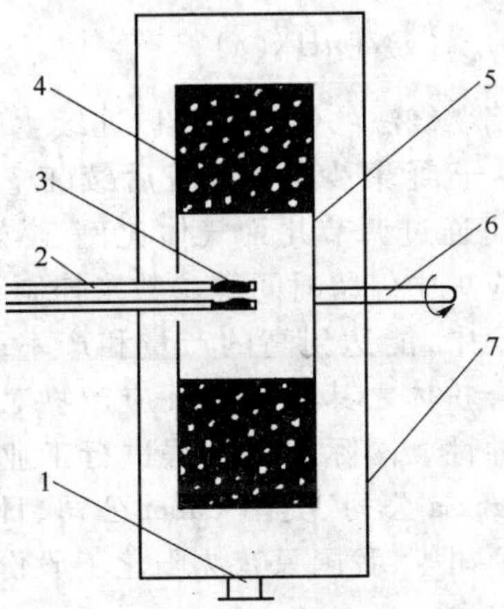

图 3－38 IS-RPB 撞击流旋转填料床结构

1—出料口；2—进料管；3—喷嘴；4—填料；
5—转鼓；6—转轴；7—壳体

图 3－39 超重力机

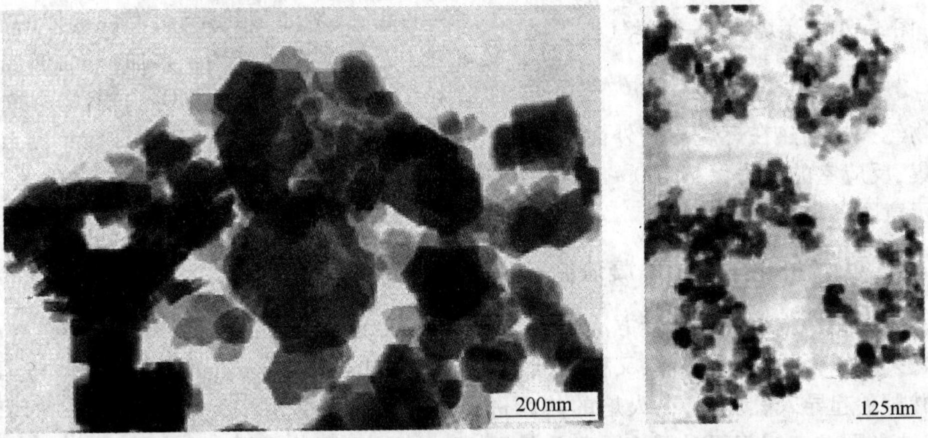

(a) (b)

图 3－40 超重力法制备的纳米材料的 TEM 照片

(a) 纳米 $Al(OH)_3$；(b) 纳米 $CaCO_3$

3.4 燃烧火焰—化学气相冷凝法制备纳米材料的设备和工艺

燃烧火焰—化学气相冷凝（CF-CVC，combustion flame-chemical vapour condensation）法是美国纽约的 Rutgers 大学首先发明，然后转让给美国的纳米粉企业有限公司（Nanopowder Enterprises Inc.）进行工业化生产。燃烧火焰—化学气相冷凝法已用于生产各种粒度分布均匀的氧化物纳米粉体，如 SiO_2、TiO_2、Al_2O_3、SnO_2、V_2O_5、ZrO_2、CoO_x 等[27]。

3.4.1 燃烧火焰—化学气相冷凝法制备纳米材料的基本原理

气相燃烧法（gas-combustion）是发展较早的一种制备纳米材料的方法，其原理[27,28]是：采用一种燃气（CO、CH_4 或 H_2 等）和一种原料气（$SiCl_4$ 或 $TiCl_4$ 等），在惰性气体的保护下，通入到高温富氧环境下进行燃烧，最后把燃烧产物冷却后得到纳米粉体。反应体系的通式：

$$MX_n(g) + \left(\frac{n}{4}\right)O_2(g) \longrightarrow MO_{n/2}(s) + \left(\frac{n}{2}\right)X_2(g)$$

或　　$$MX_n(g)+\left(\frac{n}{2}\right)H_2O(g)\longrightarrow MO_{n/2}(g)+nHX(g)$$

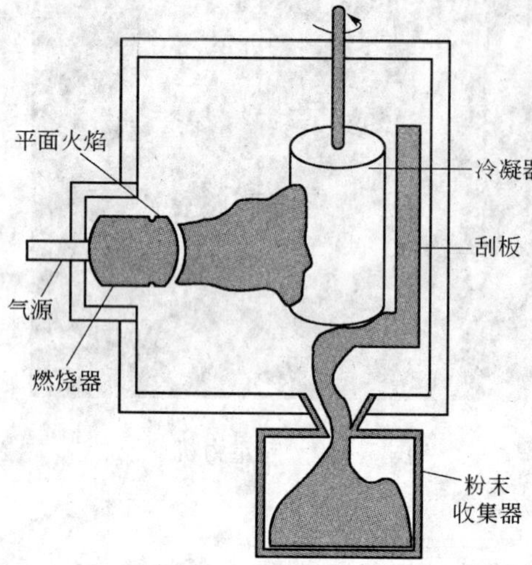

图 3－41　燃烧火焰—化学气相冷凝工艺的示意图

气相燃烧法的优点是可以连续生产，产物纯度高，粒子凝聚少，且不需后续工艺（如清洗等）；并可通过调节几种气体比例、燃烧温度、粉体在反应炉中停留时间等参数来控制粒径，且粒度分布集中，能达到高的产量和产率；还可制备纳米复合粉体。其缺点是反应产物对设备有较大的腐蚀性。国际上用此法进行工业生产的有德国 Degussa 公司、美国 Cabot 公司、日本 Nippon Aerosil 公司等，我国只有沈阳化工股份有限公司的规模较大。

燃烧火焰—化学气相凝聚法与气相燃烧法不同的是其加热装置是平面火焰燃烧器，燃烧器的前面由一系列喷嘴组成。当含有金属有机前驱物蒸气的载气（例如氦气）与可燃性气体的混合气体均匀地流过喷嘴时，产生均匀的平面燃烧火焰，火焰由 C_2H_2、CH_4 或 H_2 在 O_2 中燃烧所致，金属有机前驱物经火焰加热在燃烧器的外面热解形成纳米粒子，附着在转动的冷阱或收集器上，经刮刀刮下收集；反应室的压力保持 100～7000 Pa 的低压。图 3－41 所示是燃烧火焰—化学气相冷凝工艺的示意图。

3.4.2　燃烧火焰—化学气相冷凝法制备纳米材料的特点

在燃烧火焰—化学气相冷凝方法中，稳定的平面火焰是由低压燃料/氧气混合气燃烧产生，因此燃烧火焰—化学气相冷凝法又称为低压平面火焰（low-pressure flat flames）法。金属有机前驱体与燃料一起导入燃烧室，在火焰的热区进行快速热分解。由于燃烧室温度分布均匀（见图 3－42）、纳米颗粒气相停留时间相同以及前驱体浓度均匀，并在很窄的热区发生热分解，因而能生产出粒度分布窄的纳米粉体[27]。图 3－43 所示是燃烧火焰—化学气相冷凝法制备的纳米 γ-Al_2O_3 粉体的颗粒分布图。

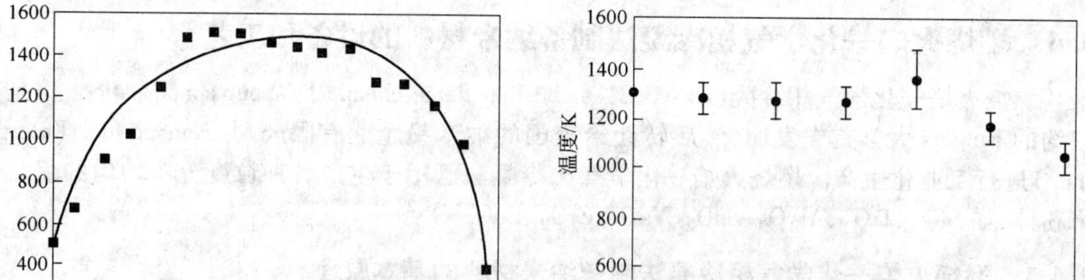

图 3－42　燃烧火焰—化学气相冷凝工艺中燃烧室的温度分布

（a）轴向；（b）径向

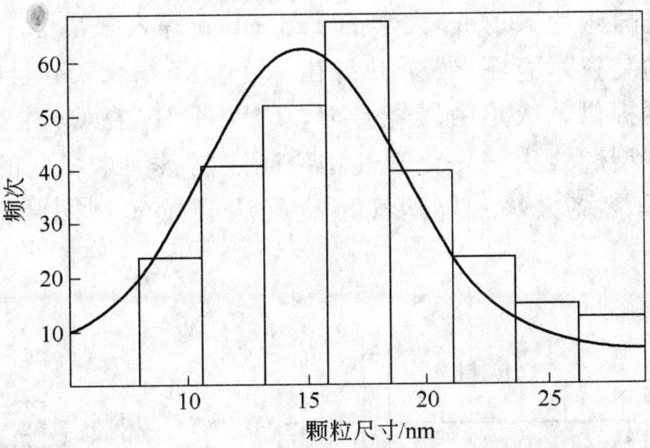

图 3-43 燃烧火焰—化学气相冷凝法制备的纳米 γ-Al_2O_3 粉体的颗粒分布图

3.4.3 燃烧火焰—化学气相冷凝法制备纳米材料的影响因素

燃烧火焰—化学气相冷凝法是一种能够大批量制备纳米材料特别是非团聚金属氧化物纳米粉体的方法。大量的研究表明,影响燃烧火焰—化学气相冷凝法颗粒尺寸大小及产率的因素主要有金属有机前驱体的浓度、燃烧器的直径大小、燃烧室的压力、收集器与平面火焰的距离等。其中颗粒大小强烈依赖于金属有机前驱体的浓度和收集器与平面火焰的距离,而与燃烧室的压力无关,且颗粒粒径随着金属有机前驱体浓度的增加而减小;燃烧器的直径越大,产率越高,如采用直径为 12.7 cm 和 20.32 cm 的燃烧器的产率可达到 1 kg/h 的水平[27,29,30]。

3.4.4 燃烧火焰—化学气相冷凝法制备纳米材料的设备特征

图 3-44 所示是韩国机械和材料研究所的 B. K. Kim 等人[31]提出的一种燃烧火焰—化学气相冷凝法制备纳米 TiO_2 的装置示意图。使用的金属有机前驱体是乙醇钛($Ti(OC_2H_5)_4$)。该装置主要由反应腔和前驱体传输系统两部分组成。反应腔通过高速泵维持氦气气压在 2666 Pa 的水平。金属有机前驱体/载气流的高温分解通过平面火焰燃烧器完成,其中金属有机前驱体的温度维持在 130℃,载气流速维持在 500 cm^3/min。而平面火焰燃烧器由流速分别为 2100 cm^3/min 和 2700 cm^3/min 的 H_2 和 O_2 混合气产生燃烧热源。

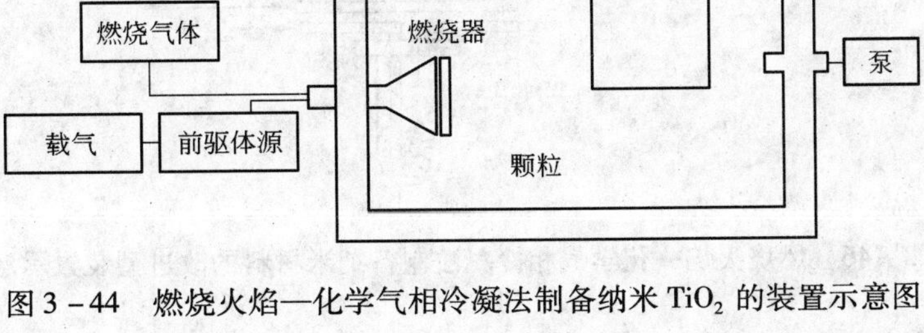

图 3-44 燃烧火焰—化学气相冷凝法制备纳米 TiO_2 的装置示意图

图 3-45 所示是美国纽约 Rutgers 大学的 Y. J. Chen 等人提出的一种燃烧火焰—化学气相冷凝法制备纳米材料的装置示意图[30]。热源由一个直径 6.35 cm 且在 133~6666 Pa 的低气压下操作的平面燃烧器提供。火焰由燃烧 C_2H_2、CH_4 或 H_2 在 O_2 中燃烧产生。图 3-46[32] 所示是他们提出的改进型燃烧火焰—化学气相冷凝法制备纳米材料的装置示意图。图 3-47 和图 3-48 所示分别是燃烧火焰—化学气相冷凝法装置实物图片和制备出的纳米氧化物 TEM 照片。

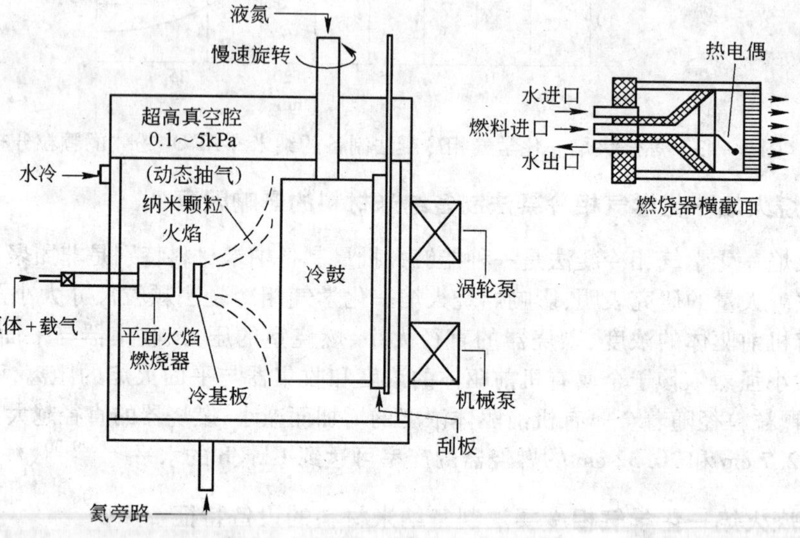

图 3-45 燃烧火焰—化学气相冷凝法制备纳米材料的装置示意图

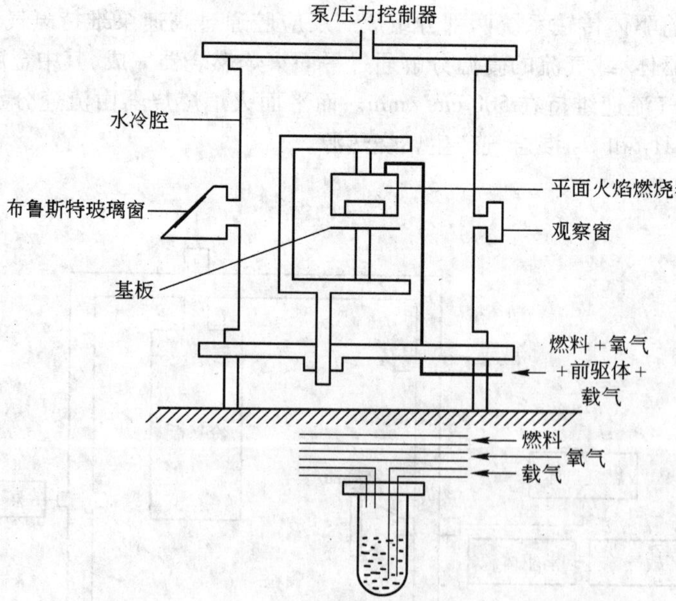

图 3-46 燃烧火焰—化学气相冷凝法制备纳米材料的改进型装置示意图

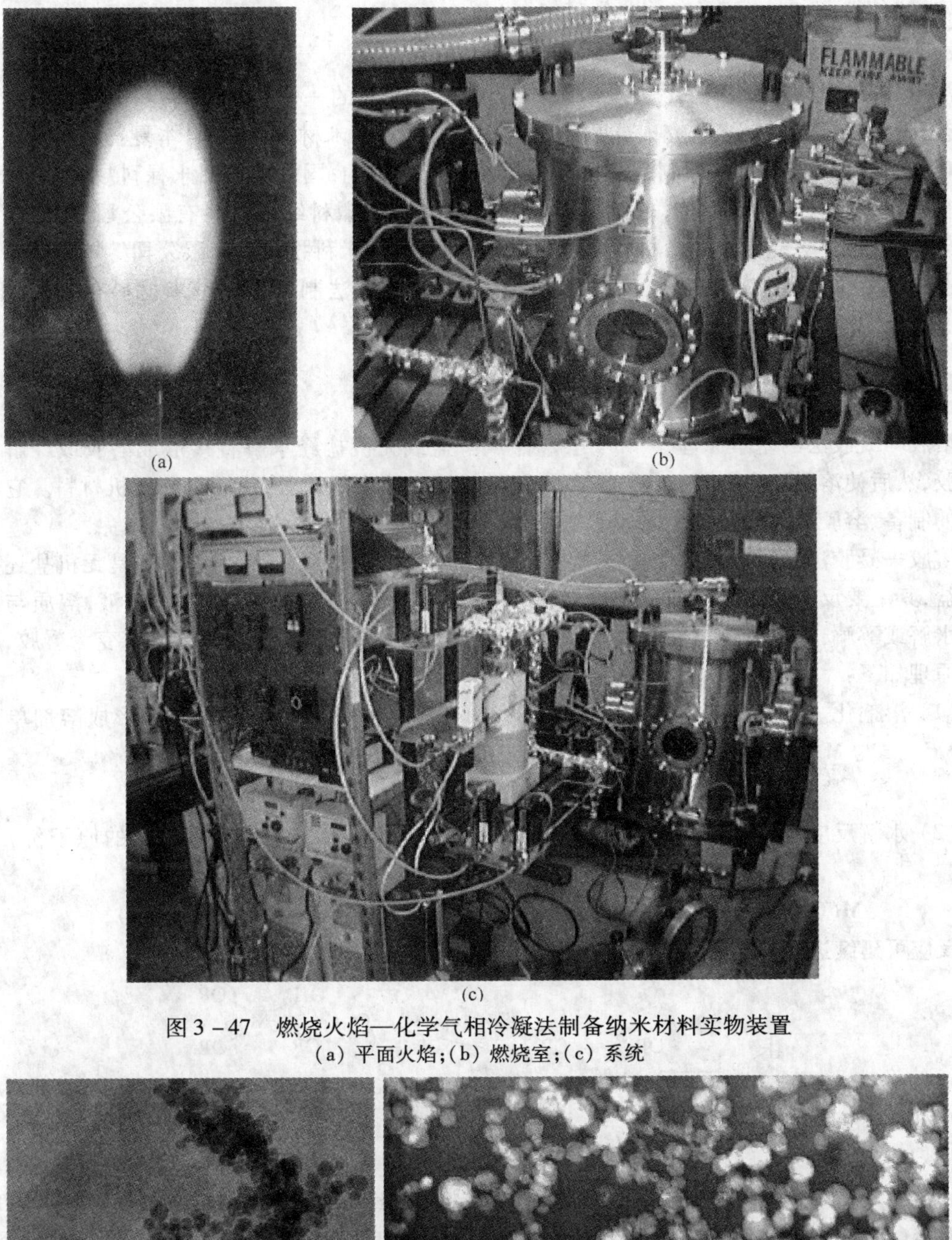

图 3 – 47 燃烧火焰—化学气相冷凝法制备纳米材料实物装置
(a) 平面火焰；(b) 燃烧室；(c) 系统

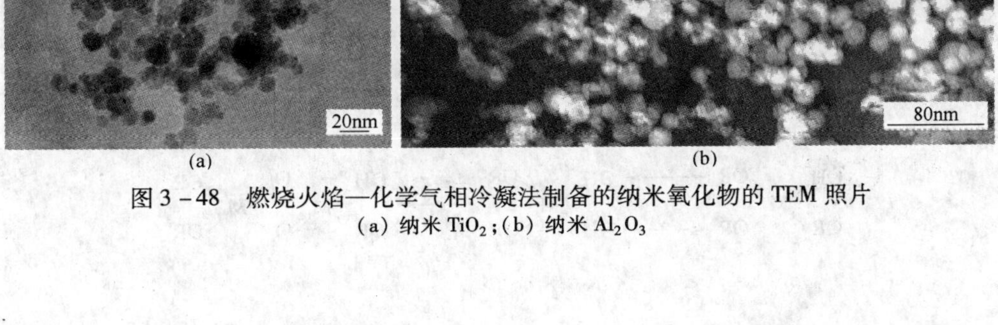

图 3 – 48 燃烧火焰—化学气相冷凝法制备的纳米氧化物的 TEM 照片
(a) 纳米 TiO_2；(b) 纳米 Al_2O_3

3.5　溶胶—凝胶法制备纳米材料的工艺

溶胶—凝胶法(Sol-Gel 法)是19世纪60年代发展起来的一种制备玻璃、陶瓷等无机材料的新工艺，近年来国内外众多研究人员和公司用此法来制备纳米材料，例如日本夏普公司制备的纳米 TiO_2 就是以 $Ti(OR)_4$ 为原料采用溶胶—凝胶工艺实现的；国内的四川永禄科技有限公司、四川攀枝花钢铁公司钢铁研究院、舟山明日纳米有限公司、安徽科纳新材料有限公司、河北茂源化工有限公司、江苏五菱常泰纳米材料有限公司、江苏河海纳米科技股份有限公司等单位制备纳米 TiO_2 的工艺也是采用溶胶—凝胶法。目前已经成功地用此法制备出的纳米材料有 ZrO_2、TiO_2、ZnO、Al_2O_3、MgO、Fe_2O_3、SnO_2、SiO_2、羟基磷灰石(HAP)等。

3.5.1　溶胶—凝胶法制备纳米材料的基本原理

溶胶—凝胶法的基本原理[33~35]是：将金属醇盐或无机盐经水解直接形成溶胶或经解凝形成溶胶，然后使溶质聚合凝胶化，再将凝胶干燥、焙烧去除有机成分，最后得到无机材料。它包括溶胶的制备、溶胶—凝胶转化和凝胶干燥3个过程。

溶胶—凝胶法是湿化学反应方法之一，不论所用的起始原料(称为前驱物)是无机盐还是金属醇盐，其主要反应步骤都是前驱物溶于溶剂(水或有机溶剂)中形成均匀的溶液，溶质与溶剂产生水解或醇解，反应生成物聚集成1 nm左右的粒子并组成溶胶，经蒸发干燥转变为凝胶，基本反应原理如下：

(1) 溶剂化。能电离的前驱物——金属盐的金属阳离子 M^{z+} 吸引水分子形成溶剂单元 $M(H_2O)_n^{z+}$ (z 为 M 离子的价数)，为保持它的配位数有强烈地释放 H^+ 的趋势：

$$M(H_2O)_n^{z+} \longrightarrow M(H_2O)_{n-1}(OH)_{z-1} + H^+$$

(2) 水解反应。非电离式分子前驱物，如金属醇盐 $M(OR)_n$ (n 为金属 M 的原子价)与水反应：

$$M(OR)_n + xH_2O \longrightarrow M(OH)_x(OR)_{n-x} + xROH \longrightarrow \cdots \longrightarrow M(OH)_n$$

反应可延续进行，直至生成 $M(OH)_n$。其中水解反应机理为：

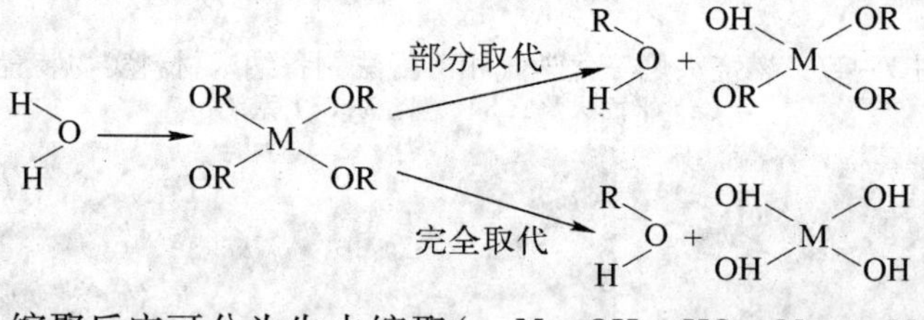

(3) 缩聚反应。缩聚反应可分为失水缩聚(—M—OH + HO—M→—M—O—M— + H_2O)和失醇缩聚(—M—OR + HO—M→—M—O—M— + ROH)，反应生成物是各种尺寸和结构的溶胶粒子。缩聚反应分三种形式，其缩聚反应机理为：

第一种：

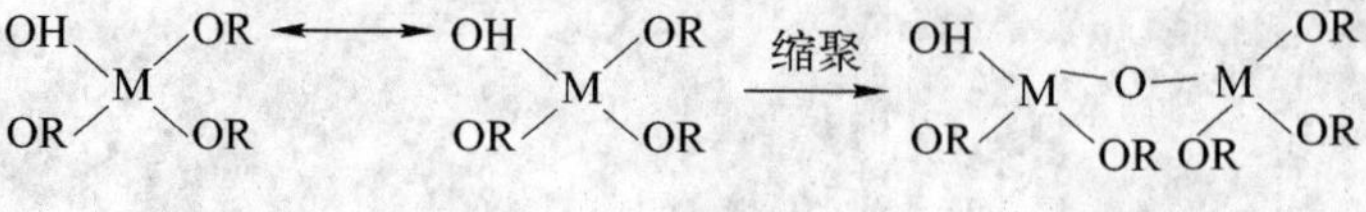

第二种：

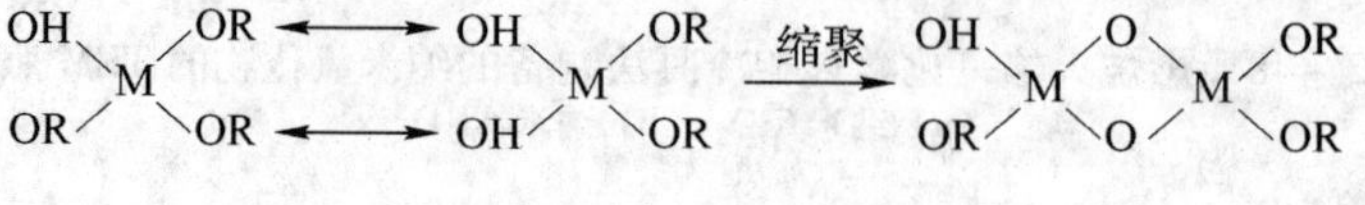

第三种：

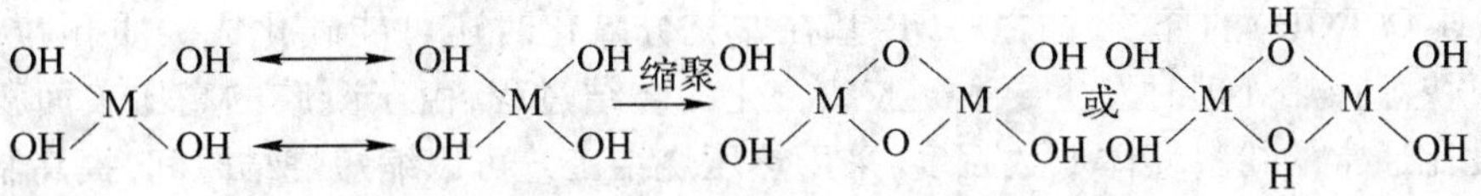

3.5.2 溶胶—凝胶法制备纳米材料的工艺过程

溶胶—凝胶法是一种可以制备从零到三维材料的全维材料制备技术。首先，由于溶胶颗粒本身十分细小，因此，从该技术制得的粉末材料很容易达到纳米量级，反应活性好，烧结温度低，制成的材料强度韧性大大提高。其次，在一定条件下，溶胶液的成纤性能很好，因此可以用以生产氧化物，特别是难熔氧化物纤维。再者，用溶胶采取浸涂、喷涂和流延的方法制备薄膜也非常方便，厚度在几纳米到微米量级可调。最后，用溶胶—凝胶法制备材料时，反应物可以在液相中充分分散和混合，因此在制备多相陶瓷材料时各组元分散性和相容性都可能大大提高。由此可见，溶胶—凝胶法是一种宽范围、亚结构、大跨度的全维材料制备的湿化学方法。图 3－49 所示是溶胶—凝胶法的基本工艺过程[33～35]。

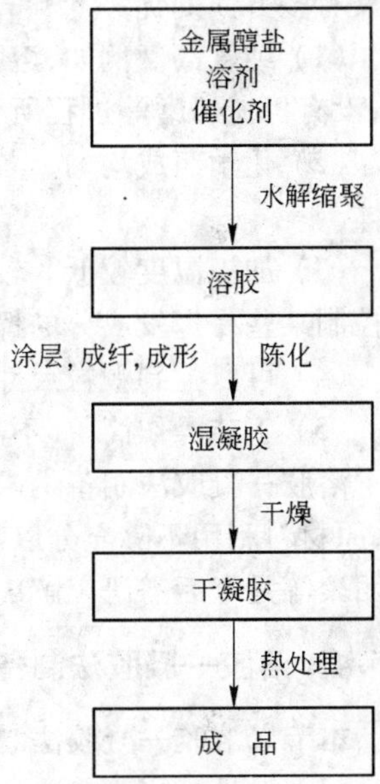

图 3－49 溶胶—凝胶法基本工艺过程

第一步是制取一包含金属醇盐和水的均相溶液，以保证醇盐的水解反应在分子平均的水平上进行。由于金属醇盐在水中的溶解度不大，一般选用醇作为溶剂，醇和水的加入应适量，习惯上以水/醇盐的摩尔比计量，催化剂对水解速率、缩聚速率、溶胶、凝胶在陈化过程中的结构演变都有重要影响，常用的酸性和碱性催化剂分别为 HCl 和 NH_4OH，催化剂加入量也常以催化剂/醇盐的摩尔比计量。因为醇是醇盐水解产物，对水解反应有抑制作用，为保证起始溶液的均相性，在配置过程中需施以强烈搅拌。为防止反应过程中易挥发组分散失，造成组分变化，一般需要加回流冷凝装置。

第二步是制备溶胶。制备溶胶有两种方法：聚合法和颗粒法，两者间的差别是加水量多少。所谓聚合溶胶，是在控制水解的条件下使水解产物及部分未水解的醇盐分子之间继续聚合而形成的，因此加水量很少，而粒子溶胶则是在加入大量水，使醇盐充分水解的条件下形成的。金属醇盐的水解反应和缩聚反应是均相溶液转变为溶胶的根本原因，控制醇盐的水解缩聚的条件如加水量、催化剂和溶液的 pH 值以及水解温度等，是制备高质量溶胶的前提。

第三步是将溶胶通过陈化得到湿凝胶。溶胶在敞口或密闭的容器中放置时，由于溶剂蒸发或缩聚反应继续进行而导致向凝胶的逐渐转变，此过程往往伴随粒子的 Ostward 熟化，即因大小粒子溶解度不同而造成的平均粒径增加。在陈化过程中，胶体粒子逐渐聚集形成网络结构，整个体系失去流动特性，溶胶从牛顿（Newton）体向宾汉（Bingham）体转变，并带有明显的触变性，制品的成形如成纤、涂膜、浇注等可在此期间完成。

第四步是凝胶的干燥。湿凝胶内包裹着大量溶剂和水，干燥过程往往伴随着很大的体积收缩，因而很容易引起开裂。防止凝胶在干燥过程中开裂是溶胶—凝胶工艺中至关重要而又较为困难的一环，特别对尺寸较大的块状材料。为此需要严格控制干燥条件，或添加控制干燥的化学添加剂，或采用超临界干燥技术。

最后对干凝胶进行热处理，其目的是消除干凝胶中的气孔，使制品的相组成和显微结构能满足产品性能要求。在加热过程中，干凝胶先在低温下脱去吸附在表面的水和醇，260～300℃发生

—OR 基团氧化,300℃以上则脱去结构中的—OH 基。由于热处理伴随有较大的体积收缩、各种气体(CO_2、H_2O、ROH)的释放,加之—OR 基在非充分氧化时还可能碳化成碳质颗粒,所以升温速率不宜过快。在热处理时发生导致凝胶致密化的烧结过程,由于凝胶的高比表面积、高活性,其烧结温度比通常的粉料坯体低数百度,采用热压烧结工艺可以缩短烧结时间,提高制品质量。

3.5.3 溶胶—凝胶法制备纳米材料的特点

溶胶—凝胶法在纳米氧化物制备上一般是利用金属有机或无机化合物经过溶液、溶胶、凝胶而固化,再经热处理后成氧化物。相对于传统的氧化物固相烧结法,溶胶—凝胶法制备金属氧化物具有多方面的优势[35]:

(1) 纯度高。例如,溶胶—凝胶法的原料可以用蒸馏方法或结晶方法提纯,保证了原料的纯度;没有机械研磨等过程所引入的杂质,制得的材料纯度高。

(2) 化学组成均匀。各组分在分子级混合,可以得到化学组成准确、相结构均匀的多组分固溶体。

(3) 加工温度较低。较低的合成温度使产物粒度分布均匀且细小;较低的烧结温度可以有效控制某些易挥发成分的挥发。

(4) 可以控制颗粒尺寸。

(5) 工艺操作简单,不需要昂贵的设备,易于工业化。

溶胶—凝胶法制备纳米氧化物虽然有许多优点,且已有一些工业化生产,但仍存在工艺周期长、原材料利用不够充分以及产物易团聚的不足,因而缩短工艺周期、充分利用原材料和解决产物团聚等是今后需研究解决的重要课题。

3.5.4 溶胶—凝胶法制备纳米材料的影响因素

本节以溶胶—凝胶法制备纳米氧化锌为例进行介绍。用溶胶—凝胶法制备纳米氧化锌的工艺路线如图 3-50 所示。影响因素主要包括:锌盐的种类、络合剂的种类、表面活性剂的种类、表面活性剂加入量、表面活性剂复配、反应方式、锌盐的浓度、络合剂的浓度、溶剂的种类、反应时间、干燥温度、煅烧温度及方式等[34]。

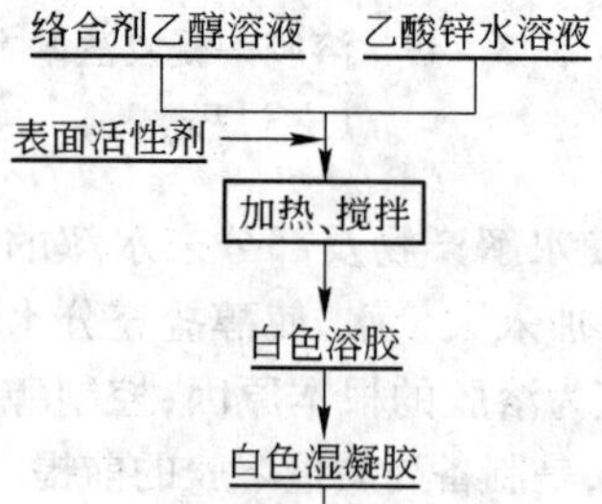

图 3-50 溶胶—凝胶法制备纳米氧化锌的工艺流程图

3.5.4.1 锌盐种类的影响

在溶胶—凝胶法制备氧化锌粉末的工艺中,采用有机锌盐如乙酸锌所制得的纳米氧化锌粉体粒径大小和形貌均优于无机锌盐如硫酸锌所制得的纳米氧化锌粉体。与硫酸锌、硝酸锌等无机试剂相比,乙酸锌含有乙酸基,由于乙酸属于弱酸,在水解过程中,乙酸基发生水解,促进反应的进行。同时,避免了带入的无机杂质离子促使发生硬团聚的影响。在干燥及煅烧过程中,由于不存在无机离子,降低了粉末的团聚程度。同时,减少了前驱体的洗涤次数。因此,采用乙酸锌为原料制备所得的氧化锌粉体粒径小,分布均匀,只有少量团聚。

3.5.4.2 络合剂种类的影响

用溶胶—凝胶法制备纳米氧化锌粉体时,在所选取的草酸、柠檬酸、柠檬酸三铵和硬脂酸四种络合剂中,不论采用哪种络合剂都能制备出纯度较高的氧化锌,但以草酸制备的氧化锌的粒径最小。从络合剂结构上分析，草酸有2个羧基，反应速度较温和，使水解过程有充分的时间生成大量的晶核，得到较细小的氧化锌前驱体；而柠檬酸有3个羧基，与金属的络合能力大于草酸，水解速度很快，致使生成的晶核来不及扩散就团聚在一起。柠檬酸三铵从结构上看，分子中含有O、N这类具有孤对电子的元素，Zn有空的 d 轨道，所以较易与柠檬酸三铵形成配位键而吸附于其上，由于反应较快，氧化锌前驱体来不及扩散，不能很好地与表面活性剂作用而发生团聚。硬脂酸只有1个羧基，故而反应较慢。由于反应时间过长，虽然硬脂酸的长碳链可以阻止颗粒之间的团聚，但还不足以抵制颗粒晶核的长大。因此，得到的氧化锌的粒度较大。

3.5.4.3 乙酸锌浓度与草酸浓度的影响

反应物的初始浓度决定氧化锌前驱体水合胶体粒子的粒径。浓度过高，胶粒长大，使得粒子容易团聚；浓度过低，反应时间过长，胶粒也易长得很大。因此，选择合适的反应物的初始浓度，对制备的氧化锌质量有很大影响。

图3-51和图3-52所示分别是乙酸锌浓度和草酸浓度对纳米氧化锌粒度的影响曲线。由图3-51可知：随着乙酸锌浓度的增加，所制备的氧化锌的粒子逐渐变小，而后又增大。原因是乙酸锌水解反应速度较慢，且在乙醇中溶解度很低，为了加快水解速度，必须加入一定的水；但如过多地加入水，乙酸锌浓度过低，使反应时间过长，胶粒粒径长大；同时，制备凝胶时需蒸发排除，使后续工艺负担过大。

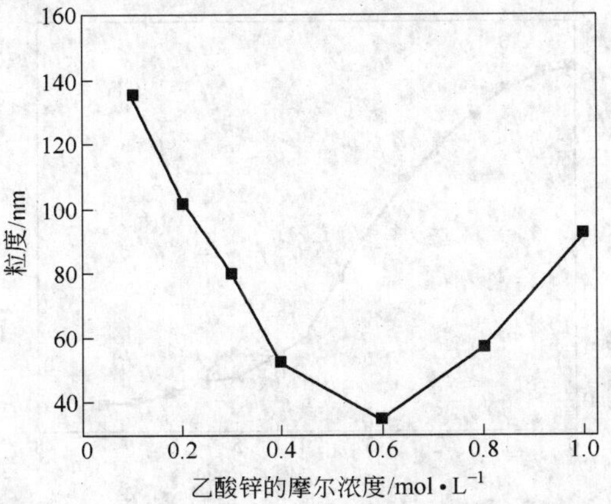

图3-51 乙酸锌浓度对纳米氧化锌粒度的影响

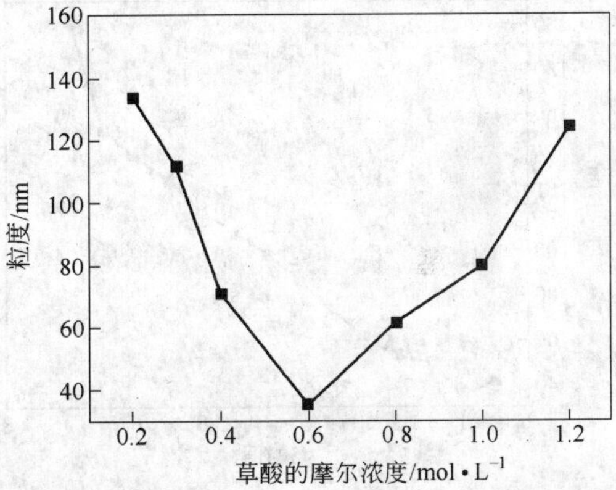

图3-52 草酸浓度对纳米氧化锌粒度的影响

由图3-52可知，在其他条件不变的情况下，当草酸的摩尔浓度为0.6 mol/L时，所制备的氧化锌的粒径最小。原因在于，当草酸浓度高时，溶剂乙醇含量减少，反应物的浓度都相应增加。同时，溶液中水所占的百分比就增大，致使反应速度过快，且水解的前驱体容易接触碰撞，交联成链的可能性较大，聚合反应速度较大，容易发生团聚。当草酸浓度低时，乙醇含量增大，对溶液起到了稀释作用，在一定程度上阻止了水解的速度，使凝胶的时间延长。同时，由于乙醇易于挥发，也增加了生产成本。

3.5.4.4 草酸与乙酸锌不同量的影响

表3-1是草酸和乙酸锌摩尔比对纳米氧化锌粒子大小的影响。从表3-1中可以看出：当草酸与乙酸锌的摩尔比为3:1时，所制备的氧化锌粉末的粒径最小。根据理论计算，当乙酸锌与草酸的摩尔比为1:1时正好反应，但当摩尔比为1:1时，粒径比较大，原因在于，当摩尔比较小时，随着原料反应的进行，草酸浓度越来越小，反应变得很慢，甚至乙酸锌水解不完全；当摩尔比过大时，一方面反应进行得太快，另一方面造成草酸的浪费，还给洗涤等后续操作增加负担。

表 3-1 草酸和乙酸锌摩尔比的影响

摩尔比	1:1	2:1	3:1	4:1	5:1
粒径/nm	91	61	35	50	58

3.5.4.5 反应 pH 值和反应温度的影响

采用氨水调节 pH 值，在不同 pH 值条件下制备的氧化锌粒径变化如图 3-53 所示。由图 3-53可知：随着 pH 值的降低，氧化锌的粒径迅速下降，当 pH 值到达 1 时，粒度最小。但当 pH 值小于 1 以后，氧化锌的粒径又缓慢地升高。原因在于，pH 值较高时，水解速度较低，而聚合速度较大，同时容易产生沉淀；随着 pH 值变小，凝胶粒子接近于溶胶粒子，聚合度较小，凝胶粒子较小；但当 pH 值过低时，酸度太高，影响草酸锌络合物的稳定性。

在其他条件不变的情况下，通过氨水调节 pH 值，考察了 pH 值对氧化锌前驱体胶粒沉降时间的影响，结果如图 3-54 所示。由图 3-54 可知：随着 pH 值的降低，溶胶越来越稳定，沉降时间越来越短。这是因为根据胶体稳定的 DLVO 理论，胶体的 ζ 电位越大，胶体的稳定性越好。在酸性条件下，氧化锌前驱体胶团带正电，ζ 电位为正，随着 pH 值增大，OH^- 浓度增大，使得 ζ 电位降低，胶粒之间易于聚集成为较大颗粒，致使沉降体积增大，沉降时间缩短。当 pH 值超过 6 时，迅速产生沉淀，无胶体生成。但若 pH 值过低，酸度太大，也不易形成胶体。

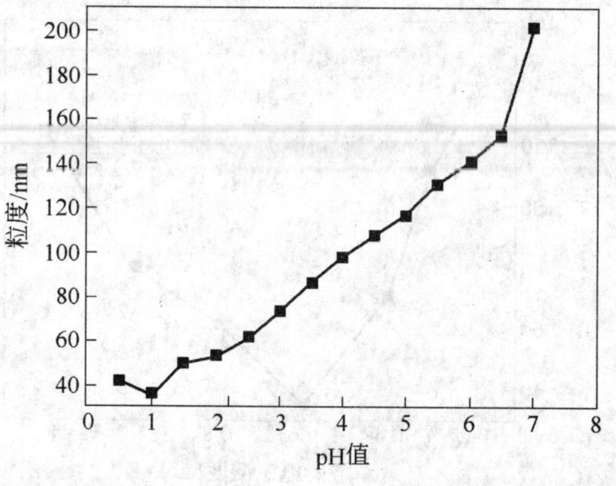

图 3-53 pH 值对粒度的影响

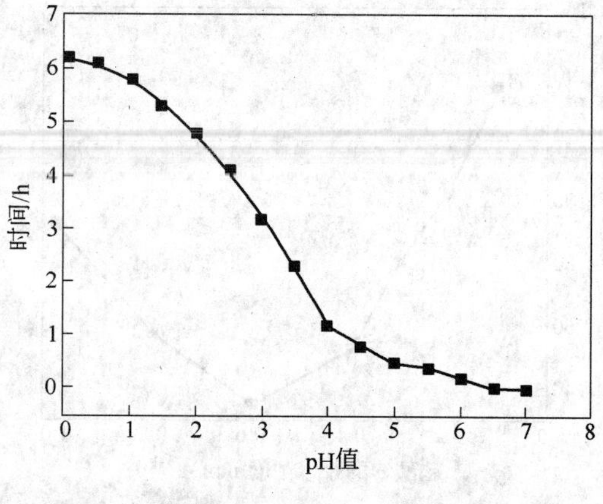

图 3-54 pH 值对络合物沉降时间的影响

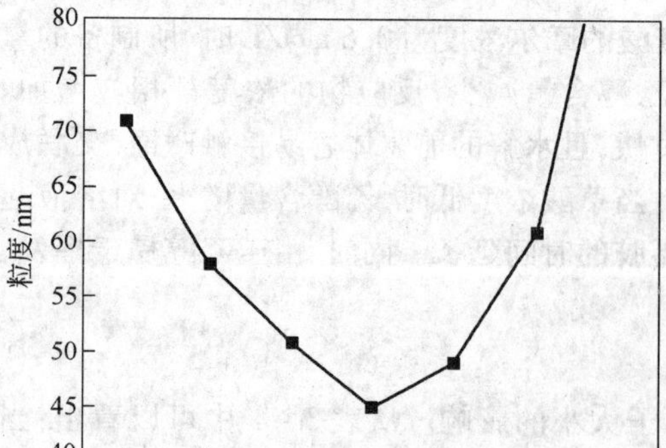

图 3-55 反应温度对纳米氧化锌粒度的影响

图 3-55 所示是在其他条件不变的情况下反应温度对纳米氧化锌粒度的影响曲线。由图 3-55可知：当温度为 70℃ 时制备的氧化锌的粒径最小。这是因为当温度较低时，不利于水解的发生，水解速度比较慢，成胶时间过长，使胶粒不断团聚长大。当水解反应温度较高时，一方面水解反应速率过快，成胶的时间就会缩短，缩聚产物碰撞更加频繁，溶胶就越不稳定，粒子团聚生长的几率增大，反应越不容易控制；另一方面温度过高使溶剂挥发过快，特别是使乙醇的挥发速度加快，降低了溶液的黏度，使粒子碰撞几率增大，易引起团聚。

3.5.4.6　反应物加入方式及加入速度的影响

制备时,采取了将乙酸锌溶液滴加到草酸溶液中和草酸溶液滴加到乙酸锌溶液中两种加入方式。结果表明:由乙酸锌溶液滴加到草酸溶液中的加入方式所得氧化锌的粒径较大,团聚较严重;由草酸溶液滴加到乙酸锌溶液中的加入方式制备的氧化锌分散较好,颗粒形貌均匀。因为往络合剂滴加锌盐,锌盐立即被草酸所包围,发生水解形成络合体,由于草酸浓度高,反应较快,形成大颗粒。草酸缓慢滴加到乙酸锌中,草酸立即被乙酸锌包围,由于开始时乙酸锌过量,发生水解,形成颗粒较小的络合体。

制备时,采取了把草酸一次性迅速倒入乙酸锌溶液中和缓慢滴加的加入方式制备氧化锌。结果表明:缓慢滴加所制备的纳米氧化锌的粒径较小,分散好。这是因为当快速倒入时,水解速度过快,生成的新的颗粒沉淀在最初形成的颗粒上,并且反应生成的聚合物经碰撞交联而形成沉聚物,有大量的块状沉淀生成,得不到稳定溶胶,使颗粒越长越大,获得的氧化锌粉体粒径分布比较宽。将草酸溶液缓慢滴加到乙酸锌溶液中,因控制了络合剂的加入速度,从而缓冲了水解缩聚进程,则使反应较为平缓,可在一定程度上控制水解速度。同时,通过搅拌使颗粒分散到乙酸锌中,阻碍了粒子团聚,从而可以得到稳定溶胶。

3.5.4.7　乙醇洗涤、干燥温度及煅烧时间的影响

A　乙醇洗涤的影响

溶胶转化成凝胶后,用无水乙醇进行了洗涤,考察了洗涤对氧化锌的影响。前驱体经过洗涤以后,制备的氧化锌分散均匀,粒径较未洗涤的小。这是因为在制备过程中由于乙醇的沸点低于水,所以在得到的湿凝胶的表面及内部有大量的水分子,为了防止水分子和相邻颗粒表面上羟基产生桥接作用形成化学键,并形成难以分散的硬团聚,因此在干燥以前需要脱水。当用乙醇洗涤时,一方面,乙醇中的烷氧基取代胶粒表面部分非架桥羟基,能较好地减轻合成纳米粒子的表面团聚,并起到一定的空间位阻,从而消除了硬团聚。机理如图3-56所示。另一方面由于乙醇的表面张力不到水的1/3(如表3-2所示),易挥发,且较其他几种醇价格便宜。

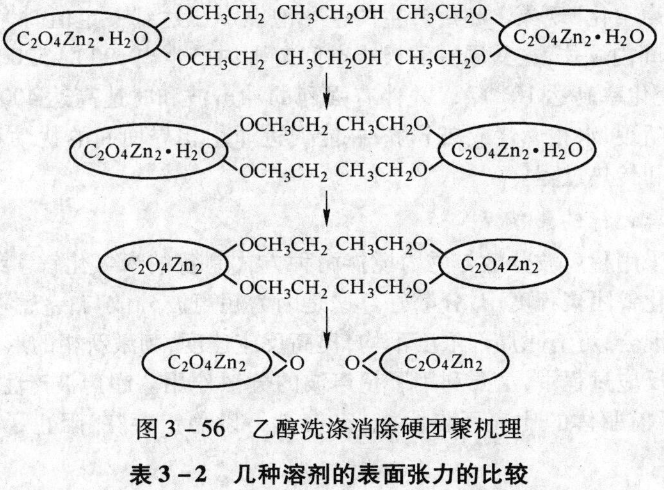

图3-56　乙醇洗涤消除硬团聚机理

表3-2　几种溶剂的表面张力的比较

溶　剂	表面张力/$N \cdot m^{-1}$
水	74.6×10^{3}
乙　醇	22.3×10^{3}
丙　酮	23.3×10^{3}
正丁醇	24.6×10^{3}

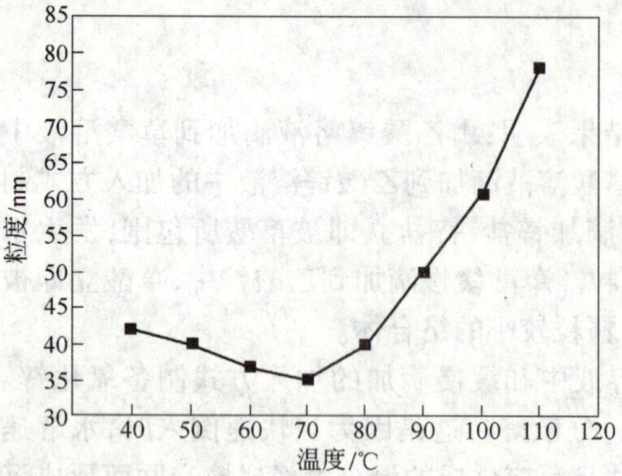

图3－57 干燥温度对粒度的影响

B 干燥温度的影响

湿凝胶在干燥过程中，超细颗粒之间的溶剂会通过毛细管力将它们拉近，当在干燥的最后阶段，未洗涤去的少量水还会在颗粒之间形成桥接作用，从而形成团聚体，团聚体一旦形成就很难消除。图3－57所示是干燥温度的影响。由图3－57可知：随着烘干温度的升高，凝胶烘干所需要的时间逐渐缩短，所得粒子也逐渐增大。温度在40～70℃时，粒度变化不大。当温度再升高时粒度变化就较大。原因在于：温度过高，溶剂挥发过快，凝胶收缩过快，易于形成硬团聚。因此，从经济等综合方面考虑，把干燥温度定在70℃。

C 煅烧时间的影响

对制备的氧化锌前驱体分别煅烧2 h、3 h和4 h。结果表明：煅烧2 h和煅烧4 h，氧化锌颗粒较大，且团聚。这是因为煅烧2 h，氧化锌前驱体可能没有完全转化成氧化锌，因此氧化锌与前驱体混合在一起，团聚较严重，而煅烧4 h，虽然前驱体已经全部转化为氧化锌，但随着时间的延长，氧化锌粉末烧结，使粒径变大，出现硬团聚。煅烧3 h所得样品为纯正的氧化锌，而且分散均匀，颗粒小。

3.5.4.8 超声波分散的影响

A 超声波的基本原理

超声波是由一系列疏密相间的纵波构成的，并通过液体介质向四周传播。频率在10～106 kHz的机械波，波速一般约为1500 m/s，波长为10～0.01 cm。当超声波能量足够高时，液体中的微小泡核在声波作用下被激活，就表现为小泡核的振荡、生长、收缩乃至崩溃等一系列动力学过程，这就是“超声空化”现象。超声产生的空化泡在声压达到一定值时，空化气泡迅速膨胀，在大约0.1 μs的时间内爆炸，在其周围的极小空间范围内产生出1900～5200 K的高温和超过50 MPa的高压，温度变化率高达10^9 K/s，并伴有强烈的冲击波和时速高达400 km/h的射流，这些条件足以使化学键断裂、水相燃烧或热分解，并能促进非均相界面间的扰动和相界面更新，从而加速界面间的传质和传热过程。

B 超声波对氧化锌的影响

在制备过程中采用超声波分散与磁力搅拌两种方式制备纳米氧化锌。结果表明：采用超声波分散所制备的氧化锌团聚程度小，分散好。这是因为超声波分散与传统搅拌技术相比较更容易实现介质的均匀混合，可消除局部浓度不均，提高反应速度，刺激新相的形成，对团聚体还可以起到剪切作用。在反应过程中，主要利用了超声波的分散作用。超声波产生的强大的冲击波和强射流，大大降低了前驱体的比表面自由能，又使其得以稳定存在，阻止了前驱体晶粒长大与团聚。

3.5.4.9 微波煅烧的影响

微波是一种高频电磁波，其频率为300～300000 MHz，对应波长100～0.1 cm。微波加热，就是通过微波发生器产生一个高频振荡的交变外加电磁场，它与放置在其空间中的物质分子直接作用，物质所吸收的电磁能按能量守恒定律转化为分子热运动的动能，使物质分子运动加剧，导致物质温度升高从而达到加热的目的。微波加热有4个特点：

（1）物质在电磁场中因本身介质损耗而引起的体积加热，可实现分子水平上的搅拌，加热均匀，温度梯度小，该特性最有利于对温度梯度很敏感的反应，如高分子合成和固化反应的进行；

（2）由于物质吸收微波能的能力取决于自身的介电特性，因此可对混合物料中的各个组分进行选择性加热，在某些气固相反应中，同时存在气固界面反应和气相反应，气相反应有可能使选择性减小，利用微波选择性加热的特性就可使气相温度不致过高，从而提高反应的选择性；

（3）无滞后效应，当关闭微波源后，再无微波能量传向物质，利用这一特性可进行对温度控制要求很高的反应；

（4）能量利用效率很高，物质升温非常迅速，运用得当可加快处理物料速度，但若控制不好也会造成不利影响。微波加热能量大约为每摩尔几个焦耳，不能激发分子进入高能级，但可以通过在分子中储存微波能量即通过改变分子排列等焓或熵效应来降低活化吉布斯自由能。由于微波是在分子水平上进行加热，因而加快了反应速度，许多反应速度往往是常规反应的数十倍，甚至上千倍。

结果表明：采用微波加热煅烧所得的氧化锌的粒度大小均匀，分散性良好。这是因为，微波加热能量具有很强的穿透性和优异的选择性，体系受热方式为体加热，加热介质同时吸收微波能量，介质内各点的升温速率是相同的，不存在温度梯度，所以煅烧过程中受热比较均匀，生成的氧化锌的粒度分布比较窄。

图3－58所示是溶胶—凝胶法制备的纳米材料TEM照片。

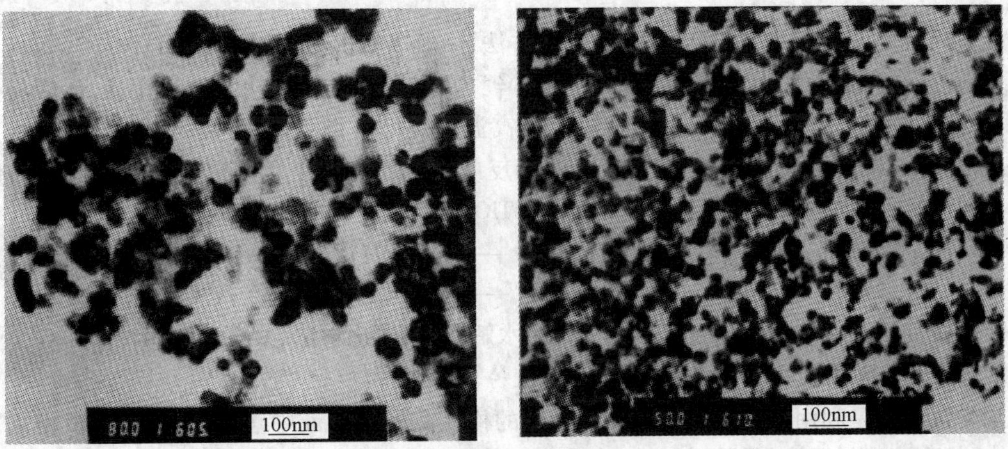

(a)　　(b)

图3－58　溶胶—凝胶法制备的纳米材料TEM照片

（a）纳米ZnO；（b）纳米TiO_2

3.6　化学沉淀法制备纳米材料的工艺

化学沉淀法是目前应用最广泛的纳米粉体制备方法之一，如日本的石原产业公司和帝国化工公司、英国的Tioxide集团公司、芬兰的凯米拉公司等以$TiOSO_4$或H_3TO_3为原料，采用此法生产纳米TiO_2。目前采用此法成功制备出的纳米材料有TiO_2、ZnO、ZrO_2、Al_2O_3等。

3.6.1　化学沉淀法制备纳米材料的基本原理

化学沉淀法一般是指将沉淀剂加入到金属盐溶液中进行沉淀，然后再对沉淀物进行固液分离、洗涤、干燥以及加热分解等后处理从而制得粉末产品。化学沉淀法分为正向化学沉淀法（将沉淀剂加入到金属盐溶液中）和反向化学沉淀法（将金属盐溶液加入到沉淀剂中）两种，通过对这两种方法所制得的纳米粉体的比较，反向化学沉淀法所制得的纳米材料粒径更细小，颗粒更均匀。

化学沉淀法的原理[36,37]是在包含一种或多种离子的可溶性盐溶液中加入沉淀剂，在一定温度下发生水解，形成不溶性的氢氧化物、水合氧化物或盐类从溶液中析出，然后将溶剂和溶液中原有的阴离子洗去，经热分解或脱水即可得到所需的氧化物纳米粉体。

3.6.2　化学沉淀法制备纳米材料的特点

化学沉淀法的特点[38]是容易控制成核，易添加微量成分且组成均匀，并可得到高纯度的纳米复合氧化物，其优点是无需苛刻的物理条件就可能得到性能较优异的纳米粉体，该方法原料来源广泛、成本较低、设备投资小，粉体产量大，是降低纳米粉体成本的首要方式。

3.6.3　化学沉淀法制备纳米材料的工艺过程和影响因素

以纳米 TiO_2 的生产工艺[38]来说明。化学沉淀法是目前实验室和工业上采用最为广泛的合成纳米粉体的方法。该方法制备纳米 TiO_2 时优点是：合成温度低、工艺简单、设备投资小、易工业化生产。

化学沉淀法是制备纳米 TiO_2 的一种简单方法，一般以廉价易得的 $TiCl_4$ 或 $TiOSO_4$ 等无机盐为原料，向反应体系中加入沉淀剂（如 OH^-，CO_3^{2-} 等）后，形成不溶性的氢氧化钛，然后将生成的沉淀过滤，并将滤液中原有的阴离子洗去，经高温煅烧即可得到所需的 TiO_2 粉体。其主要原理是利用 $TiOSO_4$ 中的 TiO^{2+} 与 OH^- 发生化学反应生成 $TiO(OH)_2$ 沉淀，经一系列的处理后，$TiO(OH)_2$ 经干燥、煅烧后得到不同晶型的纳米 TiO_2。其主要反应式为：

$$TiO^{2+} + 2OH^- \longrightarrow TiO(OH)_2$$

$$TiO(OH)_2 \longrightarrow TiO_2 + H_2O$$

化学沉淀法制备纳米 TiO_2 包括均匀沉淀、水解法、胶体化学法、共沉淀法四种。

3.6.3.1　均匀沉淀法制备纳米二氧化钛粉体

均匀沉淀法是利用某一化学反应使溶液中的构晶离子由溶液中缓慢、均匀地释放出来。该方法中，加入溶液的沉淀剂不立刻与沉淀组分发生反应，而是通过化学反应使沉淀剂在整个溶液中缓慢生成，使之通过溶液中的化学反应缓慢生成沉淀剂，只要控制好生成沉淀剂的速度，就可避免浓度不均匀现象，使过饱和度控制在适当的范围内，从而控制粒子的生长速度，获得粒度均匀、致密、便于洗涤、纯度高的纳米粒子。

常用的均匀沉淀剂为尿素等。以硫酸氧钛为前驱物，以尿素为沉淀剂制备纳米二氧化钛的反应原理如下。

尿素水溶液在70℃左右开始水解，其反应式为：

$$CO(NH_2)_2 + 3H_2O \longrightarrow 2NH_3 \cdot H_2O + CO_2$$

由于尿素的分解速度受加热温度和尿素浓度的控制，因此可以使尿素分解速度降得很低，从而可得粒径分布均匀和粒径小的纳米 TiO_2。尿素的分解产物 CO_2 和 NH_3，在反应或煅烧后均为气体,易挥发,不会对产品的纯度和质量造成影响。生成沉淀剂 $NH_3 \cdot H_2O$ 在 $TiOSO_4$ 溶液中分布均匀、浓度低,使得沉淀物 $TiO(OH)_2$ 均匀生成:

$$TiOSO_4 + 2NH_3 \cdot H_2O \longrightarrow TiO(OH)_2 + (NH_4)_2SO_4$$

$TiO(OH)_2$ 煅烧后得到 TiO_2:

$$TiO(OH)_2 \longrightarrow TiO_2 + H_2O$$

一般工艺流程如图 3-59 所示。

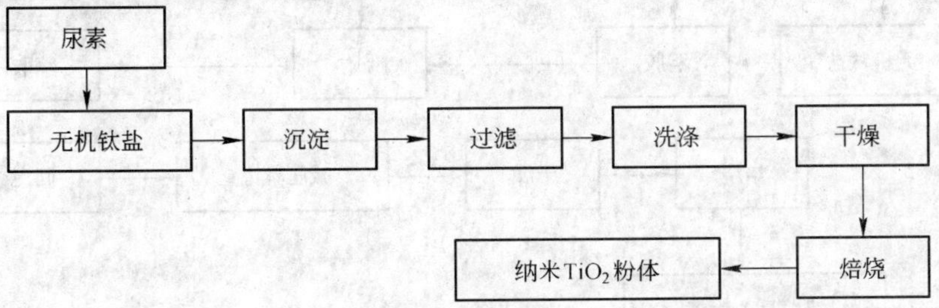

图 3-59 均匀沉淀法制备纳米二氧化钛粉体的技术路线

该方法制备纳米二氧化钛粉体,温度是影响产品粒径最敏感的因素。温度低,尿素水解慢,溶液中 $TiO(OH)_2$ 的过饱和度低,粒径大。温度过高,尿素产生缩合反应生成缩二脲等,同样使 $TiO(OH)_2$ 过饱和度低而且溶液黏稠,不易干燥,最终产品颗粒粗大。反应物浓度及尿素与硫酸氧钛的配比,同样影响溶液中 $TiO(OH)_2$ 的过饱和度。浓度越高,在相同温度下 $TiO(OH)_2$ 的过饱和度越大。但是过高的浓度和尿素与硫酸氧钛的比值,使产品的洗涤、干燥变得困难。反应时间不够,不仅使产品收率低,而且尿素未充分分解、容易带入产品,使干燥困难,产品粒度变大。反应时间过长,造成后期溶液过饱和度降低,粒径变大。

3.6.3.2 水解法制备纳米二氧化钛粉体

水解法也称直接沉淀法或中和法,以 $TiOSO_4$ 为原料,把 $TiOSO_4$ 配制成一定浓度的溶液后,加氨水进行中和水解,形成的 TiO_2 水合物经解聚、洗涤、干燥处理后,根据不同的煅烧温度可得到不同晶型的纳米 TiO_2 产品。其主要反应机理如下。

中和水解反应:

$$TiOSO_4 + 2NH_3 \cdot H_2O \longrightarrow TiO(OH)_2(s) + (NH_4)_2SO_4$$

在反应中得到的 $TiO(OH)_2$ 是无定形沉淀,此沉淀经干燥,在不同的温度下煅烧可以形成不同晶型的 TiO_2。煅烧反应:

$$TiO(OH)_2 \longrightarrow TiO_2 + H_2O$$

以氨水为沉淀剂所得的 TiO_2 粉体分散效果较好。原因是氨水属于弱碱,反应的过程中存在如下电离平衡:

$$NH_3 \cdot H_2O \longrightarrow NH_4^+ + OH^-$$

$TiOSO_4$ 水解释放出大量的 H^+ 离子,可通过加入氨水来中和这些 H^+ 离子,使得反应向正方向进行。而在添加氨水时,由于 NH_4^+ 的缓冲作用,溶液的 pH 值缓慢升高,这样既能中和反应产生的 H^+ 离子,使反应向有利于形成 TiO_2 晶核的方向移动,又可避免 pH 值迅速改变造成的快速沉淀而导致沉淀成分不均匀的现象。

3.6.3.3 胶体化学法制备纳米二氧化钛粉体

胶体化学法是将胶体化学中的溶胶作用引入沉淀法的方法(胶体—萃取法)。该法以

$TiOSO_4$为原料，按一定比例与 NaOH 溶液生成水合 TiO_2 沉淀，再加酸使其形成溶胶，经表面活性剂处理，得到浆状胶粒，再经热处理即得纳米 TiO_2 粉体。其工艺流程如图 3－60 所示。

沉淀反应：　$2TiOSO_4 + 2OH^- \longrightarrow TiO(OH)_2 + SO_4^{2-}$

热处理：　$TiO(OH)_2 \longrightarrow TiO_2 + H_2O$

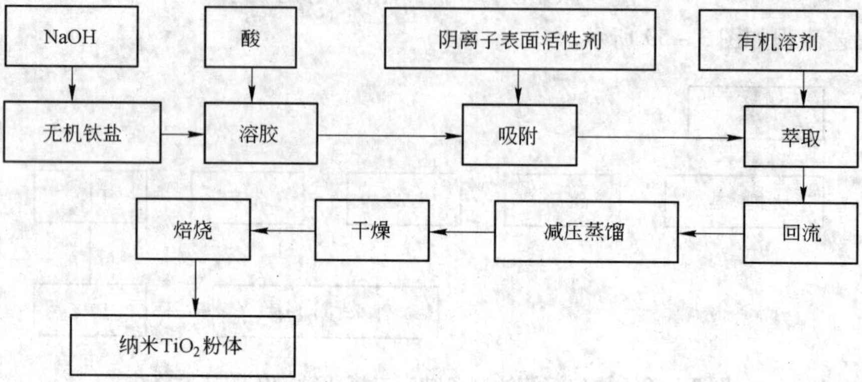

图 3－60　胶体化学法制备纳米二氧化钛粉体的技术路线

3.6.3.4　共沉淀法制备纳米二氧化钛粉体

共沉淀法是采用无机物为反应物（如 $TiCl_4$、$Ti(SO_4)_2$、$TiOSO_4$ 等），在含有多种阳离子的溶液的共沉淀体系中加入一些沉淀剂，控制共沉淀反应的微环境，使共沉淀反应在有限的微区或液—液界面上进行，保持生成的 $Ti(OH)_4$ 沉淀具有较高的分散度，将产生的沉淀过滤、洗涤、干燥后在一定温度条件下焙烧得锐钛矿型或金红石型纳米 TiO_2 粉体的方法。共沉淀法制备的纳米 TiO_2 的晶型结构更为完整，原料便宜，适合批量生产。一般的工艺流程如图 3－61 所示。

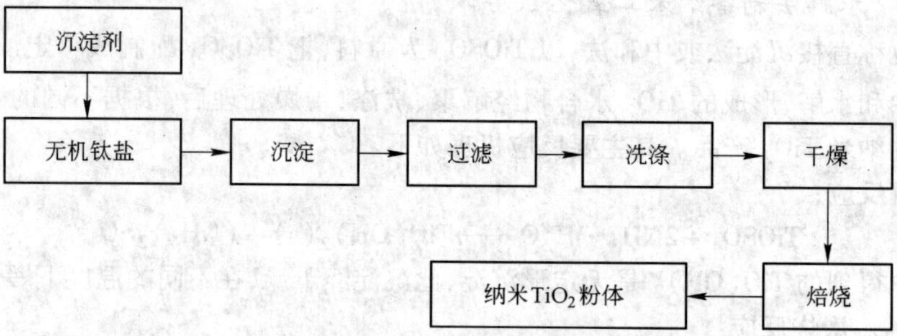

图 3－61　共沉淀法制备纳米二氧化钛粉体的技术路线

与液相法中的溶胶—凝胶法、醇盐水解法和水热法相比，化学沉淀法制备纳米材料的特征如下所述。

均匀沉淀法克服了由外部向溶液中加沉淀剂而造成的局部不均匀性，使沉淀不能在整个溶液中均匀进行的缺点。只要控制好生成沉淀剂的速度，就可避免浓度不均匀现象，使过饱和度控制在适当范围内，从而控制粒子的生成速度，获得粒度均匀、致密、分散性好、便于洗涤、纯度高的纳米 TiO_2 的粒子。均匀沉淀法是纳米 TiO_2 粉体工业化生产前景较好的一种方法。

水解法具有所需原料来源广、产品成本低、工艺简单的优势。升温水解工艺能直接沉淀出结晶物，经 200～400℃低温煅烧制得锐钛矿型或金红石型纳米 TiO_2 产物，不通过高温煅烧工序来实现晶型转化，有利于降低能耗。英国的 Tioxide 公司利用 $TiCl_4$ 加碱中和水解法合成了针状金

红石型纳米 TiO_2 产品；日本石原产业公司生产了 TTO 系列纳米 TiO_2 产品；芬兰凯米拉公司和日本帝国化工公司则利用 $TiOSO_4$ 水解法分别生产出了 UV-Titan 系列产品和 MT 系列产品。虽然水解法存在着工艺路线较长、自动化程度较低、工艺参数较难控制等缺点，但该法是目前国外生产纳米 TiO_2 粉体较成熟的已工业化方法。

利用胶体化学法可以制备纳米 TiO_2 粉体及各种组分的氧化物陶瓷粉体，制得的粉体分散性好、透明度高，具有较高的烧结活性。针对其工艺过程长，生产成本高，可进行小规模工业生产。工艺过程的关键是溶胶温度和溶胶剂浓度的控制。

共沉淀法设备简单，操作易控制，并解决了 $Ti(OH)_4$沉淀过滤、洗涤困难等问题。合成的纳米 TiO_2 粉体具有较高的化学均匀性，粒度较细，粒径分布较窄，并具有一定形貌。化学共沉淀法是最经济的方法。

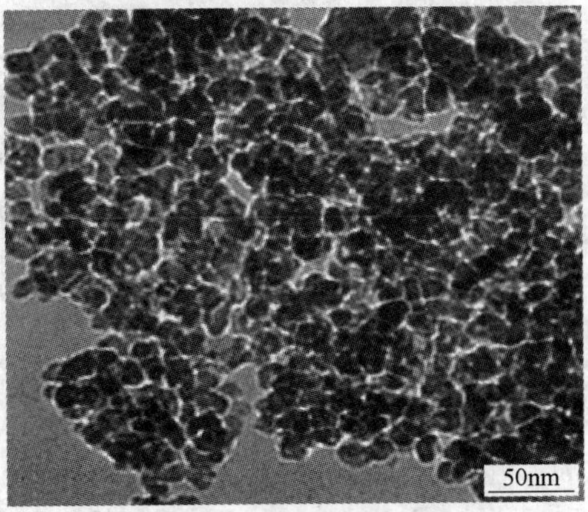

图 3 – 62　化学沉淀法制备的纳米 TiO_2 的 TEM 照片

图 3 – 62 所示是化学沉淀法制备的纳米 TiO_2 的 TEM 照片。

参 考 文 献

[1] Pen Z W, Xie S S, Chang B H, et al. Very long carbon tubes[J]. Nature, 1993, 394 (6694): 631.

[2] 林天津，朱燕娟，张伟，等．多壁碳纳米管的 CVD 法制备[J]．广东工业大学学报，2007，24(4)：1 ~ 5.

[3] 于作龙，翟美臻．碳纳米管的批量制备和应用[J]．中国高新技术企业，2000(3,4)：19 ~ 21.

[4] 瞿美臻，刘宝春，陈栋梁，等．移动床催化法连续制备碳纳米管的研究[C]．中国材料研究学会：全国第二届纳米材料和技术应用会议，2001，B72 ~ B75.

[5] 陈程雯，蔡云，廖代伟，等．催化裂解 CH_4 制备碳纳米管的影响因素[J]．化学物理学报，2002，15(2)：123 ~ 126.

[6] 记道珺，李轩科，汪厚植，等．反应时间对 CVD 法制备多壁碳纳米管产率和形貌的影响[J]．炭素技术，2002(5)：10 ~ 13.

[7] 曹章轶，孙卓，郭平生，等．碳源流量对碳纳米管厚膜形貌和结构的影响[J]．无机材料学报，2006，21(1)：75 ~ 80.

[8] 蒋美丽．碳纳米管的制备[J]．塑料科技，2004(4)：5 ~ 9.

[9] 朱宏伟，李雪松，慈立杰，等．立式浮动催化裂解法大批量制备单层碳纳米管[J]．科学通报，2001，46(19)：1664 ~ 1667.

[10] 刘芸芳．化学气相催化裂解法制备纳米碳管及其应用研究[D]．北京：北京化工大学，2004.

[11] 余雪里．碳纳米管批量生产的研究[D]．武汉：华中师范大学，2006.

[12] Cannon W R, Danforth S C, Flint J H, et al. Sinterable ceramic powders from laser-driven reactions-1. process description and modeling[J]. Journal of the American Ceramic Society, 1982, 65(7): 324 ~ 330.

[13] Cannon W R, Danforth S C, Flint J H, et al. Sinterable ceramic powders from laser-driven reactions-2. powder characteristics and process variables[J]. Journal of the American Ceramic Society, 1982, 65(7): 330 ~ 335.

[14] 战可涛，线全刚，郑丰，等．激光法制备高纯纳米 SiC 粉体及其产率[J]．北京化工大学学报，2002，

29(5):75~78.

[15] 王锐,黄永攀,罗丽明,等. 双光束激励制备纳米氮化硅粉体[J]. 硅酸盐学报,2004,32(11):1425~1429.

[16] 尹衍升,刘英才,李静. LICVD 法纳米硅制备过程中的成核及生长[J]. 人工晶体学报,2004, 33(1): 1~5.

[17] 战可涛. 高产率廉价硅源激光法制备 SiC 纳米粉的研究[D]. 沈阳:中国科学研究院沈阳金属研究所,1999.

[18] 黄永攀,李道火,王锐,等. LICVD 法制备纳米氮化硅粉末工艺参数对粉体特征影响的研究[J]. 光电子技术与信息,2005,18(1):27~29.

[19] Wang W X, Liu S H, Zhang Y, et al. Influence of preparation parameters on the particle size of nanosized silicon[J]. Physica B: Condensed Matter, 1996, 225(1,2): 137~141.

[20] Zhang H Y, Wei A X, Liu S H, et al. The preparation of nanosized silicon by laser-induced chemical vapor deposition[J]. Thin Solid Film, 2000,368(2): 315~318.

[21] 李艳,刘有智,张丽萍. 超重力法制备纳米材料的研究现状[J]. 化学工业与工程技术,2006,27(3):4~6.

[22] 陈建峰. 超重力技术及应用:新一代反应与分离技术[M]. 北京:化学工业出版社,2002.

[23] 李振昊. 纳米二氧化锡粉体的制备与表征[D]. 北京:北京化工大学,2007.

[24] 果继宏,刘有智. 超重力旋转填料床最新研究进展[J]. 化学工程与装备,2008(4):88~91.

[25] 王东光,郭奋,陈建峰,等. 超重力—水热法制备绿色纳米阻燃材料[J]. 化工进展,2006,25(2):181~186.

[26] 陈建峰,刘润静,沈志刚,等. 超重力反应沉淀法制备碳酸钙的过程与形态控制[J]. 过程工程学报,2002,2(4):309~313.

[27] Skandan G, Singhal A. CF-CVC provides route to nanopowders[J]. Metal Powder Report, 1999, 54(5): 18~21.

[28] 程永亮. 熔体燃烧合成法制备纳米 ZnO 粉体及其性能研究[D]. 武汉:华中科技大学,2004.

[29] Glumac N G, Skandan G, Chen Y J, et al. Particle size control during flat flame synthesis of nanophase oxide powders[J]. Nanostructured Materials, 1999,12(1~4): 253~258.

[30] Chen Y J, Glumac N C, Kear B H, et al. High rate synthesis of nanophase materials[J]. Nanostructured Materials, 1997, 9: 101~104.

[31] Kim B K, Lee G G, Park H M, et al. Characteristics of nanostructured TiO_2 powders synthesized by combustion flame-chemical vapor condensation process[J]. Nanostructured Materials, 1999,12: 637~640.

[32] Skandan G, Chen Y J, Glumac N C, et al. Synthesis of oxide nanoparticles in low pressure flames[J]. Nanostructured Materials, 1999,11(2): 149~158.

[33] 陈怀杰. 溶胶—凝胶法制备纳米氧化锌粉体及纳米氧化锌粉体的表征[D]. 重庆:重庆大学,2006.

[34] 李存增. 溶胶—凝胶法制备纳米 ZnO 工艺及表面活性剂防团聚机理研究[D]. 兰州理工大学,2007.

[35] 季敏霞. 溶胶—凝胶法制备纳米氧化物的研究[D]. 济南:山东科技大学,2005.

[36] 王焕英,宋秀芹. 化学沉淀法制备纳米氧化锆的研究[J]. 河北师范大学学报(自然科学版),2002,26(5):488~491.

[37] 魏绍东,袁良正,李全伟. 纳米二氧化钛的工业化生产[J]. 涂料工业,2006,36(8):52~57.

[38] 戴亚堂. 化学沉淀法制备锐钛型介孔纳米二氧化钛粉体的研究[D]. 四川大学,2006.

4 纳米材料的典型应用

4.1 纳米铝粉在固体推进剂中的应用

目前纳米铝粉实现批量制备的方法主要有美国 Argonide 公司和俄罗斯西伯利亚化学厂采用的铝丝电爆炸法、英国 Tetronics 公司采用的直流等离子体弧加热法和中国深圳尊业纳米材料有限公司采用的激光—感应复合加热法。这些方法制备的纳米铝粉主要应用对象为固体或液体火箭推进剂、小型武器平台和含能材料等。

4.1.1 推进剂的概念、分类及发展方向

4.1.1.1 推进剂的概念[1]

日常生活中,"推进剂"一词并不常用,而常用到的词是"燃料"。当人们看到汽车在行驶、火车在疾驰、飞机在扶摇直上的时候,一般只想到它们的运动是"燃料"在各自的发动机内燃烧而获得动力的作用结果,而参与燃烧的另一种物质,即空气中的"氧气"却往往被忽略了。火箭发动机则不然。它工作时不仅需要燃料,还需要自带充足的像空气中的氧气那样的物质(即"氧化剂")。也就是说,只有具备"氧化剂"和"燃烧剂"这两种物质的总和——"推进剂",它才能在火箭发动机中燃烧并产生推力。显然,这同一般热机的所谓"燃料"的概念是不同的。

推进剂是一种经过特殊加工的、自身含有氧化剂和燃烧剂,能够在没有环境氧的参与下自持燃烧产生大量炽热气体的含能材料。推进剂是火箭发动机的能源,它通过燃烧将推进剂的化学能转化为燃烧产物的热能,完成火箭发动机工作过程中的第一个能量转换过程。因此,推进剂的燃烧过程与火箭发动机的性能密切相关。

4.1.1.2 推进剂的分类[1]

按照推进剂的物理状态,可分为液体推进剂和固体推进剂。而固体推进剂是化学推进剂的一种,它是利用化学反应所释放出的热能作为推进系统的能源。因而可以定义为本身含有氧化剂和燃烧剂,能够通过有规律地燃烧释放出大量炽热气体,完成发射功的释放的固态致密材料。固体推进剂是固体火箭发动机的主要组成部分。固体推进剂在燃烧室内燃烧,由化学能转化为热能,生成高温高压燃气,燃气通过喷管膨胀加速,将热能转换成动能。高速向后喷出的燃气给发动机一个反作用力,即推力,它是火箭导弹推进的动力,所以固体推进剂是发动机工作的能源。推进剂不仅是火箭发动机的能源,而且还是它的工质。当火箭发动机工作时,作为能源的推进剂,经燃烧、热分解或催化分解反应,形成高温、高压气体产物,这便是它的工质,以高过声速若干倍的速度从尾喷管向外喷出,使热能变成动能,从而产生推力。

随着火箭技术的不断发展,固体火箭发动机的应用愈来愈广,固体推进剂的品种也日益增多。如按能量高低分,可把固体推进剂分成三类:低能固体推进剂(比冲在 2156 N · s/kg 以下)、中能固体推进剂(比冲 2156 ~ 2450 N · s/kg)、高能固体推进剂(比冲在 2450 N · s/kg 以上);如按固体推进剂的力学性能特点分成软药和硬药两类;如按照燃烧产物中烟的浓度可以分有烟、少烟、无烟三类;如根据构成固体推进剂的各组分之间有无相界面,固体推进剂可分成均质推进剂和异质推进剂两大类。当固体推进剂中的氧化剂和燃烧剂呈机械状态组合时,称为异质推进剂;

当氧化剂和燃烧剂以化学均相预混形式组合时，称为均质推进剂。

4.1.1.3 推进剂的发展方向[1]

固体推进剂是火箭和导弹发动机的动力源，固体推进剂的性能直接影响导弹武器的作战效能和生存能力，高能固体推进剂是高性能导弹武器系统研制技术基础。

固体推进剂技术的发展始终以能量为主线，所有有利于提高推进剂能量的技术途径的成功应用，都可以推动固体推进剂技术的进步。要提高推进剂的比冲，就要求推进剂的原材料生成热高、燃气产物平均分子量低或燃烧时释放的热量大。

由于固体火箭推进剂本身含有可燃物和氧化剂，能在一定的外界能量激发下在密闭的隔绝空气的环境中燃烧，这使它区别于普通燃料。推进剂燃烧是同时在气相、液相和固相发生的化学反应和输运过程，比一般的燃气混合物的燃烧更为复杂。作为一种能源，也只有通过燃烧才可将其化学潜能转化为热能，最终变为弹丸或火箭的动能。所以，推进剂的燃烧性能十分重要，它直接影响着武器的弹道性能。对于枪炮发射药的装药设计，在一定范围内尚可通过改变药粒的形状和厚度以控制燃气的生成速率，满足不同武器弹道的要求。但对于火箭发动机的装药设计，则经常需要通过改变推进剂的化学组成、物理结构以调节推进剂的燃烧性能，才能适应不同的具体装药要求。因此，长期以来人们不断地提高推进剂的能量，同时也积极研究推进剂的燃烧。

在高能固体推进剂中，燃速是衡量推进剂燃烧性能的一个重要参数，同时也是固体火箭发动机弹道控制的重要参数。随着导弹技术的发展，为了满足不同发动机特定的使用要求，对推进剂燃速的调节范围也相应的越来越宽。

固体推进剂总的发展趋势是进一步提高能量、扩大燃速可调范围、钝感和少烟或无烟化。高燃速推进剂可使固体火箭发动机在短时间内产生较大的推力，能满足反坦克导弹、防空导弹、机载导弹、拦截导弹和高速动能弹等对推进剂燃烧性能的要求。另外，高燃速或超高燃速推进剂还可实现火箭发动机的端面燃烧装药，增加装填系数，可增大装药量和减轻发动机的消极质量，使减少多级发动机的结构部件、取消级间段的整体发动机结构方案成为可能，以改善推进系统的性能，增加射程。如果一枚三级的固体洲际导弹采用整体级方案，则比传统的结构方案有以下优点：在容积受限制的条件下，当有效载荷一定时，整体级能提高射程 28.4%；当射程一定时，有效载荷能增加 33%[2]。

目前，纳米材料在固体推进剂中的应用研究重点主要集中在以下两个方面：一是纳米金属粉作为高能添加剂的应用研究；二是纳米金属氧化物作为燃烧催化剂在固体推进剂中的应用研究。

4.1.2 固体火箭发动机尾烟产生的原因

固体火箭发动机尾烟的产生主要是由于固体推进剂燃烧不完全造成的[3]。燃烧产物中的“烟”主要是凝聚相微粒（一次烟）和水分（二次烟）。火焰特征主要是一次燃烧（即燃气中还原性气体 CO、H_2 与空气中氧混合后在高温下复燃）在火箭尾部形成的明亮火焰以及由此而产生强烈的可见光及红外、微波辐射等各种特征信号。其影响因素有：喷管出口处燃气温度和参与氧化还原反应物浓度。以 CO、H_2 在燃气中所占质量分数和喷管出口温度两项来评估一次焰特征。

复合推进剂导弹通常采用提高氧平衡或减少碳元素含量来提高燃温，采用直链结构的黏结剂来促使反应完全和采用过滤装置来减少燃气中的残渣和烟雾含量。但碳元素含量保证燃烧的能量，含量太少，燃烧的能量就低；含量太高，温度会过高，提高了对耐热材料的要求，并增加了红外辐射。因此，需发展低特征信号推进剂，研制、使用新型含能材料，以缓和降低特征信号和提高能量及其他综合性能之间的矛盾。

4.1.3 金属燃烧剂在固体推进剂中的作用

4.1.3.1 概况

金属燃烧剂是高能固体推进剂基本组分之一。因金属燃烧后能释放出大量的热,它们又都有高的密度,故加入金属燃烧剂的目的在于提高推进剂的爆热和密度。同时燃烧生成的固体金属氧化物微粒起着抑制振荡燃烧的作用。它不仅可显著提高推进剂的能量水平,而且对推进剂的燃烧性能、感度和特征信号有不同程度的影响。为此,要求金属添加剂应具有燃烧热高、密度大、与其他组分相容性好和低的耗氧量。可用的金属燃烧剂有锂、铍、硼、镁、铝等。铝粉密度高,耗氧量低,有高的燃烧焓,使得固体推进剂中可以有较高的铝粉含量,对提高比冲的作用相当显著,再加上原材料丰富,成本较低,因此作为含能材料的添加剂铝粉被广泛应用在推进剂中,如端烃基聚丁二烯(HTPB)/高氯酸铵(AP)推进剂的比冲为2352 N·s/kg,加入19%的铝粉后,比冲就增加到2548 N·s/kg。

4.1.3.2 金属燃烧的特点

金属燃烧的特点[4]如下:

(1) 金属燃烧形成凝相的氧化物,它以固态或液态混于燃烧区中,可见金属燃烧形成非均质扩散火焰。这是金属燃烧不同于只包括气态产物的均质扩散火焰的一个重要特点。

(2) 金属燃烧形成的火焰峰处的温度上限是金属沸点,该温度很高,大多数金属氧化物在此温度下部分或全部分解。所以,要根据在周围压力下凝相氧化物与其气相产物的平衡关系确定氧化物沸点。

(3) 由于火焰峰处温度很高,使得已燃气体化合物在此处发生电离,有离子、电子及中子等存在,将产生紫外线辐射,其能量相当高,这对周围未燃金属的点燃是有利的。

4.1.3.3 普通铝粉的燃烧机理

一般认为,铝粉在推进剂中的燃烧经历了铝颗粒的相变、结团、着火、燃烧以及燃烧产物的凝聚等过程,而且燃烧历程在很大程度上决定了铝粉对推进剂燃烧性能影响的大小[1]。由于铝粉的特殊性质,其燃烧过程与其他固体组分有很大的区别。

铝粒子的熔点温度为932 K,汽化温度为2723 K。由于复合推进剂的燃面温度较低,一般为700~900 K,因此,可以认为燃面上的铝粒子既不会熔化更不会汽化,也就是说,可以假定燃面上的铝粒子不会凝聚成块,仅仅以配方中的原始尺寸为开始条件。由于推进剂中的铝粒子尺寸都较小,因此这些细金属粉末将被其他组分的热分解气体抛向燃烧表面上方,并被灼热气流加热而升温,当温度达到铝粉熔点后,铝发生了相变。铝粉膨胀使氧化膜局部破裂,并开始参加气相的反应而放出大量的热,此时在铝粉与燃烧表面之间存在一小块区域温度大大高于其他区域的火焰温度。这些高温区域对燃面热反馈,这对推进剂的燃烧有很大的影响。而且这些高温区域随着铝粉的上升而上升,并随着铝粉的消失而消失,因此这种热反馈的影响与铝粉在气相中上升的距离有关。

此外气相熔融的铝粉相互间会发生熔联现象,这一现象对于热反馈的影响比较复杂。实验和计算都表明,在一定范围内,相同氧化剂粒度级配的配方中铝粉粒度越小,在推进剂气相中聚集就越严重,形成的液滴也就越大。铝粉在气相的凝聚过程使得铝粉在上升过程中形成的高温区域也随之减少,从而影响对燃面的热反馈。

铝粉粒度与点火能 E_{Al}(铝粉由 T_0 上升到 $T_{Al_2O_3}$ 所需能量)的关系为:

$$E_{Al} = \int_{T_0}^{T_{Al,m}} m_{Al,m} C_{p,Al} \mathrm{d}T + m_{Al} \Delta H_{Al} + \int_{T_{Al,m}}^{T_{Al_2O_3}} m_{Al} C_{p,Al} \cdot \mathrm{d}T \tag{4-1}$$

式中 E_{Al}——铝粉由 T_0 上升到 $T_{Al_2O_3}$ 所需能量,J;

$C_{p,Al}$——铝的摩尔定压热容,J/(mol · K);

ΔH_{Al}——铝的熔化热,J/kg;

$m_{Al,m}$——温度从 T_0 上升到铝的熔点 $T_{Al,m}$ 时铝的质量,kg;

m_{Al}——铝粉的质量,kg。

铝粉粒度与点火能的关系表明,随着粒度的减小,铝粉的点火能呈减小趋势。铝粉在形成液滴的过程中要进行氧化反应,这是个放热过程。铝粉在形成液滴的情况下,铝粉表面氧化放出的反应热量小于铝粉所需要的点火能。理论计算和实验表明,铝粉的粒径小于某一值(约为 3 μm)时,铝粉表面氧化反应传给该粒子的热量要大于它本身的点火能。这样,在具体的推进剂配方中,就存在一个铝粉的临界尺寸,大于该尺寸时,铝粉随其粒度的减小聚集加重;小于该尺寸时,由于铝粉表面的氧化反应传给该粒子的热量要大于它本身的点火能,铝粉倾向于单个点火燃烧,从而可减小聚集损失,提高燃烧效率。

铝粉对复合固体推进剂的燃烧的影响可归结为与铝粉的粒径和含量有关的函数:

$$g_{Al} = G(a_{Al}, d_{Al}) \tag{4-2}$$

在此假设 a_{Al} 为推进剂中铝粉的含量,d_{Al} 为铝粉的粒度,将 $G(a_{Al}, d_{Al})$ 函数形式分解为两个因子,即:

$$G(a_{Al}, d_{Al}) = f_4 h_4 \tag{4-3}$$

式中,f_4 是铝粉对燃烧表面的影响;h_4 是考虑到铝粉对燃烧内火焰反应区的影响。

$$f_4 = 1 + 5a_{Al}/d_{Al} \tag{4-4}$$

$$h_4 = \begin{cases} \sqrt{1 + 13a_{Al}} & a_{Al} \leqslant 0.10 \\ \sqrt{1 + 13a_{Al}} \cdot \exp[-(a_{Al} - 0.1)^2 \times 30] & 0.10 \leqslant a_{Al} \leqslant 0.20 \end{cases} \tag{4-5}$$

对于粒度较小的铝粉(<5 μm),g_4(铝粉燃烧热反馈对可裂解有机基团的影响因子)可取如下形式:

$$g_4 = [1 + 5a_{Al}/(d_{Al} - 3)^2]^{-0.08} \tag{4-6}$$

若铝粉的粒径大于 5 μm 时,g_4 取如下形式:

$$g_4 = [1 + 5a_{Al}/d_{Al}]^{-0.08} \tag{4-7}$$

当铝粉的粒度小于 3 μm 时,铝粉倾向于独立燃烧,铝粉之间的凝聚现象减少,从而推进剂的燃烧不再受铝粉凝聚的影响。

应该指出的是,普通铝粉和微米级铝粉由于长的点火延迟和慢的燃烧动力限制了它目前的使用,而采用纳米铝粉有望解决这个问题。

4.1.4 纳米铝在固体推进剂中的应用

金属粉用于固体推进剂中的最主要目的是为了提高燃速、燃烧效率和提高发动机比冲和推进剂密度。微米级铝粉已成功地应用于多种型号固体推进剂。但微米级铝粉颗粒在推进剂燃烧表面上凝结成大的“集块”,延长了燃烧。大凝滴(典型的为 50 ~ 20 μm)需要 10 ~ 100 ms 才能烧完。由于释放出的大部分热量位于远离推进剂表面处,故通常金属燃烧对推进剂本身燃速没有影响。同时,有可能产生燃烧不完全、增加红外信号、喷管的两相流损失和形成羽烟状的气体排出等缺陷[5]。

超细铝粉(Ultra-fine aluminum powder)和纳米铝颗粒(Aluminum nanoparticles)应用于固体火箭推进剂具有如下的突出效应[6]:燃烧速率是微米级铝粉的数倍;燃烧过程只需几分之一毫秒,

且燃烧完全、燃烧效率高;在燃烧过程中无团聚和集块现象;提高推进剂的效率;降低压强指数、提高比冲。

4.1.4.1 国外研究现状

目前,美国、俄罗斯、法国、德国、英国、澳大利亚等国十分重视超细铝粉和纳米铝颗粒在火箭推进剂中的应用研究,在端羟基聚丁二烯推进剂(HTPB)、碳氢液体燃料推进剂等中得到了成功的应用。

俄罗斯首先探索了含超细铝粉(商品名称 Alex)推进剂的燃烧特性。含 Alex 的复合推进剂试验于 1974 ~ 1979 年在俄罗斯化学动力和燃烧研究所进行。至今,已有许多关于 Alex 特性和含 Alex 推进剂配方燃烧性能的研究报告。Ivanov 等人[7]研究表明,含 Alex 的推进剂比含常规铝粉推进剂的燃速提高 5 ~ 20 倍。普通铝粉含量(质量分数)高于 40% 时已不能完全燃烧;但含 42% ~ 75% 的 Alex 则以极高燃速燃烧;含 Alex 的高氯酸铵基推进剂的燃气非常洁净,基本上没有残余物,而含普通铝粉的高氯酸铵基推进剂有大量的凝聚相粒子和表面残余物。

美国的 Mench 等人[8]研究了 Alex 取代丁羟推进剂中常规铝粉后的燃烧特性,在高氯酸铵粒度为 3 μm 的 HTPB 复合固体推进剂中,当铝粉的粒径分别为 30 μm、3 μm 和 40 nm 时,对应的推进剂燃速分别是 1.473 mm/s、1.524 mm/s 和 48.26 mm/s。从中可以看出,当铝粉的粒径从微米级减小到纳米级时,其燃速可提高三十多倍。同时,当采用常规铝粉与纳米铝颗粒级配时,随着纳米铝颗粒含量的提高,燃速也会获得相应提高。当纳米铝颗粒/常规铝粉的比例分别为 60/40、70/30、85/15 和 100/0 时,其对应的燃速分别为 11.68 mm/s、18.28 mm/s、69.85 mm/s 和 172.72 mm/s。可以看出,当比例从 70/30 变化到 85/15 时,对应燃速的提高发生突变。而从常压到 11.03 MPa 时,含纳米铝颗粒的复合推进剂的压强指数降低为 0.43,推进剂的比冲是普通推进剂的 400 倍。这意味着纳米铝粉可以极大地改善固体推进剂的燃烧特性。

法国 Baschung 等[9]在一个高压密闭的环境下,通过对比在双基推进剂中铝含量(质量分数)都为 15% 的片状 YX76 铝(10 ~ 100 nm)和球状 Alex 铝粉(50 ~ 200 nm)的燃烧行为,结果表明添加了 Alex 的推进剂爆热和作用力都提高了,燃速提高了近 2 倍,同时燃烧压力指数从 0.8 下降到 0.66。

Glotov 等[10]对七种推进剂(含高氯酸铵、HMX、20% 的含能黏合剂和不同比例的普通铝粉与 Alex)的燃烧性能进行了研究,结果表明,在固体推进剂中用 Alex 取代部分普通铝粉,可以非常有效地提高燃速,减少粒子凝聚,促使铝粉完全燃烧。而在含有 HMX 的固体推进剂中用 Alex 取代部分普通铝粉,效果更加明显。

Simonenko 等[11]对六种推进剂(含 HMX 和不同比例的普通铝粉与 Alex)的燃烧性能进行了研究,结果表明,用 Alex 代替部分普通铝粉会增加振荡频率并降低振幅,缓解燃速振荡,如含能黏合剂和高氯酸铵的配方体系。而用 Alex 完全取代普通铝粉的推进剂,在压强升高时会出现燃烧不稳定现象,这可能是由于推进剂中 Alex 局部分散不均匀引起的非均匀燃烧所致。

Mench 等人[12]认为,以 Alex 取代丁羟推进剂中常规铝粉后的燃烧特性,不仅能提高推进剂的能量,而且能明显提高含铝固体推进剂的燃速和降低燃速压强指数。对两种类型的含铝固体推进剂(推进剂 A 含 18%(质量分数)普通铝粉,平均粒径 30 μm;推进剂 B 含 9%(质量分数)普通铝粉和 9%(质量分数) Alex,平均粒径 180 nm)进行了测试,比较了推进剂 A 和 B 在初温 25℃ 和 −32℃ 下的燃速,结果表明,推进剂 B 的燃速明显高于推进剂 A,在推进剂配方中用 Alex 部分取代普通铝粉,能在较宽的初温和压力范围内显著地提高推进剂的燃速(见图 4−1)。

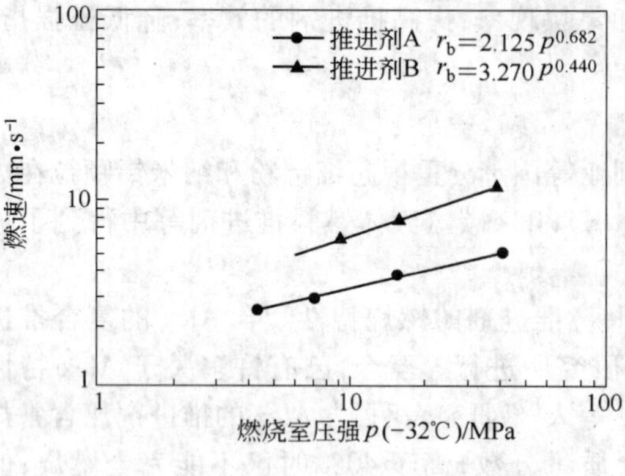

图4－1　推进剂A和推进剂B的燃速比较

应该指出的是,Alex是Argonide公司于1996年用丝电爆炸工艺生产的超微结构的活性球状铝粉,其粒径为50～100 nm。Alex存在晶格缺陷而具有奇异的燃烧特性,并且含能。单个铝粒子的燃烧寿命与其粒径是成反比例的,因此Alex的反应活性很大。图4－2中给出的是混合了铝的高氯酸铵的燃速。可以发现,含有Alex的高氯酸铵燃速的最大值达到了158mm/s,而相应含有5 μm普通铝粉的高氯酸铵的燃速却没有超过8 mm/s。

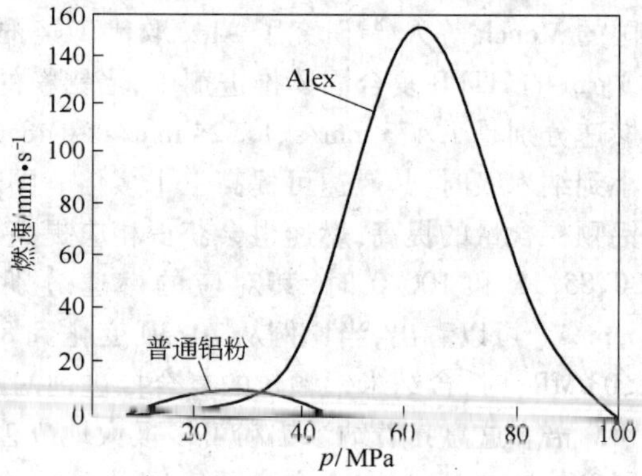

图4－2　含有普通铝粉和Alex的高氯酸铵燃速对比

4.1.4.2　国内研究现状

我国对纳米铝粉在推进剂领域的应用也进行了一些研究。

孙运兰[13]研究了纳米级铝粉(包覆)和微米级铝粉在基本配方为(端羟基聚丁二烯HTPB＋甲苯－2,4－二异氰酸酯TDI＋癸二酸二辛酯DOS＋高氯酸铵AP)/铝＝4/1的高能复合推进剂中对燃速及压强指数的影响。结果表明,含纳米级铝粉的推进剂燃速比含微米级铝粉的推进剂燃速高,而且随纳米级铝粉含量增加,燃速逐渐升高,压强指数总的趋势降低。通过单幅近距摄影,SEM及X射线光谱对推进剂火焰特征、燃烧现象、熄火表面的形貌及元素成分进行了分析。结果表明,纳米级铝粉与微米级铝粉有不同的燃烧特性,纳米铝粉在燃面上直接点火,并趋向单颗粒燃烧,而微米铝粉在燃面附近处先熔融,并凝聚成较大的液滴,然后才点火燃烧;火焰中铝凝滴的轨线细且少、熄火表面比较平滑,含纳米铝复合固体推进剂着火温度低,残渣回收率低。

夏强、邓康清等[14,15]研究了超细铝粉在AP/HTPB推进剂中的燃烧特性,发现小于1 μm的超细铝粉在低压下可显著提高推进剂燃速,并且降低压强指数,对Alex燃烧特性和燃烧模型进行的研究表明,在中压区(2.94～8.83 MPa),推进剂燃面Alex直接点火燃烧放热,提高了推进剂的燃速,而普通铝粉无此作用;但在高压区,两者均能使推进剂燃速增加。此外,纳米铝粉提高燃速的作用主要是由于其在推进剂燃面即发生点火,且在推进剂燃面附近燃烧完毕。

江治等[16]对铝含量较低的高氯酸铵复合推进剂燃速进行了测试,纳米铝粉(90 nm)与普通铝粉(10 μm)级配为4∶1时,可提高低压下燃速和降低燃速压强指数,改善推进剂的燃烧性能;通过对推进剂样品的能量特性、火焰结构、燃烧残渣的观测以及热分析(TG和DTA实验),发现纳米铝粉在燃烧中有不同于普通铝粉的行为,具有较低的点火阈值和较短的燃烧时间,同时纳米铝粉倾向于单颗粒燃烧,有别于普通铝粉的凝聚燃烧行为。

中国科技大学和中国航天科技集团公司第四研究院第四十二所研究了超细铝粉在AP/HTPB推进剂中的燃烧性能,结果表明:1.25 μm铝粉对燃速虽有提高,但远不如纳米级铝颗粒(<100 nm)提高的幅度,并且,纳米级铝颗粒在低压下提高燃速的幅度大于高压,可以有效地降低固体推进剂的燃速压强指数;另外,纳米级铝颗粒易于反应完全,可以大幅提高燃烧效率。

三江航天集团江河化工厂谢剑宏等人采用激光—感应复合加热法制备的纳米铝颗粒进行了相关研究,结果表明,纳米铝颗粒相对普通铝粉具有较低的点火能,可以直接点火燃烧,并且燃烧过程没有明显的凝聚行为。

4.1.4.3 存在的主要问题及解决措施

由国内外的大量研究表明,纳米铝粉应用于固体推进剂的突出效应是:有更好的抗凝聚性能和好的点火性能;燃烧完全,燃烧效率高,燃速是普通铝粉的数倍;增加推进剂燃烧稳定性,提高推进剂燃速,降低压强指数,增大推进剂的温度敏感性。

含纳米铝粉的推进剂样品比普通铝粉的推进剂样品燃速高,燃速压强指数降低。其中燃速升高的原因可能有如下几点[17]:(1)铝粉在推进剂燃烧过程中要经历升温、熔化等吸热过程。纳米铝粒子颗粒小,表面自由能高,表面原子近邻配位不全,活性很高,这使它们的物理性质发生很大的变化,熔点比普通铝粉低得多,吸收很少的热量就可以熔化。对于相同的热量,纳米铝粉熔化的数量远远多于普通铝粉,熔化后的纳米铝粉更容易和氧化剂反应。(2)纳米粒子半径小,单位体积内的数量比普通粒子多。每个粒子都是一个活性中心,在相同体积内,含纳米铝粉的活性中心比普通铝粉多,反应速度快。(3)单位时间含纳米铝粉反应的数量多,则单位时间内的放热量大,巨大的热量反馈给未燃粒子,促使未燃粒子加快反应。(4)从传热学角度考虑,由于纳米金属粉具有宽频带的强吸收,它们对于可见光的反射率极其低,在固体推进剂中加入少量的纳米金属粉可以有效地提高推进剂在燃烧过程中对热量的吸收率,降低反射率,从而提高燃速。

但纳米铝粉也存在一定问题:纳米铝粉具有巨大的比表面积,每克可达几百平方米,甚至更高,薄且均匀的界面层和原子层次的阶梯状表面,使全部颗粒在临界温度时瞬间发生反应,因此在空气中表面极易氧化而丧失活性。另外,它也容易与环境中的气体、液体分子交互作用产生表面污染层而丧失活性。如将失去了活性的纳米铝粉用到推进剂中,可能会使其爆热小于含普通铝粉的推进剂,降低推进剂燃速,甚至会出现事故。因此需要对纳米铝粒子的表面进行包覆或修饰。

张小塔等人[18]用激光—感应复合加热法在甲烷和氩气的气氛下制备了碳包覆纳米铝粉,具有明显的核壳结构,内核铝结晶度较高,外壳碳为类石墨层结构,颗粒多为球形,直径约为20~60 nm,壳层的厚度约为3~8 nm。所制备的铝粉在氧气氛中400℃左右就表现出氧化行为,在540℃左右剧烈氧化,比氧化铝包覆纳米铝粉的剧烈氧化提前了20多摄氏度,放热量为1021 kJ/g。在碳包覆铝纳米粒子形成过程中,碳原子没有溶解在纳米铝颗粒内部,而是在铝颗粒的表面成核长大。

高东磊等人[19]研究了不同包覆材料的纳米铝粉在HTPB推进剂中的应用情况。试验结果表明(见表4-1):

表 4-1　铝粉特性及推进剂燃烧特性

铝粉类型	不同压强下的燃速/mm·s^{-1}			压强指数 n	爆热/J·g^{-1}	活性铝含量/%
	3 MPa	5 MPa	7 MPa			
普通-Al	6.27	8.06	9.31	0.48	5540.9	95.33
NDZ-Al	9.87	11.40	12.60	0.29	4388.7	55.74
NGTC-Al	10.17	13.51	14.16	0.40	4491.5	60.34
高聚物-Al	9.03	10.04	10.793	0.22	4784.3	67.38

(1) 添加纳米铝粉的复合推进剂在 3 MPa、5 MPa 和 7 MPa 三个压强下的燃速都比只含普通铝粉复合推进剂的燃速高，说明添加适量纳米铝粉能在较宽的压强范围内显著提高推进剂燃速，这主要是由纳米铝粉的特性所决定的：纳米铝粉的点火阈值低、反应活性高。铝粉的点火阈值随粒度增大呈数量级增大，普通铝粉的点火阈值高，其点火主要依赖于高氯酸铵与黏合剂扩散火焰的高温，因而普通铝粉的点火燃烧区域距燃面较远，且普通铝粉易在推进剂燃面上发生凝聚，形成大的铝凝团，而铝凝团倾向于在远离燃面处点火、燃烧，故铝粉燃烧反馈回燃面的能量相应下降。而纳米铝粉在 500~600℃ 的低温下的氧化放热和扩散火焰的热量反馈大于纳米铝粉的点火阈值，使纳米铝粉在距燃面较近的地方发生点火燃烧，增大了热反馈，促进了推进剂的燃烧；纳米铝粉的点火延迟时间短、燃烧时间短。铝粉的点火延迟时间与铝粉粒度 d_0^2 成正比，从而在相同的温度条件下，可近似认为纳米铝粉的点火延迟时间为普通铝粉的 $1/10^6$。如此短的点火时间，使得纳米铝粉在燃面附近迅速进入燃烧阶段。同时，铝粉在氧化性气氛中的燃烧时间与 d_0^5（取 1.5~2.0）成正比，则纳米铝粉的燃烧时间为普通铝粉的 $10^{-4}\sim10^{-6}$，从而纳米铝粉的燃烧时间短、热释放速率高，因此纳米铝粉在距离燃面更近的地方就可顺利点火并迅速燃烧完毕，进一步提高了对燃面的热反馈，改善了推进剂的燃烧性能；纳米铝粉减小了普通铝粉的凝聚，提高了普通铝粉的辐射热反馈。研究发现，推进剂燃烧过程中普通铝粉在燃面上发生熔联、凝聚，形成大的铝凝团，依据前面的分析，铝凝团增大了铝的点火延迟与燃烧时间，不利于铝粉的热量反馈。研究发现，含普通铝粉推进剂的火焰中存在大的铝凝滴，而含纳米铝粉推进剂的火焰中无明显的铝凝滴，且含纳米铝粉推进剂的燃烧残渣中未燃铝的百分含量降低。纳米铝粉易在燃面上发生强烈的氧化反应，放出大量的热，提高了推进剂的燃速，使得普通铝粉在发生熔联、凝聚之前迅速离开燃面，减小了铝凝团的尺寸，同时，纳米铝粉在燃面附近的剧烈放热有利于普通铝粉的局部点火，促进了普通铝粉的点火燃烧，提高了燃烧效率，并降低了普通铝粉的气相燃烧区与燃面的距离，有利于增大普通铝粉的热量反馈，进而改善推进剂的燃烧性能。

(2) 添加纳米铝粉能降低推进剂的燃速压强指数，其可能原因是：纳米铝粉在距燃面近的区域发生燃烧反应，不同压力下纳米铝粉对燃面的热反馈相差不大；而对普通铝粉，其点火依赖于高氯酸铵与黏合剂的扩散火焰的高温，低压下，高氯酸铵与黏合剂的扩散火焰高度较高，普通铝粉的燃烧区距燃面的距离较远，热量反馈较小，高压下，高氯酸铵与黏合剂的扩散火焰高度降低，普通铝粉的燃烧区距燃面的距离拉近，加大了铝粉燃烧对燃面的热反馈，因此，压强对普通铝粉的热量反馈影响较大。用部分纳米铝粉取代普通铝粉后，压强对铝粉热量反馈的影响减弱，推进剂的燃速压强指数降低。

(3) 含纳米铝粉推进剂的燃速与活性铝含量没有明显的线性关系，出现这种现象可能是由于不同包覆材料对推进剂燃烧过程的影响不同。

(4) 添加纳米铝粉推进剂的爆热值均低于含普通铝粉推进剂，这主要是由活性铝含量的差异导致。由表 4-1 可以看出，普通铝粉的活性铝含量为 95.33%，而纳米铝粉的活性铝含量仅为

55%～70%。活性铝含量低,铝粉的燃烧热值也降低,从而含纳米铝粉推进剂的爆热值降低,且随活性铝含量的降低爆热值降低。文献[14]的研究表明,在固体推进剂中使用表面钝化的超细铝粉,导致爆热降低,这与表4-1反映的规律相吻合。

因此,纳米铝粉的加入有利于提高燃速、降低燃速压强指数,但同时纳米铝粉的低活性铝含量导致推进剂爆热降低。

目前国内外对纳米铝粉的活性控制与稳定性尚缺乏系统的研究,特别是由于纳米铝粉在军事方面的重要性,使得人们难以了解到国外同行对铝纳米粒子活性控制与稳定性的研究细节。而国内关于纳米铝粉在固体推进剂中的应用研究相对于国外的研究还很有限。因此,为提升我国的研究能力及开发纳米铝粉乃至其他金属纳米粒子的相关应用,其活性控制与稳定性研究显得相当重要和迫切。

金属纳米粒子的活性保护可以从纳米粒子的表面结构设计和修饰入手。铝纳米粒子活性主要有以下几种保护方法:

(1) 吸附惰性气体原子或在储存纳米材料的瓶子或袋子里充上惰性气体如氮气、氩气等,密封保存;

(2) 铝的氧化物壳层或其他氧化物壳层;

(3) 黏合剂或增塑剂储存,将其放入火药用的黏结剂或增塑剂中,这样使用较方便,也保护了粒子表面;

(4) 有机物壳层,如表面活性剂形成的有机薄膜,既可以有效地隔绝空气,防止纳米金属粉的氧化,还可使有机物质和金属粉通过形成化学键包覆;

(5) 纳米材料和主成分结合(复配)成复合物。制备纳米复合粒子是一个极有前途的方法,它可很好地解决纳米粒了的活性保护问题,但难度较大。因此,将铝纳米粒子与固体推进剂的有机组分(如端羟基聚丁二烯、增塑剂等)制成纳米中间复合体,对提高纳米铝粒子与固体推进剂其他组分相容性、充分保持纳米铝粒子的活性、简化含纳米铝粒子固体火箭推进剂的生产工艺是十分重要的。

4.2 纳米铝粉在高能炸药中的应用

1899年,德国人首先提出在炸药中加入铝粉,用来提高混合炸药的爆热和爆炸威力,并于1900年取得了专利,从此,含铝炸药逐渐发展起来,目前已成为军用混合炸药的一个重要系列,广泛用于对空武器弹药、水下武器弹药、对舰武器弹药以及空对地武器弹药等。除铝粉外,还可加入Li、Be、Mg、Ti、B等其他金属,统称为金属化炸药。由于铝粉具有氧化热较高、价格低廉、来源广泛等优点,又具有较强的后燃效应,所以国内外向炸药中加入的金属主要是铝粉[20]。研究发现,目前应用于火炸药中的金属粉,其粒度是影响火炸药性能的重要因素之一,因此开发纳米金属粉在火炸药中的应用已成为国内外研究者的共识[21]。特别是随着纳米铝粉规模化制备技术的突破,国内外众多学者纷纷开展了这方面的研究工作,具体情况如下。

4.2.1 炸药和含铝炸药的概念

炸药是能够迅速自行传递化学反应并放出热量和生成大量气体产物的物质,它在爆炸的瞬间能做很大的功。为了提高炸药的爆热和爆炸威力,在炸药中加入适量铝粉,利用炸药爆炸时铝氧化反应释放能量来提高炸药爆炸威力的炸药称为含铝炸药[22]。

第一次世界大战期间,德国首先使用了主要成分为硝酸铵和铝粉的阿莫纳尔(Ammonal)炸药装填炮弹,其配方为硝酸铵:铝粉为89:11。这种炮弹在爆炸时可以发出强烈的火焰和闪光,不仅增强了爆破效果，而且在夜间还可以指示弹着点。为进一步提高爆炸性能，美国又以 TNT 代替部分硝酸铵，制成了新型的阿莫纳尔炸药，这种炸药的爆炸效果良好，其主要缺点是爆轰感度低，装药密度较高时，容易出现拒爆或爆炸不完全的现象。在第二次世界大战期间，各交战国为了适应对空弹药、水下武器弹药及其他特种弹药的要求，大力研制和发展了含铝炸药。美国研制了托儿派克斯（Torpex）系列含铝炸药，其配方为 RDX: TNT: Al = 41: 41: 18。由于其存在一些缺陷，后来美、英等国又发展了 DBX 型含铝炸药，其配方组成为 RDX: TNT: NH_4NO_3: Al = 21: 40: 21: 18，此配方既保证了所要求的威力，又降低了机械感度。

20 世纪 60 年代以后，各国为了进一步提高对空武器弹药及水中兵器弹药的威力和其他性能，对含铝炸药不断进行新的研究和改进，主体炸药已采用 HMX，在炸药中引入了高效氧化剂、高热值可燃剂及具备某种特殊性能的成分，又研制出了满足各种用途的新含铝炸药。此后，含铝炸药作为一种性能优良的混合炸药被广泛应用于水中和空中爆炸。

4.2.2 含铝炸药的研究现状[22]

4.2.2.1 铝粉的反应机理

1974 年美国化学物理研究所的 Merzhanov 对铝粉在氧化气体中的燃烧进行了分析研究。他们认为当铝粉反应释放能量的速度大于其热扩散的速度时，铝粉自加热燃烧，铝粉以液相进行反应[23]。

1993 年美国水面武器研究中心的 Deiter 和 Wilmot 为了解释含金属炸药在水中爆炸的反应机理和爆炸产物，对含金属炸药爆轰产物进行了仔细的理化分析；提供了泰安加铝的混合炸药爆轰产物的气体和固体成分结果；对凝聚相产物生成机理和测量到的气体产物分布及其同炸药中铝成分含量的关系进行了分析讨论；对一系列含铝量（质量分数）为 0 ~ 20% PETN/Al（PETN 为泰安炸药）的炸药在水中气体下的密闭容器中进行了爆轰试验；分析了气相和固相爆炸产物；确定了产物气体成分同炸药中铝的含量和爆炸环境的关系，并同 TIGER 的计算结果进行了比较，试验结果同计算结果很相似。他们认为未反应铝的数量随着炸药中铝的含量的增加而增加。在水中爆炸比在惰性气体中爆炸未反应铝的数量稍多；固相反应产物的形状特征相似，由表面有坑孔的圆形颗粒组成；反应产物固相有单独的铝和中间有内核外层包裹 γ-Al_2O_3 两种物质；铝的反应主要是以凝聚相形式从外向里的氧化反应[24]。

1994 年中国工程物理研究院流体物理研究所的胡栋等利用光谱探测技术从微观上研究了铝粉含量对黑索今含铝炸药快速反应的影响。研究结果表明，在一定的范围内增加黑索今炸药中的铝粉含量可以增加能与氧（或氢原子）直接反应的铝原子；铝粉含量（质量分数）大于 33% 后，AlO 和 AlH 辐射强度不发生明显的改变。对于某些含铝炸药，存在一个最佳含铝粉添加量，黑索今含铝炸药的最佳铝粉添加量为 33%[25]。

4.2.2.2 含铝炸药的爆轰性能

炸药的爆轰性能主要是指炸药的爆速 D、爆压 p、爆温 T、爆热 Q、爆容 V。在实验研究中主要是测试炸药的爆速 D、爆压 p 和爆温 T。

1956 年 Cook 通过探针和转镜式高速摄像机来测定三组样品（RDX/TNT/Al = 45/30/25，B/Al = 75/25，AN/Al = 60 ~ 100/40 ~ 0）的变化规律。实验结果表明：对 TNT/Al 和 RDXITNT/Al 炸药，当直径大于 5 cm 时，Al 反应非常迅速，不足于成为炸药能量释放的制约因素；AN/Al 炸药中的 Al 反应较慢，在此情况下，Al 就成为制约因素；在爆轰波中 Al 参加反应，形成 Al_2O、Al_2O_3，且 Al_2O/Al_2O_3 相当大，在绝热膨胀过程，其比率才可忽略；AN 和 Al 的颗粒大小对爆速 D 有影响，

但对所有情况 $D_{试验} < D_{理论}$，且发现在相对较低密度下，爆速 D 达最大值[26]。

1998 年 Miller 等对 ADN/Al 进行了小型爆速和平板实验，实验所采用样品的 Al 颗粒尺寸为 50～60 μm。实验结果表明爆速 D 和平板最终速度 v 依赖于颗粒尺寸。计算分析发现，ADN 计算的爆速几乎为测得值的 2 倍，这主要是因为 ADN 分解产物主要是 HNO_3 和 NH_3，而 H_2O 很少[27]。

1998 年 Selezenev 等对向 PETN 和 RDX 加入 20% 的 Al 和 AlH_3 进行了爆轰性能研究。实验发现 Al 和 AlH_3 粉末分别导致爆速降低 14% 和 5.5%；爆轰产物的绝热膨胀做功并不明显，仅当爆轰产物膨胀到 $V/V_0 \geq 30$ 时，膨胀做功才增加 5%[28]。

4.2.2.3 含铝炸药的做功能力

炸药的做功能力是衡量炸药的重要参数之一，评价炸药的做功能力的实验方法主要有水中爆轰法、圆筒实验法、驱动金属板法和铅块法等。

1970 年美国加州大学的 Finger 等进行了含有铝、无机氧化物和两者混合物的塑料黏结炸药（PBX）的标准金属圆筒试验，测量了炸药爆速和加速金属能力。这些炸药由在 PBX 配方中以铝、高氯酸铵（AP）和高氯酸钾（KP）代替部分 HMX 制成。实验结果表明，铝和 AP 能够有效地用于 PBX 炸药驱动金属[29]。

1976 年瑞典学者 Bjarnholt 进行了含铝 15% 的 Comp B 和 RDX/TNT 炸药的标准圆筒试验。实验中在 RDX/TNT 配方中以氟化锂（LiF）代替铝，由于 LiF 在爆轰中基本上保持惰性，它的物理性质如密度、可压缩性、熔点和沸点同铝相似，以 LiF 代替铝可以显示铝在炸药中为惰性时的爆轰特征。通过计算程序用 BKW 状态方程计算了爆轰参数，根据试验和计算的比较研究了铝反应对炸药性能的影响。在实验中发现了在爆轰 4 μs 后由于铝反应使得压力增加的证据[30]。

美国海军水面武器研究中心的 Guiruis 等认为水下爆炸的含铝炸药含有大量的铝和其他帮助完成铝氧化的非理想成分，属非理想爆轰炸药，爆轰时是在 CJ 面外释放大量能量。如果炸药的尺寸太小或约束条件不好，非理想组分将不会完全反应，甚至在一些特殊情况下根本不反应，因此用一些传统的方法，如小型的圆筒试验、楔形试验很难确定这类炸药的特性。他们通过引入炸药后期反应速率，揭示了水中含铝炸药产物状态方程依赖与装药尺寸和约束条件的特征。介绍了一种依赖于时间的 JWL 状态方程，方程中考虑了后期反应段产物的变化和限制能量释放的分解作用的影响[31]。

1994 年北京理工大学的丁刚毅和徐更光利用锰铜压阻计和拉氏分析法对 HexAlPW30 含铝炸药的爆轰反应进行了研究，采用了点火－增长模型的反应速率方程，利用二维非线性有限元程序系统对拉氏试验进行了模拟，以标定该炸药的上述反应速率方程。对以石墨代替铝的配方进行了实验，以考察铝粉在爆轰区内是否参加反应。通过圆筒实验和数值模拟确定了爆轰产物的 JWL 状态方程。利用二维非线性有限元程序系统，对 HexAlPW30 炸药冲击起爆进行了爆轰数值模拟。他们认为铝粉在爆轰区内可能参加了反应，在爆轰区外继续反应，该含铝炸药具备较强的驱动做功能力[32]。

1995 年西安的兵器工业第 204 研究所对含铝炸药在水下的爆炸威力进行了分析研究。他们认为冲击波在水中传播时，会产生对水的冲击加热，造成大量能量以热的形式消耗在水中。能量损失的程度由冲击波能量损失系数 p 来衡量，而 p 则由爆压决定。因此，单一的追求高爆速、高爆压，对提高炸药的水下威力而言，不一定有效，甚至会适得其反。另外，他们对装药密度对水下爆轰性能的影响也进行了研究，结果发现存在一个最佳的装药密度范围，在这个范围内可使炸药的水下威力最大[33]。

1998 年北京理工大学薛再清和徐更光研究了含铝炸药（90% B 炸药＋10% 铝）的爆炸过程

及铝粉粒度对炸药反应的影响。他们认为铝在反应区内不参加反应或参加反应微不足道,铝粉在反应区内主要是吸收能量,在CJ面(爆轰的理论模型可分为理想和非理想爆轰模型。CJ模型和ZND模型是理想一维爆轰模型。Chapman和Jougner分别于1899年和1904年各自独立提出了理想爆轰模型,后来称为CJ模型。CJ模型是一维模型,驱动爆轰的冲击波是平面的,即CJ面,并且不考虑反应区,认为反应是瞬间完成的)之后才与炸药爆轰产物进行二次反应释放能量,并建立了含铝炸药的包括二次反应模型的爆轰产物JWL状态方程[34]。

1999年Keicher等研究了RDX/AP/Al混合炸药在水中的爆轰性能。作者将实验样品放置在充满氢气的密闭容器中进行爆轰,最后分析产物的组成。结果表明,不需外在的氧,含样品30%的铝就能被氧化。在爆轰期间,铝对炸药中的氧具有最高的亲和力,其他物质如碳、氢相互竞争剩余的氧。另外Thomas Keicher还进行了水中实验。实验表明,尖峰压力p与脉冲有类似的变化规律。即在相同重量的炸药,铝15%~35%显示相近的p与脉冲。气泡能量随铝含量增加而增加,直到铝含量达40%时达到最大值。实验发现,加入铝套将增加气泡能量,但是所获得气泡能量远低于均匀混合所得的气泡能量[35]。

1999年北京理工大学的陈朗等对铝粉直径从几十纳米到几十微米的几种含铝炸药RDX/Al及RDX/LiF进行了小尺寸装药条件下炸药加速金属平板实验,用激光速度干涉仪测量了金属平板自由面速度。实验结果表明,在相同装药条件下,铝粉加入和铝粉尺寸大小对炸药爆轰性能有明显影响;较大尺寸铝粉的含铝炸药能量释放相对缓慢,持续时间长,铝粉主要是在炸药爆轰反应的后期参加反应,随铝粉颗粒尺寸减小,铝粉颗粒比面积增加,铝粉参加反应的时间提前,在反应前期铝粉参加反应数量增大,炸药释放总能量增加,但炸药反应总时间缩短,做功时间减少。纳米级铝粉使炸药做功能力有较大提高[36]。

4.2.2.4　含铝炸药的爆轰机理

含铝炸药具有高爆热、高爆温及爆轰反应时间长等特点,广泛用于装填水中兵器及空中武器弹药。目前对含铝炸药的爆轰行为还没有一个系统完整的理论,但比较公认的爆炸反应机理可归纳为二次反应理论、惰性热稀释理论和化学热稀释理论三种。这些理论在很大程度上都揭示了含铝炸药爆轰的某个过程,但又都不能全面揭示爆轰的整个反应过程。

A　二次反应理论

1956年,美国学者Cook阐述了这种理论[26],他认为,含铝炸药爆轰时在CJ面之前铝粉并不参加化学反应,即使铝粉参与了化学反应,但在到达CJ面时也远远没有反应完全。它在反应动力学上对反应物的浓度起稀释作用,因而导致爆速、爆压及波阵面上的化学能降低。铝粉的反应是在CJ面之后,当爆轰产物膨胀时才开始并逐渐完成的,反应可以进行较长时间。虽然二次反应放出的热量不能支持爆轰波阵面的传播,但它可以使爆轰产物的温度与压力维持较长时间而不致过快衰减。这样,含铝炸药爆轰后的压力-时间曲线及压力-容积曲线就不像相应的非含铝炸药的那样陡峭。即加入的铝粉通过二次反应使爆轰产物在CJ面后膨胀衰减较慢,可以维持一段较长时间的高压、高温状态,所以对外界的作用时间较长。尽管二次反应放出的能量没有支持爆轰波阵面的传播,但这部分能量可以参与完成爆炸功,因而使含铝炸药具有很高的总做功能力,表现出较大的威力,对介质目标的抛掷作用非其他类型炸药所能比。

二次反应理论成功解释了含铝炸药高爆热、高威力以及爆速、猛度并不太高的特点。但这种理论仍然很不完善,用它来解释高能炸药与铝粉组成的混合物爆炸较为合适。因为高能炸药爆轰时,反应区厚度很薄,铝粉在爆轰反应区内却来不及参加反应,只能在炸药爆轰CJ面以后才能和爆轰产物进行反应,所以表现出的结果与实际情况相应比较吻合。当用这种理论解释由硝酸铵等低能炸药与铝粉组成的混合物爆炸时，与实际情况相差较大。

B 惰性热稀释理论

在爆炸反应中，通常将那些在爆轰波阵面内不参加化学反应而且吸热的惰性添加物称为热稀释剂。惰性热稀释理论认为，含铝炸药中的铝粉在爆轰反应区内，作为惰性物质不但不参加化学反应，而且还要吸热和消耗一部分能量，从而降低爆轰波的总能量，使含铝炸药的爆速、爆压及猛度下降。归纳起来，铝粉的热稀释理论包括吸热理论和可压缩性理论。

吸热理论认为：铝粉是热传导性能很好的金属质点，作为惰性物质，在爆炸瞬间既没有参加反应，又没有被爆炸气流带走，因此它能从灼热的爆轰产物气体中吸收热量；随着爆轰产物的膨胀还可带走这些热量。这样，便大大地降低了爆轰波阵面的能量，使爆速、爆压下降。

可压缩性理论认为：每种惰性添加物都有一定的可压缩性，所以含铝炸药在爆轰瞬间，铝粉的可压缩性缓冲了爆轰波的传播速度，削弱了爆轰波阵面的能量，使爆速、爆压下降。

C 化学热稀释理论

这种理论认为，铝在炸药爆轰时参与了爆轰波阵面上的化学反应，其生成物有 Al_2O_3、AlO 及 Al_2O，另外还有 AlN、AlH 和 Al_4C_3 等铝的化合物。AlN 及 AlH 的生成量很少，Al_4C_3 仅以固相存在，一旦汽化便分解了。所以在含铝炸药爆轰产物中主要是 AlO、Al_2O 和 Al_2O_3。AlO 不稳定，当有还原性物质存在时，Al_2O 即可以取代 AlO 而成为气相中占主要成分的铝氧化物。研究表明，在低温和低压时，Al_2O_3 以凝聚相形式存在，其稳定型的生成热为 1670 kJ/mol，常压下的熔点为 2313 K，熔化热为 109 kJ/mol。根据实验推测，在常压下 Al_2O_3 的沸点为 2500 K，计算值为 (3770 ± 200) K。由于 Al_2O_3 在接近蒸发状态时即分解为气态的 AlO 和 Al_2O，显然在爆轰波阵面上的温度下 Al_2O_3 不是以气态存在的。只有在 3000 ~ 4000 K 以上，含铝炸药中的铝粉在爆轰产物中才主要是以气态的 Al_2O 形式存在，在低于这个温度范围时，才有固态的 Al_2O_3 存在。所以含铝炸药爆轰时，AlO、Al_2O 及 Al_2O_3 的热力学性质以及 Al_2O(气)/Al_2O_3(凝)的比率变化影响着含铝炸药的爆轰特性。

4.2.3 纳米铝在高能炸药中的应用现状

由于铝粉具有高的密度及热值，因此广泛用于含能材料中，如炸药、烟火剂、燃烧剂、推进剂中。在炸药中添加铝粉可以加强空气冲击波效应、提高水中武器的气泡能、提高爆温、增加爆热、增强纵火能力等。研究表明，铝粉的颗粒尺寸直接影响含铝炸药的爆轰性能及做功能力。铝粉颗粒越细，在爆轰区参与反应的程度越高，能量释放越迅速，爆轰越接近理想爆轰。含纳米铝粉的炸药具有较短的反应时间和高的爆轰反应程度，因此其爆轰性能和做功能力有明显提高，尤其适用于爆轰能量及威力指标要求高及小尺寸、弱约束条件下使用的武器弹药，因此开展含纳米铝炸药的研究具有十分重要的意义。

黄辉等[37]向以黑索今(RDX)为主体的黏结炸药中加入粒径为 50 nm 的超细铝粉，制备出一种新型含铝复合炸药。研究结果表明：铝粉的颗粒尺寸对含铝炸药的爆轰性能有显著影响；在以 RDX 为主体的黏结炸药中，加入 20% 粒径为 50 nm 的超细铝粉得到的新型复合炸药，其爆轰性能及做功能力明显高于含 20% 粒径为 5 μm 和 50 μm 的复合炸药。

Liu 等[38]用钢凹法研究含纳米铝粉炸药的性能表明：在铝含量(质量分数)为 20% 时，爆速随着药柱直径的增大而增大；对 TNT/Al 炸药，含纳米铝粉的爆速高于普通铝粉；对 TNT/RDX/Al 炸药，含普通铝粉的爆速高于纳米铝粉；上述两类炸药含纳米铝粉的爆轰压力都较普通铝粉高，但 TNT/Al 炸药增加更大；用纳米铝粉代替普通铝粉时，两类炸药爆炸形成的钢凹深度都有较大增加,但 TNT/Al 的增幅更大。

Alexandre 等[39]对含纳米铝粉的炸药功效进行了研究。当铝含量(质量分数)低于25%时,发现纳米铝粉的炸药爆速比普通铝粉炸药的爆速高,而高于25%时,爆速反而有较小降低;随着铝粉粒度降低,爆轰产物的温度升高,铝的氧化程度也升高。对 RDX/AP/Al 类炸药,在铝含量相同的情况下,铝粉粒度为100 nm 的 RDX/AP/Al 炸药的撞击感度远高于粒径为5 μm 铝粉的炸药;在铝含量较高时,摩擦感度有类似的规律,但在铝含量较低时,有相反的结论。

Brooussean 等[40]评估了含有纳米铝粉的炸药复合物的潜在威力。结果发现,含铝复合炸药中,铝粉主要是在炸药爆轰反应后期同爆轰产物反应释放能量;铝粉的颗粒尺寸直接影响含铝复合炸药的爆轰性能及做功能力,铝粉的颗粒越细,能量释放越快。

陈朗等[36]对铝粉直径从几十纳米到几十微米的几种含铝炸药进行了小尺寸装药条件下炸药加速金属平板实验,分析了铝粉在炸药爆轰中的反应情况。结果表明,在小尺寸装药条件下,铝粉加入炸药和铝粉尺寸大小对炸药爆轰性能有明显影响。纳米铝粉使炸药做功能力有较大提高。含铝炸药爆轰中,铝主要在爆轰后期与爆轰产物反应。

徐更光院士[21]将纳米铝粉引入高能炸药中,研究发现,随着铝粉粒度的减小,铝粉参与反应的比表面积增大,加快了炸药的反应速率,提高了炸药加速金属的能量利用率。

黄辉等[41]利用激光速度干涉仪研究了含微米铝粉和纳米铝粉复合炸药加速金属平板的能力。结果表明,纳米铝粉的引入能够获得更大的金属平板自由速度,其反应时间比微米复合含铝炸药缩短35.1%。研究了氧化剂的形态对含铝炸药性能的影响,用物理化学手段获得的 RDX/AP 复合粒子制作的含铝炸药加速金属平板的能力优于机械混合 RDX/AP 的含铝炸药,前者的反应时间也比后者短。此外,还研究了以富氧炸药取代 RDX 获得的含铝炸药的性能,结果表明,其加速金属平板的速度比 RDX/Al 复合炸药提高10%。

总之,铝粉的粒度直接影响含铝复合炸药的爆轰性能和做功能力。铝粉的粒径越小,参与反应区内反应的铝粉比例越高,能量释放越快,炸药的非理想性越小。含纳米铝粉的复合炸药具有较短的反应时间和高的反应程度。

4.3　纳米铜在宫内节育器中的应用

在众多的避孕方法中,宫内节育器(IUD,intrauterine device)由于具有长效、安全、简便、可逆、经济等特点,因而成为世界上特别是中国的广大育龄女性广泛使用的一种节育器具。在我国已婚育龄妇女中,应用 IUD 进行避孕者达40%以上。现在广泛使用的含铜 IUD 还存在如疼痛、出血和月经紊乱等副作用,这些副作用与现有含铜 IUD 存在的缺陷有关。这些缺陷主要是置入初期铜离子存在"暴释"、金属铜与子宫内膜直接接触、金属铜的有效利用率不高、金属铜表面会变粗糙和沉积坚硬沉积物等。为解决这些问题,以华中科技大学材料科学与工程学院谢长生教授为首的研究团队研制了一种全新的 IUD 材料,即聚合物基纳米金属复合材料,这是目前为止世界上第一个将聚合物基纳米金属复合材料应用于计划生育领域所进行的研究工作。本节将对这方面的情况进行介绍。

4.3.1　宫内节育器 IUD 的概念和分类

宫内节育器 IUD 俗称节育环,是一种作用于局部,对机体全身功能干扰较少的女用避孕器具。根据制备 IUD 所用的材料分,可分成金属不锈钢节育器、塑料节育器、混合型节育器、硅橡胶节育器和含活性物质或药物的宫内节育器五类;根据 IUD 的性能特点,可分为惰性 IUD 和活性 IUD 两大类,该分类方法使用更为普遍。其中,活性 IUD 又可根据所带的活性物质不同,分为含铜 IUD、含药 IUD 和含铜含药 IUD 等(见图 4－3)[42]。

- IUD
  - 惰性 IUD
  - 活性 IUD
    - 含铜 IUD
    - 含药 IUD
      - 含孕酮 IUD
      - 含 LNG-IUD
      - 含消炎止血药物 IUD
    - 含铜含药 IUD
      - 含铜含 LNG 的 IUD
      - 含铜含消炎止血药的 IUD

图 4－3　IUD 的分类

惰性 IUD 是第一代宫内节育器,主要由金属材料中的不锈钢和高分子材料中的聚乙烯、硅橡胶等制成。不锈钢的理化性能稳定,在宫腔液中不受侵蚀也不释放对机体有害的物质,可以长期放置,又便于消毒及 X 线透视或超声检查,加之放置和取出比较简便,在很长一段时期内用不锈钢制作的惰性 IUD 是国内使用最广泛的 IUD 之一。惰性 IUD 中使用的聚乙烯等高分子材料生物相容性优异,理化性质稳定,柔软且能任意成形,也是制作 IUD 中最广泛使用的材料之一。但是惰性 IUD 避孕效果不佳,带器妊娠率高,现在已经彻底被活性 IUD 所取代。

活性 IUD 是第二代宫内节育器,它包括含药 IUD、含铜 IUD 和含铜含药 IUD。其中含药 IUD 中的含孕激素 IUD 如孕酮 IUD 和甲基炔诺酮 LNG-IUD,它们共同的特点是能明显减少月经,对子宫内膜局部产生抑制作用而表现出较好的避孕效果,但常导致不规则点滴出血和后期的闭经,因此取出率高。虽然孕酮和甲基炔诺酮(LNG)都同为孕激素,均可作为长效避孕药,但甲基炔诺酮的效力更为强劲,是孕酮的数倍,因而现在的含孕激素 IUD 中多采用甲基炔诺酮以求达到更长的使用期限。由于 LNG-IUD 能明显减少月经量,因此比较适合于月经量大、需要避孕的育龄女性放置;含药 IUD 中的含消炎止血药物 IUD,其中的消炎止血药物多采用吲哚美辛。吲哚美辛不但是一种消炎药物,可以减轻 IUD 机械刺激引起的子宫内膜水肿、充血,间接促进内膜修复,有助于减少出血和减轻疼痛,而且又是一种前列腺素合成酶的抑制剂,可以抑制子宫内膜局部前列腺素的合成,从而减轻置器后的子宫异常出血问题,但只含消炎止血药物的活性 IUD,其避孕效果显然不如含孕激素 IUD 和含铜 IUD,因而没有得到推广应用。

活性 IUD 中的含铜 IUD,由于金属铜在人体宫腔液中腐蚀而源源不断释放具有明显抗生育作用的 Cu^{2+},其避孕效果显著提高,如 TCu380A 的避孕效果基本上可以与节育手术媲美,另外还可以减少脱落。因此含铜 IUD 具有带器妊娠率低、脱落率低、续用率高、安全高效等优点,虽然还存在疼痛和出血较多等副作用,但该类 IUD 已经成为应用最为广泛的一类活性 IUD。

活性 IUD 中的含铜含药 IUD,是在含铜 IUD 的基础上,增加了能够增强避孕效果的孕激素或者是能够减少出血量的吲哚美辛等消炎止血药物,当然其性能不会比含铜 IUD 差,这也是一类广泛应用的活性 IUD。

4.3.2　宫内节育器 IUD 的避孕机理

4.3.2.1　惰性 IUD 的避孕机理[43]

惰性 IUD 的避孕机理为:IUD 在子宫内引起显著的无菌性炎症反应,表现为白细胞和吞噬细胞的大量聚集。刺激子宫内膜产生前列腺素,使子宫内酶的含量增加,免疫球蛋白含量增高,使到达输卵管的精子数目减少,并丧失授精能力。还可以使胚泡的成熟与子宫内膜不同步，从而影响受精卵着床。即惰性 IUD 的作用机制主要是干扰孕卵着床部位的子宫内膜，具体情况如下：

（1）炎症反应。由于 IUD 的机械压迫，引起子宫内膜的基本病理变化是一种轻度的、慢性的、非细菌性的炎症反应。增加的炎性细胞可布满子宫内膜表面，形成屏障将胚囊与子宫内膜隔开，干扰着床，因此妊娠率与子宫内膜炎性细胞的数量有着明显的相关性，宫腔内炎性细胞数目越多，妊娠率越低。此外，巨噬细胞可以吞噬进入宫腔内的精子和着床前的胚泡，溶解受精卵周围的透明带；当白细胞的分解产物达到适当浓度时，有毒害胚胎的作用，导致胚泡死亡。

（2）循环障碍。IUD 引起子宫内膜循环障碍，导致内膜中微血管的扩张，主要为充血与出血，表现为间质水肿、内皮细胞间间隙增宽、不少毛细血管有破裂，从而影响孕卵着床。

（3）局部前列腺素（PG）的变化。由于内膜损伤慢性炎症反应，刺激内膜产生和释放 PG。同时巨噬细胞也可释放 PG。PG 的作用之一是使子宫收缩和输卵管蠕动异常增强，干扰受精卵的着床；另外可增加雌激素作用，抑制子宫内膜的蜕膜反应，使子宫内膜很难达到孕卵着床的条件，最终导致着床不利。

（4）宫腔液的生化变化。IUD 有可能延缓胞浆受体移至细胞核的速度，使大量雌激素受体（ER）仍停留在胞浆中，因此可能造成子宫内环境的变化，包括子宫内膜对雌、孕激素摄入的微量变化，从而阻碍了受精卵的着床而抗生育。

带器后，IUD 与子宫内膜接触部位可因炎症而蛋白质渗出增加，但是在内膜其他部位的蛋白质合成受到抑制，可能影响子宫内膜的成熟而影响子宫内环境，因子宫内环境的变化而导致妊娠终止。

（5）子宫内膜中碱性磷酸酶（AKP）活性的变化。AKP 活性与雌激素关系密切，在内膜增殖与生长中对蛋白质的合成和糖原分解极为重要。在正常育龄期妇女子宫内膜中，AKP 呈明显的周期性变化，增生期活性逐渐增强，至增生晚期达峰值，排卵后活性急速下降。而带器者子宫内膜腺上皮增殖期 AKP 活性较正常不带器妇女的稍低，高峰于早分泌期出现，导致子宫内膜腺上皮的生长与成熟延迟，落后于月经周期时相，致使内膜与卵巢周期不同步，影响孕卵着床。

（6）内膜间质发育提前或滞后。大量研究表明，IUD 作为异物放入宫腔内引起机械损伤，常导致周围间质细胞的前蜕膜样变，间质发育提前或节育器压迫处间质细胞呈压力性萎缩，表现分泌期内膜间质细胞不继续分化，间质细胞呈梭形，发育滞后，不利于孕卵着床。

（7）机体免疫反应。这主要包括免疫细胞反应和宫颈黏液中 TNF-α 的变化。附着于 IUD 上的免疫细胞主要是巨噬细胞、B 淋巴细胞和 NK 细胞。B 淋巴细胞含有大量的免疫球蛋白，免疫球蛋白随置器时间的延长而增高，可使胚泡失去免疫耐受性而致崩溃。此外，NK 细胞产生的细胞介素对胚胎发育产生不利的影响。

TNF-α 是一种多效的细胞因子，通过对女性生殖道局部免疫和内分泌激素的调节参与女性生殖过程的双向调节作用。因此 TNF-α 水平的变化影响到生殖道局部免疫内环境的稳定性。另外，TNF-α 对精子有抑制作用，通过抑制精子顶体酶的活性和（或）改变精子膜的成分而影响授精过程。研究发现，放置 IUD 的妇女宫颈黏液中 TNF-α 浓度显著升高，可能与宫腔内炎性细胞的聚集有关，从而导致着床失败。

（8）对内分泌系统的可能影响。研究发现 64.3% 的带器妇女子宫内膜形态与月经周期时相有明显不同步现象。实验结果支持 IUD 的作用机理与下丘脑—垂体—卵巢轴相关的学说。说明 IUD 可能通过内分泌系统干扰子宫内膜的正常发育，导致内膜与胚胎着床的不同步而致妊娠失败。

4.3.2.2 活性IUD的避孕机理[43]

A 带铜IUD的避孕机理

以惰性IUD为载体,加铜丝或铜套,置入宫腔后,发挥避孕效果,是活性IUD中最常用的一类。金属铜与宫腔液接触而开始氧化,再与体液作用而形成氧化铜、碳酸铜等,这些氧化物能游离出 Cu^{2+},使宫颈黏液、宫腔液和子宫内膜浓度增加而发挥其抗生育作用,同时能被宫腔内生物络合剂溶解,内层铜再氧化、再溶解。研究表明,宫腔液中的蛋白质能导致铜腐蚀速度的增大。Cu^{2+} 加剧了子宫内膜的组织损伤、炎症及循环障碍等程度,干扰宫腔内环境而发挥避孕作用。带铜IUD是在惰性IUD作用的基础上增加了 Cu^{2+} 的抗生育作用,因此除了惰性IUD的作用机制外,还有以下作用:

(1) 子宫内膜上皮细胞的变化。在 Cu^{2+} 作用下,子宫内膜的细胞核中DNA合成受到抑制,导致增生期内膜细胞繁殖周期延缓;线粒体中DNA减少,线粒体肿胀、空泡变性,其中可见髓鞘样小体。这些变化均使细胞成熟受到抑制,合成减少,不利于孕卵着床。

(2) 对精子作用。Cu^{2+} 能增加对精子的毒性作用,抑制精子活性;同时通过溶解宫颈黏液物质,显著改变宫颈黏液性状而间接妨碍精子的运行。

(3) 对子宫内膜局部作用。Cu^{2+} 溶解子宫内膜黏液,抑制黏液的合成,使子宫内膜表面缺乏黏着性,从而影响孕卵着床。当子宫内膜中 Cu^{2+} 含量增高时,一方面锌含量降低,可使黏蛋白分解,胚泡表面黏多糖改变,影响子宫内膜黏液对滋养细胞的保护作用,并使许多重要的含锌酶包括碳酸酐酶、AKP的活性受到抑制,因而使细胞代谢和子宫内膜分泌功能受到较严重的影响,从而起着抗着床的作用;另一方面,溶酶体酶如β-葡萄糖醛酸酶、N-乙酰葡萄糖醛酸酶等的活性显著增强,使细胞结构发生破坏。其他许多酶如α-淀粉酶活性受到抑制,而糖原合成酶或磷酸化酶的活性抑制较轻,致使糖原单体或聚合体在细胞内积储。由于排出功能的减弱,黏蛋白、脂肪等分泌物的积储而使部分覆盖上皮细胞与腺上皮细胞的体积增大,顶部隆起。子宫内膜中的芳香酰胺的活性受到抑制,减弱了子宫内膜对孕卵的反应状态。Cu^{2+} 的这些影响就使子宫内膜的损伤较惰性IUD引起的严重。

带铜IUD的带铜部位大多位于子宫前后壁内膜的正中,此处是孕卵着床最多的部位,Cu^{2+} 的浓度以此处为最高,炎症、组织损伤也以此处为最多,子宫内膜的成熟转化受抑延迟,都以此处为最多。这些变化都能干扰孕卵的着床。所以含铜IUD的避孕效果甚佳,但也能引起较重的副作用。

B 含药IUD的避孕机理

目前推广使用的含药IUD分为两大类,第一类含类固醇(甾体)激素;第二类含前列腺素(PG)抑制剂的含铜IUD。

a 含甾体激素IUD

目前含甾体激素IUD以含孕激素为主,于1974年研制成功。此类IUD能明显减少月经,对局部内膜有抑制作用,临床效果好,但常导致不规则点滴出血和后期的闭经,因此取出率高。这类含药IUD包括含孕激素的惰性IUD和含孕激素的带铜IUD。

含孕激素的惰性IUD除有惰性IUD的避孕原理外,还具有孕激素引起的特点。主要有以下三个方面:

(1) 子宫内膜的局部变化。孕激素对内膜形态及功能的影响主要是释放孕激素的局部作用。宫腔内孕激素局部浓度的升高,使内膜上的雌、孕激素受体量显著减少,从而使内膜对雌激素不敏感,可引起子宫内膜持续产生调节子宫内膜内雌激素的胰岛素生长因子结合蛋白,从而抑制子宫内膜内雌激素的有丝分裂；并使内膜腺体萎缩，表皮细胞无活性，间质发生蜕膜样变，从而不利于胚泡在着床前的营养环境。加强了溶酶体膜的稳固性，使溶酶体酶如 β-葡萄糖醛酸酶、N-乙酰葡萄糖醛酸酶等自溶酶逸出减少，从而降低了溶酶体酶活性，因此含孕激素 IUD 引起的组织损伤较轻，炎症反应也较轻。此外，总乳酸脱氢酶及 AKP 活性降低，降低了子宫内膜的生理功能。

(2) 抑制排卵。此类 IUD 可使血浆雌孕激素水平降低，干扰卵泡的生长与排出，对卵巢功能有抑制作用。

(3) 使宫颈黏液黏稠不利于精子穿透，长期、小量向宫腔释放孕激素，在并不提高血中孕激素含量的情况下，使宫颈黏液变稠而妨碍精子运行，并抑制精子对氧的摄取和对葡萄糖的利用，影响精子代谢。

而含孕激素的带铜 IUD 合并惰性、含铜、孕激素三类 IUD 的作用机制，具有较好的避孕效果。

b　含前列腺素(PG)抑制剂的含铜 IUD

吲哚美辛(消炎痛)为 PG 合成酶抑制剂，可抑制 PG 的合成和 PG 受体，并能提高膜细胞溶酶体膜的稳固性，减轻 Cu^{2+} 对子宫内膜的影响，使置器后子宫内膜接近于正常生理状态。其本身具有消炎作用，能减弱宫腔生化环境的改变，从而减轻 IUD 机械刺激引起的子宫内膜水肿、充血，间接促进内膜修复，有助于减少出血，减轻疼痛。同时消炎痛通过降低子宫平滑肌的过度兴奋而减少了驱出 IUD 的动力。此类 IUD 也合并惰性、含铜 IUD 的避孕作用。

4.3.3　含铜 IUD 腐蚀的研究现状

与惰性 IUD 相比，含铜 IUD(CuIUD，copper-bearing intrauterine device)由于铜的作用显著提高了避孕效果，这主要是因为铜在宫腔内腐蚀而释放出铜离子，后者具有生物毒性。显而易见，铜的腐蚀行为直接关系到 CuIUD 能否安全、有效、长期使用。这是一个特殊的腐蚀问题，遭受腐蚀的不是一般的结构材料。周围环境是完全不同于常见腐蚀介质的宫腔液。对于这类腐蚀不能简单地抑制其发生，而要适度控制其腐蚀速度。总之，含铜 IUD 的作用与铜的腐蚀密切相关，因此从金属腐蚀学的角度对含铜 IUD 的腐蚀行为进行研究具有重要意义[44,45]。

4.3.3.1　影响铜腐蚀速度的因素

A　铜的纯度的影响

国外有人对 17 种铜合金的腐蚀进行过研究，发现它们在腐蚀行为方面并不优于纯铜。目前国内外含铜 IUD 都采用纯铜制造，对铜的纯度要求并不统一。徐乃欣等[45]在模拟宫腔液中测试比较了纯度为 99.7% ~99.9% 的一系列铜管试样的腐蚀速度，腐蚀速度随时间而变化，典型的结果如图 4-4 所示。铜的瞬时腐蚀速度和一段时间内的平均腐蚀速度的结果分别见表 4-2 和表 4-3。当其他条件相同时，它们具有大致相近的数值，表明铜的纯度基本上不影响它在这一特殊条件下的腐

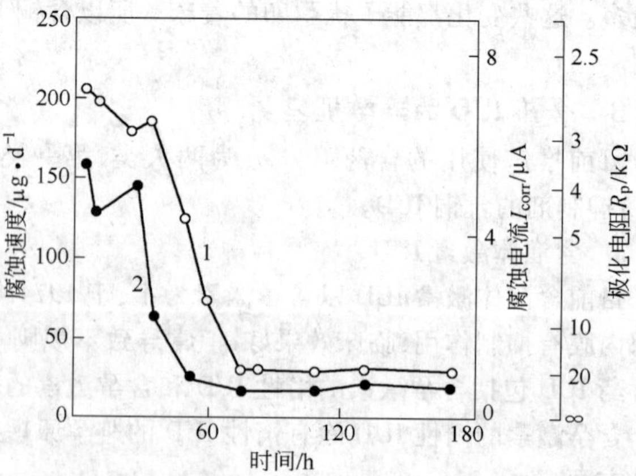

图 4-4　铜在 pH=7.5 的模拟宫腔液中的极化电阻、腐蚀电流和腐蚀速度随时间的变化及消炎痛的影响

1—加 25 mg/L 消炎痛；2—无消炎痛的对照组

蚀速度。考虑到中性介质中金属腐蚀的特征,整个腐蚀过程主要受阴极反应的氧去极化控制,这一点是不难理解的。这个结果对于 CuIUD 的研制和生产有一定的参考价值。

表 4-2 不同纯度的铜在模拟宫腔液中的瞬时腐蚀速度($\mu g \cdot d^{-1}$)

pH 值	6.3			7.0			8.0		
时间/h	24	72	168	24	72	168	24	72	168
99.99% Cu	177	237	262	–	–	–	–	–	–
99.96% Cu	298	99	113	215	50	127	21	31	27
99.93% Cu	170	178	203	–	–	–	40	41	33
99.7% Cu	–	–	–	–	–	–	25	33	31

表 4-3 不同纯度的铜在模拟宫腔液中 168 h 内的平均腐蚀速度($\mu g \cdot d^{-1}$)

pH 值	6.3	7.0	8.0
99.99% Cu	221	–	–
99.96% Cu	238	100	28
99.93% Cu	182	–	37
99.7% Cu	–	–	35

B 介质 pH 值的影响

介质的 pH 值对于金属的腐蚀过程产生重要的影响。Kar[46] 等报道的人体宫腔液的 pH 值数据为 6.0~7.9。Mora[47] 等试验表明 pH 值随模拟宫腔液组成改变对铜的腐蚀速度影响趋势不同,在模拟宫腔液基本成分的基础上加入 0.48 g/L 的尿素时,随着 pH 值减小,腐蚀速度增大,用 35 g/L 的人血白蛋白代替尿素时,影响趋势与加尿素时相反。徐乃欣等[45] 通过研究发现,铜的腐蚀速度随着模拟宫腔液 pH 值降低而显著增加(见表 4-2 和表 4-3)。其原因是在有氧条件下,氢离子 H^+ 通过如下反应促进了铜腐蚀:

$$2Cu + 4H^+ + O_2 \longrightarrow 2Cu^{2+} + 2H_2O$$

实验数据显示,pH 值为 6.3 时铜的腐蚀速度相当于 pH 值为 8.0 时的 5 倍。

C 溶解氧的影响

在近中性介质中,除了溶液的 pH 值外,溶解氧也影响铜的腐蚀。溶解氧对于铜的腐蚀有两个截然不同的作用:一方面,氧作为去极化剂而促进铜的腐蚀;另一方面,它有利于在铜的表面形成保护膜而阻止腐蚀的进一步发生。

Lewis 等通过研究发现,在不断通氮的情况下,铜腐蚀加剧。张承典[48] 等通过极化电阻法比较了铜在不同溶解氧浓度的模拟宫腔中的瞬时速度,发现在某一氧分压下腐蚀速度出现极大值,pH 值为 7 时和 pH 值为 8 时分别为 12.16 kPa 和 6.08 kPa(见图 4-5)。根据铜的自然

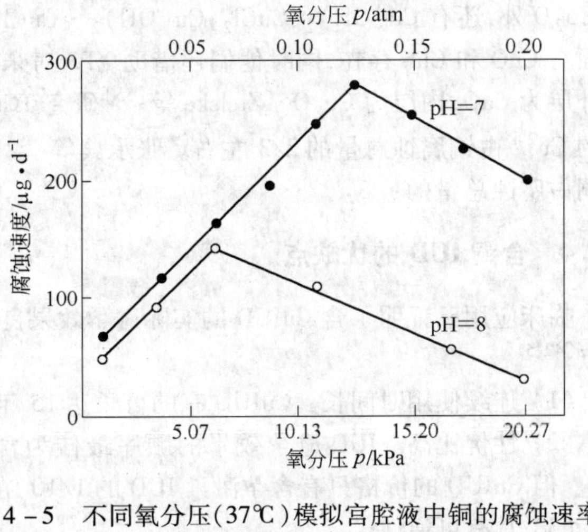

图 4-5 不同氧分压(37℃)模拟宫腔液中铜的腐蚀速率

腐蚀电位随介质 pH 值的变化,应用 Cu-Cl-H_2O 的电位-pH 图解释了这一腐蚀过程。

D　血清白蛋白的影响

Oster 认为铜的溶解速度与血清白蛋白的浓度成正比,对于一定白蛋白浓度,盐的存在增加铜离子的形成。朱建军等[49]为研究宫腔液中的生化组分对含铜宫内节育器(CuIUD)中铜离子释放行为的影响,在体外模拟试验条件下考察了人血液中的三种蛋白质(白蛋白、丙球蛋白、血红蛋白)对铜腐蚀行为的影响。极化电阻测试的结果表明,有蛋白质存在时总是使铜的腐蚀速度增大,但不同蛋白质的影响规律不同。白蛋白的浓度较小(<1 g/L)时,铜的腐蚀速度随白蛋白浓度的增大而增大;当白蛋白浓度较大(>1 g/L)时,增大浓度使铜的腐蚀速度反而有所减小并趋于一稳定值。而同样的测试表明,铜的腐蚀速度总是随丙球蛋白或血红蛋白浓度的增大而增大。这两种蛋白质都使铜在模拟宫腔液中的腐蚀电位负移,说明蛋白质通过加速铜的阳极溶解过程促进了铜在模拟宫腔液中的腐蚀。

E　加药的影响

含铜 IUD 中所加药物为消炎痛、左旋 18-甲基炔诺酮(LNG)等。添加的药物可能对铜的腐蚀过程产生影响。Xue 等[50]通过研究发现,加消炎痛后铜的腐蚀速度稍微增大,腐蚀产物中 Cu_2O 的数量增多且较致密。徐乃欣等[45]通过研究认为 LNG 的加入基本上不影响铜的腐蚀速度,而 Cu_2O 的生成量有所减少。

4.3.3.2　IUD 中铜的腐蚀产物

由于含铜 IUD 除了起机械隔离作用以外,铜腐蚀后产生的 Cu^{2+} 也起了重要的避孕作用,因此,期望铜的腐蚀产物尽可能多地以 Cu^{2+} 的形式进入体内发挥作用。铜在水溶液中的腐蚀反应为:

$$8Cu + O_2 + 2H_2O \longrightarrow 4Cu_2O + 4H^+ + 4e^-$$

$$Cu_2O + 2H^+ \longrightarrow 2Cu^{2+} + H_2O + 2e^-$$

可见,铜在水溶液中先生成氧化膜,然后才与 H^+ 作用生成 Cu^{2+}。

事实上,自 CuIUD 得到应用以来,国内外学者对铜在体内外的腐蚀产物进行了大量的研究。无论是体内还是体外试验,腐蚀产物除了以二价离子形式存在的铜外,几乎所有文章都报道还有 Cu_2O 的存在。腐蚀反应条件的改变只是影响到 Cu_2O 的微观存在形貌和生成量的多少。除此之外,有学者还发现其他一些腐蚀产物存在。Bastidas 等[52~54]发现铜在模拟宫腔液中腐蚀产物除 Cu_2O 外,还有 $Cu(OH)_2$、$CuCl_2$、$Cu(OH)_2 \cdot CuCl_2$;在室温下保存 30 个月,未使用过的 CuIUD 表面有 CuO 和 CuS 存在,同时他们还借助 XPS 对未使用过的 CuIUD 表层进行分析,发现氧化层的外层为 CuO,内层为 Cu_2O。Zielske 等[55]研究 TCu200 在体外铜离子释放规律时发现,进入溶液的 Cu^{2+} 占铜腐蚀总量的 2/3 左右。张承典等[48]通过实验研究发现,以离子形态进入溶液中的铜占腐蚀总量的 1/3。

4.3.4　含铜 IUD 的优缺点

临床应用已证明了含 CuIUD 的实际避孕效果良好。相对于其他的避孕手段,它具有如下的优点[42,51]:

(1) 连续使用时间长。CuIUD 有的可长达 15 年左右。

(2) 性价比高。IUD 避孕效果的顺序最佳为含孕激素 IUD,其次为含铜 IUD,最差为惰性 IUD。但 CuIUD 的价格只有含孕激素 IUD 的 1/10,在发展中国家和广大农村有较大的市场。

(3) 具有可逆性。

(4) 副作用小。在置入 CuIUD 的开始几个月,部分对象有些副作用,如痛经、经血过多等,这一方面可通过改进 CuIUD 的设计和制造方法,使均匀释放;另一方面可同时载少量治疗药物,如消炎痛、左炔诺酮(LNG)等。

CuIUD 现在存在的问题主要有:置入初期铜离子存在“暴释”、金属铜与子宫内膜直接接触、金属铜的有效利用率不高、金属铜表面会沉积大量沉积物和制备工艺比较复杂等。具体情况如下。

4.3.4.1 铜离子的“暴释”现象

这里的铜离子的“暴释”现象,指的是含铜 IUD 在置入子宫的初期存在的铜离子释放速率远远高于初期以后的平均释放速率的现象。

含铜 IUD,无论是世界上公认的最好 IUD 之一的 TCu380A,或者是我国 20 世纪 80 年代后期研发的活性 γ 形 IUD、比利时研制的无支架的吉妮 IUD 等,都存在一个共同的问题,就是在置入子宫的初期存在铜离子的“暴释”现象。这种“暴释”现象导致宫腔液中的铜离子浓度比正常时候高出数倍甚至数十倍,过高的铜离子浓度不但不再增强含铜 IUD 的避孕效果,反而会加重子宫内膜的炎症和组织损伤,使子宫内膜局部纤溶活性增加,最终成为导致 IUD 置入初期出血量增大、出血时间延长、疼痛、盆腔炎疾病(PID)等的原因之一。而 IUD 引起的出血过多或不规则出血则是 IUD 终止使用的最主要原因。

4.3.4.2 金属铜与子宫内膜直接接触

金属铜与子宫内膜的直接与间接接触,将引起子宫内膜形态的不同变化。多数含铜 IUD 的裸露铜将直接与子宫内膜接触,它将加剧子宫内膜的组织损伤、炎症等的程度,与女性使用者出现的下腹不适、疼痛、经血量明显增多等副作用有一定关系。

4.3.4.3 金属铜的有效利用率不高

含铜 IUD 中金属铜的有效利用率不高,主要有两方面的原因。一方面,金属铜以铜套形式套在 IUD 支架上或者是以铜丝形式缠绕在支架上,它们直接暴露在宫腔液中,由于其各部位接触氧量的不同,各部位的腐蚀速度和程度是不一样的;另一方面,金属铜被腐蚀的部分并不是 100% 地转换成具有增强避孕作用的、进入宫腔液中的 Cu^{2+},这使得含铜 IUD 中金属铜转换成真正能够增强避孕效果的、进入溶液的二价铜离子的总量可能只占到整个金属铜总量的 30% 左右。这样不但浪费了金属铜,还极大地影响了 IUD 的使用年限。

4.3.4.4 金属铜表面会沉积大量沉积物

国内外学者对使用过的含铜 IUD 的表面、金相及表面沉积物的研究分析后发现,现有的含铜活性 IUD 在长期使用过程中,金属铜在宫腔液中腐蚀释放出能够增强避孕效果的二价铜离子后,铜表面将变粗糙,并且腐蚀产物中的 $CaCO_3$ 等将在其表面聚集而形成坚硬多孔的结石。而 IUD 在子宫内不是静止不动的,它随子宫的扩张与收缩运动而运动。运动着的含铜 IUD,其金属铜表面粗糙程度的增加和坚硬结石的形成,都将加大它对子宫内膜组织的刺激和损伤,从而导致异常炎症和出血等副作用问题。

4.3.4.5 制作 IUD 的工艺复杂

现在推广使用的几种含铜活性 IUD,如 TCu380A、母体乐含铜 IUD、γ 形活性 IUD 等,它们的结构都比较复杂:TCu380A 使用的是聚乙烯 T 形支架,在其 T 形支架的两横臂上各固定一个铜套,在 T 形支架的纵臂上绕有铜丝;母体乐含铜节育器如 MLCu375,使用具有一定可塑性的聚乙烯伞形支架,其两外侧沿呈齿状,纵臂上绕上铜丝;γ 形活性 IUD 则更复杂,由三层构成,最内层由 0.30 mm 不锈钢丝做成 γ 形支架,中间层上绕有铜丝,最外层再套上不锈钢丝弹簧,并在 γ 形中间用含有吲哚美辛的硅橡胶扎住使其两侧横臂不会弹开,在 γ 形的两端再用含吲哚美辛的硅橡胶包住。从这些含铜 IUD 的复杂结构可以看出,它们的制作工艺是比较复杂的。

4.3.5　开展新型宫内节育器 IUD 材料研制的意义

计划生育是我国的一项基本国策。实行计划生育最直接、最有效的方式就是采取避孕。在众多的避孕方法中,宫内节育器 IUD 由于可以长期使用、安全有效、简便、可逆、经济且不影响性生活,因而受到世界上特别是中国的广大育龄女性的欢迎。目前全世界大约有 1.6 亿妇女使用 IUD,其中我国占 7500 万左右。在我国已婚育龄妇女中,应用 IUD 进行避孕者达 40% 以上,IUD 对我国的计划生育作出了巨大贡献。全面推行计划生育 30 多年来,少生了 3 亿多人,节约了 7 万亿人民币的抚养费用,有力地支持了社会经济的发展。

现在广泛使用的含铜 IUD,还存在许多没有解决的临床问题,其最主要表现为疼痛、出血和月经紊乱等,而其中的出血过多或不规则出血已经成为 IUD 停止使用的最重要原因。因此如何消除或减轻放置 IUD 后所产生的各种副作用、增加使用者的舒适程度、促使更多的育龄女性愿意接受并采用 IUD 进行避孕,成为相关科技工作者一个迫切需要解决的难题。从制备 IUD 的材料方面着手,是可能且可以解决这些问题的一个方向。

一旦新型的 IUD 材料如纳米金属/聚合物复合材料研制成功,中国不但可以打破国外机构垄断所有 IUD 专利的局面,开发出一种拥有完全自主知识产权的新一代 IUD 材料及全新的 IUD 设计理念,还可以通过大幅减少或消除现有含铜 IUD 的副作用来改善女性的健康状况、提高人口的质量、更好地贯彻和执行国家的计划生育政策,促使人口的发展与经济、社会发展相适应,与资源利用和环境保护相协调,实现经济、社会的可持续发展,不断提高国民的生活质量。

一旦这种新型的 IUD 材料研制成功,还将产生巨大的经济效益。我国现在每年 IUD 的市场需求量在 2000 万套左右,并且在持续以 5% 的速度增长,预计到 2015 年达到顶峰。现在市场上较好的含铜 IUD 售价在 120 ~ 150 元/套左右,以这个价格为参考,如果使用新型 IUD 材料制作的 IUD 能够占领市场 1/10 的份额,每年就将产生 2 亿元左右的经济效益。新型 IUD 在具有巨大的社会效益的同时,还具有巨大的经济效益。因此,开展新型 IUD 材料的研制是一项具有重大意义的工作[42]。

4.3.6　聚合物基纳米金属铜复合材料作为 IUD 材料的理论基础

针对含铜 IUD 存在的上述问题,以华中科技大学材料科学与工程学院谢长生教授为首的研究团队提出了使用聚合物基纳米金属铜复合材料作为新型 IUD 材料的设想,其理论依据[42]如下。

4.3.6.1　铜离子的控制释放

在药物的控释和靶向方面的研究发现,用一定的载体将药物夹持(采用包裹、固溶的方法)、通过调节载体的结构可以避免药物"暴释"现象的产生,达到控释的目的,同时载体的存在可以防止有效成分的过度损失。因此,若能将金属纳米颗粒比较均匀地分布在聚合物载体上,能够达到对活性金属离子释放过程进行调控、避免"暴释"现象产生的目的。

纳米金属/聚合物复合材料对金属离子的控制释放有如下的依据:假设在单位体积的复合材料中有 N 颗铜纳米粒子,铜纳米粒子为球形,其平均直径为 d,则铜纳米粒子在复合材料中的体积分数可表示为:

$$f_m = \frac{\pi d^3 N}{6}$$

又设单位体积的复合材料中铜离子的最大释放浓度 C_s 与 f_m 成正比,即 $C_s = kf_m$,那么铜离子的释放将遵循"溶出控释规律",其瞬时释放速度(瞬时释放浓度为 C)表示为:

$$\frac{dC}{dt}=K_D V(C_s - C)$$

式中,K_D 为铜离子的释放速度常数,它与铜纳米粒子的粒径、表面状态和聚合物基体的类型、结晶度等因素密切相关;V 为复合材料的体积。按"溶出控释规律"释放铜离子就可以避免"暴释"现象。

4.3.6.2 避免金属铜与子宫内膜的直接接触

无论是聚合物基纳米非金属复合材料,还是聚合物基纳米金属复合材料,它们一般都是由聚合物基体与纳米非金属颗粒或纳米金属颗粒组成的一种简单混合物,纳米非金属颗粒或纳米金属颗粒都比较均匀地分布在聚合物基体中,复合材料的外表面绝大部分是由聚合物基体所构成的连续相。因此由聚合物基纳米金属铜复合材料制作的含铜 IUD,在置入人体后,它与子宫内膜接触的是聚合物基体而不是金属铜,从而基本上解决了现有含铜 IUD 存在的金属铜与子宫内膜直接接触的问题。

4.3.6.3 提高金属铜的有效利用率

利用纳米金属铜/聚合物基复合材料来制作 IUD,其中的铜纳米颗粒在宫腔液中除产生具有避孕作用的可溶 Cu^{2+} 外,由于纳米金属铜颗粒的尺寸效应,它的主要腐蚀产物之一的 Cu_2O 也必然处于纳米尺度,因其具有巨大的表面积,所产生额外的表面能使 Cu_2O 处于非常不稳定的状态,反应 $Cu_2O + 2H^+ \longrightarrow 2Cu^{2+} + H_2O + 2e^-$ 更易向右进行,进而更有效地转化成 Cu^{2+}。另外,由纳米金属/聚合物复合材料制成的 IUD,不存在因金属铜的断裂和脱落而不得不提前取出等问题,可以最大限度地利用金属铜。正因为这两方面的原因,金属铜的有效利用率可以得到极大地提高。

在使用年限不变的情况下,由纳米金属/聚合物复合材料制作 IUD,由于金属铜的有效利用率的大幅提高,可以大大地减轻含铜 IUD 的重量,从而减轻含铜 IUD 带来的某些副作用;在含铜 IUD 中金属铜的含量不改变的情况下,由纳米金属/聚合物复合材料制成的 IUD,由于金属铜的有效利用率的大幅提高,它的使用年限也将比现在的含铜 IUD 大大延长。

4.3.6.4 复合材料的自洁功能

众所周知,亲水性好的表面随着表面粗糙度的增加,其亲水性会变得更好(润湿角减小),对其他物质的颗粒的黏附能力增强,而憎水性表面随着表面粗糙度的增加,表面更加憎水(润湿角增大),对其他物质的颗粒的黏附能力削弱。金属铜是亲水性物质,而新型 IUD 材料——聚合物基纳米铜复合材料的基体如果采用的是憎水性聚合物,那么由新型 IUD 材料和现有 IUD 材料制作的含铜 IUD,它们在宫腔液中腐蚀会导致材料表面会发生相应变化:腐蚀后其表面将变得更粗糙,其亲水性会变得更好,对金属铜在宫腔液中的腐蚀产物有更强的黏附能力,使金属铜在长期使用后其表面聚积大量的沉积物,而新型 IUD 材料中的金属铜以纳米铜颗粒形式比较均匀地分布在聚合物基体中,其与宫腔液接触的绝大部分是憎水性的聚合物基体,虽然它在宫腔液中腐蚀放出二价铜离子后聚合物表面不会变得更粗糙,但它对金属铜在宫腔液中腐蚀产生的其他产物的黏附能力仍然非常差,因而那些腐蚀产物不会在新型 IUD 材料的表面产生沉积。正因为如此,由聚合物基纳米金属复合材料制作的含铜 IUD 在宫腔液具有良好的保持表面清洁的能力——自洁能力。

4.3.6.5 简化含铜 IUD 的制作工艺

用纳米金属铜/聚合物复合材料来制作含铜 IUD,由于其可以释放二价铜离子而增强避孕效果的金属铜与作为含铜 IUD 支架的聚合物基体复合为一体,加上纳米金属铜/聚合物复合材料具有与作为支架的聚合物基体相似的韧塑性和热加工成形性能,因此只需要制作合适形态的 IUD 模具,采用热塑性塑料的常规加工方法,就可以一次加工成形而得到商品化的含铜 IUD,相对于现有含铜 IUD,该新型含铜 IUD 的制作工艺将大大简化。

4.3.7　纳米金属铜/聚合物复合材料的制备方法

采用熔融共混法来制备纳米金属铜/聚合物复合材料。具体步骤[42]如下：

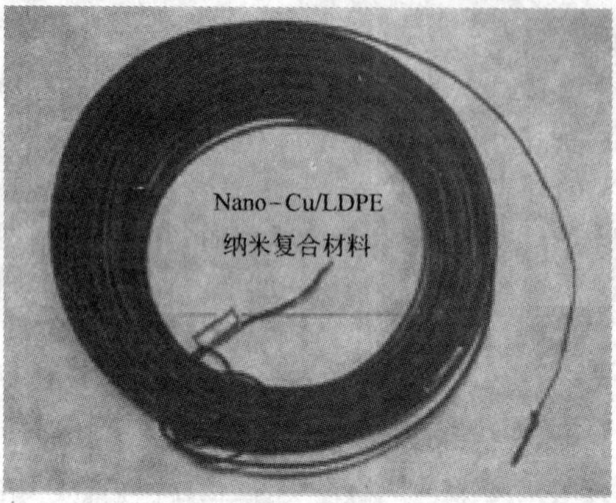

图4－6　纳米铜/LDPE复合材料

首先根据需要制备纳米铜/LDPE复合材料的设计成分及需要制备的重量，计算出每一种成分的添加量。然后用分析天平称取所需重量的LDPE粉末和用电子天平称取所需重量的金属铜纳米颗粒。接着，将称取好的各组分放入实验混合机（量大时）或三颈磨口烧瓶（量小时）中并完全封盖，在常温下经过约15 min的高速搅拌，使各组分充分混合，并尽可能地形成均匀分散的混合物。

将预混好的混合物用单螺杆或双螺杆挤出机挤出成线条状试样（见图4－6[56]），或在金相镶嵌机上模压成圆片状试样或其他形状的试样，供后续研究使用。挤出最常用的工艺为：进料段加热温度130～150℃、中间段加热温度140～160℃、机头部分加热温度160～180℃，螺杆转速45～60 r/min，在热加工温度达到需要温度后保温15 min，然后加入原材料进行挤出操作，成品的冷却方式为空冷。模压时最常用的工艺为：加热温度140～160℃、压力2～4 MPa、保温时间15～25 min、水冷至室温或50℃以下后取出试样。

4.3.8　纳米铜/低密度聚乙烯复合材料的表征

图4－7和图4－8分别是纯LDPE、纳米铜和纳米铜/LDPE材料的XRD谱和FT-IR谱[42]。

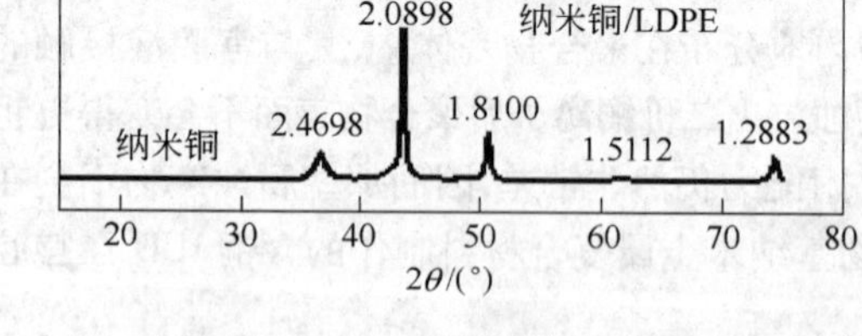

图4－7　不同材料的XRD谱

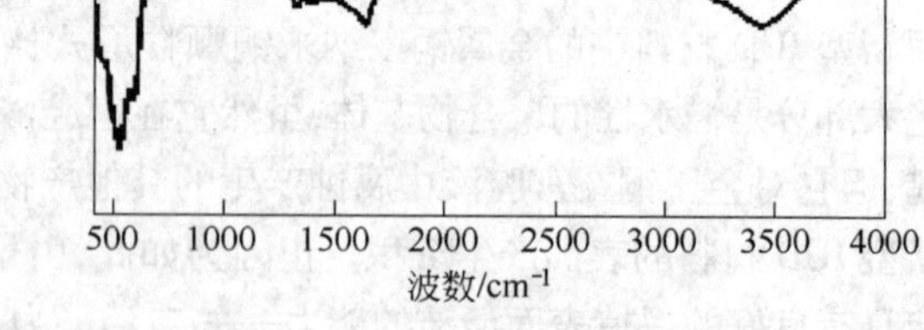

图4－8　不同材料的FT-IR谱

由图4－7和图4－8可知：纳米铜/LDPE复合材料是纯LDPE和纳米铜的一种简单混合物，并且在高温高压的热加工条件下，纳米铜颗粒表面吸附的H_2O分子与低密度聚乙烯中存在的极少数双键发生了加成反应生成了亲水性的R—CH_2—OH官能基团。

图4－9～图4－11分别是原始纳米铜颗粒的TEM形貌（见图4－9(a)）、纳米铜/LDPE复合材料中纳米铜颗粒的TEM形貌（见图4－9(b)）、纳米铜/LDPE复合材料脆断面上纳米铜颗粒的

SEM 形貌和纳米铜/LDPE 复合材料中纳米铜颗粒面分布。

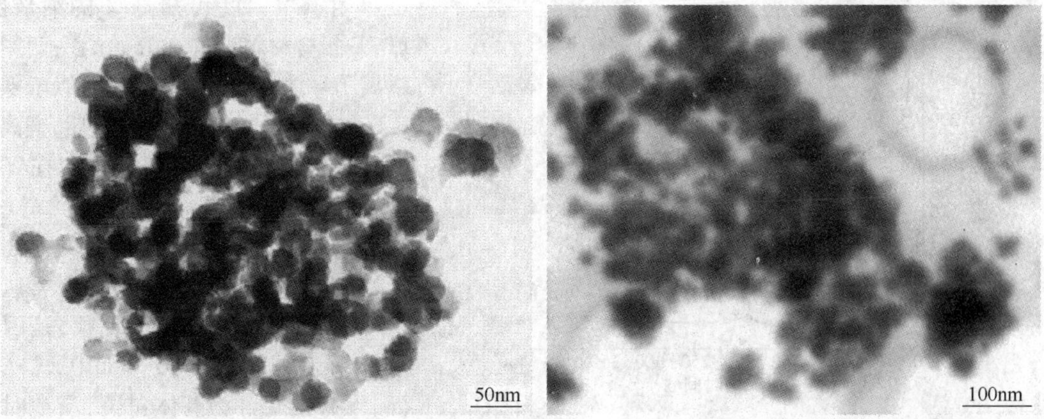

(a) (b)

图 4-9 纳米铜颗粒的 TEM 形貌

(a) 原始纳米铜颗粒;(b) 复合材料中的纳米铜颗粒

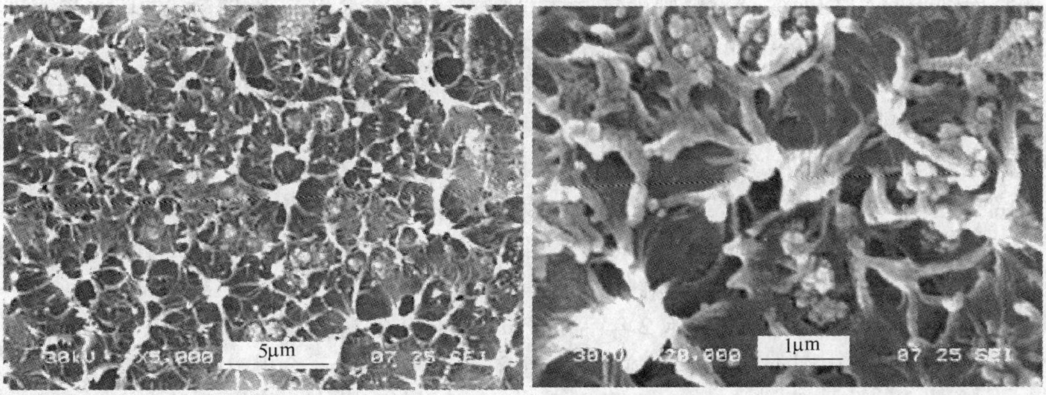

(a) (b)

图 4-10 纳米铜/LDPE 复合材料脆断面上纳米铜颗粒的分布形态

(a) 低倍 SEM 照图片;(b) 高倍 SEM 照图片

由图可知:纳米铜/LDPE 复合材料中的纳米铜颗粒在热加工条件下其尺寸没有发生变化,约在 50 nm 左右;纳米铜颗粒在纳米铜/LDPE 复合材料中既有单颗粒的存在,也有比较严重团聚现象发生;纳米铜颗粒在纳米铜/LDPE 复合材料中虽然局部上分布不是很均匀,但总体上分布还是非常均匀的。

图 4-11 纳米铜/LDPE 复合材料中纳米铜颗粒的面分布

4.3.9 纳米铜/低密度聚乙烯复合材料在模拟宫腔液中的腐蚀行为

图 4-12[42] 是面积均为 220 mm^2 的 30%(质量分数)纳米铜/LDPE 复合材料与 TCu-220

IUD(表面裸铜面积为 220 mm^2 的 T 形宫内节育器)的铜离子释放速率与浸泡时间的关系曲线。

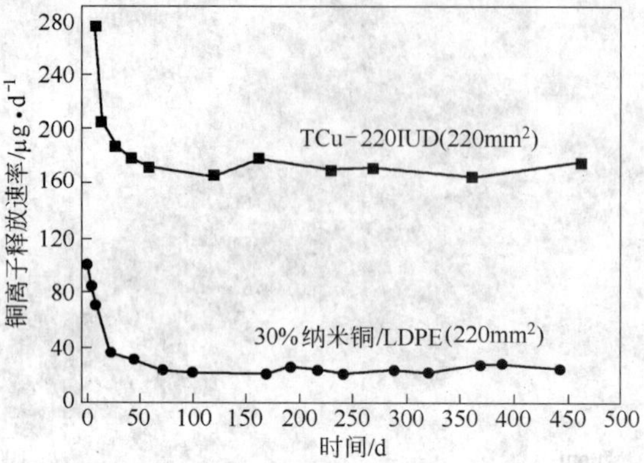

图 4-12　30% 纳米铜/LDPE 复合材料与 TCu-220 IUD 的铜离子释放速率与浸泡时间关系曲线

由图 4-12 可知:30% 的纳米铜/LDPE 复合材料试样在开始的一两周内铜离子释放速率很大,有点类似于裸铜 IUD 的铜离子"暴释"现象,随后,铜离子的释放速率趋于定值,基本恒定在 20 ~ 25 μg/d 左右。

纳米铜/LDPE 复合材料试样之所以在刚开始浸泡的前几天出现类似于铜 IUD 的铜离子"暴释"现象,是因为部分纳米铜颗粒直接分布在试样表面,没有被聚合物基体包覆,浸泡时直接与溶液接触,反应生成的铜离子直接进入溶液导致铜离子的释放量较大。在裸铜 IUD 的标准中规定金属铜必须是高导无氧铜,所以不能经过事先的预处理来消除"暴释",而纳米铜/ LDPE 复合材料则没有这样的要求,可以在浸泡前用稀硝酸或其他溶液进行预处理,将试样表面的纳米铜颗粒去除而消除这种铜离子"暴释"现象。

在最初几天"暴释"之后,随着浸泡时间的延长,反应面向试样内部推进,此时铜离子的释放过程由两步反应控制:一是溶液进入试样内部与铜纳米颗粒反应生成铜离子,即反应过程;二是铜离子通过聚合物分子链之间的缝隙或聚合物中存在的孔洞向溶液中扩散,即扩散过程。试样中的孔洞由两部分组成,一是试样本身具有的微孔,二是铜纳米颗粒反应变成铜离子后留下的微孔。

从图 4-12 还可以看到,TCu220-IUD 的裸铜试样在最初的一个月内铜离子释放速率很大,远远大于铜 IUD 的平均释放速率,这就是人们常说的铜离子"暴释"现象。

图 4-13 和图 4-14 分别是浸泡 2 年后的 TCu220-IUD 中铜套和纳米铜/LDPE 复合材料表面的 SEM 形貌[42]。由图 4-13 可知:在模拟宫腔液中浸泡 2 年后,含铜 IUD 的铜套经腐蚀后其表面变粗糙、存在孔洞,并且铜套的腐蚀表面有大量的沉积物沉积。由图 4-14 可知:经 2 年浸泡后的纳米铜/LDPE 复合材料表面没有看到类似于 Cu220-IUD 铜套表面的沉积物沉积,但有铜颗粒腐蚀后留下的孔洞,且孔洞中也没有聚积任何沉积物。

(a)　(b)

(c)

图4-13　浸泡2年后的TCu220-IUD中铜套表面SEM形貌
(a) 放大72倍;(b) 放大300倍;(c) 放大5000倍

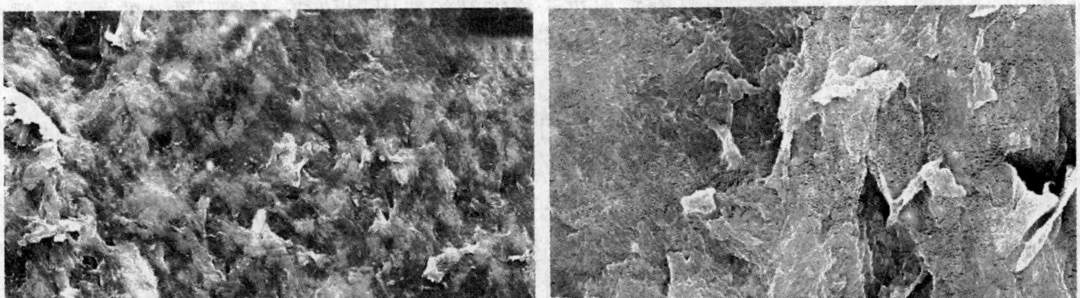

(a)　(b)

(c)

图4-14　浸泡2年后的纳米铜/LDPE复合材料表面的SEM形貌
(a) 放大1000倍;(b) 放大4000倍;(c) 放大10000倍

4.4 纳米铜在润滑油中的应用

磨损、腐蚀、疲劳是机械材料失效的三种主要形式。磨损造成的经济损失十分巨大。全世界一次能源大约有1/3消耗于摩擦,近80%的零件因磨损而报废。使用润滑油则是降低摩擦、减小或避免磨损的最有效手段。而作为提高润滑油品质的润滑油添加剂则是各国研究的重点对象。本节则着重介绍以液相还原法或射频等离子体法或丝爆炸法或激光—感应复合加热法制备的纳米铜润滑油节能抗磨添加剂的国内外研究现状。其中规模化生产纳米铜润滑油添加剂需要解决的三大关键技术是:低成本纳米铜生产工艺;纳米铜在润滑油中的分散工艺和纳米铜在润滑油中的稳定性。

4.4.1 润滑油及其添加剂的重要性

润滑油是四大石油产品之一,是关系国计民生的重要商品,被称为机械运转的血液。由于发动机工业的发展,以及日益迫切的环保需要,对于润滑油的性能要求与传统的要求有很大不同。进入21世纪之后对润滑油的各项性能要求更加严格。各种润滑油添加剂在润滑油生产中起到非常重要的作用,润滑油性能的好坏直接取决于添加剂的选用,两者有着密不可分的关系。润滑油和添加剂的发展经历了从初期的适应发动机要求转变到需要更广泛地适应环保与节能的要求。在润滑油中添加纳米材料制成的润滑剂可显著提高其润滑性能和承载能力、降低摩擦系数、减少摩擦阻力、延长机器寿命。减少添加剂的用量,提高产品的质量,特别适用于苛刻条件下的润滑场合[57]。

润滑油添加剂是确保润滑油质量的主要组分。虽然在润滑油中添加剂的用量比基础油少得多,但其重要性并不亚于基础油,甚至比基础油还更重要一些。基础油质量是根本,而添加剂是润滑油的精髓,添加剂加入量的多少和质量的好坏对于机器的运转过程是至关重要的。

润滑油中添加剂的使用量标志着润滑油的质量水平。20世纪80年代初世界发达国家添加剂用量就已在8%左右,美、日、英、联邦德国润滑油产率(对原油)都在1.6%以下。而我国目前添加剂量只有3%左右,润滑油产率(对原油)则在2%以上,润滑油单位消耗量过大,在油品应用、生产、技术、质量等水平上都存在一定差距。

随着中国国民经济持续、快速、健康的发展,中国机械工业,特别是汽车工业发展迅速。国内各大行业对高档次、高质量的润滑油的呼声越来越高。这对我国石油工业中基础油的炼制和添加剂的更新换代提出了更高的要求,尤其是现在基础油的选用比较稳定时,添加剂的好坏直接关系到润滑油的质量,以及机器的正常运转情况和使用年限。

随着纳米科技的飞速发展,纳米材料作为润滑油添加剂已开始显示其优越性能,它可以大大提高润滑油的润滑性能和抗磨性能。

4.4.2 纳米润滑油添加剂的优点

纳米微粒作为润滑油添加剂和传统润滑油添加剂相比有以下几方面的优势[57]:

(1) 纳米微粒润滑油添加剂作为极压抗磨添加剂取代硫、磷、氯等有机化合物极压抗磨添加剂,可望解决硫、磷、氯对基体金属造成的腐蚀和带来的环境问题。

(2) 纳米微粒具有很多常规固体所不具备的性能,比如低的熔点、高的延展性和扩散性,且它的硬度、韧性、抗剪切度等也可能发生改变,这意味着通常情况下不能作为润滑材料的固体颗粒,当处于纳米级时有可能具有润滑性能,比如一些硬质微粒 TiO_2、ZrO_2、金刚石等,当其粒径较大时成为磨粒导致磨损增大,而当其粒径处于纳米数量级时却呈现出一定的减摩抗磨性,预示着纳米微粒作为润滑油添加剂很可能具有一些不同于常规添加剂的边界润滑机理。

(3) 纳米微粒粒径小,在油中分散稳定,因此在摩擦过程中更易转移到摩擦面,形成覆盖度大而且更厚的表面膜,隔离基体表面接触,提高减摩抗磨效果。且无机微粒形成的表面膜比聚合物和有机化合物极压抗磨剂形成的表面膜具有更高的熔点和抗压强度,因此可以拓宽添加剂的温度和压力使用范围,开发极端条件下的极压抗磨添加剂。

(4) 纳米微粒有可能实现原位摩擦表面修复。纳米微粒粒径小,表面活性高,可以直接吸附到摩擦表面的划痕或微坑处,在摩擦过程中实现表面修复作用。有机化合物进行表面修复时受溶解度的限制,难以生成大量的修复产物,而纳米微粒不受溶解度的限制,可以根据修复量的多少来确定其添加量。

(5) 纳米微粒以类似胶体的形式分散在油中,由于粒径小,不会堵塞油路。

4.4.3 纳米润滑油添加剂作用原理

纳米微粒作为润滑油添加剂的作用机理[57]有以下几种观点:

(1) 吸附、渗透和摩擦化学反应观点。这种观点认为:分散在润滑油中的纳米微粒具有很高的表面能,所以在摩擦刚刚开始时,这些微粒就吸附在摩擦表面上,形成一层物理吸附膜,纳米微粒中的元素渗透到金属的亚表面或在摩擦表面上发生化学反应,生成坚固耐磨的化学反应膜,将摩擦金属表面隔开,降低了摩擦、磨损。

(2)滚珠观点。“滚珠观点”认为:纳米润滑剂之所以具有较好的润滑效果,是由于以下三方面作用产生的:1)纳米分体微粒为球形,它们起一种类似“微轴承”的作用,从而提高了润滑性能;2)在重载荷和高温条件下,两摩擦表面间球形微粒被压平,形成滑动系,降低了摩擦和磨损;3)超细的纳米粉体可以填充工作表面的微坑和损坏部位,起到修复作用。硬质粉末作为润滑油添加剂的减摩机理属于此种观点。

(3) 载体作用观点。这种观点认为:用于修饰纳米微粒的有机物易吸附于摩擦金属表面,生成一层有机复合膜,将金属表面隔开,起到减摩抗磨的作用。

(4) 沉积膜观点。这种观点认为:在摩擦表面润滑时,硼酸盐添加剂由于带有电荷而向表面移动,并沉积于摩擦表面,形成非晶态或无定性膜,起抗磨减摩作用。

4.4.4 纳米润滑油添加剂种类

目前,纳米润滑油添加剂主要是以无机物为研究对象,包括纳米金属和纳米无机物等。而无机纳米添加剂主要可以概括为以下七类[57],它们单独或者复配使用能提高润滑油性能,可有效减少磨损。

(1) 层状无机物类,如石墨、MoS_2、WS_2 等;

(2) 无机硼酸盐类,如硼酸铜、硼酸钛、硼酸镍、硼酸镁、硼酸锌、硼酸铝等;

(3) 软金属类,如铜、锡、镍、锌、铅、铋、铝、银等;

(4) 氧化物类,如氧化铝、氧化锡、氧化钛、氧化硅、氧化锌、氧化锆等;

(5) 含活性元素的化合物类,如硫化铜、硫化铅、硫化锌、硫化锰等;

(6) 稀土化合物类,如稀土氟化物、稀土氢氧化物、稀土硼酸盐等;

(7) 其他类型,如氢氧化钴、氢氧化锰、碳酸钙、C_{60}、金刚石、碳化硅等。

表4-4是添加不同种类纳米粉末添加剂润滑剂的性能对比。由表4-4可知,纳米金属粉末表现出很好的极压、减摩抗磨性能。事实上,国内外的大量研究已经表明,铜纳米微粒在摩擦

过程形成的电场作用下，通过电泳运动在摩擦表面沉积，形成致密的保护膜，而表现出良好的抗磨减摩性能。同时在高载荷及高速下，纳米铜的添加有效地提高发动机润滑油的抗磨性能，使发动机内易损件使用寿命延长。润滑油中加入纳米铜还可改善二冲程发动机的润滑性能，降低发动机摩擦损失功。将粒径为20～30 nm的铜或锡加入到QD30润滑油中，润滑油的极压性能有所提高。

表4-4　添加不同种类纳米粉末添加剂润滑剂的性能对比

固体润滑剂	pv 因子（压力速度因子）/kN·(m·s)$^{-1}$	最大负荷 /kN·m^{-2}	最大速率/m·s^{-1}	摩擦系数
石　墨	700	1400	0.50	0.10～0.20
MoS_2	3500	17500	0.20	0.10～0.20
PTFE	500	2500	0.02	0.10～0.60
纳米金属粉末	4000	>35000	0.15	0.10～0.18

4.4.5　纳米铜颗粒在润滑油中的分散稳定性研究

随着纳米材料制备技术的不断发展，纳米铜颗粒的制备技术已经相当成熟。各种制备方法能够很好地控制纳米铜颗粒的纯度、粒径，特别是近年来新兴的纳米模板技术实现了对颗粒形状的控制。这些制备技术为纳米铜颗粒在工业、工程中的研究、应用提供了良好的条件。纳米铜颗粒添加到润滑油中，因其粒度小、表面能高，颗粒之间存在吸引力，自动聚集的倾向很大，易发生团聚，这种团聚即使在润滑油中被强行分散，颗粒之间也会在相互碰撞时再次团聚，从而发生聚沉。而颗粒一旦发生团聚、沉淀或变性，就不再具有原有特性，同时还可能对基于油润滑设计的机械系统造成负面影响。因此，纳米铜颗粒作为润滑油添加剂研究中需要解决的主要问题是纳米颗粒在油性介质中的分散稳定性问题[58,59]。

纳米颗粒与润滑油形成的分散系属浓的非水分散系，因此在水分散系和稀的非水分散系中由ζ电位决定的双电层分散稳定机制基本消失。在此情况下，浓的非水分散系的分散稳定作用主要由空间位阻稳定机制来实现。为改善纳米颗粒在基础油中的分散和稳定，同时防止纳米铜颗粒在空气中的氧化，现在普遍采用的方法是在水相或醇水相中加入有机修饰剂。在通过沉淀反应或水解反应生成纳米颗粒时，有机修饰剂通过键合或吸附作用镶嵌在纳米颗粒表面，得到表面修饰的纳米颗粒，通过有机修饰剂的亲油性，提高纳米颗粒的油溶性，防止团聚和阻止纳米铜颗粒的氧化。目前采用的有机修饰剂主要有油酸、DDP、含氮的有机物等。周静芳[59]采用液相还原法原位合成了DDP表面修饰的纳米铜颗粒，结果表明该纳米铜颗粒在苯、氯仿以及液体石蜡中具有良好的分散稳定性。采用该方法制备的纳米铜颗粒能非常稳定地分散于润滑油中（经放置1年后未见沉淀析出），并具有优良的摩擦学性能。

4.4.6　纳米铜添加剂的摩擦学作用机理

国内外开展纳米颗粒润滑油添加剂研究和应用的历史较长久，但对包括纳米铜在内的纳米添加剂在润滑油中的摩擦学作用机理不完全清楚，比较有代表性的三种作用机制[58～65]如下。

4.4.6.1　“球轴承”机制

该机制认为，均匀分散在润滑油中的纳米铜颗粒可以变摩擦副之间的滑动摩擦为滚动摩擦，同时起到支撑作用，表现出优异的抗磨减摩和抗极压性能[60]。其实现前提是参与润滑的纳米颗粒必须分散均匀，在摩擦的过程中，特别是在摩擦微接触区的局部高温高压的作用下，纳米颗粒仍然能保持一定刚性。而对于纳米铜颗粒，虽然当粒径减小到纳米级以后，铜颗粒的硬度会有所增加，但由于纳米铜的熔点低，颗粒在微凸体接触处局部过热的条件下极有可能发生熔化和变形，因此，对普通摩擦副而言，纳米铜颗粒产生"球轴承"作用十分困难。由于原位分析表征手段的欠缺，纳米铜颗粒的"球轴承"作用机制只是人们的一种设想，缺少直接的实验证据来证明摩擦过程中纳米铜颗粒变滑动为滚动摩擦的过程。

4.4.6.2 修复与填充机制

该机制认为，分散在润滑油中的纳米铜颗粒通过吸附、沉积或镶嵌作用填补摩擦表面上的微损伤与微划痕，使摩擦表面光滑、平整，有利于应力的释放和改善摩擦，并具有一定的修复作用[61]。纳米铜添加剂的修复、填充作用是存在的，但这种修复作用不是纳米铜颗粒对摩擦表面微损伤和划痕的简单堆积式的填充。由于表面能高、表面原子数多，造成纳米颗粒熔化时所需的内能比块体材料小得多，这就使得纳米颗粒的熔点急剧下降，例如，平均粒径为 40 nm 的纳米铜粒子的熔点由 1053℃下降到 750℃，降低了 300℃左右。在摩擦微接触区高温高压的作用下，进入到磨痕表面微损伤内的纳米铜颗粒必然会熔化或烧结，形成大块填充物并与摩擦副基体紧密结合，从而实现对摩擦表面的"修复"。此外，关于该机制有两点需要说明：摩擦副表面越平整，承载时接触面越大，纳米颗粒的填充、修复作用对改善摩擦学性能的贡献就越大；在保证纳米颗粒分散性和分散稳定性的前提下，具有一定粒径分布的纳米颗粒，有利于填充大小不同的摩擦表面微坑，实现更大程度的修复。

4.4.6.3 成膜机制

该机制认为，纳米铜颗粒在摩擦表面通过物理、化学作用形成一层低剪切强度的保护膜，变摩擦副之间的磨损为保护膜的膜内磨损[62]。关于保护膜的形成机理有以下几种观点：

（1）机械—化学反应成膜。Tarasov 等[63]认为，摩擦表面微接触区的直接接触导致摩擦副局部过热，在摩擦剪切力、局部高温、高压的作用下，纳米铜颗粒在摩擦表面形成了一层靠机械涂抹作用形成的铜保护膜，该保护膜在高温下可以起到类似高黏度流体的润滑效果。此外，由于试验过程中使用的基础油含有各种抗磨减摩添加剂，这些添加剂在摩擦微接触区分解，分解产物与摩擦副基体反应形成摩擦化学反应膜，起到抗磨减摩作用，同时在摩擦过程中，在高温的作用下可能与纳米铜发生置换反应，引起纳米铜在基体表面的化学沉积，形成一层复杂的化学反应膜。

（2）电泳运动—沉积—铺展成膜。周静芳等[59]认为，纳米铜颗粒在摩擦过程中在摩擦形成的电场作用下通过电泳运动在摩擦表面逐渐沉积，沉积的纳米铜颗粒由于粒径小，熔点低且延展性好，在摩擦接触区的高温高压下熔融铺展形成致密的保护膜。由于这层膜的剪切强度比较低，可以减少摩擦界面的黏着磨损，故表现出良好的减摩抗磨性能。

（3）"冶金效应"成膜。姜秉新等[64]认为，由于受到摩擦表面微凸体或粗糙峰强烈碰撞和热能的影响，纳米铜颗粒与铁磨粒参与了局部冶金反应，互相熔合重组并焊接在磨斑表面，填补摩擦表面的凹处，同时与表面共晶微粒和软质铜组成一层保护膜，起到抗磨减摩的作用。

（4）载体及物理化学作用成膜。徐滨士等[65]认为，对于表面修饰的纳米铜颗粒，因为选择的表面修饰剂（如羧酸、DDP 和磷氮有机物等）本身就具有良好的摩擦学性能，而纳米颗粒表面能大、活性高，在摩擦过程中，表面修饰的纳米铜颗粒在向已被高度活化的摩擦副表面移动时，同时具有良好摩擦性能的有机修饰剂也被转移到摩擦副表面，在此过程中纳米颗粒充当了转移有机载体的作用。表面修饰的纳米颗粒在转移吸附到摩擦副表面后，形成一层具有协同效应的有机/无机复合润滑膜，起到改善摩擦磨损作用。当载荷增大到一定程度时，在微区高温作用下，表面修饰剂与纳米颗粒之间的作用完全遭到破坏，裸露的纳米铜颗粒可直接与金属发生物理化学作用，生成一层能承受更大载荷的化学反应膜，实现苛刻条件下的润滑。

成膜机制是人们对纳米铜添加剂摩擦学作用原理普遍接受的观点，但到目前为止，研究者们只是通过对摩擦表面的元素分析推测铜保护膜的存在，关于保护膜的表面、截面形貌以及力学性能等还未见报道。

4.4.7　纳米铜润滑油添加剂的摩擦学特性

4.4.7.1　影响摩擦学特性的因素[58,66~75]

A　粒径和添加量的影响

纳米铜颗粒的粒径与添加量是影响其摩擦学性能的重要因素。刘维民等[66]的研究结果表明，粒径为 15 nm 的纳米铜颗粒在润滑油中的抗磨效果优于粒径为 40 nm 的纳米铜颗粒。据此可以推测，粒径较小的纳米颗粒作为润滑油添加剂在金属磨损表面的沉积及其对磨损表面的修复能力更强。徐健生等[67]的研究表明，润滑油中纳米铜颗粒的粒径存在一个较佳范围，粒径尺寸为 4 ~ 15 nm 时纳米铜颗粒的润滑效果极明显，在此范围外，则不甚明显。虽然纳米铜颗粒的含量在润滑油中存在一个合适的添加范围，添加过少或超过此范围都会削弱纳米颗粒的抗磨减摩性能。但由于制备和改性工艺的不同，造成了纳米铜颗粒的粒径及其在润滑油中的分散稳定性的差异和颗粒有效含量的不同，使包括纳米铜颗粒在内的纳米颗粒在润滑油中的最佳添加范围尚未取得一致的试验结果[68]。

B　滑动转速和负荷的影响

周静芳[59]和于鹤龙[69]等研究了载荷、滑动速度等工况条件对纳米铜添加剂摩擦学性能的影响，结果表明：同低负荷相比，纳米铜在高负荷下表现出了较好的摩擦学性能，原因是在高负荷下纳米铜更容易在摩擦表面沉积、成膜。对滑动速度影响的研究表明：在低负荷时，纳米铜的减摩性能随滑动速度的减小而提高；在高负荷时，滑动速度对纳米铜摩擦学性能的影响较小。

C　润滑介质的影响

由于不同油品具有不同的理化性能，特别是绝大多数成品油中含有各种添加剂，因此当纳米铜颗粒分散到不同的润滑油中，可能会与油品中的各种添加剂相互作用而表现出不同的摩擦学性能。目前，研究中使用的基础油主要有液体石蜡、矿物基础油、汽油机油、柴油机油、军用机油、二冲程润滑油、齿轮油等。徐健生[67]和乔玉林[70]等的研究表明，纳米铜颗粒几乎在各种润滑油中都具有优异的抗磨减摩性能，只是在不同油品中表现出的作用效果因油品本身的性能差异而有所不同。相对于一般的商品油，对提高不含添加剂的液体石蜡和矿物基础油的抗磨减摩性能作用效果更加明显。

D　摩擦副材料的影响

对许多零件的失效分析表明，添加剂使用不当时会促使非铁材料零件的失效。由于纳米铜添加剂不同于传统的极性或非极性添加剂，不以牺牲基体为代价，所以理论上对摩擦副无腐蚀作用，其润滑效果因材料本身力学性能的不同而有所不同。Tarasov[63]和夏延秋[71]等的研究表明，纳米铜颗粒对钢—钢、钢—铁、钢—铜、钢—铝摩擦副都有一定的抗磨减摩作用，对于硬度较低的铜、铝等材料，因在高负荷条件下易发生塑性变形，因此作用效果同低负荷条件相比稍差。

E　纳米铜添加工艺的影响

刘谦等[72]研究了纳米铜不同分散工艺对润滑油（SF15W/40 机油）摩擦学性能的影响。结果表明：采用超声分散比采用球磨分散的减摩性能好。

4.4.7.2　自修复特性

随着纳米润滑材料研究的不断深入，纳米铜添加剂不仅具有优异的抗磨减摩、抗极压性能，还可以在磨损过程中通过形成新的补偿层来弥补磨损,在某些情况下使摩擦副出现"零磨损"甚至"负磨损"的自修复现象[73]。欧忠文等[74]按照作用原理将自修复分为摩擦成膜自修复、原位摩擦化学自修复与摩擦自适应修复,并提出了利用纳米颗粒实现装备零部件软修复与硬修复的设计构思。

纳米铜添加剂的自修复原理为摩擦成膜自修复,成膜自修复实际上是一种条件自修复,摩擦副相对运动和修复材料(纳米铜颗粒)的参与是产生自修复的必要条件,根据其成膜原理,可将其分为铺展成膜自修复、共晶成膜自修复、沉积成膜自修复和选择性转移成膜自修复。而自修复膜的生成速率与磨损率间的动态平衡是实现自修复的关键[63],其影响因素包括纳米颗粒含量、摩擦负荷、转速、温度及磨损时间等。

4.4.7.3 纳米铜颗粒对润滑油理化性能的影响

油品的高温氧化性能是决定内燃机油使用寿命的重要指标,传统的抗磨减摩类添加剂大多由一些活性有机化合物构成,其热分解温度较低,在改善油品抗磨减摩性能的同时,降低了油品原有的高温抗氧化性,因此在研究新型抗磨减摩添加剂时必须注意克服以上问题。一些初步的研究结果表明,采用由碳、氢、氧等元素构成的有机物修饰剂包覆的纳米铜颗粒对润滑油本身并无不利影响。乔玉林等[70]研究了含纳米铜颗粒润滑油添加剂的高温抗氧化安定性与高温摩擦磨损性能,结果表明:纳米铜的加入对油品的抗氧化性能并无不利影响。马丽果等[75]按旋转氧弹法研究了含纳米铜润滑油的氧化安定性,结果表明:同基础油 500SN 相比,含纳米铜油品的抗氧化安定性提高了近 9 倍。

在实际使用中,由于发动机内部的环境恶劣,润滑油受到瞬间高温、高压及各种废气的综合作用。因此,需要大量的试验来验证纳米铜颗粒对润滑油及零部件本身有无负面作用。

4.4.7.4 台架试验与实车考核

台架与实车行驶试验是评定添加剂使用性能最直接、最可靠的方法,可以全面地反映添加剂的使用性能。

300 h 加速强化台架试验结果表明[61]:纳米铜添加剂对发动机中不同材料的摩擦副均有较好的抗磨效果,连杆轴、铜套等部位都达到了"零磨损",能够实现摩擦副表面的原位动态修复,有效地提高发动机的动力性能,延长发动机的服役寿命。

实车试验结果表明[75]:添加了纳米铜颗粒后车辆的燃油节油率可以达到 18.71%。中国科学院兰州化学物理研究所研制的纳米铜润滑油节能抗磨添加剂的实际行车试验证实:在 SJ 级汽油机油中加入 0.1% 的纳米铜润滑油节能抗磨添加剂后,摩擦系数可降低 30%,磨损可降低 34%,燃油经济性提高 5%,平均油耗可降低 1.44% ~ 3.09%。这一结果表明,在现有润滑油中加入微量纳米铜添加剂,即可明显降低汽车发动机的摩擦、磨损及油耗。

4.4.8 纳米铜润滑油添加剂发展的新趋势

纳米铜润滑油添加剂发展的新趋势是采用纳米铜复合粉如纳米铜—锡复合粉末[76]、纳米铜—碳酸钙复合粉末[77]、纳米铜—氧化铈复合粉末[78]等作为润滑油添加剂,进一步提高纳米铜润滑油添加剂的性能。

纳米铜—锡双金属粉的形貌为颗粒状,结构是铜为核、锡为壳的包覆结构,粒径为 50 ~ 100 nm。该粉体可作润滑油添加剂应用,它克服了铜粉很容易氧化的缺点,同时锡作为一种软金属也具有极压抗磨性能,铜锡形成双金属粉后,把它添加到润滑油中(0.01% ~ 0.05% 的添加量),其极压抗磨性能会进一步提高,PB 值(PB 值是指在试验条件下不发生卡咬的最大负荷,用

N表示）提高到1000 N以上，比基础油极压性能提高80%～120%。比纳米铜润滑油添加剂提高了稳定性并且减少了用量。同时还能满足润滑油的外观透明的要求、不出现油的浑浊现象。此外，该粉体是无机添加剂，对发动机、齿轮及一些金属零件等无腐蚀性且对环境友好。它是一种新型的润滑油添加剂，具有优良的抗磨减摩和节能环保功效。乔文凤[76]的研究结果表明：纳米铜粉、纳米锡粉和纳米铜—锡混合粉都能明显改善基础油的抗磨性能，摩擦表面都有不同程度的修复，而且纳米铜锡混合粉的减磨性能优于单金属纳米粉体的减磨性能。

顾彩香等[77]采用粒径约40 nm的碳酸钙和约60 nm的铜粒子，按照一定的比例加入500SN基础油中，研究了这种纳米复合粒子润滑油添加剂的抗磨减摩性能。表4-5是不同纳米$CaCO_3$和铜粒子添加剂润滑油的摩擦学性能。其中，P_R为最大无卡咬负荷；D为磨斑直径；μ为摩擦因数。

表4-5　不同纳米$CaCO_3$和铜粒子添加剂润滑油的摩擦学性能

添加剂总质量分数/%	$W_{CaCO_3}:W_{Cu}$											
	1∶1			2∶1			3∶1			1∶2		
	P_R/N	D/mm	μ	P_R/N	D/mm	μ	P_R/N	D/mm	μ	P_R/N	D/mm	μ
0.2	461	0.50	0.1002	431	0.61	0.1201	431	0.50	0.0985	461	0.55	0.1102
0.4	490	0.51	0.1010	431	0.50	0.1012	431	0.56	0.1021	461	0.53	0.0988
0.6	490	0.44	0.0826	431	0.61	0.1220	431	0.57	0.1013	461	0.50	0.0973
0.8	461	0.53	0.1079	431	0.58	0.1101	461	0.56	0.1042	490	0.52	0.0956
1.0	461	0.47	0.0987	461	0.59	0.1075	461	0.52	0.0951	490	0.52	0.0897

由表4-5可知，在500SN基础油（其P_R值为392 N，D为0.64 mm，μ为0.1276）中同时加入纳米碳酸钙与纳米铜可使摩擦学性能提高，这说明纳米粒子加入后在摩擦表面生成的油膜起到了良好的抗磨减摩作用；纳米粒子添加剂的抗磨减摩作用与纳米粒子相对比例及纳米粒子总添加量有关。试验条件下，纳米$CaCO_3$和铜粒子的最佳添加量为$W_{CaCO_3}:W_{Cu}=1:1$，$W_{CaCO_3}+W_{Cu}=0.6\%$。纳米粒子的抗磨减摩效果受加入量和配比两方面因素制约：一方面要有合适的纳米粒子加入量，保证有足够的纳米粒子铺展摩擦表面；另一方面，直径不同的纳米粒子要有合理的配比。大的纳米粒子在摩擦表面起了"微滚珠"的承载作用；小的纳米粒子起了填充微孔、修复表面与分割表面的作用。大小粒子配合协同作用才可起到有效的抗磨减摩效果。

Saw[78]对纳米二氧化铈和纳米铜粒子组合物添加剂的摩擦学性能进行研究，结果表明：纳米二氧化铈和纳米铜粒子组合物添加剂明显地改善了润滑油的摩擦学性能，并且纳米粒子可以用作极好的抗磨、减摩添加剂；得出纳米二氧化铈和纳米铜粒子组合物添加剂的最佳添加量为$W_{CeO_2}:W_{Cu}=1:1$，$W_{CeO_2}+W_{Cu}$为0.6%左右。在这个添加量下，纳米润滑油有着较好的摩擦学性能，高于或低于这个添加量的添加方式，其效果都不是很好。

4.4.9　纳米铜润滑油添加剂应用实例

中国科学院兰州化学物理研究所研制的"纳米铜润滑油节能抗磨添加剂"已在中国石油天然气总公司得到产业化应用，含有纳米铜润滑油添加剂的昆仑纳米铜润滑油产品已由中石油投放市场。

4.5　纳米银在抗菌材料中的应用

抗菌剂是一种能够在一定时间内使某些微生物（细菌）的生长或繁殖保持在必要水平以下

的化学物质。广义的抗菌名称应包括灭菌、杀菌、抑菌、除菌、防霉、消毒等。抗菌材料是具有杀菌、抑菌性能的新型功能材料。它是通过加入的抗菌剂起作用的。

抗菌剂按照化学成分可分天然生物、有机和无机抗菌剂三大类型[79]。天然抗菌剂主要是从动植物体内提取或由微生物发酵制得,如壳聚糖、黄连素、四环素等。但一般使用寿命短、耐热性较差,通常在150~180℃就会炭化分解,使其应用范围受到限制。有机抗菌剂主要包括季铵盐类、卤素类、酚类、有机氮类、过氧化物类、醛基水溶液类、异噻唑、咪唑类等,广泛应用于皮革、纺织、塑料、建材、化妆品、食品、防腐等方面。而这一类抗菌剂具有初始杀伤力强、杀菌速度快、抗菌范围广的优点,但存在耐热性差、具有一定的毒性、易渗出、容易被人体摄入、不耐洗涤、使用寿命短等问题。因而开发耐热性高、高效广谱、安全可靠的无机抗菌剂,就成为人们关注的新焦点。无机抗菌剂主要有金属元素抗菌剂、光催化型抗菌剂及纳米抗菌剂。金属元素抗菌剂主要是将银、铜、锌等金属(或其离子)固定在氟石、硅胶、膨润土等多孔材料的表面制成的,其中银的抗菌性能最好且高效无毒,因而得到广泛的应用。光催化型抗菌剂主要有 TiO_2、ZnO、CdS、WO_3、SnO_2 和 Fe_2O_3 等 n 型半导体金属氧化物,其中 TiO_2 的氧化活性较高,稳定性也较强,对人体无毒,是这类抗菌剂的典型代表。在前两种抗菌剂的基础上,人们开发出了无机纳米抗菌剂。

由于纳米化,抗菌材料具有更大的表面积,对微生物有更强的吸附作用,从而可以有更好的抗菌效果。具有抗菌功能的纳米材料按抗菌机理可分为两类:一类为银系纳米抗菌材料;另一类为 TiO_2 光催化型纳米抗菌材料。本节主要介绍银系纳米抗菌材料。

4.5.1　银用于抗菌杀菌的历史

银离子和含银化合物可以杀死或者抑制细菌、病毒、藻类和真菌。因为它有对抗疾病的效果,所以又被称为亲生物金属。银自古以来就被用于加速伤口愈合、治疗感染、净化水和保存饮料。我国内蒙古一带的牧民,常用银碗盛马奶,可以长期保存而不变酸。这是由于有极少量的银以银离子的形式溶于水。银离子能杀菌,每升水中只要含有 2×10^{-11} g 的银离子,便足以使大多数细菌死亡。古埃及人在两千多年前,也已知道把银片覆盖在伤口上,进行杀菌。公元前338年,古代马其顿人征战希腊时,用银箔覆盖伤口来加速愈合;古代腓尼基人为了保鲜,在航海过程中用银质器皿盛水、酒、醋等液体;古代地中海居民把银币放入木水桶中,来阻止细菌、海藻等腐败微生物的生长;古希腊人用银器保存饮用水,防止细菌生长。在现代,人们用银丝织成银"纱布",包扎伤门,用来医治某些皮肤创伤或难治的溃疡。《本草纲目》中也有"银屑,安五脏,定心神,止惊悸,除邪气,久服轻身长年"的记载。

4.5.2　银应用于现代医学的形式

1884年,德国产科医生 F. Crede 把浓度为1%的硝酸银溶液滴入新生儿眼中,预防新生儿结膜炎导致的失明,使婴儿失明的发生率从10%降到了0.2%,直到今天,许多国家仍在使用 Crede 预防法;1893年,Nageli 经过系统的研究,首次报道了金属(尤其是银)对细菌和其他低等生物的致死效应,使银有可能成为一种消毒剂。从此,对银的利用进入了现代时期。到20世纪30年代已有多种银的单质和化合物用于抗菌治疗,如电解银、胶体银、硝酸银、蛋白银、磺胺嘧啶银等,取得良好的效果。

(1) 银盐:0.5%的硝酸银是治疗烧伤和创伤的标准溶液;10%~20%的硝酸银溶液涂抹,可以用于治疗宫颈糜烂。

(2) 磺胺嘧啶银:哥伦比亚大学 Charles 教授将银和磺胺嘧啶化合,产生了磺胺嘧啶银,其活性比单独的磺胺活性至少强50倍。1968年,磺胺嘧啶银(sulfadiazine silver)引入市场,由于它对各种细菌、真菌都有高效的杀灭作用，能够自然、无痛地对伤口部位进行完全修复，不用植皮，已成为治疗外伤（如烧伤）的重要药物。目前已被列入国家基本医疗保险药品目录。

（3）胶体银或银蛋白：是有效的局部抗感染物质，胶态银可以用于妇科洗涤消毒杀菌。

（4）镀银物质：银研究的创始人 Flick 博士开发了一种银的产品，即在绷带上涂一层银，作为敷料使用。受他的启发，人们利用银的抗菌性，陆续开发了镀银缝合线、镀银导管等。目前美国已有十几种含银产品，作为医疗器械获得了 FDA 的上市批准，包括银敷料、银凝胶、银粉末和其他类型的医疗产品。

后来由于抗菌素的发现和大量的临床推广使用，银的应用顿时减少。直到近些年来随着抗生素的大量应用所产生的越来越严重的耐药性、副作用，人们重新认识到银才是真正的广谱天然抗生素，它无耐药性、无毒、无过敏、无交叉药物干扰等优点再次引起人们的兴趣。大量研究发现，银之所以广谱杀菌而不伤害有益菌和正常细胞，是因为病原菌是单细胞微生物，它由呼吸酶来维持生存，银遇到呼吸酶与其结合，使细菌死亡。

银是微量元素，在前列腺中含量较高。银能促进免疫功能的提高（支持 T 细胞对抗外来物），所以银不但杀菌，还能有利于细胞生长，伤口愈合。正常人银的需求量是 0.1 mg/d（锌是 100 mg/d，镁是 350 mg/d），而银在食物中是很少含有的。

随着现代纳米技术的发展，给银的应用开辟了更广阔的前景。纳米银是将天然物质金属银用现代高科技纳米技术加工成的极微小颗粒，在发挥银的抗菌功效的同时，由于颗粒极微小，表面积较大，具有超强的活性及更强的组织渗透性，其杀菌作用是普通银的数百倍。纳米银抗菌剂已广泛用于治疗烧烫伤、创伤、感染、化脓、痤疮、皮肤病、妇科疾病等细菌、真菌引起的疾病，实现了真正不含抗生素的长效广谱抗菌功效。其无毒、无味、无刺激、无过敏反应，且不会引起细菌的耐药性，是纯粹的绿色医用抗菌产品。纳米银产品的成功开发和临床推广，必将改变整个世界的抗感染药物史，从根本上改变滥用抗生素的现状。

4.5.3　纳米银的抗菌特点

（1）广谱抗菌。纳米银颗粒直接进入菌体后迅速与氧代谢酶的巯基（—SH）结合，使菌体窒息而死的独特作用机制，可杀死与其接触的大多数细菌、真菌、霉菌、孢子等微生物。它对耐药病原菌如耐药大肠杆菌、耐药金葡萄球菌、耐药绿脓杆菌、化脓链球菌、耐药肠球菌、厌氧菌等有全面的抗菌活性；对烧烫伤及创伤表面常见的细菌如金黄色葡萄球菌、大肠杆菌、绿脓杆菌、白色念珠菌及其他 G^+、G^- 性致病菌都有杀菌作用；对沙眼衣原体、引起性传播性疾病的淋球菌也有强大的杀菌作用。一种抗生素能杀灭大约 6 种病原体，而纳米银可杀灭数百种致病微生物。杀灭细菌、真菌、滴虫、支/衣原体、淋球菌，杀菌作用强，对抗菌素耐药菌有同样杀灭作用。

（2）强效杀菌。纳米银可在数分钟内杀死 650 多种细菌。纳米银颗粒与病原菌的细胞壁/膜结合后，能直接进入菌体、迅速与氧代谢酶的巯基（—SH）结合，使酶失活，阻断菌体代谢使其窒息而死；纳米银可以和致病菌或孢子中的 DNA 结合，导致 DNA 结构变性，抑制其复制，使致病菌失活；纳米银可以使菌体胞浆内线粒体膜通透性改变，加速菌体的灭活。独特的杀菌机理，使得纳米银在低浓度就可迅速杀死致病菌。

（3）渗透性强。人体体表组织布满了孔道（汗孔、毛孔等），是体外给药时的重要通道，其直径一般是微米级（10^{-6} m）的，药物成分的颗粒粒径必须显著地小于孔道直径，才可以畅通无阻的进入人体。普通的外用药物制剂的颗粒直径一般是微米级（10^{-6} m）的，存在皮肤屏障，因此很难迅速渗透表皮到达病灶。而纳米银颗粒（10^{-9} m）具有超强的渗透性，可迅速渗入皮下 2 mm 杀菌，对普通细菌、顽固细菌、耐药细菌以及真菌引起的较深处的组织感染均有良好的杀菌作用。

(4) 修复再生。纳米银和锌离子之间的交换机制,可减少伤口表面锌离子,进而促进钙离子的释放,增加伤口表面钙离子,促进创口的上皮细胞再生,具有生肌、收敛、促进组织修复与再生的作用,加速创面和糜烂面的恢复,避免疤痕的生成。

(5) 抗菌持久。纳米银颗粒利用专利技术生产,外有一层保护膜,在人体内能逐渐释放,所以抗菌效果持久。

(6) 安全无毒。《本草纲目》中记载生银,无毒;美国公共卫生局1990年《关于银毒性的调查报告》中说明银对人体无明显毒副作用;纳米银是局部用药,银含量少,是最安全的用药方式。经试验考察发现小鼠在口服最大耐受量925 mg/kg,即相当于临床使用剂量的4625倍时,无任何毒性反应,在兔的皮肤刺激实验中,也没有发现任何刺激反应。

(7) 无耐药性。纳米银属于非抗菌素杀菌剂,它能杀灭各种致病微生物,比抗菌素更强,10 nm大小的纳米银颗粒有独特的抗菌机理,可迅速直接杀死细菌,使其丧失繁殖能力,因此,无法生产耐药性的下一代,能有效避免因耐药性而导致反复发作久治不愈。

图4-15是纳米银的抗菌特点汇总图。

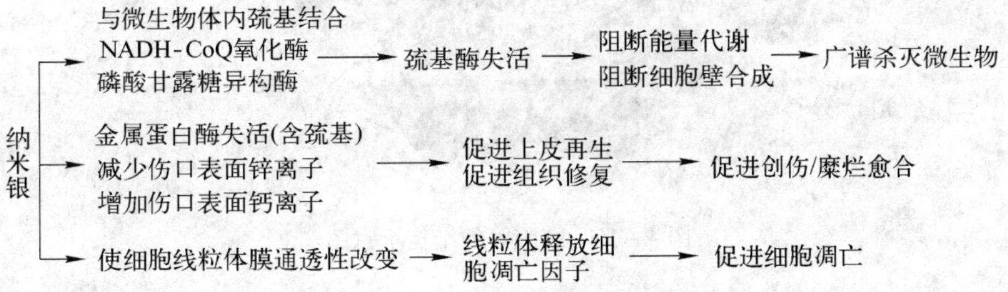

图4-15 纳米银的抗菌特点

4.5.4 纳米银的抗菌机理

纳米载银抗菌材料(包括载银硅酸盐和载银磷酸盐等)的抗菌机理与无机银系的抗菌机理类似,主要依赖于银元素的强抗菌活性[80~82]。关于纳米级的载银抗菌剂具有的特别抗菌机理的研究,目前未见报道,但纳米级载银材料确实具有更好的抗菌效果。刘维良[82]把含微米磷酸三钙载银抗菌剂(平均粒径为1.3 μm)的釉料与含纳米磷酸锆载银抗菌剂(平均粒径为97.8 nm)的釉料(其中抗菌剂的质量分数都为2%)进行了抗菌效果比较实验,结果表明:纳米级抗菌剂的最小抑菌浓度只有微米级的最小抑菌浓度的1/4(实验菌种选取的是大肠杆菌、葡萄球菌、白色念珠菌)。由于载体纳米化,抗菌材料具有更大表面积,对微生物有更强的吸附作用,从而可以有更好的抗菌效果。

众所周知,金属离子杀灭、抑制细菌的活性由大到小的顺序为:Hg、Ag、Cu、Cd、Cr、Ni、Pd、Co、Zn、Fe。而其中的Hg、Cd、Pb和Cr等毒性较大,实际上用作金属杀菌剂的金属只有Ag、Cu和Zn。其中银的杀菌能力最强,其杀菌能力是锌的1000倍,因而目前研究最多的是含银离子的抗菌剂。银离子有破坏细菌、病毒的呼吸功能和分裂细胞的功能。银的优良抗菌特性使其具有成为抗菌材料的潜力。目前,银离子的抗菌机理主要有两种假说。

4.5.4.1 缓释接触反应说

含银抗菌材料中的银离子因化学性质活泼而保持相当高的活性,并可从无机物载体中缓慢释放、游离至基体材料的表面。而细菌的细胞膜的主要构成成分是磷脂分子和蛋白质,磷脂分子中的磷酸根带有负电荷,这使得细菌的细胞膜带有负电,如图4-16所示。因此,带正电的银离子能迅速同接触到的细菌细胞膜及膜蛋白质结合，进而与细菌体内带负电的活性酶产生库仑引力而强烈吸附，并与酶蛋白中的活性基团—SH发生作用，使蛋白质凝固，从而可破坏细胞合成酶的活性，使细胞丧失分裂增殖的能力而死亡，细菌死亡后，银离子又会从细菌尸体中游离出来，再和其他细菌结合，因此可使抗菌材料抗菌性能长效。反应过程通常表示为：

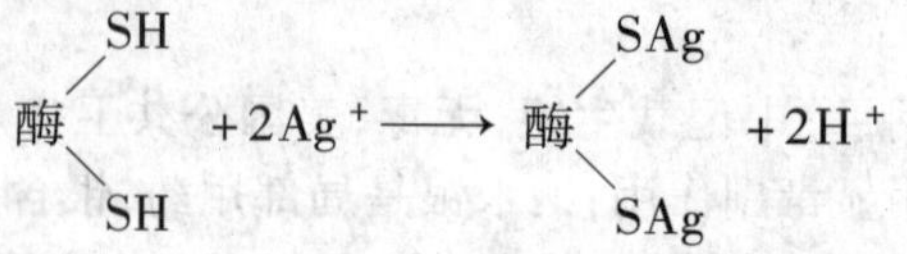

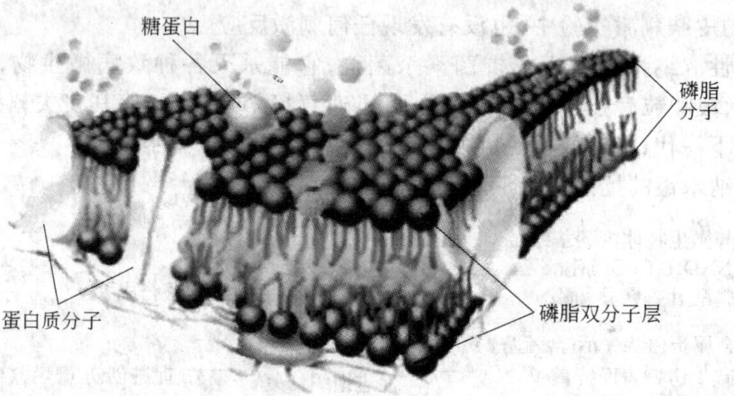

图 4 – 16　细胞膜的结构示意图

4.5.4.2　活性氧催化反应说

在光的作用下，抗菌材料中分布的微量银离子可激活空气或者水中的氧，产生羟基自由基（·OH）及活性氧离子 O^{2-}，活性氧离子 O^{2-} 有极强的化学活性，能与细菌及多种有机物发生氧化反应，如这些活性氧可以导致DNA链中的碱基之间的磷酸二酯键的断裂，引起DNA分子单股或双股断裂，破坏DNA双螺旋结构，从而破坏微生物细胞的DNA复制而紊乱细胞的代谢，起到抑制或杀灭细菌的作用。银离子的光催化过程如下：

$$Ag^{+} + H_2O \xrightarrow{h\nu} Ag + H^{+} + \cdot OH$$

$$Ag_n \xrightarrow{h\nu} Ag^{+} + Ag_{n-1} + e^{-}$$

$$e^{-} + O_2 \xrightarrow{h\nu} O_2^{-}$$

银离子杀菌将以何种机理进行，目前并无定论。一般认为，在通常的情况下，以第一种杀菌机理为主，光催化过程也起到一定的作用。

4.5.5　含银无机抗菌材料的种类

4.5.5.1　载银离子型无机抗菌材料[83]

离子型无机抗菌材料是指通过物理吸附或离子交换吸附作用等方法，将银、铜、锌等抗菌金属离子负载于沸石、硅胶、羟基磷灰石、蒙脱石等硅酸盐或磷酸盐类多孔无机物的载体中，并通过抗菌金属离子的缓释抗菌而得到的一类抗菌材料。此类抗菌材料一般由于载体材料的稳定性、安全性、耐热性等优异性能而具有安全性高、耐热性好、有效期长、持续性好以及抗菌谱广等特点，因而可有效地应用于家用电器、建筑材料、陶瓷、涂料和纤维制品等人们日常接触的物品中。

日本在无机抗菌剂的开发和应用方面居国际领先地位，1983 年由品川燃料首先推出的无机抗菌剂 Zeoomic 即是以合成沸石为载体的、以银等金属离子为抗菌成分的银离子型无机抗菌剂。紧接着，东亚合成、锺纺和松下等也相继推出了含银离子型无机抗菌剂，目前这几大制造商均以其含银离子型无机抗菌剂为主导产品而占有了整个日本无机抗菌剂市场的 80% 以上。欧美以前一直以研制有机抗菌剂为主，但近年来一些跨国公司如 Ciba、Dupont 等公司也推出了无机抗菌剂产品，美国 Sanegroup 公司生产的含银离子型无机抗菌剂 APACI-AER 具有不溶于水、不挥发、无毒、耐高温等性能，当与合成纤维、合成树脂、陶瓷等混合加热成形时，制品不变质、不发黄，耐热性高达 1200℃，这是其他抗菌剂难以比拟的。这几年我国在含银无机抗菌剂的研发和应用方面发展势头良好，中国科学院化学研究所国家工程塑料工程中心研制的含银离子型抗菌剂不仅能够经受塑料加工过程中的高温高剪切条件，并且解决了国际上一直难以解决的银系抗菌剂色变问题。

4.5.5.2 含银光催化抗菌材料[83]

半导体光催化材料在光特别是紫外光的照射下可产生电子（或空穴）的迁移，光生电子和空穴具有很强的氧化还原性，能够使细胞核被氧化（或还原）分解。光催化剂是光催化的源泉，科学家发现，少数半导体光催化剂具有自洁、灭菌、去污、除臭等功能。目前普遍认为 n 型半导体材料如 TiO_2、ZnO、CdO 等作光催化抗菌材料较为合适，其中锐钛矿结构的 TiO_2 以其活性高、稳定性好、对人体无害的特性而引起人们的较多关注。

戴晋明等[84]的研究表明：银离子掺杂的纳米 TiO_2 复合材料不需紫外光照射即具有较强的抗菌性能。其作用原理是该复合材料综合了纳米 TiO_2 的微孔结构对细菌的吸附作用和银离子的抗菌作用。Ag^+ 沉积到纳米 TiO_2 表面，一方面降低了 TiO_2 光生电子跃迁的禁带宽度，产生并强化电子—空穴对陷阱，从而促进了 TiO_2 光催化活性；另一方面使光催化抗菌材料不仅在紫外光照射时有较强的光催化抗菌性能，在室内自然光、日光灯甚至黑暗处的微光时也有较明显的光催化抗菌效果，这种抗菌材料可以应用到无灯照射的暗仓或封闭层内的微光场合，不受光源的限制，因而可大大拓宽其应用领域。因含银光催化抗菌材料能够杀死多种细菌和有效降解污染物，其杀菌和降解产物为水和二氧化碳等无害物质，故此类新型抗菌材料可应用于污水处理、空气净化、抗菌防臭、表面防污自洁和饮水处理等领域。

需要指出的是，TiO_2 本身并非抗菌材料，在灭菌防污过程中，它仅仅起到光催化作用，而 Ag^+ 同时具有抗菌和提高光催化活性的作用。

4.5.5.3 纳米银抗菌材料[83]

纳米银粒子具有优异的抗菌活性。美国 Smith & Nephew 公司生产的纳米银织物，商品名 Acticoat，其抗菌性能高于可溶性银离子，将其用作控制烧伤、烫伤感染的药物效果良好。英国公司生产的 Colag8000 抗菌剂则是用比纳米银粒稍粗些的胶态银作抗菌成分，治疗各类烧伤、各类致病菌引起的疾病效果颇佳[85]。郭立俊等[86]利用化学还原法制备了纳米级胶态银，并通过研究纳米银粒子与吸附质间的相互作用探讨了银纳米粒子表面的结构与性质，结果表明，纳米银粒子表面存在一定量的活性位，银粒子主要通过这些活性位与外来吸附质发生相互作用。俄罗斯电化学研究所的专家研制出了含有纳米级银粒的涂料，这种涂料涂在钢板上可以有效杀死附着在钢板表面的多种病菌，在漆、颜料、珐琅等涂料中加入这种银粒，便可获得杀菌的特性。

Neill 等利用纳米银技术，将纳米级银以医用无菌纱布为载体制作成抗感染敷料，病人使用这种敷料后，创面分泌物明显减少，创面分泌物持续时间也明显缩短，创面干燥迅速，未发现全身及局部不良反应。研究结果证实：这种敷料能够在 1～2 h 之内将一般细菌杀死，不仅能明显减轻创面局部感染，同时能改善创面局部的微循环，从而间接地促进创面愈合，缩短愈合时间。

4.5.6 含银无机抗菌材料的发展方向

(1) 载体纳米化[83]。载银离子型无机抗菌剂的载体对其使用性能的发挥具有至关重要的作用，含银离子型无机抗菌剂的载体一般均可用作增加基体材料强韧性、耐磨性等的辅料使用，载体颗粒纳米化，一方面可改善或改变其在基体中的分散性，另一方面也可改善其与基体材料之间的相容性。载体纳米化还可以提高微粒的表面活性，同时由于其较大的比表面积，其能够更好更多地吸附银离子，从而可减少抗菌剂的添加量，有效控制缓释速度，达到降低产品成本、提高使用性能的目的[87]。

(2) 载体的多样化[83]。含银无机抗菌剂的载体种类越来越多，随着现代科学技术的发展，新材料不断涌现，它们所表现出来的奇特物理化学特性为人们设计新产品及传统产品的改造提供了新的机遇。预计在21世纪，兼有抗菌和多种功能复合的材料将得到大力发展，这些新材料多是以原来材料为载体，外加变价稀土元素、光催化剂、有机抗菌剂、辐射远红外线功能等添加剂来增效，提高材料及其制品的抗菌和生态健康等功能。

(3) 抗菌剂微结构的组装化[83]。人们对抗菌剂的要求除了抗菌性能之外，还要具备低毒性、耐热性、长效性、易分散性等，以及对环境的清洁、净化、自洁等功能，而无机抗菌功能材料正由原来主要用于食品和医疗方面向日常生活用品和建筑材料的无机抗菌、空气净化等生态健康功能方向发展。那么就要求将具备各种不同性能的材料在微观尺度上形成自组装体系，使其形成一个复杂的协同作用的整体，才能确保各项功能的实现[88]。经组装的抗菌材料可以获得多功能性能和低成本的优点，因此将会成为抗菌产品另一个重要的发展方向。

4.5.7 纳米银抗菌剂的应用情况

4.5.7.1 纳米银抗菌剂在医药行业中的应用[89]

银离子强烈杀菌，在所有金属中其杀菌活性名列第一（汞名列第一，但有毒，现已不用）。银离子对12种革兰氏阴性菌、8种革兰氏阳性菌、6种霉菌均有强烈的杀灭作用。然而，纳米银粒的抗菌性能远远大于传统的银离子杀菌剂，如硝酸银和磺胺嘧啶银，如图4－17所示。由图可知，纳米银粒对致病的杆菌、球菌、GL菌的杀灭作用较硝酸银和磺胺嘧啶银强得多。纳米银粒抗菌剂使用场合之一是作抗菌织物，如抗菌纱布，用于治疗烧伤、烫伤，用作外科手术纱布。用于治疗烧伤时在30 min内可分裂、可引起烧伤感染的各类细菌，其抗菌效果可持续3天。其控制烧伤感染的功能比现在临床使用的磺胺嘧啶银、诺氟沙星银要好得多。用作“创可贴”效果也十分好。

此外，日本人还制造出近纳米级银粒不锈钢医疗器械，如抗菌不锈钢夹子、抗菌不锈钢刀具、抗菌把手等。其制法是在1%的乳酸银水溶液中加0.5%表面活性剂，再将不锈钢夹子浸渍在上述乳酸银水溶液中，取出夹子，在室温下干燥，在400℃下热处理30 min，酸洗后得载银抗菌不锈钢夹子。经分析，在不锈钢夹的表面有约2000 mg/kg纳米银，深度约20 μm。用类似方法制出抗菌钢刀、抗菌把手等。其抗菌效果见表4－6。结果表明，表面含纳米银粒的不锈钢夹、钢刀和镀镍铬把手，具有优异的抗菌性能，当细菌与上述试验物体接触24 h后，不锈钢夹等表面残留细菌小于5 cfu/25 cm^2，即99.999%的细菌被杀灭。用类似方法可制出抗菌医疗器械，如手术刀、手术针、钳、盘子等；抗菌厨房用具，如刀、勺、铲等；建材用器，如不锈钢洗手池等；日用品，如抗菌杯等。

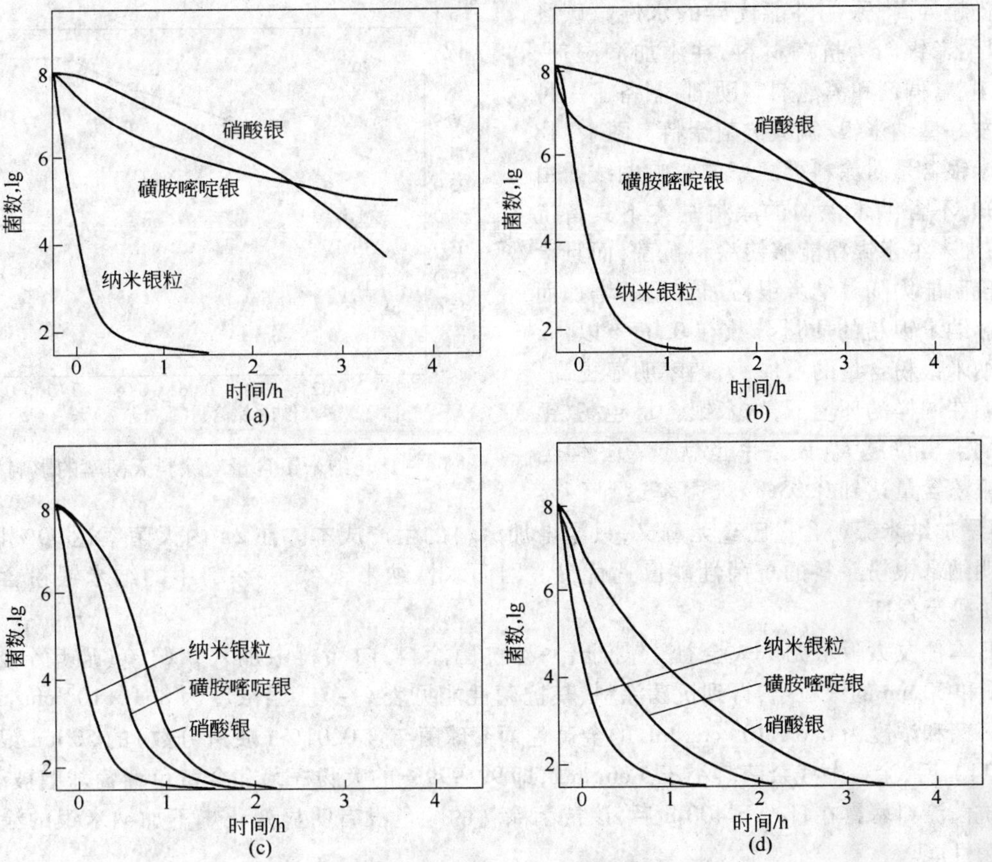

图 4-17 纳米银粒、磺胺嘧啶银和硝酸银杀菌作用比较
(a) 对大肠杆菌的杀灭作用;(b) 对金黄葡萄球菌的杀灭作用;
(c) 对绿浓菌的杀灭作用;(d) 对制假丝菌的杀灭作用

表 4-6 抗菌不锈钢夹、钢刀和镍铬把手的抗菌试验

试验物体	大肠杆菌	金黄色葡萄球菌
	cfu/25 cm^2	
传统不锈钢夹	1.4×10^7	3.8×10^5
含银抗菌不锈钢夹	<5	<5
传统钢刀	2.6×10^7	1.5×10^5
含银抗菌刀	<5	<5
镀镍铬把手	4.4×10^5	5.2×10^4
含银镀镍铬把手	<5	<5

4.5.7.2 纳米银抗菌剂在涂料行业中的应用

随着涂料行业对挥发性有害有机化合物含量的控制愈加严格,涂料水性化趋势越来越明显。如果涂膜表面存在有害微生物,与人体接触后,还会传染各种疾病,威胁人体健康。因此,在涂料中加入少量纳米银粉,使其具有抗菌性能具有实用意义。目前,国内外已将纳米银分散于涂料中制备出具有抗菌功能的涂料产品。

杨超等[90]采用性能优异的水性氟碳乳液，以纳米银粉为抗菌材料，并添加润湿剂、分散剂、增稠剂和消泡剂等助剂，制备了一种环境友好型纳米银/氟碳抗菌涂料。图 4－18 为纳米银含量对涂料灭菌率的影响曲线。由图可知，不含纳米银粉的涂料基本不具备抗菌性；加入纳米银粉能够使涂料抗菌，而且涂料的抗菌能力随着纳米银粉加入量的增加而增大。纳米银粉的质量分数在 0.03% 以内，随着纳米银粉含量的增加，灭菌率明显提高，这说明在同样的环境下，纳米银含量越高，银离子的溶出量越大，灭菌率也就越高。但当纳米银粉含量达到 0.03%、灭菌率达到 94% 后，再增加纳米银粉含量已毫无意义，只会增加涂料的生产成本。在 2h 内灭菌率达 90% 以上，这说明纳米银粉涂料的抗菌性能已达优良。因而水性纳米银/氟碳涂料中的纳米银粉含量以 0.03% 较为合适。

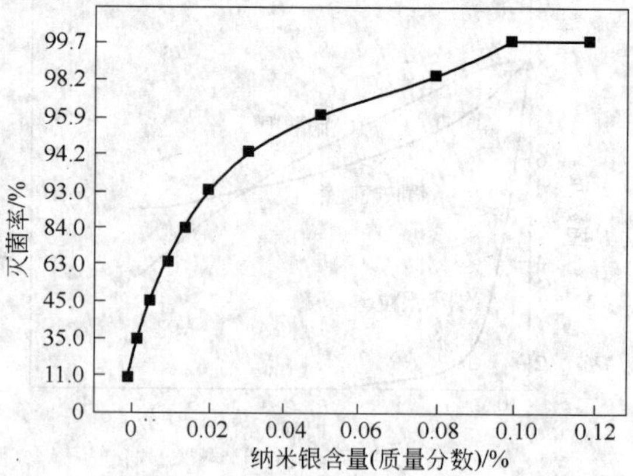

图 4－18　纳米银含量对涂料灭菌率的影响

日本住友大阪水泥株式会社[89]推出一种抗菌涂料，向涂料中加入 0.01%（质量分数）的 20 nm 和 50 nm 的银粒子，得到抗菌涂料，其抗菌性能见表 4－7。当浓度为 8.4×10^5 cfu/mL 的大肠杆菌和浓度为 6.6×10^5 cfu/mL 的金黄色葡萄球菌与含 0.01%（质量分数）的 50 nm 银涂料接触 24 h 后，涂料中残余菌落小于 5 cfu/mL，即 99.999% 的大肠杆菌和金黄色葡萄球菌被杀灭。将该抗菌涂料暴露在日光下 400 h 后，该抗菌涂料的颜色没有明显变化。不加纳米银的涂料则无抗菌性能。

表 4－7　含纳米银涂料的抗菌性能

含银粒涂料	菌　种	未与涂料接触	与涂料接触 24 h
		cfu/mL	
含 0.01%、50 nm 银粒涂料	大肠杆菌	8.4×10^5	<5
	金黄色葡萄球菌	6.6×10^5	<5
含 0.01%、20 nm 银粒涂料	大肠杆菌	2.3×10^5	<5
	金黄色葡萄球菌	4.5×10^5	<5
不含银涂料	大肠杆菌	8.4×10^5	2.7×10^5
	金黄色葡萄球菌	6.6×10^5	2.3×10^5

4.5.7.3　纳米银抗菌剂在水行业中的应用

将纳米银吸着在 100～260 m^2/g 比表面的活性氧化铝上，用这种抗菌材料处理饮水、游泳池水、热水管水和工业循环水，可有效地杀灭致病细菌。结果见表 4－8[89]。

当用含银 2.0%（质量分数）的氧化铝处理饮水时，水中含 Ag^+ 为 0.01 mg/L，此时可将水中大肠杆菌杀灭至达到饮水要求，但水中氧含量要大于 1 mg/L。中科院水质研究人员用 0.1～50 μg/L 胶态银活化饮水和矿化水，将水中细菌保持饮水标准，且水中含银量符合世界卫生组织饮水标准。

表 4-8 载银氧化铝处理饮水效果

项目	水池入口	水池出口(经处理后水)
	大肠杆菌/cfu·(100 mL)$^{-1}$	
室温下水中含氧	420	17
25℃水中饱和含氧水(O_2 4.1 mg/L)	420	2
25℃缺氧水(O_2 <1.0 mg/L)	420	75

4.5.7.4 纳米银抗菌剂在纺织行业中的应用

织物抗菌性的优劣决定于有效抗菌组分银的含量。吴亚容[91]选用含纳米银抗菌剂对棉织物进行抗菌整理,分别采用两种方法:一种是先制备纳米银溶胶,并将其应用于织物整理;另一种是采用在位还原法进行织物银抗菌整理。结果表明,将纳米银溶胶用于织物抗菌整理可以达到很好的效果,经过10次洗涤后织物上银含量保留率在81%以上;当处理织物上银含量为62 μg/g左右时,织物抑菌率可以达到99.9%。

邵明等[92]人采用浸渍法以不同浓度的纳米银分散液处理棉织物,分别测定处理织物对不同菌种的抗菌效果,结果如图4-19所示。由图可知,棉织物上纳米银含量在74~82 mg/kg范围时,抗菌效率随银含量的增加而增大,且增长速率逐渐趋于平缓。织物上银含量大于82 mg/kg时,对两种细菌的抗菌效率均达到98%以上。此外,织物上银含量相同时,其对金黄色葡萄球菌的抗菌效率高于对大肠杆菌的抗菌效率。

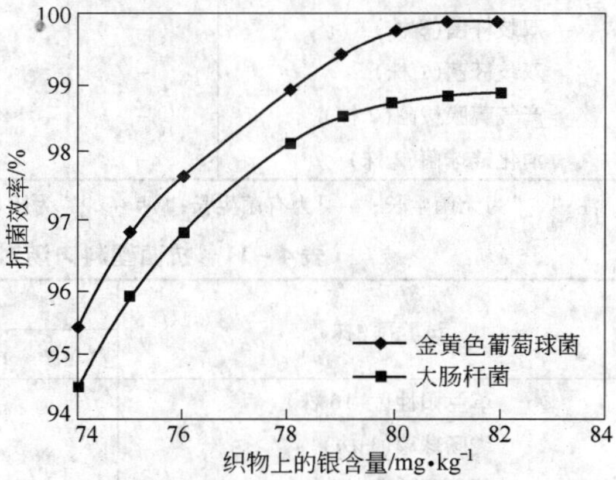

图 4-19 棉织物上的银含量与抗菌效率的关系

4.5.7.5 纳米银抗菌剂在塑料行业中的应用

马楠等人[93]将载有银和铜等金属离子的沸石、二氧化钛与聚乙烯塑料整合成抗菌塑料,采用浓度梯度稀释法,观察了纳米抗菌塑料颗粒混悬液抗菌作用。结果表明,纳米抗菌塑料颗粒混悬液对医院感染常见的14株革兰阳性菌和37株革兰阴性菌的抑菌浓度均不大于100 mg/L(见表4-9)。含20 g/L纳米抗菌塑料颗粒的肉汤培养基可使其中含10^5~10^8 cfu/mL浓度的细菌起到抑制作用。纳米抗菌塑料颗粒混悬液对33株含量为10^8 cfu/mL厌氧菌的抑菌浓度为1~20 g/L(见表4-10);含20 g/L纳米抗菌塑料颗粒硫乙醇酸盐肉汤培养基对含菌量为10^5~10^8 cfu/mL浓度的33株厌氧菌起到抑制作用(见表4-11)。因此,该抗菌塑料对医院感染常见的革兰阳性菌、革兰阴性菌以及厌氧菌均有较强的抑制作用。

表 4-9 纳米抗菌塑料对需氧菌抑菌浓度试验结果

试验菌(株)	抗菌塑料不同浓度(mg/L)细菌生长情况				阳性对照
	2000	1000	500	100	
革兰阳性菌(14株)	-	-	-	-	+ + +
革兰阴性菌(37株)	-	-	-	-	+ + +

注:“-”为无菌生长;“+ + +”为阳性对照。

表4-10 纳米抗菌塑料对厌氧菌抑菌浓度试验结果

试验菌(株)	抗菌塑料不同浓度(g/L)细菌生长情况				阳性对照
	20	10	5	1	
类杆菌(3株)	-	-	-	-	+++
脆弱类杆菌(1株)	-	-	-	+	+++
具核梭杆菌(1株)	-	+	+	+	+++
梭杆菌(1株)	-	-	+	+	+++
普雷沃氏菌等(5株)	-	-	-	-	+++
韦荣氏球菌(1株)	-	-	-	+	+++
迟缓真杆菌(1株)	-	+	+	+	+++
真杆菌(1株)	-	-	+	+	+++
痤疱丙酸杆菌(2株)	-	-	-	-	+++
嗜酸乳杆菌(2株)	-	+	+	+	+++
乳杆菌(1株)	-	-	+	+	+++
干酪乳杆菌(1株)	-	-	-	+	+++
双歧杆菌(8株)	-	-	-	+	+++
双歧杆菌(1株)	-	-	-	-	+++
产气荚膜梭菌(2株)	-	+	+	+	+++
消化链球菌(2株)	-	-	-	-	+++

注:"-"为无菌生长;"+"为有菌生长;"+ + +"为阳性对照。

表4-11 抗菌塑料肉汤对不同浓度细菌的抗菌效果

试验菌(株)	不同浓度(cfu/mL)细菌生长情况		
	10^8	10^7	10^5
革兰阳性菌(16株)	-	-	-
粪肠球菌(1株)	+	-	-
革兰阴性菌(27株)	-	-	-
革兰阴性菌(8株)	+	+	-
厌氧菌(33株)	-	-	-

注:"-"为无菌生长;"+"为有菌生长。各组阳性对照细菌均生长良好。

4.5.7.6 纳米银抗菌剂在制革行业中的应用

在皮革行业中,防霉抗菌问题一直未能得到很好解决,制革者多使用有机抗菌材料。但这类抗菌剂一般耐热性、稳定性较差,具有一定的毒性、易渗出、容易被人体摄入、使用寿命短,不适用于与人体亲密接触的革制品。因而抗菌性能好、高效广谱的无机纳米抗菌剂是一个重要的发展方向。

银离子的广谱抗菌作用已广为人知,并得到了广泛应用。在皮革湿加工过程中,可以通过某种手段,如辐射、加热、光照、水解、气体反应等,使银离子在皮纤维间隙中发生原位还原反应生成纳米银粒子,这样得到的纳米银粒均一地分散并沉积在皮革纤维间隙中。此时,蛋白质纤维具有控制纳米颗粒直径和稳定纳米颗粒,防止其发生团聚的作用。沉积在纤维间的纳米银粒就可杀死细菌等微生物,起到抗菌防霉作用[79]。

4.6 纳米铁在磁记录材料中的应用

磁记录在当今信息化时代得到了极其广泛的应用,如用在录音、录像、录码等信息记录、储存和运算中等。磁记录正朝大容量、高密度以及微型化方向发展，对颗粒磁记录介质的要求是高矫顽力、高取向性和小尺寸。纳米磁性材料由于尺寸小，具有单磁畴结构、矫顽力高的特性，用它制作磁记录材料可以大大提高信噪比，改善图像质量，达到记录高密度化，而且记录密度比 γ-Fe_2O_3 高几十倍。

4.6.1 物质磁性的本质

磁性是自然界的基本属性之一。现已证明，大到人类居住的地球、太阳、太阳系、星系、星系团、超星系团……乃至整个宇宙空间，小至物质的分子、原子、原子核、电子、夸克，即从空间尺度上看，从 200 亿光年至 10^{-17} cm 范围内都有磁性或磁场存在。地球表面磁场为 10^{-5} T，太阳系的行星际磁场为 10^{-9} T，太阳表面磁场为 10^{-4} T，恒星际磁场为 10^{-10} T，星系际磁场为 10^{-12} T 等；宇宙学研究还表明恒星演化到晚期，密度很高的白矮星和脉冲星的磁场已分别增至 $10^2 \sim 10^3$ T 和 $10^8 \sim 10^9$ T。

物质的磁性来源于组成物质中原子的磁性，原子的总磁矩是按照原子结构和量子力学规律将原子中各个电子的轨道磁矩和自旋磁矩相加起来的合磁矩。组成宏观物质的原子有两类：一类原子中的电子数为偶数，即电子成对地存在于原子中，这些成对电子的自旋磁矩和轨道磁矩方向相反而互相抵消，使原子中的电子总磁矩为零，整个原子就好像没有磁矩一样，称之为非磁原子；另一类原子中的电子数为奇数，或者虽为偶数但其磁矩由于一些特殊原因而没有完全抵消，使原子中电子的总磁矩（也叫净磁矩，剩余磁矩）不为零，带有电子剩余磁矩的原子称为磁性原子。

物质的磁性可以分为抗磁性、顺磁性、铁磁性、亚铁磁性和反铁磁性。永磁材料（硬磁材料）是经外磁场磁化去掉磁场后，能长时间保留其较高剩余磁化强度且不易受外界干扰的强磁材料，主要用来提供一个稳定的有一定强度和分布的磁场。而软磁材料则是矫顽力很低，既容易被外场磁化，又容易退磁的强磁材料，主要用于电磁能的转换[94,95]。

4.6.2 磁记录的过程

磁记录主要有存储装置和写入、读出设备。存储装置是用永磁材料制成的设备，包括磁头和磁记录介质。在写入过程中，磁头将电信号转变为磁场，而在读出过程中，磁头又将磁记录介质的磁场转变为电信号。磁记录介质主要指内存、外存、磁盘和磁带等。

4.6.3 纳米磁性材料的介观磁性

纳米磁性材料是指材料尺寸线度在纳米级（1 ~ 100 nm）的准零维超细微粉、二维超薄膜或一维超细纤维（丝）或由它们组成的固态或液态磁性材料。纳米磁性材料是纳米材料的一个重要门类，除在物理、化学方面具有纳米材料的介观特性外，还具有其特殊的磁性能——介观磁性，表现为：量子尺寸效应、超顺磁性、宏观量子隧道效应、磁有序颗粒的小尺寸效应等[96]。

(1) 量子尺寸效应。从固体能带理论可知，对于块状金属，其传导电子的能谱为准连续的能带。然而，当颗粒尺寸减小时，连续的能带将分裂为分立的能级。当能级的平均间距大于热能、磁能静电能、光子能、超导态的凝聚能时，就会产生异于宏观的效应，称为量子尺寸效应。对于磁性材料，如一般块体金属，其磁化率为常数，遵从泡利（pouli）磁化定律（磁化率与温度之间无依赖关系）。但在低温低磁场下，含奇数电子的纳米磁粉的磁化率都遵从居里 - 外斯（Cuire-Weiss）定律（磁化率与温度密切相关），而含偶数电子的纳米磁粉的磁化率都为零，这就是磁性量子尺寸效应。

（2）超顺磁性。由单畴磁粉构成的单畴磁性材料在一定临界线度以下和临界温度以上不会出现磁滞曲线现象，即剩余磁化强度（M_r）和矫顽力（H_c）都为零，而且不同温度下的磁化曲线（M-H 曲线）变换为 M/M_s-H/T 曲线时将互相重合。这与磁性原子、分子的顺磁性相似，故称之为超顺磁性。

（3）宏观量子隧道效应。由于量子力学的作用，一些宏观物体特别是纳米磁粉或薄膜中的微观粒子以隧道方式穿过能垒，从而导致磁化强度、磁通量等磁性的变化，这就是磁性的宏观量子隧道效应。例如镍（Ni）微粉在 4.2 K 时仍出现超顺磁性，Ni-Fe 金属薄膜的畴壁运动速度在一定温度下与温度无关等。

（4）磁有序颗粒的小尺寸效应。强磁性材料的磁畴结构与强磁体的形状、尺寸紧密相关。块状材料在零磁场和弱磁场中通常呈多畴状态以降低静磁能。当块状细分成颗粒时，若颗粒尺寸减小到某一临界尺寸，以致畴壁的增长大于静磁能的降低时，多畴态不复存在，整个颗粒即成为一个单畴体，从而获得最低能量的稳定结构。在单畴临界尺寸时，它的磁化过程完全由旋转磁化进行，矫顽力（H_c）达到极大值。例如 Fe-Co 合金、氮化铁（FeN）纳米强磁性颗粒为单畴临界时就具有很高的矫顽力。可用于制作磁性信号卡、磁性钥匙、阻尼器件和用于旋转密封、润滑、选矿等方面。

总之，由于纳米磁性微粒尺寸小、具有单畴磁结构、很高的 H_c 特性，用它做记录材料可提高信噪比，改善图像质量。日本松下电器公司已制成纳米微粉录像带，它具有图像清晰、信噪比大、失真十分小的优点。

按照纳米磁性材料结构成分分，主要有金属和铁氧体两大类别，其中以金属纳米磁性材料研究最为活跃，如纳米铁、纳米钴、纳米镍等。

4.6.4　纳米铁磁性材料的特性和应用领域

大块纯铁的磁矫顽力约为 80 A/m，当颗粒尺寸减小到 20 nm 以下如 16 nm 时，矫顽力增加 1000 倍；颗粒尺寸减小到约小于 6 nm 时，矫顽力反而降低到零，呈现出超顺磁性。因此，可以利用纳米铁磁性颗粒高矫顽力的特性制成高储存密度的磁记录磁粉，应用于磁带、磁盘、磁卡以及磁性钥匙等。此外，也可利用 6 nm 以下纳米铁磁性颗粒的超顺磁性，将磁性纳米颗粒制成用途广泛的磁性液体。特别需要指出的是，人们正在研制的铁纳米线有序阵列呈现出高度的磁各向异性，如铁纳米线在平行于纳米线轴的方向的矫顽力为 2259Oe，垂直于纳米线方向的矫顽力为 347Oe（见图4－20）[97]，适合于垂直磁记录介质。

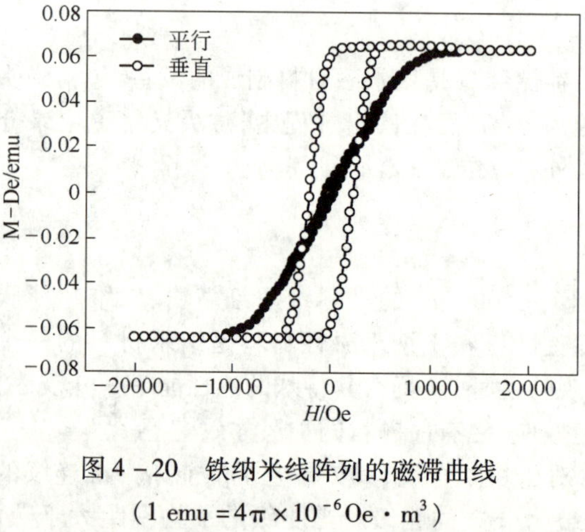

图 4－20　铁纳米线阵列的磁滞曲线

（$1\ emu = 4\pi \times 10^{-6}\ Oe \cdot m^3$）

4.7　纳米氧化锌在紫外屏蔽剂中的应用

氧化锌有优良的光学、电学、化学和生物等多种效应，因而被广泛应用于医药、纺织、化工、电子等行业。纳米氧化锌更具有奇特的性质，在上述领域内的功能得到进一步的开拓和改进。阳光中的紫外线是世间万物赖以生存、生长不可缺少的重要物质。适量的紫外线照射能杀死或抑制皮肤表面的细菌,促进皮肤中的脱氢胆固醇转化为维生素 D,还能增强人体的抗病能力,促进人体的新陈代谢,对人体的生长发育有重要作用。但是过量的紫外线照射却有不利的一面:它可以加速皮肤老化并可导致各种皮肤问题,甚至引发皮肤癌,威胁人体健康;也可破坏聚合物的化学键,引发有机物的自动氧化,导致一些生活用品过快老化和损坏。近年来随大气臭氧层的破坏,到达地面的紫外线强度增加,对人类危害越来越严重。在美国,每年就有 50 万个皮肤癌患者,其中受紫外线影响的在 90% 以上,可见防护紫外线已是极其迫切的问题。为此,美国近年来推出了防晒化妆品和纺织品,纳米氧化锌是其重要的原材料。氧化锌的禁带宽度为 3.2 eV,它所对应的吸收波长为 388 nm,由于量子尺寸效应,粒度为 10 nm 时,禁带宽度增加到 4.5 eV,因此它不仅能吸收紫外波长 320 ~ 400 nm,而且对紫外中波 280 ~ 320 nm 也有很强的吸收能力,因此它是一种很好的紫外屏蔽剂,可用于化妆品中。又由于它是无机物,具有无毒、无刺激、不分解、不变质、热稳定性好而备受青睐。本节着重介绍纳米氧化锌在紫外屏蔽剂中的基本应用情况。

4.7.1　太阳紫外线辐射及其生物效应

4.7.1.1　紫外辐射的基本概念[98]

紫外(UV)辐射在太阳辐射光谱中的谱区为 100 ~ 400 nm,其能量仅占太阳辐射总量的 8%。按照不同波长紫外线所起的生物作用,可分为三部分:紫外线 A 段(UVA),波长 320 ~ 400 nm,约占太阳辐射总量的 6%,这部分生物作用较弱,主要是色素沉着作用;紫外线 B 段(UVB),波长 290 ~ 320 nm,约占太阳辐射总量的 1.5%,此段对人体影响较大,主要作用是抗佝偻病和红斑作用,是引起皮肤癌、白内障、免疫系统能力下降的主要原因之一;紫外线 C 段(UVC),波长 100 ~ 290 nm, 约占太阳辐射总量的 0.5%,由于几乎完全被臭氧层吸收而极少到达地面。

4.7.1.2　紫外线辐射的生物效应[98]

尽管 UV 辐射所占的太阳辐射能量比例较少,但由于其光量子能量较高,所产生的光化学作用和生物学效应十分显著,对地球气候、生态环境及人类健康具有重要的影响。紫外线的生物效应有下列几个方面:

(1) 红斑作用。皮肤经紫外线照射后,经过一定时间,皮肤上即可出现可辨别的红斑,引起这一红斑的紫外线剂量称为一个红斑剂量(也称红斑单位)。不同波长紫外线的红斑剂量不同,现统一以功率为 1 W 的 297 nm 波长的紫外线灯的红斑辐射强度为一个红斑剂量。不同波长的红斑效果相差很大,红斑作用最强的紫外线波长为 294 nm,最弱的波长是 320 nm,波长大于 320 nm 时,红斑作用趋于零,相对作用最强的波段为 290 ~ 310 nm。

(2) 色素沉着作用。在到达地面的紫外线中,波长 300 ~ 435 nm 的紫外线具有色素沉着作用。如表 4 – 12 所示,最大色素沉着强度位于 355 nm,为 100% 个色素沉着强度相对单位,小于 300 nm 或大于 435 nm 时,紫外线色素沉着作用为零。

表 4 – 12　到达地面的紫外线色素沉着强度表

波长/nm	色素沉着相对强度/%
300	0
310	30
320	50
330	70
340	90
355	100
360	95
370	90
380	80
390	65
400	45
410	35
420	21
435	0

(3) 抗佝偻病作用。在到达地面的紫外线中,波长 275 ~ 310 nm 的紫外线具有抗佝偻病作用,最大抗佝偻病强度位于 282 nm,为 100% 强度单

位。波长大于 308 nm 时，抗佝偻病作用为零。

表 4－13　到达地面的紫外线杀菌作用强度表

波长/nm	杀菌作用强度/%
275	55
280	40
285	25
290	18
295	10
300	0

（4）杀菌作用。紫外线的杀菌作用与紫外线的波长、辐射强度、微生物对紫外线照射的抵抗力都有关。在相同的能量和照射时间下，不同波长的紫外线杀菌效果并不同。波长 253 nm 的紫外线杀菌作用最强，较波长 395 nm 的紫外线效果大 1500 倍。不同细菌对不同波长紫外线敏感性不同。增加紫外线的剂量与照射强度可增强杀菌作用，但两者不呈相应的线性关系。在到达地面的紫外线中，具有杀菌作用的紫外线波长位于 275～300 nm 之间，如表 4－13 所示，杀菌强度与波长相关，呈线性关系，波长 275 nm 时杀菌作用强度最大，杀菌作用为单位杀菌强度的 55%，波长 300 nm 以上杀菌强度为零。

（5）促进机体的免疫反应。长波紫外线辐射能增强机体的免疫力。机体经长波紫外线照射后，可刺激血液中凝集素的凝集，使凝集素的滴定效果增高，增强了机体对感染的抵抗力。紫外线照射增强机体免疫力的效果还决定于照射剂量、照射时间以及机体的机能状态。

（6）紫外线对人体不同部位的其他作用。紫外线对人体的胃肠道、循环系统、代谢系统、内分泌、神经系统都有影响。对胃肠道的影响主要是，在阳光或人工紫外线灯红斑剂量照射下，健康人和胃病患者的胃液分泌增加；如过度曝晒则可发生胃炎。

对循环系统，紫外线能使皮肤释放组胺，从而导致毛细血管扩张。对健康青年人，血压可降低 6～8 mmHg。还可使血液中血红蛋白及红细胞数增加，并在开始时使中性多核白细胞增多。能使血液中钙、钾、磷、钠含量增高。

对代谢系统，紫外线能提高组织的氧化过程，使酶更活跃（如脂肪分解酶等），并能促使蛋白代谢。对基础代谢无直接作用。

紫外线对内分泌的影响，主要是可加强甲状腺机能，并因组胺的作用影响肾上腺皮质。

对神经系统，中等剂量的紫外线能兴奋周围神经及交感神经的感受器，大剂量则起抑制作用。

4.7.2　紫外线的防护及紫外屏蔽剂的分类

传统的紫外屏蔽剂根据它们的作用机理可分为化学吸收剂和物理屏蔽剂。化学吸收剂通常是与一个羰基基团共轭的芳香族化合物。这些化学品吸收高密度紫外线，受连续激发至一个更高能级。当回到基础能级时，在光化学激发中吸收的能量会导致更长波长射线的发射。这种发射的较低能量和较长波长射线的特性依赖于紫外屏蔽剂的种类。共振不定域发生越多，吸收有害紫外线的效力越高。

紫外线散射剂主要是利用某些无机物对紫外光的散射或反射作用来减少紫外线对皮肤的侵害，如高岭土、氧化锌、滑石粉、氧化钛及新型有机粉体等。它们主要是在皮肤表面形成阻挡层，以防紫外线直接照射到皮肤上，但这种物质具有用量大、防晒效果差等缺点。过多使用易堵塞毛孔，造成皮肤的新疾病等不良后果。根据有效吸收紫外线波段可分成如下几种[98]：

（1）UVB 屏蔽剂。这类屏蔽剂中具有代表性的是对氨基苯甲酸（PABA）衍生物，它能有效地吸收 280～300 nm 的紫外线，是最早使用的一类紫外线吸收剂，它作为 UVB 吸收剂，对皮肤有刺激性。后来经过改进，出现了它的同系物——对二甲氨基苯甲酸酯类。为了防止紫外线红斑、皮炎的防晒化妆品中，主要是选用它们作为紫外线吸收剂。PABA 分子中有═NH_2 和═COOH 两个基团与苯环相连，这样的结构有利于电子的离域，导致电子由电子给体向电子受体迁移。这种电子离域所需的能量与 UVA、UVB 区紫外光的能量相当。PABA 分子吸收紫外光的能量，发生电子的离域过程，由基态跃迁到某一激发态。当分子再由激发态回到基态时，以热能或者较长波长的光的形式释放出能量。

(2) UVA 屏蔽剂。包括：

1) 氧苯酮类。羟基甲氧基苯甲酮类是初级 UVA 吸收剂，在 UVA Ⅱ波段也吸收良好。它被认为是广谱吸收剂。当用于一个配方中时，它能显著地增强 UVA 保护作用。

2) 3,5,5－三甲基环己醇基氨茴酸甲酯。这类防晒剂是弱的 UVB 过滤剂，而且它们主要在靠近 UVA 的波段进行吸收。在此范围，它们不及羟基甲氧基苯甲酮类有效，而且不常被使用。

3) 二苯甲酰甲烷类。丁基甲氧基二苯甲酰甲烷（PARSOL1789）在 UVA 波段的大部分区域提供了超级的保护，包括 UVA Ⅰ波段。它的光稳定性和它削弱其他防晒剂作用的趋向备受关注，对于真正的广谱紫外线保护品来说，它的加入是明显的特征。

(3) UVA、UVB 广谱紫外屏蔽剂。与有机紫外吸收剂相比，无机紫外屏蔽剂具有无毒、无味、无刺激性、热稳定性好、不分解、不挥发、屏蔽紫外线能力强、容易着色等优点，而且屏蔽紫外线波长范围广，对 UVA、UVB 都有效，因此无机紫外屏蔽剂的防晒剂很受欢迎。

4.7.3　紫外屏蔽原理

紫外屏蔽剂通常是一些含有电子接收和释放基团的芳香族化合物或者无机纳米粉体材料。这些物质分子吸收紫外线后，容易形成电子激发态，进而引起一系列的光物理过程和光化学反应。这就是紫外屏蔽的基本原理[99]。

4.7.3.1　光物理过程

光物理过程是物质分子吸收光量子后其能态的变化过程。有机紫外吸收剂分子吸收光子，由基态 S_0 跃迁到最低激发单线态 S_2，被激发的分子有可能通过三种途径回到基态：发射荧光回到基态或者内部先过渡到三线态 T_1，然后释放磷光回到基态；能量以热能的形式传递给其他分子而回到基态；能量转移给能量转移剂而回到基态。

而对于无机紫外屏蔽剂或者发生光散射作用，或者吸收紫外线生成空穴电子对，然后重新复合，能量以热能或较长波长的光的形式释放。

总之，光物理过程是将大部分吸收的紫外光能量转化为对物质分子无害的热能和波长较长的光而起到防晒作用的。

4.7.3.2　光化学反应

光化学反应是通过物质吸收紫外线发生化学反应而起到紫外屏蔽的作用。紫外线的波长短，能量高（322～343 kJ/mol），可以断裂有机紫外吸收剂的化学键，破坏其分子结构，发生光氧化反应，降解为小分子。而无机屏蔽材料吸收紫外光后被激发，产生空穴电子对，迁移到粒子表面，与表面吸附水或者溶液中的氧发生反应，生成羟基自由基或者活性氧自由基。

4.7.4　纳米氧化物的紫外屏蔽特性

纳米氧化物如 TiO_2、ZnO 等对紫外光具有较好的屏蔽作用，这种作用是通过对紫外光的吸收和散射实现的，其中以散射为主。而粒径为 20～150 nm 的 TiO_2 和 40～100 nm 的 ZnO 对可见光却具有较好的光透性。因此纳米氧化物是一种很好的添加剂，广泛地用于各种防晒产品之中。

与有机紫外吸收剂相比，纳米氧化物具有无毒、无味、无刺激性、热稳定性好、不分解、不挥发、紫外线屏蔽能力强、易着色等优点，而且屏蔽紫外线波长范围宽，对 UVA、UVB 均有很好的屏蔽能力。其中纳米氧化锌与纳米二氧化钛近年来已在世界上成为最常用的化妆品防晒剂，尤其是纳米氧化锌的抗紫外广谱性，其 UVA（320 ~ 400 nm）的屏蔽率更是明显优于纳米二氧化钛。此外，纳米氧化物对紫外线的屏蔽性能还与晶型和粒度有关，如金红石型 TiO_2 的晶体构造比锐钛型 TiO_2 更稳定且紧密，折射率更大（约大 30%），散射作用更强，所以作为防晒剂更多选用金红石型纳米 TiO_2[98]。

4.7.5　影响纳米氧化物紫外屏蔽性能的因素

4.7.5.1　不同材料的紫外屏蔽性能[98]

不同材料的紫外屏蔽性能有着较大差异，这种差异主要是由于不同材料具有的折光率不同。表 4 – 14 列出了几种常用纳米粉体的折光率。

表 4 – 14　常用纳米粉体的折光率

物　质	云　母	滑　石	TiO_2	ZnO	SiO_2	$BaSO_4$
折射率	1.56	1.54	2.50	2.45	1.46	1.64

表 4 – 15 是常用的几种紫外屏蔽剂在 313.1 nm、365.5 nm、435.8 nm 三个波长下的透光率。同其他物质相比，TiO_2、ZnO 的折光率最高。由于折光率越高的物质，对紫外线的散射能力越强，所以 TiO_2、ZnO 紫外屏蔽能力最强，是人们使用最多的两种无机紫外屏蔽剂。

表 4 – 15　常用无机屏蔽材料三个波长下的透光率

材　料	313.1 nm	365.5 nm	435.8 nm
ZnO	0	0	46
TiO_2	0.5	18	35
高岭土	55	59	63
$CaCO_3$	80	84	87
滑石粉	88	90	90

4.7.5.2　晶型对纳米氧化物紫外屏蔽性能的影响

金红石型和锐钛矿型是 TiO_2 常见的两种晶型。一般来讲，金红石型比锐钛矿型 TiO_2 具有更大的折光率，因此紫外屏蔽性能更好，在防晒化妆品中的使用最为广泛。图 4 – 21 是超细 ZnO 和两种晶型的 TiO_2 颗粒的透光率图。由图可知，两种晶型的 TiO_2 颗粒在波长小于 350 nm（即 UVB 区）时，其对紫外光屏蔽作用非常接近；而在 350 ~ 400 nm（即 UVA 区）时，金红石型 TiO_2 的屏蔽作用明显高于锐钛矿型 TiO_2。

4.7.5.3　粒径对纳米氧化物紫外屏蔽性能的影响

粒径的大小对纳米氧化物的紫外屏蔽性能也有很大的影响。图 4 – 22 给出了颜料级 TiO_2 及纳米级 TiO_2 的紫外屏蔽性能比较。

粒径的减小导致 TiO_2 对紫外光的屏蔽作用大大增强；同时在添加相同重量的情况下，其粒径减小，则粒子数量增多，TiO_2 粒子在基体聚合物中的分布更为稠密，由此也会导致其紫外屏蔽性能的提高或相同屏蔽效果下粉体添加量的减小。而且，由于纳米粒子粒径小于可见光波长，对可见光不具有发射性能，纳米粉体呈现出透明效应，因此可以更好地用于防晒化妆品中。因此控制纳米氧化物材料的粒子尺寸，防止粒子的团聚就变得非常重要。

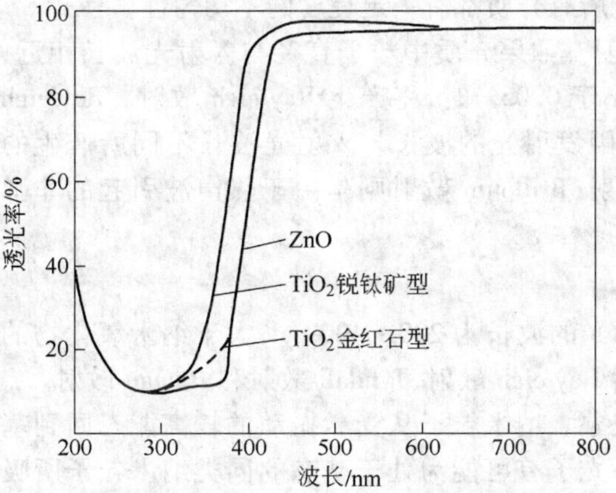

图 4-21 超细 ZnO 和 TiO_2 颗粒的透光率

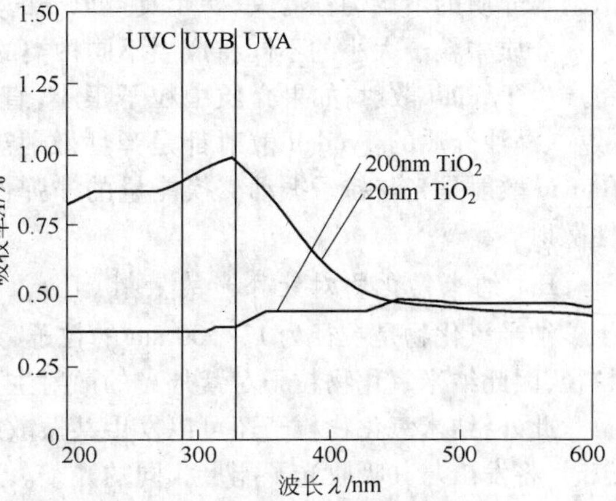

图 4-22 颜料级 TiO_2 和纳米级 TiO_2 紫外屏蔽性能的比较

对应于不同波长光波的最大散射率时的最佳粒径（d_{op}）的计算有几个经验公式，最常用的是下面的 Weber 公式：

$$d_{op}=\frac{\lambda}{2.1(n_p-n_b)} \tag{4-8}$$

式中 λ——入射光波长，nm；

n_p——分散相的折射率，金红石型 TiO_2 为 2.71，锐钛型 TiO_2 为 2.52；

n_b——分散介质的折射率，水为 1.333，乙醚为 1.35，酒精为 1.36，甘油为 1.47。

4.7.6 纳米氧化物紫外屏蔽的基本原理

纳米氧化物具有优异的紫外屏蔽性能，其对紫外光的屏蔽作用主要是通过散射和吸收来实现的[98]。

4.7.6.1 纳米氧化物对紫外光的散射

A 光散射原理

光与物质的作用的本质是光子的吸收和发射，发射的前提是吸收。当光线照射到分散体系时，将发生三种作用形式：光吸收、光反射、光散射。当粒子的尺寸远大于入射光的波长时主要发生光反射作用，服从光反射定律，入射角等于反射角。然而由于各个粒子的反射面不同，形成漫反射，呈现出浑浊现象。相反，当粒子的尺寸小于入射光波的波长时，可以明显观察到光散射现象。

光散射现象普遍存在于光与粒子的作用过程中，它是指当光线通过介质时在入射光方向以外的各个方向上所观察到的光现象。光散射源于光电磁波的电场振动而导致的分子中电子产生的受迫振动。经典光散射的理论基础是偶极振子模型。入射光可以看做振动频率高达 10^{15} Hz 数量级的电磁波。从分子理论看，当光线照射到微粒上，将激起粒子做受迫振动，从而发出相干的次波来。从理论上可证明，只要分子密度是均匀的，次波相干叠加结果只剩下遵从几何光学规律的光线，沿其余方向的振动完全抵消，观察不到光散射现象。如果体系的均匀性遭到破坏，即尺寸达到波长数量级的邻近媒质微粒之间在光学性质上（如折射率）有较大差异，在光波作用下它们将成为强度差别较大的次波源，从它们到空间各点有较大的光程差，次波相干叠加的结果使得除了按几何光学规律传播的光线外，在其他方向也有光线存在，这就是散射光。也就是说，光散射与介质的不均匀性有关，除了真空以外的其他所有介质都有一定程度的不均匀性。

介质中粒子大小的不同将产生不同种类的散射。如果介质中粒子直径与入射光波长相近，将产生 Tyndall 散射；如果介质中粒子很小，直径小于 0.05λ 时，将产生 Rayleigh 散射。Rayleigh 散射、浑浊介质的 Tyndall 散射都是弹性散射。而因发射光的波长与入射光波长不同所产生的 Raman 散射是光与粒子振动交换能量的非弹性散射，Brillouin 散射则是由于热声波引起的非弹性散射。

B　纳米氧化物对紫外光的散射

纳米氧化物是粒径为 1 ~ 100 nm 的粒子，紫外光的波长为 200 ~ 400 nm，大于纳米氧化物的粒径，因此纳米氧化物粒子对紫外光的散射主要为 Rayleigh 散射、Tyndall 散射和 Raman 散射。

此外，纳米氧化物粒子还可以发生共振散射现象。纳米粒子从受激振动的较高能态回到基态时，将发出与其吸收光子能量相同的光子。这一光子有可能为处于基态的同类纳米粒子所吸收而跃迁到激发态，也有可能诱导其他激发态的电子跃迁到基态发光。前者称之为纳米粒子的共振吸收，后者称之为纳米粒子的共振散射。

4.7.6.2　纳米氧化物对紫外光的吸收

纳米氧化物多为一些半导体材料，如纳米 TiO_2 和纳米 ZnO。其电子结构特点是存在一个满的价带和一个空的导带。纳米粒子在吸收紫外光后，电子被激发从价带跃迁到导带，在价带形成一个带正电荷的空穴。10 ns 之内，约有 90% 空穴电子对重新复合，发射出更长波长的光或者释放出热能。没有复合的空穴迁移到粒子表面，和表面吸附水或者其他物质反应，生成羟基自由基；电子则可以和 O_2 反应，生成活性氧自由基。反应式（e 表示电子，h 表示空穴）为：

$$TiO_2 \xrightarrow{h\nu} e_{CB}^- + h_{VB}^+$$

$$h_{VB}^+ + H_2O_{ad} \longrightarrow \cdot OH_{ad} + H^+$$

$$e_{CB}^- + O_2 \longrightarrow \cdot O_2^-$$

空穴电子对的复合产生的光和热对人体是无害的。尽管有人认为羟基自由基和活性氧自由基的产生会对细胞产生损伤，但是更多的人也提出了不同的看法。光生的电子空穴对有 90% 会重新复合，实际产生光氧化作用的空穴是很少的。而且自由基的移动范围仅为 1 nm，反应时间也只有 1 ns，这么短的作用距离与时间，自由基根本无法达到皮肤组织，不能对人体组织造成损害。经临床急性口毒性试验和皮肤刺激试验，纳米 TiO_2 和纳米 ZnO 无毒、无刺激、性能安全可靠。

4.7.7　纳米氧化锌在紫外屏蔽剂中的应用

4.7.7.1　在化妆品中的应用

由于地球臭氧层遭到破坏，导致紫外线对地球生物圈辐射量不断增加，过多的紫外线照射对人类健康造成的危害正在日益加重。为了抵御过量紫外线照射对人体皮肤的伤害，人们开发了多种防晒剂来保护皮肤。由于大多数有机防晒剂活性较高，对皮肤产生刺激性，在紫外线照射后易分解，防晒效果不长久，因而人们又开发了无机防晒剂，如纳米二氧化钛、纳米氧化锌等。研究发现，纳米氧化锌对紫外线的防护功能比传统的纳米二氧化钛要强，对紫外线 UVA 和 UVB 均具有良好的防护效果，因此纳米氧化锌在化妆品领域的应用迅速发展。采用纳米氧化锌制作紫外辐射防护系数 UPF 值大于 20，同时能抗菌的女士防晒品、儿童防晒品、老人防晒品及广谱防晒品，将成为生产商竞争开发的品种。

研究表明,纳米氧化锌吸收紫外线能力强,对 UVA(320~400 nm)和 UVB(280~320 nm)均有屏蔽作用。在传统化妆品市场,UVB 是用纳米二氧化钛来防护,UVA 的防护是使用有机物,但目前新的趋势是用纳米氧化锌替代有机物。与有机防晒剂相比,纳米氧化锌不仅无毒、无味,对皮肤无刺激性,不分解不变质,热稳定性好,而且本身为白色,只需简单着色,价格也相对便宜,因而在防晒化妆品市场备受青睐。

国外为化妆品提供纳米氧化锌的厂商有德国的 BASF、日本 Sakai 化学和日本帝国化工、日本昭和电工和日本住友水泥等。国内有南京海泰纳米材料有限公司、河南豫光金铅集团等。

4.7.7.2 在复合材料中的应用

李元庆等人[100]研究了纳米 ZnO 对氧化锌/环氧纳米复合材料光学性能的影响。结果表明:在紫外光区,提高 ZnO 的含量和选择 ZnO 最佳粒径,可以改善对紫外光的屏蔽效果;随着 ZnO 粒径的减小,ZnO 对紫外光的屏蔽存在明显的蓝移现象,因此选择合适的粒径尤为重要。表 4-16 是不同氧化锌/环氧纳米复合材料中 ZnO 的含量和粒径大小。

表 4-16 不同氧化锌/环氧纳米复合材料中 ZnO 的含量和粒径大小

试 样	ZnO 含量(质量分数)/%	ZnO 颗粒尺寸/nm
Z0	0	-
Z2a	0.03	27
Z2b	0.05	27
Z2c	0.07	27
Z2d	0.1	27
Z2e	0.15	27
Z1	0.07	22
Z3	0.07	48
Z4	0.07	158
Z5	0.07	230

图 4-23 是 Z2 系列复合材料在紫外—可见光区的透过光谱图与吸收光谱。从透过光谱图 4-23(a)可以看出,在紫外光区复合材料的透过率随着氧化锌含量的增加而降低。当氧化锌的含量(质量分数)为 0.07% 时,对 370 nm 以下的紫外光的屏蔽效率可达 90% 以上;当氧化锌的含量达到 0.1% 时,紫外光则完全被屏蔽掉了。对于可见光区的透过率,当氧化锌的含量低于 0.07% 时几乎没有变化,650 nm 处的透过率仍可保持在 83.5%,这对 LED 等封装用光学材料来说是十分有利的。当含量继续增加时,由于光的散射效应,可见光区的透过率随之下降。吸收光谱图 4-23(b)表明随着氧化锌含量的增加,紫外光的吸收强度随之增加,这与透过光谱结果相对应。另外,当氧化锌含量高于 0.05% 时,Z2b~Z2e 均在 359 nm 处出现了一个吸收峰,由于纳米效应,其吸收峰相对于 ZnO 块体材料蓝移了 17 nm,吸收峰位置相同也证明了 ZnO 的粒径相同。

从不同粒径的 ZnO 环氧纳米复合材料的透过光谱图 4-24(a)可以看出,在紫外光区,随着氧化锌粒径的增加,复合材料的透过率逐渐降低,当粒径达到 158 nm 时出现了一个最低值,继续增加粒径,透过率反而增加。对可见光区,ZnO 粒径的影响类似于含量的影响,当 ZnO 粒径小于 27 nm 时,填料的加入对复合材料的透光率基本上没有影响;继续增大填料粒径,复合材料的透光率则随之逐渐降低。对于 LED 用封装材料来讲,粒径为 27 nm 的氧化锌作填料效果最佳,复合材料在保持可见光区高透明性的同时又能够对紫外光区有良好的屏蔽效果。

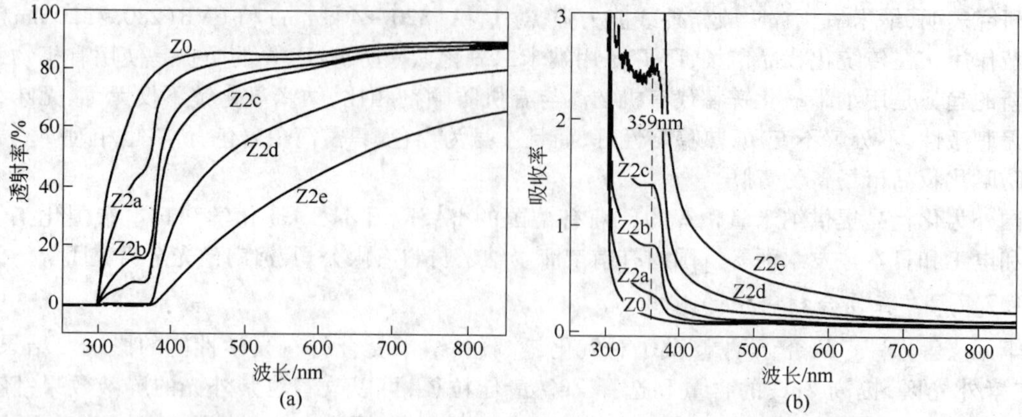

图 4-23　不同氧化锌含量的 ZnO/环氧纳米复合材料的 UV-VLS 谱

复合材料的吸收图谱 4-24(b)表明，Z2～Z5 的吸收曲线上均有一明显的吸收峰，并且吸收峰的位置随 ZnO 粒径的减小逐渐向紫外光区偏移，相对于块体 ZnO 材料，吸收峰最大偏移 17 nm(见表 4-17)，这是由纳米粒子的蓝移效应引起的。蓝移对于紫外屏蔽是不利的，因此在制备复合材料时选择合适的颗粒粒径也十分重要。另外随着填料粒径的增加，复合材料在紫外光区的吸收强度也随之增加，Z4(158 nm)的吸收峰强度达到最大值；继续增加 ZnO 粒径，吸收强度反而降低。其主要原因是吸收谱图上所反映的吸收强度实际是由吸收和反射两部分组成的。

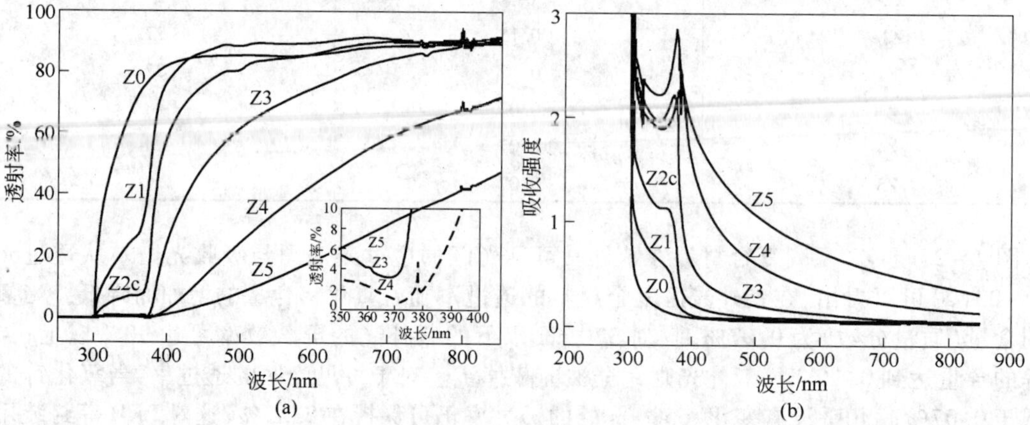

图 4-24　不同氧化锌粒径的 ZnO/环氧纳米复合材料的 UV-VIS 谱

表 4-17　ZnO 粒径对吸收峰位置的影响

试　样	Z2c	Z3	Z4	Z5	块体材料
颗粒尺寸/nm	27	48	158	230	–
吸收峰/nm	359	368	372	376	376

4.7.7.3　在纺织品中的应用[101]

织物抗紫外作用是由添加在其表面或纤维内部的抗紫外产品引起的。而织物防晒性能的优劣首先取决于织物的组分纤维及其含有的或携带的物质(如添加剂、纺织品整理产物)的化学结构，其次取决于织物的结构特性(如织物的厚度、紧密度、尺寸稳定性、弹性等)。

织物抗紫外线的途径主要有两种：一种是增加纺织品对紫外线的反射率，这样得到的抗紫外线产品称为紫外线屏蔽剂；另一种是增加纺织品对紫外线的吸收率，这样得到的抗紫外线产品称为紫外线吸收剂。前者通常是在纤维、纱线或织物的处理过程中添加纳米氧化锌等紫外线屏蔽剂，用熔融等纺丝技术进行处理，或是将纳米氧化锌等粉末均匀地分散于黏合剂中，涂覆在织物上形成一层屏蔽薄膜，增加织物表面对紫外线的反射和散射作用，提高织物的抗紫外线辐射性能及耐久性。

紫外线吸收剂的作用机理是吸收紫外线并进行能量转换，将紫外线变成低能量的热能或波长较短的电磁波，同时转变成活性异构体，随之以光和热的形式释放能量，达到抗紫外线辐射的目的。目前在国内外能完全符合这些条件的紫外线吸收剂很少，常用的紫外线吸收剂主要有以下几种：水杨酸系列（有效吸收波长为290～330 nm）；苯酮系列（有效吸收波长分为280～340 nm和250～380 nm两种）；苯三唑系列（吸收波长为270～350 nm）；氰基丙烯酸酯系列（有效吸收波长为270～350 nm）；金属离子螯合物等。紫外线吸收剂整理技术主要应用于纤维熔融、印染、后整理阶段。

总之，在纤维合成过程中，将纳米氧化锌等无机纳米抗紫外剂加入到纤维中，或通过后整理将纳米氧化锌等无机纳米抗紫外剂黏附到纤维的表面，制成抗紫外线纤维，用于制造帐篷、T恤衫、衬衫、鞋帽、遮阳伞、室外工作服、运动服等，用来对紫外线防护。

4.7.7.4　在涂料中的应用[102]

将纳米氧化锌等无机纳米抗紫外剂加入到涂料中，可以制造出对阳光耐久性更好的外墙涂料，同时也提高外墙涂料的耐洗刷性。纳米氧化锌等无机纳米抗紫外剂也可用来保护颜色鲜艳的有机颜料免受太阳光中的紫外线降解而改变鲜艳的色调，使色彩鲜艳的外墙涂料保持持久靓丽。纳米氧化锌等无机纳米抗紫外剂还可以加入到木器表面清漆中，用于木器的保护，使木器颜色能持久保持新鲜，防止木器颜色变黑。

在涂料应用中，纳米氧化锌的紫外屏蔽性能是其中最大的开发点之一。以往常用的抗紫外剂多为有机化合物，如二甲苯酮类、水杨酸类等。其缺点是屏蔽紫外线的波段较短，有效作用时间不长，易对人体产生化学性过敏，存在着不同程度的毒性。金属氧化物粉末对光线的遮蔽能力，在其粒径为光波长的1/2时最大，在整个紫外光区（200～400 nm），氧化锌对光的吸收能力比二氧化钛强。纳米氧化锌的有效作用时间长，对紫外屏蔽的波段长，对长波紫外线（UVA，320～400 nm）和中波紫外线（UVB，280～320 nm）均有屏蔽作用，能透过可见光，有很高的化学稳定性和热稳定性。Ammala等人[103]将纳米氧化锌分别添加到聚乙烯、聚丙烯中，结果表明，与有机胺光干扰剂比较，纳米氧化锌在防光降解方面具有明显的优越性。因此，虽然纳米氧化锌发现兴起比较晚（20世纪90年代），却是目前主要的无机抗紫外剂材料，它可用于制备抗紫外线、耐光老化性能好的涂料及其他的高分子材料，在乳胶漆中使用纳米氧化锌可以增大乳胶漆对紫外线辐射的抵抗力，减弱乳胶漆对潮湿环境条件的敏感性，提高耐老化性，同时，氧化锌能够散射光线，使乳胶漆的遮盖力得到一定程度的改善。刘福春等人[104]在聚丙烯酸涂料中加入纳米氧化锌浓缩浆，使其在涂膜的厚度为75 μm时可屏蔽99%的紫外线。

此外，众所周知，塑料在紫外线的照射下会发生降解、老化、变黄，有机光稳定剂有不同程度的毒性，且耐久性差，因此限制了其在某些场合的应用。纳米氧化锌等无机纳米抗紫外剂有很高的化学稳定性、热稳定性、无味、无毒、无刺激性，加入到塑料中，可制成农用大棚膜及其辅助材料，以及高速公路的隔音板，民用遮阳、防雨棚和食品包装膜等。

4.8　纳米二氧化钛在紫外屏蔽剂中的应用

万物生长靠太阳，适量地照射阳光有助于人体健康，可促进表皮的新陈代谢、生成维生素D

和黑色素等。但是过多曝晒，强烈的阳光会损害人体免疫系统，加速肌肤老化，导致各种皮肤病甚至产生皮肤癌。近年来，氟利昂气体的随意排放，使地球上空的臭氧层遭到破坏和日趋稀薄。臭氧层减少10%将使到达地球表面的紫外线UVB(280 ~ 320 nm)增强20%，从而使皮肤癌的发病率增长30%。为此人们研究了有机和无机两大类紫外屏蔽剂，但有机紫外屏蔽剂易分解、寿命短，而且有毒。无机紫外屏蔽剂无毒、无刺激、不分解、不变质、热稳定性好，因而备受青睐。本节着重介绍纳米二氧化钛在紫外屏蔽剂中应用的基本情况。

4.8.1　纳米二氧化钛在化妆品中的应用

纳米二氧化钛具有很强的散射和吸收紫外线的能力，尤其是对人体有害的中长波紫外线UVA(320 ~ 400 nm)、UVB(280 ~ 320 nm)的吸收能力很强，效果比有机紫外吸收剂强得多，并且可透过可见光、无毒无味、无刺激性，从而广泛用于化妆品。纳米二氧化钛紫外屏蔽能力与粒径大小有关，粒径越小，紫外线透过率越小，抗紫外能力越强。对于化妆品中的二氧化钛而言，粒径越小，可见光透过率越大，可使皮肤白度显得自然。平均粒径为10 nm的二氧化钛分散在水中，几乎是无色透明的。但添加的颗粒粒径不是越小越好，否则会将汗毛孔堵死，不利于身体健康。而粒径太大，紫外吸收又会偏离这一波段。因此最好在纳米二氧化钛颗粒表面包覆一层对人体无害的高聚物。粒子浓度对光散射有较大的影响，伴随粒子浓度增大，粒子的光散射效率下降。适当提高二氧化钛的用量，可使化妆品的防晒系数增大。在对日本销售的37种防晒化妆品的分析中，发现其中大多数均含有纳米TiO_2。英国Tioxide公司将超微细的二氧化钛粉末制成浆状产品以供化妆品厂家使用，美国也开发出了6种商品化的无机防晒剂。

4.8.1.1　纳米二氧化钛屏蔽紫外线的原理[105]

二氧化钛是一种n型半导体，用于防晒化妆品中的纳米二氧化钛晶型一般为金红石型，它的禁带宽度(E_g)为3.0 eV，当波长小于400 nm的紫外线照射二氧化钛时，价带上的电子可吸收紫外线而被激发到导带上，同时产生电子—空穴对，因此二氧化钛具有吸收紫外线的功能。由于纳米二氧化钛粒径小，数量多，这样阻挡或截获紫外线的几率就大大增加。

纳米二氧化钛除具备吸收紫外线的功能外，还具有很强的散射紫外线能力。紫外线本质上是电磁波，当紫外线作用到介质中纳米二氧化钛粒子时，由于纳米二氧化钛粒子尺寸小于紫外线的波长，纳米二氧化钛粒子中的电子被迫振动(其振动频率与入射光波的频率相同)，成为二次波源，向各个方向发射电磁波，这就是紫外光的散射。纳米二氧化钛对紫外线的散射符合Rayleigh光散射定律：

$$I = \frac{24\pi^3 cV^2}{\lambda^4}\left(\frac{n_2^2 - n_1^2}{n_2^2 + 2n_1^2}\right)^2 I_0 \tag{4-9}$$

式中　I_0——入射光强度，W/m^2；

I——散射光强度，W/m^2；

c——单位体积中的质点数，m^{-3}；

V——单个粒子的体积，其线性大小应远小于入射光波长，m^3；

λ——入射光波长，m；

n_1——TiO_2分散介质的折射率；

n_2——TiO_2分散相的折射率。

由此定律知：粒子的折射率与周围介质的折射率相差越大，粒子的散射光越强。金红石型二氧化钛的折射率为2.71，在常用白色颜料中是最高的。因此，纳米二氧化钛在防晒化妆品中散射紫外线的能力也很强。

4.8.1.2　防晒化妆品中纳米二氧化钛的特点[105]

(1) 安全无毒。防晒化妆品中的纳米二氧化钛直接接触皮肤,因此,对有害杂质特别是重金属含量有极严格的限制。目前,世界上用于控制食品、药品和化妆品用原料的法规和条例有美国食品和药品管理局(FDA)颁发的《食品、药品和化妆品条例》(RD&C)和欧洲经济共同体(EEC)颁发的食品添加剂法规(E-171)。其中对二氧化钛中有害杂质的限定见表4-18[106]。

表4-18　FDA和EEC对二氧化钛中的有害杂质的规定

有害杂质	FDA	EEC
砷(As)/$mg \cdot kg^{-1}$	$<1\times10^{-6}$	$<5\times10^{-6}$
铅(Pb)/$mg \cdot kg^{-1}$	$<1\times10^{-5}$	$<2\times10^{-5}$
锑(Sb)/$mg \cdot kg^{-1}$	$<2\times10^{-6}$	$<1\times10^{-4}$
汞(Hg)/$mg \cdot kg^{-1}$	$<1\times10^{-6}$	检测不出来
铜(Cu)/$mg \cdot kg^{-1}$		$<1\times10^{-4}$
铬(Cr)/$mg \cdot kg^{-1}$		$<1\times10^{-4}$
锌(Zn)/$mg \cdot kg^{-1}$		$<5\times10^{-5}$
$BaSO_4$/$mg \cdot kg^{-1}$		$<5\times10^{-6}$
$Sb+Cu+Cr+Zn+BaSO_4$/$mg \cdot kg^{-1}$		$<2\times10^{-4}$

(2) 紫外线屏蔽效率高。防晒化妆品的紫外线屏蔽能力用日光防护系数(SPF值)来表示,该值越大,防晒效果越好。该值的定义是:SPF = MED(PS)/MED(US),即涂有防晒产品的皮肤(PS)产生最低可测红斑所需的能量与未使用防晒产品的皮肤产生相同程度红斑所需能量之比。在美国,FDA对防晒产品的SPF值的测定有明确的规定,它是以人体为测试对象,采用氙弧日光模拟器模拟太阳光对20名以上的被测者背部进行照射,通过测定产生相同程度红斑所需能量来计算SPF值。由于纳米二氧化钛既吸收紫外线又散射紫外线,因此国内外均把其作为最理想的物理防晒剂,通常情况下纳米二氧化钛屏蔽UVB的能力为纳米氧化锌的3~4倍。化妆品厂家要求所用的纳米二氧化钛加入防晒化妆品后,其产品具有较高的SPF值,加入占化妆品总质量的3%~5%的纳米二氧化钛,SPF值要不低于15。这就要求用于防晒化妆品的纳米二氧化钛应具有合适的粒径范围及在化妆品基质中具有很好的分散性。

(3) 适宜的粒径范围。纳米二氧化钛屏蔽紫外线是由其吸收能力和散射能力共同决定的,纳米二氧化钛的原始粒径越小,吸收紫外线能力越强。根据Rayleigh光散射定律,纳米二氧化钛对不同波长紫外线的最大散射能力存在一最佳原始粒径。紫外线的波长越长,纳米二氧化钛对它的屏蔽性越取决于对它的散射能力;波长越短,对它的屏蔽性越取决于对它的吸收能力。对波长为400 nm的近紫外线,纳米二氧化钛对它的屏蔽能力几乎完全取决于对它的散射能力;对波长为375 nm的紫外线,纳米二氧化钛对它的散射能力和吸收能力基本上相等;对波长为350 nm的紫外线,纳米二氧化钛对它的吸收能力很大,但对它的散射作用也不能忽略;而对波长为300~325 nm的紫外线,纳米二氧化钛的屏蔽能力几乎完全取决于其吸收能力。因此纳米二氧化钛有一最佳粒径,并非原始粒径越小越好。考虑到纳米二氧化钛粒子存在不可避免的团聚现象,一般认为,屏蔽紫外线的最佳粒径为10~60 nm。当然,决定纳米二氧化钛的粒径,不仅要考虑它的屏蔽紫外线能力,还要考虑到分散性、透明性和耐光性等性能。

(4) 优异分散性和透明性。纳米二氧化钛原始粒径在100 nm以下,远小于可见光的波长,理论上纳米二氧化钛在完全分散的情况下可以透过可见光,因此是透明的。由于纳米二氧化钛的透明性,其加入防晒化妆品中不会对皮肤产生遮盖作用。因此,可以显现自然的肌肤美,透明性是防晒化妆品中纳米二氧化钛的重要指标之一。事实上,纳米二氧化钛在防晒化妆品中是呈透明性但并非完全透明,这是因为纳米二氧化钛的粒子小、比表面积大、表面能极高,很容易形成团聚体,从而影响产品的分散性和透明性。纳米二氧化钛的透明性和紫外线屏蔽能力与其在应用体系分散的均匀程度有很大关系,原始粒径和分布相同以及数量相等的纳米二氧化钛在应用体系分散得越好,其屏蔽紫外线能力越强,透明性也越好。鉴于化妆品制造过程中的分散强度都比较弱,为了适应这一实际情况,供化妆品用的纳米二氧化钛都要经过提高分散性的特殊处理。

(5) 良好的耐候性。防晒化妆品用的纳米二氧化钛要求具有一定的耐候性(特别是耐光性),因为纳米二氧化钛的粒子小、活性大,吸收了紫外线后会产生电子—空穴对,部分电子—空穴对会迁移到表面,导致纳米二氧化钛表面吸附的水产生原子氧和氢氧自由基,氢氧自由基具有很强的氧化能力,会使产品变色和因香料分解而发生异味。因此,必须在纳米二氧化钛表面包一层或多层透明的氧化硅、氧化铝和氧化锆等隔离层,以抑制其光化学活性。一些经过无机表面处理的纳米金红石型二氧化钛,因耐光性良好而在化妆品中得以广泛应用。

4.8.1.3 应用于防晒化妆品中的纳米二氧化钛的种类和发展趋势[105]

A 纳米二氧化钛粉体

这种纳米二氧化钛产品以固体粉末的形式出售,根据纳米二氧化钛的表面性质可分为亲水性粉体和亲油性粉体。亲水性粉体用于水性化妆品中,亲油性粉体用于油性化妆品中。亲水性粉体一般通过无机表面处理得到,如硅、铝、锆的表面处理;亲油性粉体则在无机表面处理以后还要经过表面有机化处理,包括有机硅氧烷处理、有机脂肪酸及其盐处理、偶联剂处理和多元醇处理等。日本石原产业株式会社的 TTO 系列、日本帝国化工公司的 MT 系列、德国 BASF 公司的 Uinul 二氧化钛等均为纳米二氧化钛粉体。这些国外纳米二氧化钛粉体大都根据其应用领域而经过专门的表面处理。将纳米二氧化钛粉体表面包覆具有亲水基团和亲油基团的表面处理剂,使其具有亲水和亲油的两亲性,这样所得的纳米二氧化钛粉体具有很强的通用性,可适用于不同的配方体系,目前是纳米二氧化钛表面处理的一个发展方向。德国的 Deguss 公司采用带氨基的硅烷对其公司生产的纳米二氧化钛粉体(P25)进行处理,处理后的纳米二氧化钛粉体在亲水性介质和亲油性介质中都有良好的分散性。

B 纳米二氧化钛的分散体

英国 Uniqema 公司专门为化妆品生产商制备了纳米二氧化钛分散体,适用于防晒膏、唇膏、粉底霜和增润剂,其商品名叫 Tioveil。它的优点是容易分散、透明性好、紫外线屏蔽性效率高。Uniqema 公司的生产工艺和表面处理方法都是一流的,可以使已经沉淀的纳米二氧化钛能重新充分分散于化妆品中,从而能保持优异的透明度和紫外线屏蔽性。这种纳米二氧化钛分散体固含量最高可达 40% ~50% ,所用的介质是棕榈酸辛酯、甘油三脂和肉豆蔻异丙酯。可用传统的 Cowles 型混合机或类似的设备制备,也可用珠磨、球磨或砂磨来制备。研磨时间为 15 ~20 min。据 Uniqema 公司介绍,当防晒化妆品中添加该公司专门为防晒化妆品生产的 Tioveil 牌纳米二氧化钛分散体 5% 时,SPF 便可达到 15;当加量为 10% 时,便可达到 30。目前,日本石原产业株式会社也开发出纳米二氧化钛分散体,并已有水性纳米二氧化钛分散体供应,供水性化妆品使用。把纳米二氧化钛制备成分散体形式,不但便于用户使用,而且可降低成本,提高单位质量纳米二氧化钛的防晒效果,减少纳米二氧化钛粉尘污染,是纳米二氧化钛在防晒化妆品中应用的又一发展方向。

C 肤色纳米二氧化钛

由于纳米二氧化钛粒子细、易散射可见光中波长较短的蓝色光,当加入防晒化妆品中会使皮肤呈蓝色调,看上去不健康。为了配成皮肤色,早期往往要向化妆品配方中加入氧化铁一类红色颜料。但由于纳米二氧化钛与氧化铁在密度上和与基料之间的润湿性上的差异,往往会发生浮色。为了克服上述弊端,日本开发了含铁的肤色纳米二氧化钛,主要采用共沉淀法,在纳米二氧化钛表面包覆一层氧化铁,有时还要经过高温煅烧使铁离子渗透到纳米二氧化钛的晶格中。石原产业株式会社的 TTO-F 系列和日本帝国化工公司的 MT-100F 都是含铁类纳米二氧化钛。

D 用于屏蔽长波紫外线 UVA 的纳米二氧化钛

占太阳紫外线 91% 的 UVA 虽然不会引起像 UVB 那样激烈的反应,但渗透力强,其 35% ~50% 能到达真皮,使真皮内的纤维组织受伤,导致刺痛和皮肤松弛,是引起皮肤老化和皮肤癌的主要原因之一。含小于 100 nm 二氧化钛的化妆品,对防 UVB 领域(290 ~ 320 nm)的紫外线是有效的,但对防波长在 320 ~ 400 nm 的 UVA 欠佳。为达到防上述 UVA 领域紫外线的目的,设法增加配入的纳米二氧化钛量,但会造成粗糙、延展变差等使用感觉方面的问题。为了解决上述用小于 100 nm 的二氧化钛来屏蔽紫外线,特别是屏蔽 UVA 方面存在的诸多问题,日本已开发了作为屏蔽 UVA 用的、长度为 0.15 ~ 0.25 μm 和轴比为 3 ~ 9 的纺锤状二氧化钛、树枝状二氧化钛以及边为 0.05 ~ 0.2 μm、厚度方向为 0.02 ~ 0.10 μm 的扇形二氧化钛,这些二氧化钛是由微晶径为 5 ~ 9nm、轴径比为 4 ~ 20 的针状纳米二氧化钛组成的集合体。以上的二氧化钛可以有效地屏蔽 UVA,分散性也没有问题,但是透明性较差,用在防晒化妆品中时,存在浮白、白浊缺点。因此在不降低透明度的情况下提高纳米二氧化钛的 UVA 屏蔽效果,特别是波长在 320 ~ 400 nm UVA 的屏蔽效果,是将来防晒化妆品中纳米二氧化钛的重要研究方向。

4.8.2 纳米二氧化钛在防紫外纺织品中的应用

上海交通大学于 2004 年 2 月 13 日完成的纳米二氧化钛抗紫外纤维研制项目,采用纳米二氧化钛与聚酯原位聚合方法制备纳米二氧化钛/聚酯复合材料,实现纳米颗粒在高聚物中的纳米级分散,织物的紫外线屏蔽指数大于 50,在 280 ~ 400 nm 波段紫外线屏蔽率大于 95%,紫外线透过率小于 3%[107]。

4.8.2.1 抗紫外线机理

纺织品对紫外线防护的机理,分为反射和吸收两种。普通纤维主要通过吸收对紫外线起到阻隔作用。抗紫外线织物,主要是用屏蔽剂对纤维或织物进行防紫外线处理,来增强纺织品吸收或反射紫外线的能力。常用的紫外线屏蔽剂有无机和有机两大类。

无机类紫外线屏蔽剂,主要作用是对紫外线进行反射。一般是利用不具活性的陶瓷、金属氧化物等细小颗粒与纤维或织物结合,达到增加织物表面对紫外线反射和散射的作用。此类屏蔽剂主要有氧化锌、二氧化钛、氧化铁、滑石粉等,其中氧化锌、二氧化钛效果较好。这些无机物一般是不具有色泽的微粒子,它们都具有较高的折射率。其中二氧化钛、氧化锌的紫外线透射率较低,较为常用。当这些无机紫外线屏蔽剂被导入织物内,与纤维或织物结合时,利用其在纤维与粒子间的界面折射率大,对入射的紫外线的波长区域具有良好的折射性,起到防止紫外线透过的效果。屏蔽剂颗粒直径范围通常在 0.5λ ~ 0.01 μm(λ 为紫外波长)。随着纳米科技的发展,人们发现在纳米级尺度范围,某些物质的磁、光、声、电等性质将发生显著变化,出现小尺寸效应、界面效应、量子尺寸效应等。研究表明,当氧化锌、二氧化钛等紫外线辐射屏蔽剂达到纳米级尺寸时,出现优异的光吸收特性,能大量吸收紫外线,具有优良的紫外线屏蔽作用。颗粒越细,抗紫外效果越好,对织物手感的影响也越小。

有机紫外线屏蔽剂分子结构上大多有连接于芳香族衍生物上的吸收波长小于400 nm 的发色基团（如 C ═N、N ═N、N ═O、C ═O 等）和助色基团（如—NH_2、—OH、—SO_3H、—COOH 等），它们能强烈地、有选择性地吸收高能量的紫外线，发生光物理过程或光化学反应，将紫外线能量转化为其他的能量形式而起到防紫外线的作用。光物理过程主要对紫外线进行吸收，使之转变为热能或波长较短的电磁波，达到防护效果。常用的有水杨酸类、苯酮类、苯并三唑类、氰基丙烯酸酯类和三嗪类等（见表4－19）。有机类紫外线屏蔽剂对产品寿命、生态环境及产品性能（如织物白度、色牢度、手感、透气、吸湿等）有一定影响。在选用时，应首先考虑无毒、安全，同时尽量降低对织物性能的影响。

表4－19　常用有机化合物吸收紫外线情况

有机化合物	有效吸收波长/nm
水杨酸系	
苯基水杨酸酯	290～330
p-tert-对丁苯水杨酸酯	290～330
p-辛基水杨酸酯	290～330
二苯甲酮系	
2,4-羟基二苯甲酮	280～340
2-羟基-4-甲氧基二苯甲酮	280～340
2,2'-二羟基-4-甲氧基二苯甲酮	270～380
苯并三唑系	
2-(2'-羟基-3'-tert-蓝色-5'-甲基苯基)-5-苯并三唑	270～370
2-(2'-羟基-3'-tert-甲基苯基)苯并三唑	270～380
氰基丙烯酸酯类	
2-乙基-2'-氰基-3-联苯丙烯酸酯	270～350
三嗪类	300～380

4.8.2.2　防紫外纤维的整理技术

各种纺织纤维本身对紫外线都有一定的吸收，吸收能力与纤维的成分密切相关。羊毛、涤纶等纤维，由于分子结构中含有苯环和芳香族氨基酸，对小于300 nm 的紫外线有较强的吸收能力，本身具有一定的防护作用；棉、粘胶、锦纶、腈纶等纤维分子对紫外线的吸收能力差，防护作用小；蚕丝的防护性能介于以上两类纤维之间。在夏季强烈的紫外线辐射下，仅仅利用纤维本身对紫外线进行防护是不够的。特别是当服装面料轻薄透气的情况下，紫外线防护效果更为减弱。因此需要添加纳米二氧化钛等无机紫外屏蔽剂来增强其防护效果。而成纤聚合物与紫外线屏蔽剂的共混技术是目前生产抗紫外纤维的主要方法。该方法只适用于化学纤维，它的优点是能够将紫外线屏蔽剂均匀分布在相应的纤维上，纤维抗紫外性能稳定、持久。但是要求添加的金属氧化物粉体的分散度必须符合纺丝工艺的要求，不影响其可纺性；且成品纤维的物理力学性能和染色性能不下降。应用共混技术制备抗紫外纤维有两种途径：一种是预先制备高含量的紫外线屏蔽剂的母粒，而后进行共混纺丝；另一种则是在聚合时添加紫外线屏蔽剂，通过优化聚合工艺条件，合成抗紫外改性树脂直接进行纺丝。

4.8.3　纳米二氧化钛在抗紫外玻璃中的应用

目前，灯具种类繁多，无论是样式别致的装饰灯还是大型公共场合用的照明灯，都是采用玻壳发光的。光照时会产生紫外线，紫外线按其波长的不同，可以分为 UVA、UVB 和 UVC 三种。其中 UVB 对环境和人类的危害最大，人体长时间吸收 UVB 会导致皮肤老化、色素沉着及皮肤癌。对环境来说，UVB 会导致生物数量减少、地表空气污染加剧。当前国内生产的玻壳透紫外率高于 65%（波长 <315 nm），紫外辐射强，严重影响着生态环境和人类的健康。而国外一些公司已研制出了波长小于 315 nm 时，透紫外率低于 50%（国际同行业标准）的玻壳。

徐研等人[108]采用溶胶－凝胶法制备了金红石纳米二氧化钛粉末，将其用于普通硼硅玻璃配料中（见表 4－20），制成抗紫外线的玻壳。该玻壳各项理化性能指标符合行业标准，特别是玻壳的透紫外率小于 50%，紫外吸收稳定，填补了国内空白。并且指出，当金红石纳米二氧化钛粉末加入量在 0.085% 左右、晶粒尺寸在 15～25 nm 时，紫外吸收效果最好（见表 4－21～表 4－23 和图 4－25）。如图 4－25 所示，当晶粒尺寸控制在 15～25 nm 时，金红石纳米二氧化钛粉体对波长小于 315 nm 的紫外线具有优异的吸收性能。

表 4－20 普通玻壳配方（质量分数） （%）

SiO_2	B_2O_3	Al_2O_3	P_2O_5	Na_2O	K_2O
75.2	15.8	2.8	0.04	5.3	0.6
MgO	CaO	BaO	ZnO	PbO	Fe_2O_3
0.04	0.04	0.04	0.04	0.04	0.03

表 4－21 金红石型纳米二氧化钛粉末对玻壳紫外吸收的影响

TiO_2 加入量（质量分数）/%	波长/nm	UV 透过率标准/%	UV 透过率/%
0.070	315	<50	46.4
0.075	315	<50	44.1
0.080	315	<50	42.6
0.085	315	<50	41.8
0.090	315	<50	42.3
0.095	315	<50	43.5

表 4－22 晶粒尺寸与紫外吸收性能的关系

晶粒尺寸/nm	紫外吸光度	波长范围/nm
13	3.0	200～270
17	3.5	260～320
21	4.5	280～350
26	4.3	300～400
32	3.8	320～400

表 4－23 纳米二氧化钛玻壳与普通玻壳的性能比较

玻 壳 种 类	波长/nm	UV 透过率/%
纳米二氧化钛玻壳	315	<50
普通玻壳	315	65～70

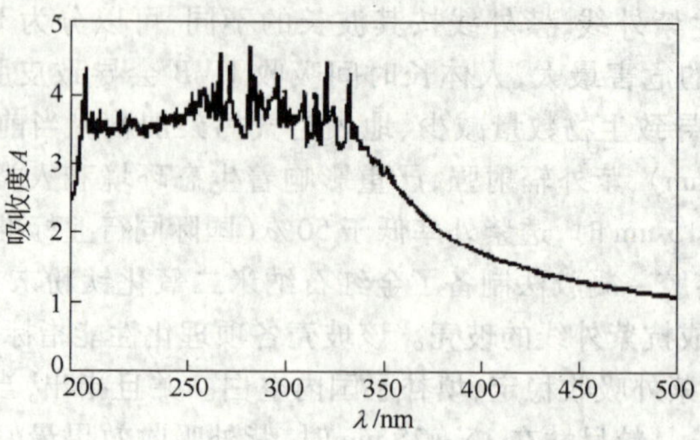

图 4－25　纳米二氧化钛紫外吸收图

4.9　纳米氧化锌在光催化剂中的应用

作为一种重要的光催化剂，ZnO 块体材料的禁带宽度为 3.2 eV，对应于波长 387 nm 的紫外光，是极少数几个可以实现量子尺寸效应的氧化物半导体材料。ZnO 具有较高的催化特性，其应用研究已有大量报道。总之，ZnO 半导体材料的光催化氧化降解性能不仅与污染物种类、污染物起始浓度、光催化剂用量及初始溶液的 pH 值等因素有关，而且与催化剂材料的种类、结晶形貌和尺寸有关。本节介绍这方面的情况。

4.9.1　纳米氧化锌光催化机理

纳米氧化锌的光催化机理和微米颗粒氧化锌的相似。而后者在其受到紫外光的辐射后处于价带的电子就被激发到导带，价带生成空穴 h^+。Harbours 等人[109]研究过 ZnO 被 UV 激发后发生的反应：

$$ZnO + h\nu \longrightarrow ZnO + h^+ + e^-$$
$$h^+ + H_2O \longrightarrow \cdot OH + H^+$$

激发产生的空穴作为一类强氧化剂和水反应生成 ·OH 自由基，然后通过一系列氧化过程，最终可以将有机物降解为 H_2O、CO_2 等小分子。

4.9.2　纳米氧化锌单一光催化剂的应用

大量的研究表明，纳米氧化锌的光催化活性与氧化锌的形貌密切相关。

4.9.2.1　球状纳米氧化锌光催化剂的应用

刘俊等人[110]采用直接沉淀法，以 $ZnSO_4$ 和 Na_2CO_3 为原料在不同的焙烧温度下制备出不同粒径的球形 ZnO 粉体。以自制的球形纳米 ZnO 作为光催化剂，分别利用 300 W 高压汞灯和太阳光为光源对甲基橙溶液进行光催化实验。结果表明：以 310℃ 焙烧温度制备的纳米 ZnO 具有较好的光催化性能，在太阳光下的最佳投加量为 1.5 g/L。

图 4－26 是催化剂用量为 0.4 g/L 时甲基橙溶液在汞灯照射下光催化脱色率与时间的关系。图 4－27 是催化剂用量为 1 g/L 时甲基橙溶液在太阳光照射下光催化脱色率与时间的关系。由图 4－26、图 4－27 可以看出：无催化剂存在时，10 mg/L 的甲基橙溶液在太阳光下处理 150 min 色度没有任何变化；在汞灯光照条件下处理 60 min，甲基橙溶液脱色率仅为 28.1%；甲基橙溶液在汞灯和太阳光两种光源下，球形纳米 ZnO 粉体对甲基橙溶液均有较好的催化效果，并且甲基橙溶液的脱色率都随着样品焙烧温度的降低逐渐升高，其中以 310℃ 焙烧温度下所制备的球形

纳米 ZnO 粉体催化效果最好。以此种样品作为光催化剂，在汞灯下甲基橙溶液光催化 30 min 后脱色率达 99.3%；在太阳光下 150 min 的脱色率达 97.4%。可见焙烧温度是控制球形纳米 ZnO 催化性能的关键因素。焙烧温度过高，或高温煅烧时间过长，可能使纳米 ZnO 粒径增大，导致催化性能降低。因此，为提高球形纳米 ZnO 的催化效果，可以适当降低制备过程中的焙烧温度。

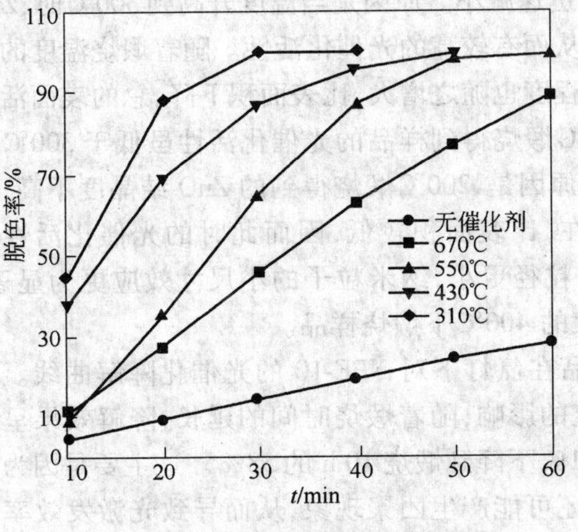

图 4－26　汞灯光照下的光催化效果

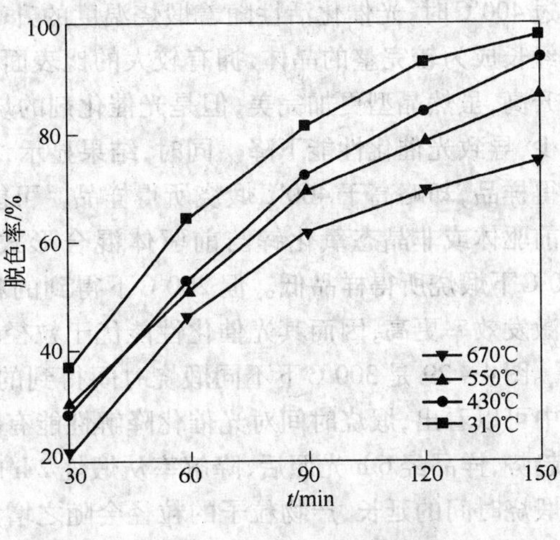

图 4－27　太阳光下光催化效果

随着社会的进步和经济的发展，污水、废气、垃圾等污染物大量产生，对生态环境造成了极大的破坏，这引起了人们的普遍关注。NPE-10 因其优异的性能和低廉的价格，成为广泛使用的表面活性剂。对于含 NPE-10 废水，传统的处理方法是进入污水处理厂生物降解，并且随污水处理厂的出水和污泥进入相应的水体和土壤环境。但 NPE-10 的生物降解会使其变成具有内分泌干扰效应的短链产物和最终产物壬基酚，烷基带有支链使其生物降解性很差，而且几个主要代谢中间体比母体的毒性更大，如 NPE 对水生物的急性毒性是 0.18～5.0 mg/L，而 NPE 对鱼的毒性是 4.6～14 mg/L。因此迫切需要寻找更全面且无害的 NPE-10 降解方法。而半导体多相光催化用于消除和降解有机污染物，由于选择性好，可在常温常压下进行，转化率高，适用范围广泛等优点而受到普遍重视，成为近年来污染治理技术的研究热点。纳米氧化锌作为光催化剂具有无毒无害、结构及性能稳定等特点，其光催化过程使用空气或氧气作为氧化剂，已成为最有开发前景的绿色环保型催化剂之一。

张靖峰等人[111]以工业氧化锌为原料应用氨浸法制备出具有光催化活性的球形纳米 ZnO 粉体。研究了其降解表面活性剂壬基酚聚氧乙烯醚（NPE-10）溶液的光催化性能，考察了煅烧温度、煅烧时间、催化剂用量、溶液初始浓度等不同因素对其降解性能的影响。结果表明：在 300℃ 下煅烧 2 h 所得纳米 ZnO 具有较小的粒径和较大的比表面积，在溶液初始浓度为 50 mg/L、催化剂用量为 0.1 g 时具有比较好的光催化活性，在氙灯照射下 5 h 降解率达到 70% 以上。

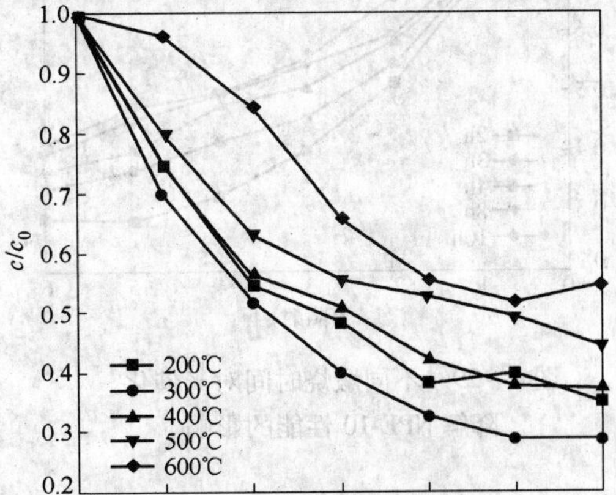

图 4－28　不同煅烧温度对光催化降解 NPE-10 的影响

图 4－28 是不同煅烧温度对光催化剂

在氙灯下降解 NPE-10 溶液的影响（c_0 为降解前浓度；c 为降解后浓度）。由图可知：在不同的煅烧温度下制得的纳米 ZnO 均表现出一定的光催化活性，其中以 300℃下煅烧 2 h 的催化剂催化活性最好，光照 5 h 对 NPE-10 的降解率达近 70%。应当指出，分别在 300℃和 400℃下煅烧 2 h 而制得的纳米 ZnO 光催化活性虽然随着煅烧温度的升高而下降，但其下降的幅度不是很大。而当超过 400℃时，光催化活性随着煅烧温度的升高而迅速减小。原因是当温度升高到 300℃时，ZnO 已经长成为较完整的晶体，拥有较大的比表面积，从而有较高的光催化活性。随着煅烧温度的继续升高，虽然晶型更加完美，但是光催化剂的烧结程度也随之增大，比表面积下降，总的表面活性减少，导致光催化性能下降。同时，结果显示，200℃煅烧得到样品的光催化活性虽低于 300℃下所得样品，却略高于 400℃煅烧所得样品。可能的原因是，200℃煅烧得到的 ZnO 结晶度不高，仍以前驱体或非晶态氧化锌与前驱体混合形式存在，比表面积较低，因而此时的光催化活性较 300℃下煅烧所得样品低。但 200℃下得到的粒子粒径更小，纳米粒子的小尺寸效应更为显著，光激发效率更高，因而其光催化性能优于粒径较大的 400℃下煅烧样品。

图 4－29 是 300℃下不同煅烧时间得到的样品在氙灯下对 NPE-10 的光催化降解曲线。从图中可以看出，煅烧时间对光催化降解性能有一定的影响，随着煅烧时间的延长，降解效果呈下降趋势，样品经 6 h 光照后，降解率从煅烧 2 h 的 71% 下降到煅烧 10 h 的 58%。这主要是因为随着煅烧时间的延长，产物粒子的粒径会随之增大，还可能产生团聚现象，从而导致光激发效率降低，降解性能下降。

图 4－30 是不同催化剂用量对 NPE-10 溶液的降解曲线。由图中可以看出，随着纳米 ZnO 用量的增加，溶液的降解率逐渐增大，到 0.1 g 时降解率最高，这可能是因光催化剂用量增加，光催化活性位置增多，从而提高了光催化性能；当用量继续增大时，降解效果反而下降，这可能与溶液的遮蔽作用增强有关。

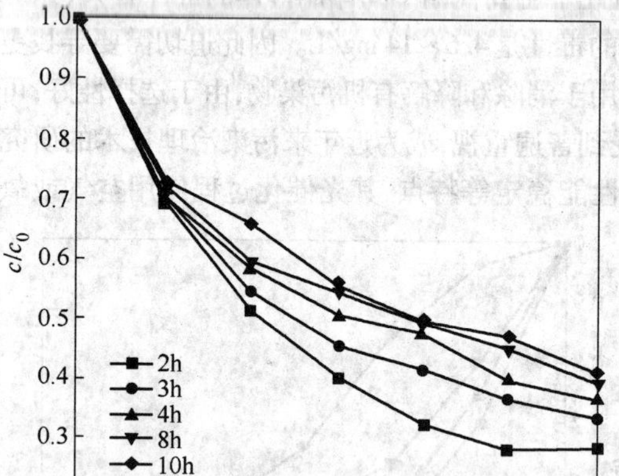

图 4－29　不同煅烧时间对光催化降解 NPE-10 性能的影响

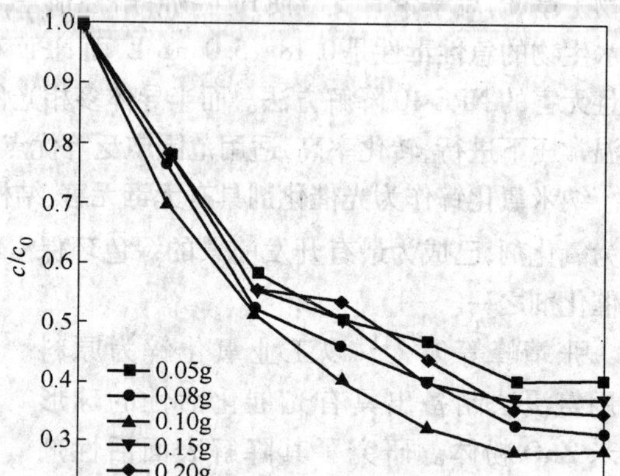

图 4－30　不同催化剂用量对光催化降解 NPE-10 性能的影响

图 4－31 是 NPE-10 在不同初始浓度下的光催化降解曲线。由图可知，NPE-10 初始质量浓度对光催化降解率影响很大。当质量浓度很低时，降解效果差；随质量浓度的增加，降解率显著提高，50 mg/L 时降解效果最好。当质量浓度再次增大，降解率反而下降。这可能是因为光催化反应一般发生于 ZnO 微粒的表面上，污染物浓度过高造成目标污染物竞争 ZnO 表面产生 · OH

的活性位点以及反应过程中生成的中间产物也将消耗大量的·OH，从而导致与初始目标污染物反应的·OH相对数量减少，降解率降低。

4.9.2.2 网络状纳米氧化锌光催化剂的应用

万益群等人[112]在太阳光照射条件下用自制的网络状纳米氧化锌对不同有机染料溶液的降解性能做了系统的研究。结果表明：网络状纳米氧化锌比颗粒状的纳米氧化锌对各种染料的降解效果好（见表4-24），原因是其网络状结构及纳米尺寸效应的共同作用，使得网络状氧化锌的比表面积（86.75 m^2/g）比粒状纳米氧化锌的比表面积（69.88 m^2/g）要大，更有利于光催化反应在表面上进行，因而光催化反应速率和效率也较高；网络状纳米氧化锌对弱碱性（见表4-25）有机染料溶液的降解效果较好；自制网络状纳米氧化锌对有机染料的降解效果（见表4-26）明显优于纳米二氧化钛。

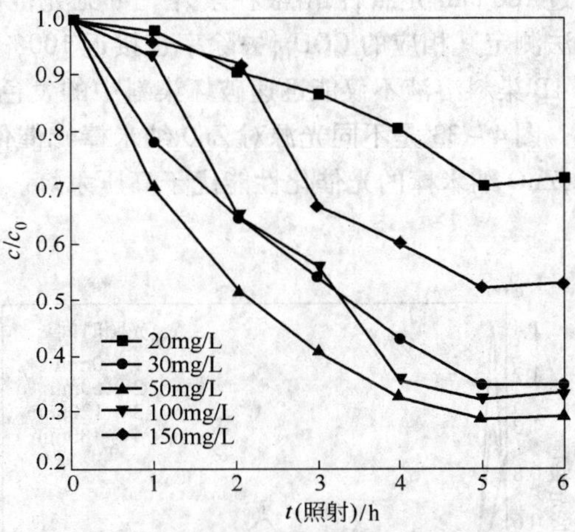

图4-31 溶液不同初始浓度对光催化降解NPE-10性能的影响

表4-24 不同形貌的ZnO在太阳光照射1.5 h后对不同染料降解率的影响 （%）

催化剂	龙胆紫	番红	品红	铬天青
颗粒状ZnO	70.16	72.56	56.45	90.21
网状ZnO	97.86	98.00	73.95	98.56

表4-25 不同染料溶液pH值对ZnO在太阳光照射1.5 h后不同染料降解率的影响（%）

pH值	龙胆紫	番红	品红	铬天青
5.5	73.35	77.01	41.30	0.1
7.0	82.12	83.40	55.36	83.33
9.5	96.75	98.34	80.51	96.71

表4-26 不同光催化剂对在太阳光照射1.5 h后龙胆紫染料降解率的影响 （%）

时间/min	日本TiO_2	常泰TiO_2	网状ZnO
30	9.35	21.25	50.23
60	20.69	38.56	73.69
90	35.95	56.92	92.89

4.9.2.3 棒状纳米氧化锌光催化剂的应用

袁爱华等人[113]用水热法制备出ZnO纳米棒，并以自制的ZnO纳米棒为光催化剂对有机染料酸性红4B进行了光催化降解，研究了光源、污水浓度对ZnO纳米棒光催化氧化效果的影响。研究结果表明，在日光照射180 min后，酸性红4B的降解率接近100%。

图4-32是酸性红4 B染料溶液以ZnO纳米棒为催化剂经不同时间太阳光光照降解后的紫外—可见光谱图。由谱图可见，酸性红4 B染料溶液在质量分数为0.03% ZnO纳米棒的存在下，

经过 180 min 光照后，溶液在紫外—可见光范围内已无吸收，计算降解率接近 100%。用重铬酸钾法测定其相应的 COD_{Cr} 去除率也接近 100%。说明采用 ZnO 纳米棒于太阳光作用下降解酸性红 4B 染料溶液不仅能迅速破坏染料中的发色基团，而且能有效地破坏染料分子中的芳香基团。

图 4－33 是不同光源对 ZnO 纳米棒光催化氧化效果的影响曲线。由图可知，在太阳光照射下，ZnO 纳米棒的光催化性能优于高压汞灯。

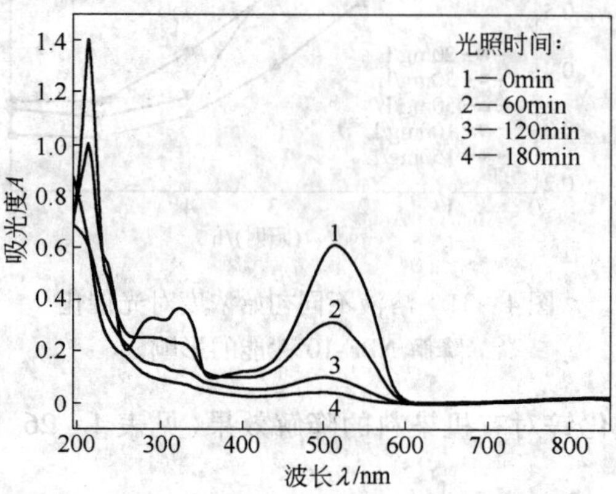

图 4－32　酸性红 4 B 染料的 A-λ 扫描曲线

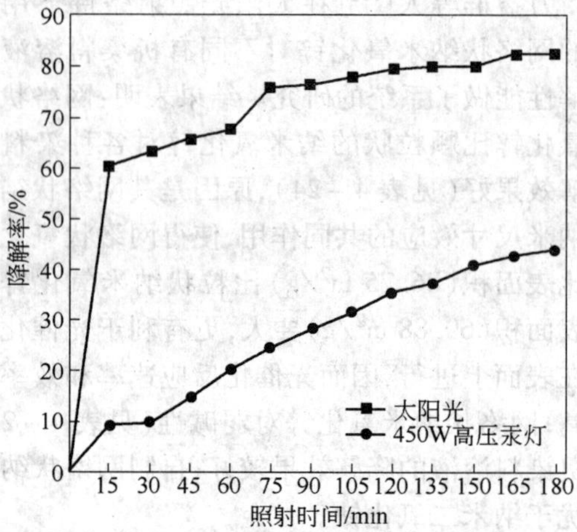

图 4－33　光源对 ZnO 纳米棒光催化氧化效果的影响

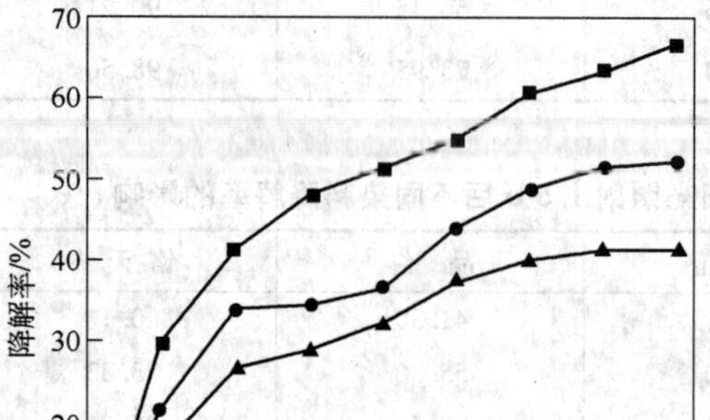

图 4－34　污水浓度对 ZnO 纳米棒光催化氧化效果的影响

图 4－34 是污水浓度对 ZnO 纳米棒光催化氧化效果的影响曲线。由图可知，随着污水浓度的增加，酸性红 4B 的降解率逐渐减小。

张艳辉等人[114]采用溶剂热法制备不同形貌、不同大小的纳米 ZnO 粉体，以偶氮染料甲基橙（MO，methyl orange）作为光催化研究对象，研究不同 ZnO 粉体、溶液的 pH 值、溶液的初始质量浓度和 ZnO 粉体投加量等因素对光催化氧化降解甲基橙的影响。结果表明：四种 ZnO 粉体的光催化性能都很强，纳米 ZnO 粉体适用于染料废水的光催化氧化；四种样品对 MO 溶液的脱色率的顺序为：锤状（20 nm）> 椭球状（20 nm）> 锤状（50 ~ 100nm）> 棒状（直径 10 nm，长径比 10 ~ 30）；溶液在酸性和 pH > 9 的碱性环境中都较容易降解，pH 在 9 左右是 ZnO 的等电点，对溶液的脱色率最低；试验确定甲基橙的最佳初始质量浓度为 15 mg/L，每升甲基橙溶液最佳 ZnO 粉体的投加量为 1 g。

图 4－35 是同一光照时间下不同 ZnO 样品对甲基橙溶液脱色率的影响曲线。由图可知，四种样品对 MO 溶液的脱色率的顺序为：锤状（20 nm）> 椭球状（20 nm）> 锤状（50 ~ 100 nm）> 棒状（直径 10 nm，长径比 10 ~ 30）。棒状 ZnO 的光催化效果相对比锤状和椭球状 ZnO 差，说明长径比大的 ZnO 在溶液中的分散性不如锤状和椭球状 ZnO 的分散性，这是由于棒与棒之间容易交错接触，减少了与溶液的接触面积。大小相当的锤状 ZnO 的光催化性能优于椭球状 ZnO，这是由

于前者是溶剂热条件下制备的，溶剂为乙醇，分散性比后者好。通常情况下，分散性越好，受紫外线照射的面积越大，产生的电子空穴越多，同时空穴迁移到光催化剂表面的越多，光催化活性就越高。随着粒子尺寸的减小，光催化效果递增。微粒尺寸小，表面所占的体积分数大，表面的键态和电子态与颗粒内部不同，表面原子配位不全等导致表面的活性位置增加，且随着粒径的减小，表面光滑程度变差，形成了凸凹不平的原子台阶，这就增加了纳米材料的吸附性和化学反应的接触面。

图 4-36 是 MO 溶液初始 pH 值对光降解效果的影响曲线。从图中可以看出，在酸性条件下甲基橙溶液脱色最快，随 pH 值的升高，脱色率呈下降趋势，但当 pH 值大于 9 时脱色率开始回升。这说明甲基橙溶液在酸性（pH = 4.4）和碱性（pH = 11）的条件下都可取得较高的脱色率，其中酸性条件最有利于甲基橙的降解。

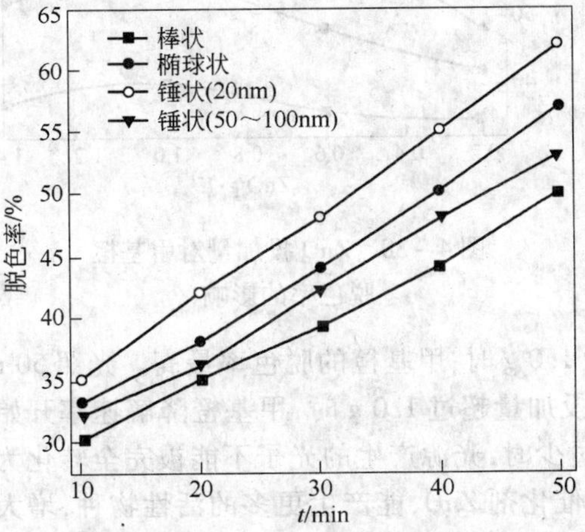

图 4-35 四种纳米 ZnO 样品对 MO 脱色率的比较

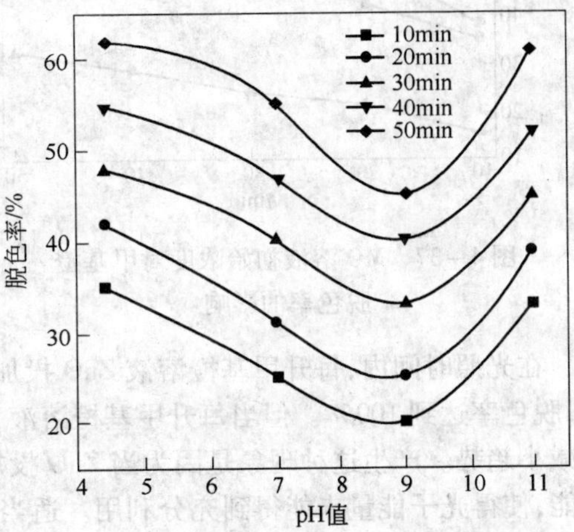

图 4-36 MO 溶液初始 pH 值对甲基橙脱色率的影响

MO 溶液的初始 pH 值的不同对各种污染物的光降解过程的影响也大不相同，其原因在于溶液的 pH 值直接影响催化剂表面所带电荷的性质和污染物在催化剂表面上的吸附行为。溶液的 pH 值能改变颗粒表面的电荷，从而改变颗粒在溶液中的分散性。在半导体光催化氧化反应过程中，起氧化作用的主要是光生空穴，而光生空穴到达催化剂表面并被预先吸附的电子给体捕获才是有效的，光催化剂表面的电荷不仅影响电子给体（污染物）的吸附而且也影响光生空穴向表面传输，从而势必会影响光催化剂的活性。等电点反映了催化剂在某个 pH 值时，其表面电荷为零，即在电场作用下粒子不会发生定向移动，而氧化物表面所带的电荷主要是 H^+ 和 OH^-。ZnO 粒子的等电点约为 pH = 9，这说明在水溶液中 ZnO 表面可带有比较多的正电荷。这必定会阻止光生空穴向表面迁移，且催化剂表面主要是 H^+ 或 Zn^{2+}，从而使 ZnO 粒子的光催化活性大大降低。

图 4-37 是 MO 溶液初始浓度对脱色率的影响曲线。由图可知，所处理的污染物的初始质量浓度越高，去除污染物的时间越长，换言之，污染物的去除率越低。较高浓度的甲基橙溶液的脱色率明显低于较低浓度的溶液。

初始质量浓度越高脱色率越低，初始浓度与脱色率的反相关是由于浓度越高光穿透溶液的能力越弱，能参与光催化氧化反应的光子数量减少。另外，浓度越高，更多的溶质质点被吸附在催化剂表面，导致活性部位减少。不过选择适宜的初始浓度也要兼顾处理工艺的经济效益，初始浓度低，尽管降解时间短，脱色率高，但去除污染物的总量低，不能充分发挥光催化降解的能力。

图 4－38 是 ZnO 投加量对 MO 脱色率的影响曲线。从图中可以看出，随着每升甲基橙溶液中 ZnO 投加量的升高，甲基橙降解速率逐渐增大。

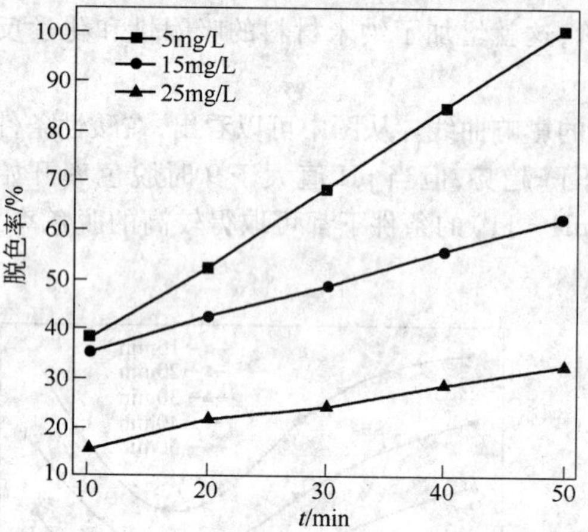

图 4－37　MO 溶液初始浓度对甲基橙脱色率的影响

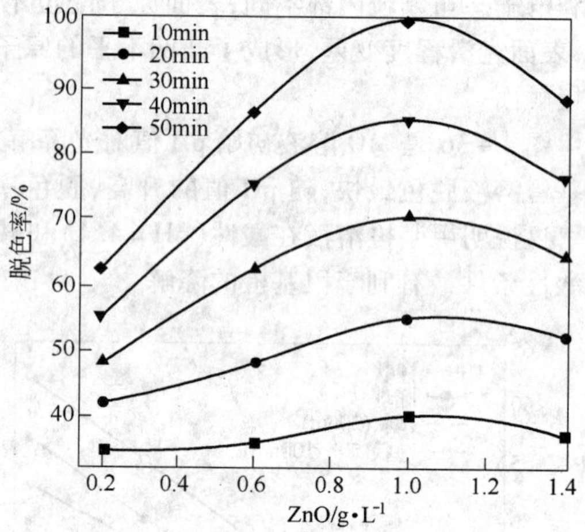

图 4－38　ZnO 投加量对甲基橙脱色率的影响

在光照时间内，每升甲基橙溶液 ZnO 投加量为 1.0 g 时，甲基橙的脱色率最高。光照 50 min 时，脱色率达到 100%。但当每升甲基橙溶液 ZnO 投加量超过 1.0 g 时，甲基橙降解速率开始出现减小趋势。产生这种现象是因为当 ZnO 投加量过少时，光源产生的光子不能被完全转化为化学能，使得光子能量未能得到充分利用。适当增加催化剂 ZnO，能产生更多的活性物种，增大反应的固液接触面，加快光催化降解的反应速率。但当 ZnO 投加量过大时，又会造成颗粒对光的屏蔽和散射，影响溶液的透光率而损失光能。因此，合适的催化剂投加量是光催化反应的一个至关重要的因素。

4.9.2.4　纳米四针状氧化锌晶须光催化剂的应用

周建萍等人[115]以纳米四针状氧化锌晶须（T-ZnO_w）为光催化剂，以甲基橙为染料模型化合物，研究了 T-ZnO_w 的光催化氧化降解性能。结果表明：纳米 T-ZnO_w 光催化氧化降解甲基橙的反应遵循一级反应动力学规律；光催化剂纳米 T-ZnO_w 的最佳用量为 2 g/L，此时经 60 min 光催化降解后，甲基橙溶液的色度剩余率仅为 8%；T-ZnO_w 粒子直径越小，光催化活性越高，效果越好；纳米 T-ZnO_w 的光催化氧化降解效果比纳米 TiO_2 和普通球形纳米 ZnO 粉体更好（见图 4－39），是一种高效、长寿的光催化剂材料。

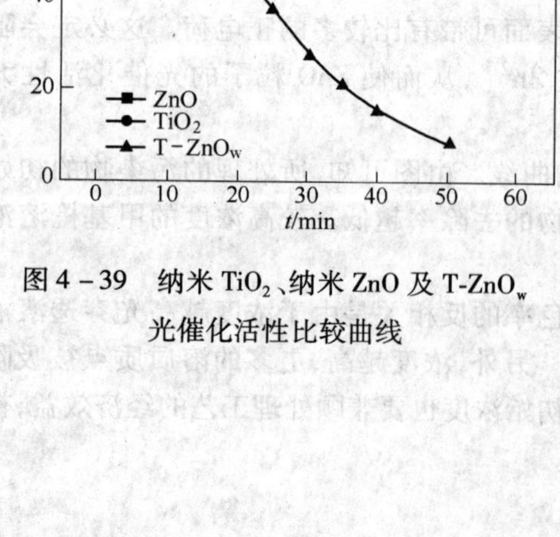

图 4－39　纳米 TiO_2、纳米 ZnO 及 T-ZnO_w 光催化活性比较曲线

4.9.3　纳米氧化锌复合光催化剂的应用

自1976年Cary等人报道了在紫外光照射下利用纳米TiO_2使难降解的有机化合物多氯联苯脱氯后，基于无机半导体纳米材料的光催化氧化降解技术在环境污染防治与控制领域的研究就引起了众多研究者的关注和重视。多年来，许多物理化学和材料工作者在探求光催化氧化降解过程的机理、提高材料的光催化活性和开发新型光催化剂材料等方面进行了大量的研究。作为一项新兴的废水处理技术，光催化氧化降解技术主要利用纳米无机半导体类光生强氧化剂在室温下将难降解的有机染料等污染物彻底氧化为H_2O、CO_2等小分子。该技术具有反应条件温和、无二次污染、适用范围广、运行成本低等优点，是一种颇有发展前途的高级氧化技术。目前，研究和应用最多的两种光催化剂材料是球形纳米ZnO和纳米TiO_2，但两者都存在光催化效率不高的缺点。因此，寻找更高效的光催化剂材料已成为当前光催化氧化降解技术领域的关键问题之一。其中一种方法就是采用复合光催化剂进行光催化降解。

4.9.3.1　复合氧化物半导体光催化剂

与单一氧化物如TiO_2和ZnO等光催化剂相比，复合氧化物光催化剂，如ZnO-SnO_2、TiO_2-SnO_2和WO_3-TiO_2等体系具有吸收波长更长和光催化效率更高等特点，因而成为研究热点。王存等人[116]采用共沉淀法合成了ZnO-SnO_2纳米复合氧化物光催化剂，以对硝基苯胺为模型化合物，对ZnO-SnO_2复合氧化物的光催化活性进行了评价，研究了催化剂焙烧温度（见图4－40）和焙烧时间（见图4－41）对其催化活性的影响。结果表明：在不同焙烧条件下制得的ZnO-SnO_2复合氧化物光催化剂均表现出一定的催化活性，其中以700℃焙烧2 h的催化剂催化活性最高。应当指出，分别在500℃、600℃和700℃焙烧2 h而制得的ZnO-SnO_2复合氧化物的光催化活性虽然随着焙烧温度的升高而增大，但其增长幅度不大。而当焙烧温度超过700℃时，光催化剂活性随着焙烧温度的升高而减小。尤其当焙烧温度升高到900℃以上时，催化剂的光催化活性显著下降。众所周知，ZnO有较高的光催化活性，而SnO_2则几乎没有光催化活性。但由这两种禁带宽基本相同（3.2 eV）但具有不同价带和导带位置的氧化物复合而成的光催化剂，却具有比其相应单个组分ZnO和SnO_2都高的光催化活性。这与文献中的报道结果是一致的。

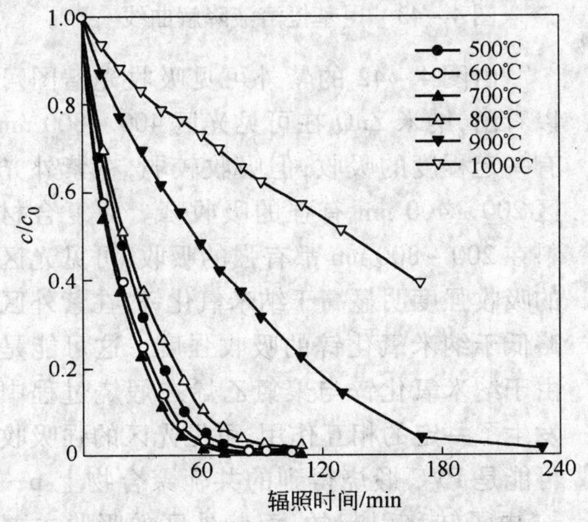

图4－40　在不同温度下焙烧2 h的ZnO-SnO_2纳米复合氧化物光催化剂催化降解对硝基苯胺活性的影响

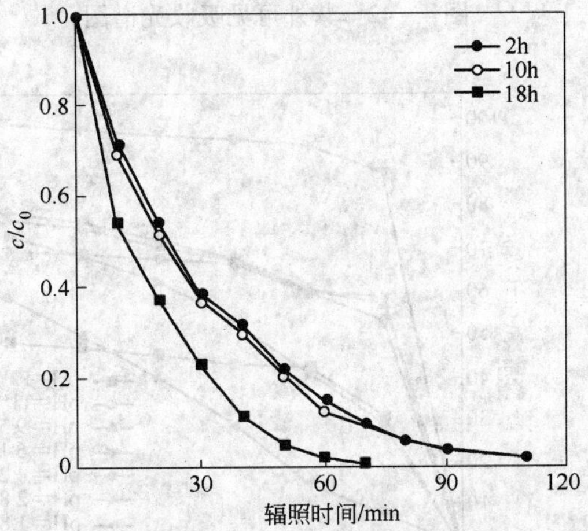

图4－41　在700℃焙烧不同时间的ZnO-SnO_2复合氧化物光催化剂催化降解对硝基苯胺活性的影响

4.9.3.2 有机－纳米氧化锌复合光催化剂

ZnO 是一种重要的半导体材料，其禁带宽度为 3.2 eV，与 TiO_2 接近，且锌源广泛，制备操作简单，因而对纳米氧化锌光催化性能的研究越来越引起人们的重视。通过复合可以改善氧化锌的光催化性能，目前，已有文献报道采用重金属及与氧化锌具有不同禁带宽度的半导体材料与纳米氧化锌进行复合有利于其光催化性能的提高。但是，对纳米氧化锌光催化性能的研究大多是在紫外光作用下进行的，如果能够通过复合使材料在可见光区也有较好的光催化性能，将大大提高其实际应用价值。

高海霞等人[117]采用纳米氧化锌与聚氯乙烯溶液共混制备了复合材料前驱体，经适当温度煅烧后得到复合材料光催化剂。在室内普通照明用荧光灯作用下，以甲基橙溶液为催化对象，对复合材料的光催化性能进行了研究，并在相同条件下，与纳米氧化锌、纳米二氧化钛及聚氯乙烯直接煅烧产物的光催化性能进行了比对分析；同时研究了 pH 值对复合材料光催化性能的影响。研究结果表明：纳米复合材料在 200～800 nm 都有强吸收（见图 4－42）；复合材料对甲基橙催化降解 8 min 后，甲基橙溶液的降解率接近 100%，使用纳米氧化锌、纳米二氧化钛和聚氯乙烯直接煅烧产物催化的甲基橙溶液的浓度基本没有变化（见图 4－43）；溶液偏中性有利于甲基橙的催化降解（见图 4－44）。

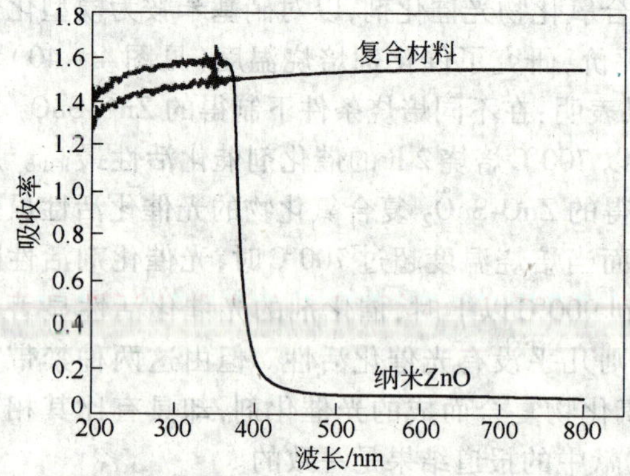

图 4－42 紫外可见吸收光谱图

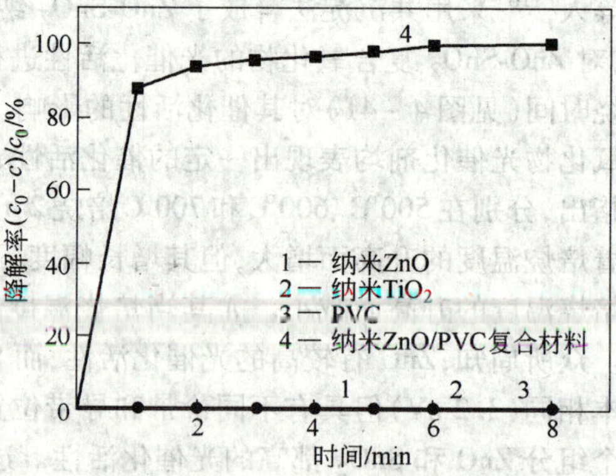

图 4－43 甲基橙溶液降解曲线

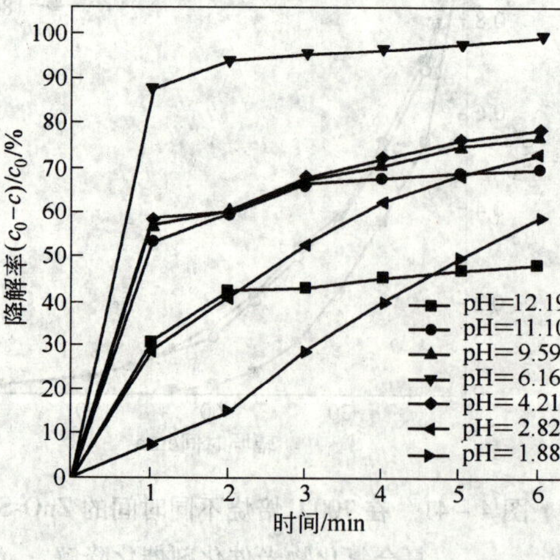

图 4－44 溶液初始 pH 值对甲基橙光催化的影响

由图 4－42 的紫外可见吸收光谱图可以看出，纳米 ZnO 在可见光区 400～800 nm 有一定程度的吸收，但吸收较弱，在紫外光区 200～400 nm 有强的吸收峰。而复合材料在 200～800 nm 都有强的吸收，可见光区的吸收强度明显高于纳米氧化锌，在紫外区略低于纳米氧化锌的吸收强度。这可能是由于纳米氧化锌与聚氯乙烯在煅烧过程中发生了一定的相互作用，可见光区的强吸收可能是 PVC 煅烧得到的共轭聚合物上 p—p* 电子转移引起的，而紫外区的吸收主要是材料中的 ZnO 在起作用，由于聚合物的作用，其吸收略有减弱。

图4－45是纳米氧化锌、聚氯乙烯（PVC）直接煅烧产物及复合材料的电子自旋共振（ESR）图谱。

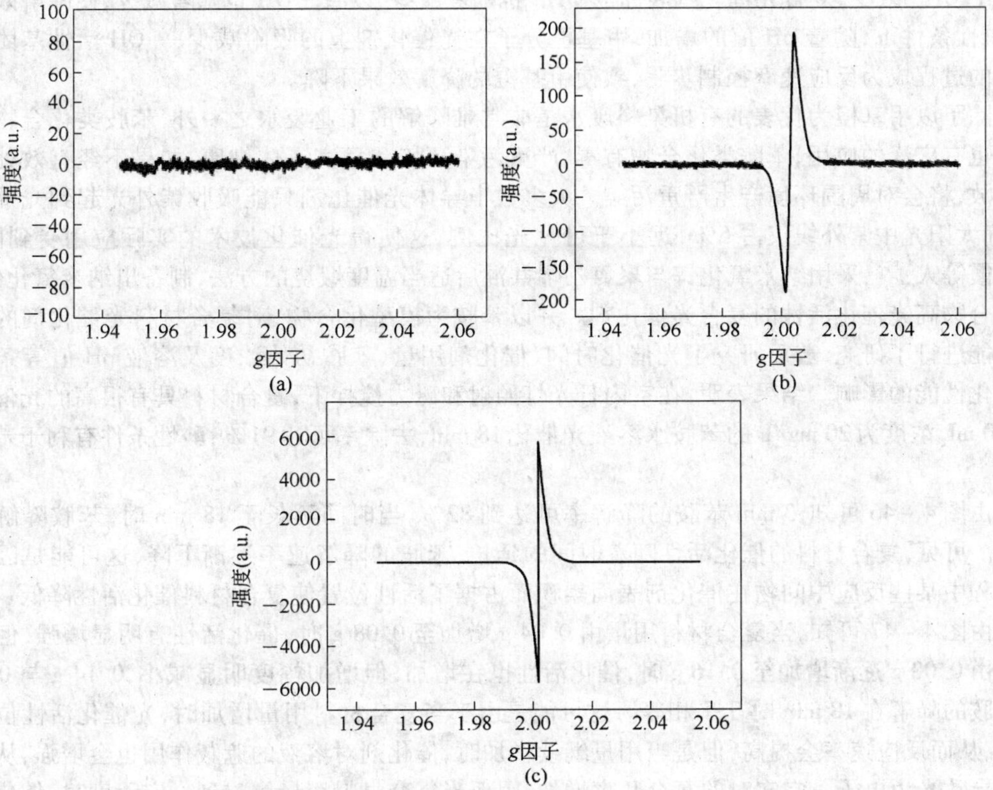

图4－45　ESR图谱

（a）纳米ZnO；（b）PVC；（c）纳米ZnO/PVC复合材料

从ESR图谱中可以看出，纯的纳米ZnO不具备ESR响应，而共轭聚合物具有一定程度的ESR响应，其信号强度大约为200，复合材料的ESR响应明显增强，大约为6000，成数量级增加。这表明复合材料表面的氧空位明显增加。这种现象说明煅烧过程中纳米ZnO与聚氯乙烯之间发生了一定相互作用。聚氯乙烯分解会脱除氯化氢，变为p—p＊共轭结构，共轭结构的聚合物是有效的电子给体，在自然光作用下被激发，电子可以从共轭聚合物转移到无机物半导体ZnO上，如果电子在聚合物和ZnO的表面被捕获，则会产生电子空穴的有效分离，从而增强光催化活性。另一方面，氧空位是光生电子的捕获剂，因此，氧空位的增多会限制光生电子与空穴的复合，表面羟基可以作为光催化反应的活性中心，空穴袭击表面羟基可以产生羟基自由基，增加光催化活性。

由图4－43可知，当使用复合材料进行催化时，8 min内甲基橙溶液完全降解，而纯纳米氧化锌、纳米二氧化钛及聚氯乙烯煅烧产物在相同时间内对甲基橙的降解率几乎为零。这表明复合材料的光催化性能有了明显提高。

光催化反应体系中，溶液pH值是影响有机物光催化降解的重要因素。为研究pH值对复合材料光催化降解甲基橙效果的影响，采用HCl和NaOH调节甲基橙溶液初始pH值，然后进行光催化。由图4－44可知，当pH值为6.16时，复合材料对甲基橙的光催化效果最好，pH值增大或减小都会影响光催化剂对甲基橙的催化脱色率。其原因可能是由于氧化有机物的复合材料在光照条件下产生的电子—空穴对与溶解氧和水作用,生成具有高度化学活性羟基自由基的同时,还伴有 H^+、OH^- 产生。溶液中的 pH 值会影响 H^+ 和 OH^- 的量,酸性条件下,随着 pH 值的降低,溶液中 OH^- 减少,复合光催化剂表面的 OH^- 也随着减少,以致·OH 也随着减少,使降解效果变差;碱性条件下,随着 pH 值的增加,甲基橙分子在光催化剂上的吸附减少,·OH 活性基团进入溶液的过程成为反应速率控制步骤,致使甲基橙的降解效果下降。

除了以甲基橙为代表的有机染料废水是非常难降解的工业废水之一外,苯胺类化合物在工业中也有广泛的应用,苯胺类化合物有毒,严重污染环境和危害人体健康,如果不经有效处理直接排放,将会对周围环境产生严重污染。大多数半导体光催化剂只能吸收紫外光起到光催化作用,而太阳光中紫外线仅占5%,远小于可见光比例,这使得光催化技术的实际应用受到限制。高海霞等人[118]采用纳米氧化锌与聚氯乙烯共混后适当温度煅烧的方法,制备出纳米氧化锌/共轭聚合物高光催化活性的复合光催化剂。并以苯胺为模型化合物,对复合材料光催化剂的光催化性能进行了研究,着重研究了光催化时间、催化剂用量、苯胺初始浓度及溶液 pH 值等条件对光催化性能的影响。结果表明:在室内日光灯照射和磁力搅拌下,复合材料具有很高的光催化性能;50 mL 浓度为20 mg/L 的苯胺水溶液光催化18 min,去除率可达91%;酸性条件有利于苯胺的降解。

由图4-46可知,3 min 苯胺的降解率可达到82%,当时间延长至18 min 时,苯胺降解率为91%。可见,复合材料的催化活性随着时间的延长,苯胺的降解速率逐渐下降,这可能是因为反应过程中某些反应中间物在催化剂表面累积而占据了活性位置使复合材料催化活性降低。

由图4-47可知,当复合材料用量由0.04 g 增加至0.08 g 时,催化活性有明显增强,但是当用量由0.08 g 逐渐增加至0.16 g 时,催化活性也在增加,但增加幅度明显减小,0.14 g 与0.16 g 对苯胺的降解在18 min 时几乎相等。这可能是由于当复合材料用量增加时,光催化活性位置会增多,从而反应速率会提高,但是当用量继续增加时,催化剂对溶液的遮蔽作用也会增强,从而可能会导致光生电子—空穴对的复合几率增加,因而当复合材料用量增加到一定程度时,催化活性增加不太明显。

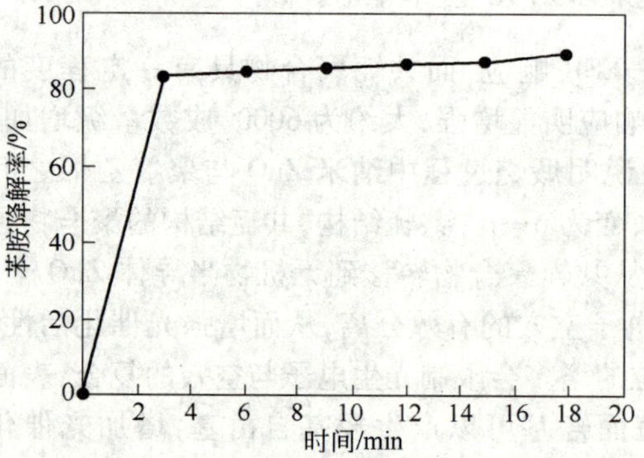

图4-46　苯胺溶液降解率随时间的变化
(室内日光灯照射,磁力搅拌)

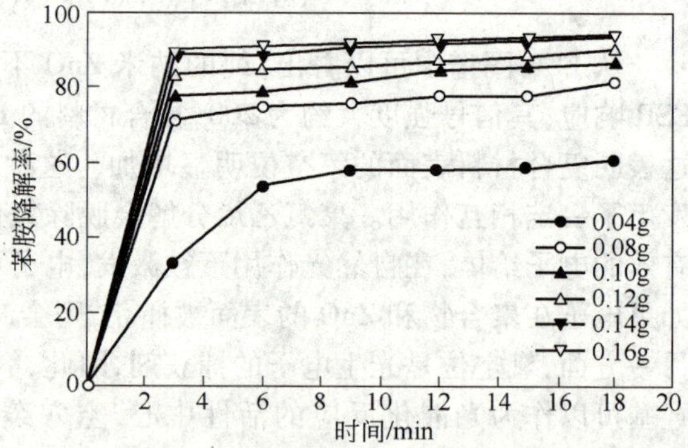

图4-47　复合材料用量对苯胺降解率的影响
(室内日光灯照射,磁力搅拌)

由图4-48可知,当初始浓度为20 mg/L 时,降解率最高,随着初始浓度增加,降解速率逐渐减小,这可能是由于光催化降解反应一般是在催化剂表面上进行,当苯胺初始浓度较高时,会与催化剂光生羟基自由基竞争活性位,而且反应生成的大量中间产物也会消耗羟基自由基,使苯胺降解速率降低。

由图4-49可知,酸性条件有利于苯胺的降解。其原因可能是由于一方面随着 pH 值增大,复合材料中 ZnO 的水解程度会变大,形成$[Zn(OH)_4]^{2-}$;另一方面,pH 值提高,会降低吸附并增加苯胺阴离子与复合材料表面的静电排斥,此时降解将取决于表面产生的羟基自由基向阴离子浓度较低的双层扩散,这一过程比电荷直接转移要慢。此外,pH 值的提高可能会导致复合材料中 ZnO 空带位置的阴极取代,这会导致空穴氧化能力降低。

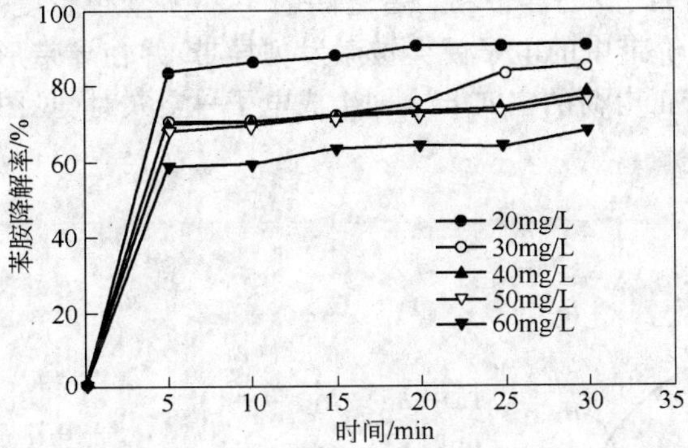

图 4-48 初始浓度对苯胺降解率的影响
(室内日光灯照射,磁力搅拌)

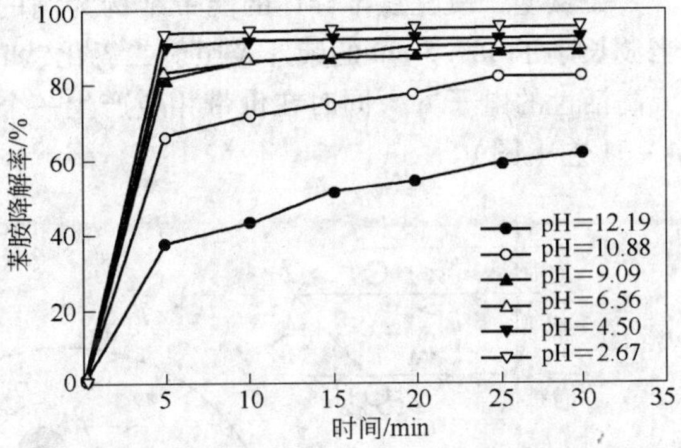

图 4-49 初始 pH 值对苯胺降解率的影响
(室内日光灯照射,磁力搅拌)

应该指出的是,复合材料具有高催化活性的原因是因为其表面的氧空位明显增加(见图 4-50)。从 ESR 图谱中可以看出,复合材料具有很强的 ESR 响应,其 ESR 信号强度为 8000,而纯的纳米 ZnO 不具备 ESR 响应,这表明复合材料表面的氧空位明显增加。氧空位是光生电子的捕获剂,因此,氧空位的增多会限制光生电子与空穴的复合,表面羟基可以作为光催化反应的活性中心,空穴袭击表面羟基可以产生羟基自由基,增加光催化活性。

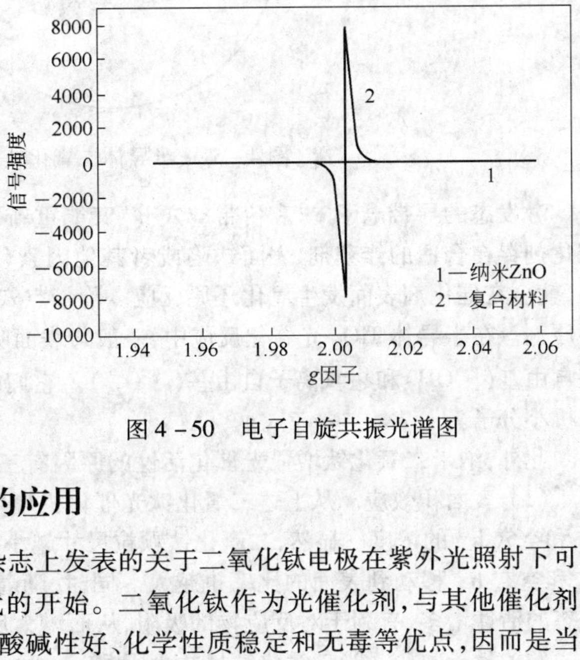

图 4-50 电子自旋共振光谱图

4.10 纳米二氧化钛在光催化剂中的应用

1972 年,Fujishima 和 Honda 在 Nature 杂志上发表的关于二氧化钛电极在紫外光照射下可分解水的论文,标志着一种新型光催化剂时代的开始。二氧化钛作为光催化剂,与其他催化剂相比,具有来源丰富、光照后不发生光腐蚀、耐酸碱性好、化学性质稳定和无毒等优点,因而是当前最具应用潜力的一种光催化剂。本节介绍这方面的情况。

4.10.1 纳米二氧化钛光催化机理

4.10.1.1 半导体光激发带间跃迁

与金属相比,半导体能带是不连续的,价带和导带之间存在一个禁带。用作光催化剂的半导体大多为金属的氧化物如 TiO_2、ZnO、SnO_2、WO_3 等和硫化物如 CdS、FeS_2、MoS_2、Bi_2S_3 等,一般具有较大的禁带宽度。如 TiO_2、ZnO、SnO_2、WO_3、CdS、FeS_2、MoS_2、Bi_2S_3,在 pH = 1 时的带隙 E_g 分别为 3.2 eV、3.2 eV、3.2 eV、3.8 eV、3.2 eV、2.5 eV、0.9 eV、1.23 eV、1.7 eV。当光子能量高于半导体吸收阈值的光照射半导体时，半导体的价带电子发生带间跃迁，即从价带跃迁到导带，从而产生光生电子和空穴。

4.10.1.2 纳米二氧化钛光催化机理[119]

锐钛型二氧化钛半导体的能带结构为满的价带、空的导带和二者之间的 3.2 eV 禁带宽度。当波长小于 387.5 nm 的紫外光照射二氧化钛时，价带中的电子就会被激发到导带，并在导带形成高活性的电子 e^-，同时在价带相应产生一个带正电荷的空穴 h^+，即生成电子—空穴对（见图 4－51 左上图）。

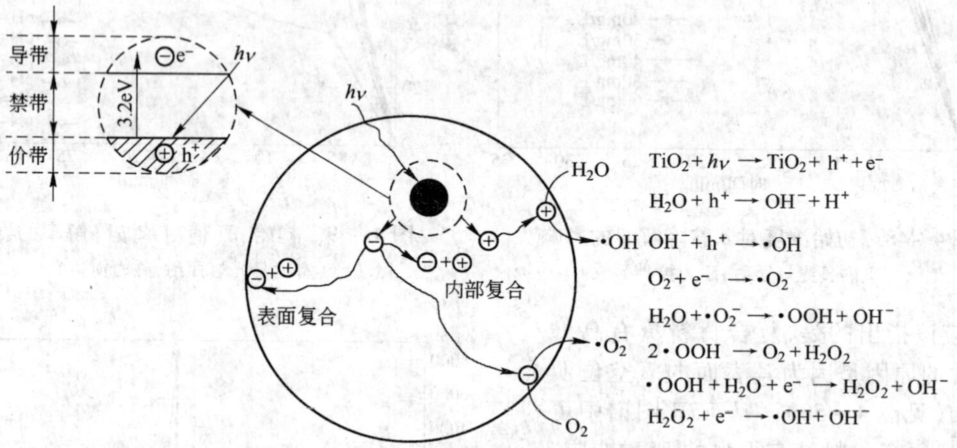

图 4－51 半导体二氧化钛光催化机理示意图

激发态的导带电子 e^- 和价带空穴 h^+ 又能重新合并，并产生热能或以辐射方式散发掉。当催化剂存在合适的俘获剂、表面缺陷或者其他因素（如电场作用）时，电子和空穴的复合得到抑制，就会在催化剂表面发生氧化还原反应。价带空穴 h^+ 是良好的氧化剂，导带电子 e^- 是良好的还原剂。在半导体 TiO_2 光催化反应中，一般与表面吸附的 H_2O、O_2 反应生成氧化性很活泼的羟基自由基（$\cdot OH$）和超氧离子自由基（$\cdot O_2^-$）。它们能够把各种有机物直接氧化成 CO_2、H_2O 等无机小分子。

此外，纳米二氧化钛增强光催化活性的原因有三：

（1）表面积效应。从上述二氧化钛光催化机理可知，氧化还原作用的强弱取决于光生电子 e^- 和空穴 h^+ 的浓度。显然，二氧化钛颗粒尺寸越小，总表面积越大，光吸收效率越高，并且电子 e^- 和空穴 h^+ 移动到表面的比率也越大。同时，随着尺寸的减小，比表面积增大，表面键态和电子态的活性增多，有利于对反应物的吸附，从而增大反应几率。

（2）量子效应。当二氧化钛尺寸小于 50 nm 时，导带和价带间的能隙变宽，光生电子和空穴的能量增强，氧化还原能力增强。

（3）载流子扩散效应。二氧化钛粒径越小，光生电子从晶体内扩散到表面的时间越短，电子和空穴的复合几率减小，光催化效率提高。

4.10.2 纳米二氧化钛光催化剂存在的主要问题及改进措施

二氧化钛光催化剂的应用也有其自身的局限性：禁带宽约 3.2 eV，激发产生电子—空穴对需用（近）紫外线光；电荷载流子复合速率很快，一般发生在皮秒和纳秒的时间尺度范围内，光催化活性不高;对光(特别是可见光)的利用率比较低。因此,制备高活性光催化剂的关键是如何减少光生电子与空穴的复合几率以及扩展二氧化钛对可见光的吸收范围。

目前,提高光催化性能主要采用稀土元素掺杂、过渡金属掺杂、贵金属沉积、复合半导体、有机染料光敏化以及将二氧化钛纳米粉体制备成纳米管等方法。其中以掺杂法改性二氧化钛光催化性能的研究报道最多[120]。

4.10.2.1 稀土元素掺杂

稀土元素在光学、电子学以及催化剂领域有着广泛的应用。稀土元素离子的最外层电子排布基本相同,再加上在元素周期表中相邻,所以它们的性质比较相近,而且呈现有规律的递变。元素化合价大部分为 +3 价,也有一些由于 4f 层将处于半满、全满或全空状态,易得失 1 个电子而呈现 +2 或 +4 价。

按照产生氧空缺方式的不同,稀土掺杂离子与二氧化钛晶格的作用可以分为两类。一类是单一价态或以 +3 价为主的稀土掺杂离子如 Gd^{3+}、Y^{3+}、La^{3+} 等,这些离子通过扩散进入晶格替代钛离子,产生氧空缺,从而促进相变和金红石相的晶粒生长,影响二氧化钛的光催化活性。另一类是可变价态的稀土掺杂离子如 Ce^{4+}、Tb^{3+}、Eu^{3+} 等,它们容易在二氧化钛晶格表面发生氧化还原反应,然后通过扩散产生氧空缺或晶隙钛,从而促进或抑制相变,影响其光催化活性。由于稀土元素离子的半径一般都大于钛离子,因此,当掺杂离子或它们的氧化态或还原态扩散入二氧化钛晶格中时,就会引起较大的晶格畸变和膨胀。这种晶格膨胀所导致的逃离晶格氧原子和吸附 O^{2-} 提供额外的空穴及电子捕获途径,使得二氧化钛的光催化性能有较大程度的提高。从一定意义上讲,掺杂晶格的晶格膨胀程度对稀土掺杂的二氧化钛的光催化活性有重要作用。此外,掺杂稀土元素的纳米二氧化钛粉,其 UV-Vis 吸收出现红移,说明掺杂稀土元素有利于催化剂吸收可见光和电荷载流子的产生,可提高光催化活性。

4.10.2.2 过渡金属掺杂

利用金属离子的掺杂可在二氧化钛晶格中引入缺陷位或改变结晶度,影响光生电子和空穴的复合,从而影响其光催化活性。Choi 等人[121]系统地研究了 21 种金属离子掺杂的二氧化钛纳米晶格,发现在晶格中掺杂质量分数为 0.1% ~0.5% 的金属离子可增加二氧化钛的光催化活性。

4.10.2.3 贵金属沉积

贵金属沉积于二氧化钛表面,相当于在二氧化钛表面形成一个以二氧化钛及惰性金属为电极的短路微电池。电极产生的空穴 h^+ 能够将液相中的有机物氧化,而电子 e^- 则流向金属电极,将液相中的氧化态组分还原,从而降低电子 e^- 和空穴 h^+ 的复合几率,提高催化剂的活性。因此,将常用的贵金属 Pt、Pd、Ag、Au、Ru 等沉积于二氧化钛表面能有效提高其光催化活性和反应效率。

4.10.2.4 复合半导体

半导体的耦合是指由不同禁带宽度的两种半导体组合起来提高系统的电荷分离效果,扩展光谱响应范围。因而通过半导体耦合也是提高光催化效率的有效途径。目前常见的复合体系主要有 TiO_2-SnO_2、TiO_2-V_2O_5、TiO_2-WO_3、TiO_2-ZrO_2 等。通过半导体耦合几乎都能提高 TiO_2 的光催化活性。

4.10.2.5 制备成二氧化钛纳米管

增加催化剂的比表面积能增大其光催化活性。体系的比表面积大,反应面积就大,有助于被降解物的吸附,使其光催化反应速率和效率增大。因而,将二氧化钛制备成适当壁厚的纳米管将会增大体系的比表面积,提高二氧化钛的光催化活性。邵颖等人[122]研究表明,以多孔氧化铝为模板制备出的锐铁矿型二氧化钛纳米管是由许多非常细小的二氧化钛纳米粒子组成,在通空气下,该二氧化钛纳米管对十二烷基苯磺酸钠的光催化降解表现出很高的光催化活性。

4.10.3 影响纳米二氧化钛光催化剂的因素

(1) 光催化剂的性质[123]。晶粒大小、比表面积、晶型及表面态(如表面羟基、氧空缺)等因素对二氧化钛的光催化降解有机物起到了关键作用。催化剂粒径越小,比表面积越大,其催化活性就越高。二氧化钛有不同晶型:非定型、锐钛矿型、金红石型等。不同的 n 型对光催化有无影响,目前各种报道很多,但是一般认为锐钛矿型比例较高时,光催化活性较好,其中,表面态是最重要的因素,因为它们与光生电子—空穴的分离效率关系密切。当表面氧空缺(Ti^{3+})与表面羟基的量有一定的匹配时,二氧化钛将表现出较高的光催化活性。

(2) 光照条件。对半导体材料来说,要使价带电子发生激发跃迁,所需光照能量必须大于或者等于带隙能,因此,光源的波长越短,效率越高。有人比较了紫外光波长的影响,通过对两支 15 W 的低压汞灯(主波长 254 nm)和一支 400 W 的中压汞灯(主波长 365 nm)降解试验的研究,发现即使中压汞灯的功率是低压汞灯的十几倍,但处理效果还不如低压汞灯。一般条件下,光照强度越高,效率也越高。另外,光催化效率还与催化膜的光照面积成正比。因此,制备负载型 TiO_2 可以有利于得到较大的光照面积,增加反应点。

(3) pH 值。水溶液的 pH 值能改变二氧化钛颗粒表面的电荷,会影响二氧化钛颗粒的分散度,进而影响其受紫外光照射的面积和光催化活性。另外,不同结构有机物的降解有不同的最佳 pH 值。

4.10.4 纳米二氧化钛光催化剂的应用

4.10.4.1 纳米二氧化钛光催化剂在废水处理方面的应用[124]

利用纳米二氧化钛的光催化性质来处理废水和改善环境是一种行之有效的方法。国外有人[125]在 1990 年采用纳米二氧化钛对水中 34 种有机污染物的光催化分解进行了系统的研究,结果表明,光催化氧化法可将水中的烃类、卤代物、羧酸、表面活性剂、染料、含氮有机物、有机磷农药杀虫剂等较快地完全氧化为 H_2O 和 CO_2 等无害物质。此后,纳米 TiO_2 应用于废水处理的研究引起了极大关注。

A 染料废水的处理

在染料的生产和使用中,产生大量碱度高、色泽深、臭味大的废水,对生态环境和饮用水造成相当大的危害,采用纳米二氧化钛光催化剂可对染料进行脱色或光降解等。陈梅兰[126]以锐钛矿型纳米二氧化钛为催化剂,采用高压汞灯作光源,研究了水溶液中次甲基蓝染料的光催化降解的各种影响因素,结果表明,在 pH 值为 3.3 左右时次甲基蓝降解较为适宜。光照 30 min,二氧化钛用量 5.4 mg/mL,次甲基蓝初始浓度为 16 mg/L 时降解较好,降解率达 94.7%。

为了解决二氧化钛回收难的问题,崔鹏等人[127]将纳米二氧化钛用浸渍法将其负载于颗粒形活性炭表面制成二氧化钛负载膜,用紫外灯(300 W)作光源,光催化降解甲基橙水溶液,试验结果表明,采用二氧化钛负载膜作为催化剂时,甲基橙水溶液的降解速率比用商品化二氧化钛光催化剂时降解速率高得多。

目前,利用纳米二氧化钛催化技术进行降解研究的染料还有活性黄 X6G、活性红 X3B、活性蓝 XBR、碱性绿、碱性紫、碱性品红等,都取得了显著的效果。

B 农药废水的处理

残留农药危害范围很广,在大气、土壤和水体中停留时间长,故其分解去除备受人们关注,目前这方面的研究较多。利用纳米二氧化钛光催化去除农药,不产生毒性更高的中间产物,这是其他方法无法相比的。

陈梅兰等[128]用高压汞灯为光源,以锐钛矿型纳米二氧化钛光催化降解有机溴杀虫剂——溴氰菊酯(俗名敌杀死)进行研究。结果表明,在二氧化钛用量为 30 mg/25mL, pH = 4, 3% H_2O_2 5 mL, 室温条件下光照 3 h, 敌杀死降解了 73.5%,说明纳米二氧化钛光催化降解敌杀死是十分有效的。

阿特拉津是目前应用最为广泛的化学除草剂之一,生产或使用不当会造成当地地表水和地下水中阿特拉津的残物。当水体中阿特拉津浓度达到 0.1×10^{-6} mg/L 时,会对引水灌溉的稻田产生毁灭性伤害。由于阿特拉津有低的蒸气压(3.85×10^{-5} Pa, 25℃)和低的 Henry 常数(2.43×10^{-3} kPa · m^3/mol),因此不易在水体中挥发,而用碱或无机酸降解需要高温条件并会改变废水 pH 值。霍爱群等[129]用纳米二氧化钛膜光催化成功地降解了废水中的阿特拉津,利用纳米二氧化钛膜, 250 W 高压汞灯(2 只)照射含阿特拉津 30 mg/L 的水溶液 10 h,在有溶解氧的条件下,其降解率达 98%。

C 水面油污的处理

全世界每年因河流和海上事故进入河流和海洋的石油污染物总量在 1000 万 t 以上,对水体环境造成了严重的污染。因此治理水体中石油污染已成为世界各国共同关心的问题。目前清除水面油污主要采用机械清除法、吸附法、油层分散法、生物法及膜技术等。但是这些技术一般效率不高,操作时间长,费用高,容易造成二次污染等。由于石油类有机污染物不溶于水而漂浮在水面,二氧化钛的密度(锐钛矿型为 3.84 g/cm^3)远大于水,会沉于水底。为了使二氧化钛能漂浮在水面上与石油类污染物充分接触进行光催化反应,需要将它制备成能漂浮于水面的负载型二氧化钛光催化剂。如采用溶胶—凝胶—浸涂法制备的锐钛型纳米二氧化钛漂浮空心玻璃球载体,连续光照后能使甲苯完全去除,正十二烷去除率达 93%。正十二烷、甲苯是石油中的代表物,加入微量的 H_2O_2 还可以大大提高两者的光催化效率。美国、日本对海上石油泄漏造成的污染进行处理时,将锐钛型二氧化钛做成空心小球,浮在含有有机物的废水表面上,利用太阳光可进行有机物的降解。

D 废水中其他有机污染物的处理

水中其他有机污染物如卤代脂肪烃、卤代芳香烃、卤代脂肪酸、多环芳烃及杂环化合物、含氮化合物等是各国优先控制的有害物质,因而研究其催化分解条件、机理都有很大的现实意义。这类物质在光催化分解的过程中,一般都先羟基化,再脱卤,逐步降解,直至成为 CO_2、H_2O 等简单无机物。如有人采用溶胶—凝胶法制得粒径为 35 ~ 44 nm 的二氧化钛,用此纳米二氧化钛光催化降解水中的甲苯,并与 Degussa P-25 TiO_2 的光催化效果进行比较,试验结果表明,纳米二氧化钛能使水中的甲苯完全催化降解为 CO_2 和 H_2O。

表 4-27 是纳米二氧化钛光催化剂降解的主要有机物。

表 4-27 纳米二氧化钛光催化剂降解的主要有机物

有机物	催化剂	光 源	光解产物
烃	TiO_2	紫 外	CO_2, H_2O
卤代烃	TiO_2	紫 外	HCl, CO_2, H_2O
羧 酸	TiO_2	紫外,氙灯	CO, H_2, 烷烃,醇,酮,酸
表面活性剂	TiO_2	日光灯	CO_2, SO_3^{2-}

续表 4 – 27

有机物	催化剂	光源	光解产物
染料	TiO_2	紫外	CO_2,H_2O,无机离子,中间物
含氮有机物	TiO_2	紫外	CO_3^{2-},NO_3^{2-},NH_4^+,PO_4^{3-},F^-等
有机磷杀虫剂	TiO_2	紫外,太阳光	Cl^-,PO_4^{3-},CO_2

4.10.4.2　纳米二氧化钛光催化剂在无机污染物处理方面的应用

利用纳米二氧化钛光催化降解还能解决汞、铬、铅等金属离子的污染问题。汞是水体中的主要重金属污染物,对人体脑神经系统危害极大。铬污染能引起局部肉瘤,使肺癌发病率升高。铅污染也有可能导致呼吸系统癌变。利用光催化在柠檬酸根离子存在下,Hg^{2+}从含氧溶液中被电子e^-还原成Hg沉积在二氧化钛表面,此法同样还适用于铅。其他污染性金属离子如铬的还原处理与上述方法类似。

NO_3^-、NO_2^-离子存在于水、空气中,特别是NO_2^-是一种可致癌的危害性较大的环境污染物,且在低浓度时NO_2^-不易消除,比较稳定。高远等人[130]采用溶胶—凝胶法制备了掺杂铁的纳米二氧化钛粉末。当掺杂量为3.0%时光催化效率达99%。这说明对纳米二氧化钛进行改性后能有效催化降解水中或空气中的NO_2^-,在环境保护等方面有着极大的实用价值。

4.10.4.3　纳米二氧化钛光催化剂在空气净化方面的应用

利用纳米二氧化钛对空气净化主要是对环境中有害气体的吸收和分解。环境有害气体可分为两种:室内有害气体和大气污染气体。室内有害气体主要来自装饰材料等放出的甲醛及生活环境中产生的甲硫酸、硫化氢、氨气等。这些气体含量达百万分之几时即能使人产生不适感。大气污染气体主要指由汽车尾气与工业废气等带来的氮氧化物和硫氢化物以及一些易挥发的有机污物。当前解决空气污染的方法主要有物理吸附法(活性炭)、臭氧净化法、静电除尘法、负氧离子净化法等,但是这些方法自身都有着难以克服的弊端,所以一直难以大范围地推广使用。与其相比,利用纳米光催化二氧化钛净化空气则有如下优点:降解有机物的最终产物是CO_2和H_2O,没有其他毒副产物出现,不会造成二次污染;纳米微粒的量子尺寸效应导致其吸收光谱的吸收边蓝移,促进半导体催化剂光催化活性的提高;纳米材料比表面积很大,增强了半导体光催化剂吸附有机污染物的能力。

1989年通用汽车公司的Donald Beck研究了纳米二氧化钛去除汽车废气中硫的能力,模拟试验表明:在500℃经7h后,从废气中去除的总硫量比所有其他几种常规形态的二氧化钛去除量大5倍,更重要的是,在暴露7 h后,纳米二氧化钛除硫的速度仍然相当高,而其他形态的二氧化钛已失效。

李功虎等人[131]以低压汞灯作为光源,在大约含354×10^{-6} mg/mL三氯乙烯空气中,以纳米二氧化钛作为光催化剂,光照10 min时转化率已达96.7%,光照50 min后转化率达99%。张峰等人[132]采用共沉淀掺杂法制备出钒掺杂的纳米二氧化钛光催化剂,在可见光照射下,对初始浓度为50 μL/L的硫化氢进行光催化转化,硫化氢转化为H_2和S,每小时转化率高达96.9%。

利用纳米光催化二氧化钛治理空气污染已经得到广泛应用,国内外都出现了很多产品,例如纳米空气净化器、中央空调净化模块、光触媒涂料等,市场前景非常广阔。

4.10.4.4　纳米二氧化钛光催化剂在抗菌方面的应用

纳米二氧化钛的杀菌作用是利用光催化产生的空穴和形成于表面的活性氧类与细菌细胞或细胞内的组成成分进行生化反应,使细菌头单元失活而导致细胞死亡,并且能使细菌死亡后产生的内毒素分解。

在人们的居住环境中存在着各种有害微生物,会对人类生活产生不良影响。家居环境中一些潮湿的场合如厨房、卫生间等,微生物容易繁殖,导致空气菌浓度和物体表面菌浓度增大,对人的健康产生威胁。利用纳米二氧化钛的光催化性可充分抑制或杀灭环境中的有害微生物,使环境微生物对人体的危害降低,在这方面日本研究比较多。

实验证明,二氧化钛具有分解病源菌和毒素的作用,在玻璃上涂一薄层二氧化钛,光照3 h可达到杀灭大肠杆菌的效果,光照4 h毒素的含量可控制在5%以下。日本东京已经制备出保洁瓷砖,已用于装饰一家医院的墙壁,经使用证明,这种保洁瓷砖有明显的杀菌作用,比单纯用紫外光的杀菌效果强4倍。

近年来,纳米二氧化钛的抗菌性不断被人们开发和利用,随着抗菌光灯、抗菌纤维、抗菌建材、抗菌涂料和抗菌陶瓷卫生设施的相继出现,纳米二氧化钛将会得到更加广泛的应用。

4.11 纳米氧化锌在气敏传感器中的应用

现代工业的发展为人类创造出巨大的财富,现代交通运输的发展给人们带来了方便,推动了人类社会的迅速发展。但随着工业和交通的发展,废气也与日俱增排放到大气中。例如,SO_x、NO_x和HCl是燃料在燃烧过程中释放出来的,不仅本身毒性很强,而且是造成酸雨的主要原因。CO_2是煤、石油等在燃烧过程中排放出来的,是造成地球温室效应的主要原因。此外,在半导体制造、制冷剂消耗过程中释放出来的氟利昂具有破坏臭氧层的作用。H_2S、NH_3等不但气味难闻,而且有毒。当废气达到一定程度并持续一段时间时,将破坏大气的正常组成和生态平衡,影响工农业生产,对人体、动植物、材料等产生不利的影响和危害。这些废气对人类本身和人类的生存环境造成了不可忽视的损害。同时,工业生产中使用的气体原料和在生产过程中产生的气体的种类和数量随着工业的发展而越来越多,家庭液化石油气、煤气和天然气得到广泛使用。这些气体中,有毒气体和可燃性气体不仅污染环境而且有产生爆炸、火灾以及使人中毒的危险。在工业高度发达的今天,这些污染所带来的损失已经威胁到人类的生存,温室效应、酸雨、臭氧层的破坏等一系列问题已经迫在眉睫。对易燃、易爆和有毒气体迅速准确地检测将有效地防止恶性事件的发生。随着人们生活水平的提高,人们对生活环境的关注日益提高,环境监测已成为需求。而解决这些问题的关键是迅速准确地检测到有毒、有污染的气体。

目前,检测气体、气味的方法主要有气相色谱仪、质谱仪、光谱仪、毛细管电泳仪以及半导体气体传感器等。前面几种普通化学或光学分析仪器主要用来测定气体的成分和浓度。这类设备总是存在以下一个或几个缺点,如结构复杂、设备昂贵、测试周期长、不能进行现场连续监测等。而半导体气体传感器以体积小、耗电低、灵敏度高、响应速度快,以及检测方便、制备方法简单、成本低等优点得到迅速发展和推广应用。如日本费加罗公司于1968年就推出第一个商品化的用于检测室内气体泄漏的二氧化锡气体传感器(TGS)。现在英国Aomascan公司推出了"数字气味分析系统"、法国Apha MOSSA公司推出了Fox2000产品等。

ZnO是最早使用的n型半导体气敏材料,与广泛使用的SnO_2气敏材料的工作原理是一样的。虽然其检测灵敏度比SnO_2低,工作温度比SnO_2高,约为450℃,但其具有稳定性好、价格便宜、易于制备等优点。ZnO气敏元件主要有烧结型、厚膜型、薄膜型三种。虽然目前薄膜型ZnO的研究非常活跃,但烧结型和厚膜型元件具有制作简单、价格便宜和检测方便等优点,易于实用化,有很好的应用前景。此外,随着纳米技术的发展,纳米结构的ZnO应用在气体传感器中也成为研究热点之一。本节着重介绍这方面的情况。

4.11.1 气体传感器的工作原理和分类

气体传感器的工作原理是:当被检测气体(氧化性气体和还原性气体)与传感器表面发生反应(物理吸附或化学吸附)时,引起表面某种物理或化学性质的变化(电阻、电导、电压、阻抗等),这种变化转变为电信号,通过对电信号的分析,可得到有关气体浓度、成分等信息。

按照气敏材料的不同,可以把气体传感器分为金属氧化物半导体传感器和有机高分子气体传感器两类。其中,金属氧化物半导体主要有 SnO_2 系列、ZnO 系列、Fe_2O_3 系列,此外还有 WO_3、V_2O_5、In_2O_3、TiO_2 等单金属氧化物,Zn_2SnO_4、NiCuO、ZnO-CuO、Na_2SO_4-In_2O_3 等混合金属氧化物。有机气体敏感材料主要有酞菁、卟啉、卟吩和它们的衍生物、络合物等,这些化合物的共同点是具有环状共轭结构。正是由于环状共轭结构,这类络合物才具有半导体性质。吸附的气体分子与有机半导体之间产生电子授受关系。可通过检测相互作用导致的物性变化(如电导率变化)从而得知检测气体分子存在的信息。

按作用机制,金属氧化物半导体气体传感器又可分为表面控制型和体控制型。ZnO 和 SnO_2 等气体传感器属于表面控制型的,Fe_2O_3 等气体传感器则属于体控制型的。表面电阻控制型金属氧化物半导体材料表面吸附气体分子时,金属氧化物半导体的电导率将随半导体类型和气体分子种类的不同而变化。吸附气体一般分为物理吸附和化学吸附两大类。被吸附的气体一般也可分为两大类:具有阴离子吸附性质的气体称为氧化性气体,如 O_2、NO_x 等;具有阳离子吸附性质的气体称为还原性气体,如 H_2、CO、乙醇等。

4.11.2 金属氧化物半导体气体传感器的气敏机理

金属氧化物半导体气体传感器虽然已得到广泛应用,但是其敏感机理尚不完全清楚。目前主要有以下几种定性模型[133]:

(1) 原子价控制模型。半导体表面吸附某些还原性气体,引起半导体价态变化,使其电阻发生变化。

(2) 表面电荷层模型。半导体表面吸附待测气体时,与气体分子之间产生电子交换,造成所谓耗尽层吸附(使半导体电导率下降)和积累型吸附(使电导率上升)。耗尽层使 n 型半导体的负离子吸附(气体分子从半导体表面获得电子,成为带负电的离子)和 p 型半导体上的正离子吸附(气体分子向半导体表面提供电子,形成带正电荷的离子);相反,如果在 n 型和 p 型半导体表面分别发生正、负离子吸附,就是积累层吸附。实际上,常用半导体气敏材料(不论 n 型还是 p 型)对 O_2 多发生负离子吸附,而对 H_2、CO、碳氢化合物、酒精等气体多发生正离子吸附。

(3) 晶粒间界势垒模型。被吸附气体在晶粒表面形成空间电荷层。例如,在 SnO_2、ZnO 等 n 型半导体材料吸附 O_2 后,由于氧电子亲和能较大,从而从材料上获得电子,成为表面受主态,在晶界表面形成一定高度的势垒而阻碍电子在晶粒间运动,使材料电阻率上升。当环境中有还原性气体(H_2、CO)时,就会与所吸附的 O_2 发生反应,同时释放出电子,使得氧受主态浓度下降,从而降低了晶粒间界的势垒高度,使气敏材料的电阻率下降,这样,就可以根据材料的电阻率变化检测气体中还原性气体浓度的变化。

4.11.3 影响金属氧化物气体传感器灵敏度的因素

影响金属氧化物气体传感器灵敏度的主要因素有肖特基接触的影响、氧气的吸附、还原性气体的作用、氧空位的作用等[133]。

4.11.3.1 肖特基接触的影响

当气体吸附在半导体材料的表面时，引起传感器表面的电子浓度变化，此现象可用肖特基接触来解释。气体吸附在半导体表面时，可看做物体 A(M_A)与物体 B(M_B)接触，当两种具有不同的功函数的物质 M_A、M_B 接触之后，电子会从功函数较小的一方流向另外一方，直到彼此的费米能量相同为止，此现象导致能带在表面会有弯曲的现象。

能影响传感器表面势能的吸附气体一般分为两类：受主气体和施主气体。当电子亲和力较强的受主气体(功函数大)与 n 型半导体传感器接触时，容易接收传感器材料中的电子，因此气体分子将从半导体表面捕获导带电子而形成负离子吸附，使得传感器表面聚集许多电子，电子聚集在吸附气体处会造成空间电荷积累层，在半导体表面形成耗尽层，使表面静电势垒增加，能带向上弯曲，电子向表面移动愈来愈困难，最后达到平衡状态。此类化学吸附减少了半导体材料导带内的电子浓度，从而降低了其导电性，此即为肖特基接触，一般的受主气体有 O_2、NH_3、NO_2 等。而电子亲和力较小的施主气体(例如 CO、H_2 等)则与上述情况相反。当其与半导体传感器接触时，将电子转移到半导体本身而导致电阻下降，即电导提高。

4.11.3.2 氧气的吸附与还原性气体的作用

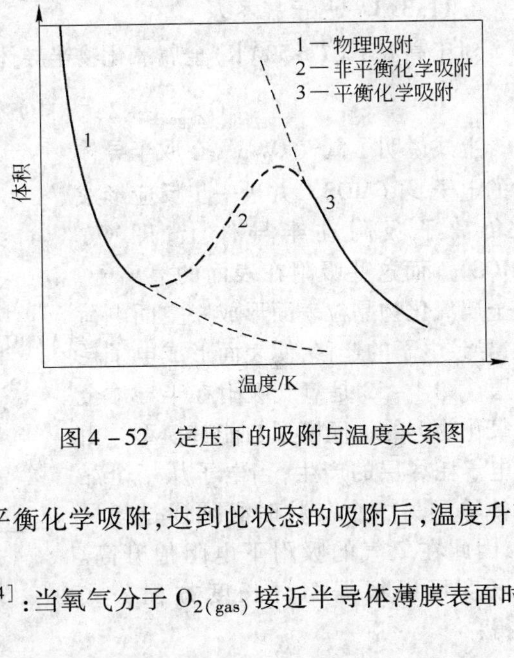

图 4-52 定压下的吸附与温度关系图

对于金属氧化物上的氧气吸附是典型的负离子吸附，而在吸附过程中主要有物理吸附和化学吸附两种过程，且会受温度的影响而产生不同的氧气吸附态，图 4-52 是定压下的吸附与温度关系图。曲线 1 为物理吸附，因为不需要克服活化能，因此在低温下即可进行，但是温度上升会造成脱附速率增大，使得吸附量随温度升高而减少。曲线 2 为非平衡(不可逆)化学吸附，在这个温度范围内，物理吸附的氧离子有足够的能量克服化学吸附活化能而产生化学吸附，而化学吸附的活化能则会受到覆盖率的影响；同时，脱附需要的活化能很大，因此吸附量增加。曲线 3 为平衡化学吸附，达到此状态的吸附后，温度升高会增加脱附速率，再次造成吸附量减少。

n 型半导体薄膜吸附氧气后发生变化如下[134]：当氧气分子 $O_{2(gas)}$ 接近半导体薄膜表面时，首先会发生物理吸附，在薄膜表面形成 $O_{2(ads)}$：

$$O_{2(gas)} \longrightarrow O_{2(ads)} \tag{4-Ⅰ}$$

物理吸附的氧气分子其电子亲和力比半导体金属氧化物的功函数大，因此会捕获一个电子而形成化学吸附，以 $O^-_{2(ads)}$ 表示，其反应如下：

$$O_{2(gas)} + e^- \underset{k_{-1}}{\overset{k}{\rightleftharpoons}} O^-_{2(ads)} \tag{4-Ⅱ}$$

在室温下此化学吸附过程虽为放热反应，但速度缓慢，温度升高可加速反应的进行。同时也可进一步反应以达到更稳定的 $O^-_{(ads)}$ 吸附态，其反应过程如下：

$$O_{2(ads)} + e^- \xrightarrow[k_2]{} 2O^-_{(ads)} \qquad (T > 500\ \mathrm{K}) \tag{4-Ⅲ}$$

研究表明，$O^-_{2(ads)}$ 的吸附力比 $O^-_{(ads)}$ 弱，因此比较容易脱附，所以氧气的吸附大部分属于 $O^-_{(ads)}$ 离子吸附。

当大气中存在还原性气体 R 时，首先会以物理吸附的方式吸附在传感器表面，以 $R_{(ads)}$ 表示，然后其与化学吸附的氧发生如下化学反应：

$$R_{(ads)} + O^-_{(ads)} \xrightarrow[k_3]{} RO + e^- \qquad (4-\text{IV})$$

从反应式可以看出，此过程释放出原先氧所吸附的电子，让电子返回到导带，使得电阻再度下降。

如果考虑还原性气体与吸附氧之间的作用，则当系统达到平衡时，结合化学反应式 4-Ⅱ～式 4-Ⅳ可以得到化学吸附氧浓度$[O_2^-]$及$[O^-]$，可表示为：

$$d[O_2^-]/dt = k_1 n_s[O_2] - k_{-1}[O_2^-] - k_2 n_s[O_2^-] = 0$$

$$d[O^-]/dt = 2k_2 n_s[O_2^-] - k_3[R][O^-] = 0$$

式中，n_s 为表面电子浓度；[R]为还原性气体浓度。由上面两式可得表面电荷 N_s：

$$N_s = [O^-] + [O_2^-] = \{k_1 n_s[O_2]/(k_{-1} + k_2 n_s)\}\{1 + 2k_2 n_s/(k_3[R])\}$$

由上述可知，N_s 代表 O^- 与 O_2^- 的浓度和，达到平衡状态后，由于化学吸附氧的浓度不再随着时间变化，因此由还原性气体浓度可推算出传感器表面电子浓度及其电导（电阻）的变化。

4.11.3.3 *电子耗尽层*

对于高温下（$T>500$ K）金属氧化物半导体（MOS）上的氧气吸附可表示为：

$$O_{2(gas)} + 2e^-(MOS) \xrightarrow{T \geq 500\ K} 2O^-(MOS)$$

上式说明了氧气 $O_{2(gas)}$ 夺取半导体内的电子 e^-(MOS)，并进一步反应形成氧负离子吸附在半导体上，即 O^-(MOS)。而这些吸附在表面的氧离子，在金属氧化物晶粒表面形成一空间电荷区，导致电子的迁移，使表面形成电子耗尽层。图 4-53 是氧气吸附在半导体金属氧化物上的物理模型与能带模型。由于电子耗尽层的产生，当电子从一个晶粒传输到另一个晶粒时必须通过耗尽层，因此在氧气的吸附下电阻值升高。其厚度可以根据德拜长度方程公式求得：

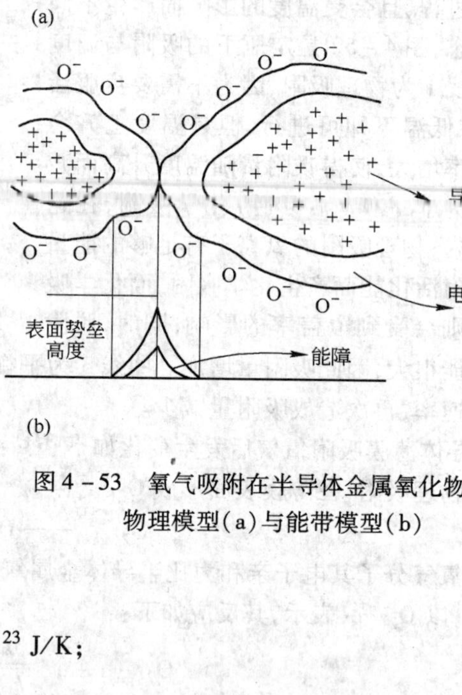

图 4-53 氧气吸附在半导体金属氧化物上的物理模型(a)与能带模型(b)

$$L_D = \sqrt{\frac{kT\varepsilon}{q^2 n}} \qquad (4-10)$$

式中 L_D——半导体的耗尽层厚度，m；

k——玻耳兹曼常数，$k = 1.380 \times 10^{-23}$ J/K；

T——绝对温度，K；

q——电荷常数，C；

ε——介电常数，F/m；

n——载流子浓度，m^{-3}。

一般而言，半导体的耗尽层厚度约为一到十几纳米，例如，在 250℃下二氧化锡的空间电荷层厚度约为 2 nm。

4.11.3.4 氧空位

还原性气体会与传感器元件中的晶格氧原子(O_0^X)反应而产生氧空位(V_0^*)。氧空位是施主,提供电子而增加传感器的电导,其反应为:

$$R + O_0^X \rightleftharpoons RO + V_0^* + e^-$$

还原性气体与传感器之间的相互作用将使表面氧原子肖特基缺陷密度增加,因而降低势垒,从而增加载流子的迁移率,在高温与适当条件下将会使表面缺陷扩散,在扩散速率接近于零的情况下,氧空位仍然处于金属氧化物的表面,因此很容易被空气中的氧再氧化,使电阻快速达到稳定状态;若扩散速度很快,氧空位会迅速扩散到块体材料中,最后体缺陷浓度与周围气体建立一平衡态,电阻会上升,原因是空气中的氧倾向于再氧化金属氧化物,并将还原性气体与晶格氧原子所产生的氧空位消除。由于两种气体之间存在共同的竞争,而空气中的氧分压为定值,因此氧空位密度取决于还原性气体浓度。

由上述可知,被测气体与传感器表面的相互作用及氧空位都造成传感器表面的电子浓度变化。一般来说,传感器中的电子较容易被表面吸附氧所捕获,当还原性气体接近传感器表面时,被测气体与吸附氧的作用力会大于与晶格氧原子的作用力。因此与氧空位比较,被测气体与传感器表面的相互作用对电导变化的影响较大。

4.11.3.5 晶粒大小对气敏性能的影响

由于电子由一晶粒传输到另外一个晶粒时需要穿过电子耗尽层才可导电,因此,此时的晶粒大小对电导具有极大的影响,进而影响到传感器的气敏性能。图 4-54 是晶粒效应的示意图,按照晶粒粒径大小与耗尽层的关系,可以分为三种控制。

(1) 晶界控制。当晶粒粒径(D)远大于耗尽层厚度的 2 倍($2L$)时,电子通过晶界接触处时会受到阻碍,所以晶界决定整个传感器电阻的大小,而电阻的大小也相对地影响到气体传感器的灵敏度。

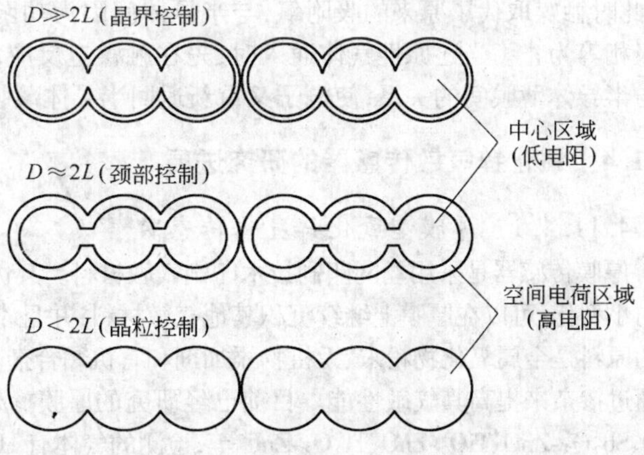

图 4-54 晶粒效应的示意图

(2) 颈部控制。当晶粒粒径(D)相当于耗尽层厚度的 2 倍($2L$)时,颈部(Neck)成为阻碍电子运动的地方,此时颈部的大小成为决定传感器灵敏度的关键因素。

(3) 晶粒控制。当晶粒粒径(D)小于耗尽层厚度的 2 倍($2L$)时,晶粒电阻决定了整个传感器的电阻,所以传感器的灵敏度由晶粒本身控制。

在上述三种方式中,以晶粒控制的传感器的灵敏度最高,Schimizu 等人研究了 SnO_2 薄膜在 800×10^{-6} H_2 中的气敏性能。结果表明,在粒径大于 6 nm 时,其灵敏度主要是随着粒径的减小而线性增加,主要是因为当粒径小时,比表面积上吸附的气体量增加。而当粒径小于 6 nm 时,其电阻和灵敏度有明显的增加,他们计算出的耗尽层厚度为 3 nm,因此当粒径小于 6 nm 时,此时主要由晶粒控制。由于晶粒小于耗尽层厚度的 2 倍,所以当电子在薄膜中传输时主要克服的势垒是由耗尽层引起的,而无法直接通过晶粒间传输。因此,此时的传感器的电阻会相对提高。根据灵敏度的定义可得出灵敏度相对提高,即当粒径小于 6 nm 时,灵敏度大幅度提高。

4.11.3.6　掺杂理论

对于半导体气体传感器的掺杂,一般可分为内部掺杂和外部掺杂。外部掺杂是在金属氧化物薄膜制备后,再在原来的薄膜上镀上一层掺杂金属;而内部掺杂是在制备金属氧化物薄膜时就同时镀上掺杂金属,然后经过高温氧化形成金属氧化物传感器。内部掺杂主要可引起半导体材料能隙的变化,而外部掺杂主要是触媒的催化效应。

A　内部掺杂

一般而言,半导体材料本身的导电能力主要决定于其能隙。能隙越小,自由电子的数量就越多,导电能力也就越好。不过半导体的导电能力不仅取决于材料本身能隙的大小,还受到其他外来杂质的影响,即掺杂的影响。这些杂质在半导体的禁带内产生施主能级或者受主能级,使半导体材料的电学性能发生变化,并引起半导体本身电导的改变,形成非本征半导体。对于气体传感器来说,由于掺杂后降低了能隙,即降低了传感器工作时所需要提供自由电子的能量,从而降低了传感器的工作温度。

B　外部掺杂

将表面掺杂的物质看做具有催化作用的触媒,一般可由两种效应来解释:一是溢流效应,首先,反应物被吸附在触媒微粒的表面,造成活化分解后,经过溢流效应再迁移到半导体表面,并且在表面与吸附氧反应,从而引起半导体材料电导的改变;二是费米能级效应,此效应主要是在触媒与半导体间发生电子交换。当氧气大量吸附在触媒上,造成电子迁移到触媒,引起触媒电子状态的改变,此时触媒取代了原来的吸附氧,与半导体间因为功函数差而产生肖特基接触,直到两者的费米能级相等为止。当还原性气体通入时,先在触媒上反应,将原来触媒上的吸附氧还原,进而改变触媒与半导体薄膜间的关系,使电子又重新返回半导体薄膜,间接造成表面电导的变化。

4.11.4　氧化锌气敏传感器的研究进展

4.11.4.1　厚膜型氧化锌气体传感器[133]

厚膜传感器是采用丝网印刷技术印刷气敏材料。其优点有:可以用坚硬的材料来封装,并且体积趋向小型化;可以在厚膜上继续沉积其他气敏材料,并且本身也可以作为气敏材料。大多数厚膜传感器的原料是金属氧化物粉末、无机物添加剂和有机黏合剂。对于厚膜型氧化锌气体传感器的研究主要是通过掺杂来提高其气敏性能。目前已经研究的厚膜掺杂体系有 Sb-ZnO、Al-ZnO、MoO_3-ZnO、Al_2O_3-ZnO、Sb_2O_3-ZnO、TiO_2-ZnO、Tl_2O_3-ZnO 等,检测的气体有 H_2、木材的烟雾、氨气、NO_2、酒精、丙酮、C_6H_6、三甲胺 TMA、H_2S 等,检测的浓度可以达到 1×10^{-6}(1 ppm)级别。

4.11.4.2　薄膜型氧化锌气体传感器[133]

氧化锌薄膜是最早报道的半导体气敏元件。其制作方法与烧结型气敏元件有所不同,一般是在绝缘基板上蒸发或溅射一层氧化锌薄膜。1962 年,Seiyma 等人[135]发现 2 ~ 100 nm 厚的氧化锌薄膜在接近 400℃ 的工作温度下,吸附 CO_2、苯、甲苯、乙醇、丙烷和乙醚等导致薄膜的电导率显著增加。随后,1966 年,Seiyma 等[136]进一步探讨了包括氧化锌在内的多种金属或金属氧化物(ZnO、CdO、Fe_2O_3、SnO_2、CuO、Al_2O_3、TiO_2、Bi_2O_3、NiO、CoO、Cr_2O_3、Au、Sb、ZnO-SnO_2(9∶1)、CeO_2、Nb_2O_5、Ge、C)薄膜的电导率与吸附气体的关系。其中系统地研究了氧化锌薄膜的电导率变化与温度的关系、薄膜的响应—恢复特征、薄膜对一些气态样品(H_2、CH_4、C_2H_6、C_2H_4、C_2H_2、C_3H_8、C_3H_6、CO、CO_2、SO_2 和 NH_3)和一些液态样品蒸气(n-己烷、n-庚烷、环己烷、甲醇、乙醇、n-丙醇、i-丙醇、n-丁醇、i-丁醇、sec-丁醇、tert-丁醇、n-戊醇、n-己醇、n-庚醇、n-辛醇、乙二醇、甲醛、乙醛、丙醛、n-丁醛、甲酸、乙酸、n-丁酸、丙酮、乙醚、乙腈、丙腈、乙胺、n-丁胺、n-己胺、乙二胺、n-丙硫醇、n-己硫醇、氯仿、二氯乙烯、二溴乙烯、苯、甲苯、p-二甲苯、氯苯、溴苯、苯胺、硝基苯、苯甲酸、嘧啶、噻吩)的敏感性能。

薄膜型气体传感器具有以下优点:(1)耐振动,结构稳定,噪声小;(2)体积小,耗材少,便于集成;(3)灵敏度高,精度高,响应快。相对于块体材料,处于薄膜形态的物质具有许多独特的性质,因而薄膜传感器的发展很快,在传感器中独树一帜。氧化锌薄膜气体传感器是目前的一个研究热点。单纯的氧化锌气体传感器具有性能不稳定、敏感度低、工作温度高和选择性差等缺点,为了提高其气敏性能,需要进行掺杂,包括贵金属敏化,稀土氧化物掺杂,CuO 掺杂,Al、In、Ga 的掺杂,碱金属元素和碱土金属元素掺杂,元素 Sb、Bi 的掺杂,过渡元素的掺杂等。

(1) 贵金属敏化。贵金属有极强的催化作用,是最早开展研究的催化剂。目前贵金属的掺杂及气敏机理研究主要集中在 Pd、Pt、Ru、Au、Ir 上。掺入 Pt 可提高对乙烷、丙烷、异丁烷等碳氢化合物的灵敏度,而且灵敏度随气体分子中含碳量增加而增加,但是对 H_2 及 CO 的灵敏度却不高,检测 CH_4 非常困难。掺入 Pd 时,对 CO 和 H_2 比较敏感。

(2) 稀土氧化物掺杂。继贵金属之后,人们对稀土氧化物的掺杂进行了研究。常用的掺杂稀土氧化物主要是 CeO_2、La_2O_3、Sm_2O_3、Nd_2O_5 等。Rao 等人[137]研究了 La_2O_3 和 Pd 掺杂的 ZnO 基气体传感器对乙醇的敏感特征,添加 La_2O_3 和 Pd 提高了元件的敏感性能,元件的工作温度随贵金属的添加进一步降低;元件在 175℃ 时对空气中的乙醇有较高的灵敏度和选择性。La_2O_3 掺杂的元件的敏感性可能与乙醇蒸气的选择性氧化相关。

(3) CuO 掺杂。ZnO 是 n 型半导体,而 CuO 是 p 型半导体。当用 CuO 对 ZnO 进行掺杂时,可以利用它们之间形成的 pn 结来调整气敏材料的电导、气敏性能以及研究 pn 结界面的作用机理。Bae[138]等人研究了旋涂法制备的 ZnO 和 ZnO-CuO 薄膜对还原性气体的气敏性能,添加 10% 的 CuO 可以提高薄膜对 CO 的灵敏度,但是却大幅度降低了对 H_2 的灵敏度,从而提高了对 CO 气体的选择性。

(4) Al、In、Ga 的掺杂。掺 Al 的 ZnO 薄膜主要用于检测鱼类的新鲜度。Nanto[139,140]等人报道 Al-ZnO 薄膜传感器可以检测海产品的新鲜度,也可以检测 TMA 气体。Zhu 等人[141]则研究了 In 的掺杂对 ZnO 气敏性能的影响,其对丙酮的灵敏度比较高,但是操作温度在 420℃。Ga[142]的掺杂则可以作为 O_2 的探测器,增加 Ga 的掺杂量还可以降低传感器的操作温度。

(5) 碱金属元素和碱土金属元素掺杂。Oh 等人[143]发现掺杂碱性氧化物(如 CaO 和 MgO)的 SnO_2 和 ZnO 气体传感器很有希望成为检测 DMMP 的材料。当 DMMP 浓度下降到 44×10^{-9} 时,仍可得到理想的灵敏度。被测气体与传感器一旦接触就会被氧化,碱性氧化物的添加有助于传感器表面的 DMMP 辅助分解吸附,因此有利于测试气体的氧化反应。

(6) 元素 Sb、Bi 的掺杂。Lin 等人[144]研究了 Bi_2O_3 的含量对 ZnO 气体传感器对 H_2 的灵敏度的影响。结果发现:不同含量的 Bi_2O_3 的多孔 ZnO 电阻器,在 H_2 存在情况下,其 *I-V* 特性在室温下保持不变,但是在 400~600℃下击穿电压明显移向低电场。随 H_2 浓度的增加,击穿电压降低;最优化的 Bi_2O_3 含量是 1.0%。因此,ZnO 电阻器可以作为一种新型的 H_2 传感器。

(7) 过渡元素的掺杂。除了前面提到的 CuO、稀土元素和贵金属的掺杂外,人们还研究了其他过渡族元素对 ZnO 气敏性能的影响。如在 ZnO 中掺入 V_2O_5/MoO_3 时,对氟利昂比较敏感。

4.11.4.3 纳米氧化锌气体传感器

随着纳米技术的发展,以纳米 ZnO 为基本原料并进行不同掺杂的气体传感器是目前发展最快的研究领域之一。

1994 年,Chadwick 等人[145]研究了 ZnO 纳米晶体的气敏性能,发现可检测 10^{-6}(ppm)级的甲苯气体浓度。最近,汤会香[133]先后研究了掺 Mo、掺 Fe_2O_3、掺 Mn_3O_4、掺 CdS 对纳米 ZnO 气敏性能的影响。结果表明:Mo、Fe 和 Mn 的含量(质量分数)分别为 10%、2% 和 3.5% 时,传感器在室温下对 NH_3 气体的灵敏度和选择性非常高,且重复性较好;当 CdS 纳米颗粒的含量为 3% 时,传感器在室温下对

NH_3 气体的灵敏度和选择性较好，且重复性较好。马勇[146]分别以颈部－晶界控制模型和表面势垒模型为基础，从理论上研究了灵敏度与纳米 ZnO 元件微结构之间的关系。结果表明：纳米 ZnO 气体传感器的灵敏度随晶粒尺寸减小而增加，晶粒尺寸效应来自颈部控制机制；在空气中，颈部空间电荷层的宽度接近于颈部的半径时，纳米 ZnO 气体传感器有高的灵敏度。

此外，随着现代工农业及信息技术的发展，人们对气体的检测不再满足于监控和报警，而是提出了更高的要求，不仅要具有定性判别，还要具有定量指示功能。而满足这种技术要求已不再是一个传感器所能胜任的。简单的多元件组合也不能满足检测的要求，因而限制了金属氧化物半导体气体传感器的进一步应用。柏自奎[147]从纳米 ZnO 基半导体气体传感器的微型集成阵列的制备技术出发，以提高传感器阵列的灵敏度、选择性、稳定性为目的，着重研究纳米 ZnO 掺杂、厚膜预处理、烧结工艺等对传感器阵列元件的敏感性和稳定性的影响，并采用复阻抗分析方法研究了传感器稳定性变化与厚膜微结构变化的关系。

4.11.5 纳米氧化锌气敏传感器的应用

4.11.5.1 VOCs 气体的检测

VOCs 是挥发性有机化合物（volatile organic compounds）的英文缩写，VOCs 的主要成分有烃类、卤代烃、氧烃和氮烃，它包括苯系列、有机氯化物、氟利昂系列、有机酮、胺、醇、醚、酯、酸和石油烃化合物等。

在日常生活中，人们的人身安全和健康日益受到有毒有害气体的威胁。挥发性有机物（VOCs）就是其中一类主要的有害气体。在人们日常生活和工作的居室内，就存在大量的挥发性有机物（VOCs）。1989 年，美国环境保护局曾检测到 900 多种存在于室内的 VOCs，而早在 1984 年世界卫生组织就提出了《对室内空气污染物的关注所达成的共识》的研究报告，分析和列出了室内常见的 VOCs 气体。室内环境中的 VOCs 主要是由建筑材料、清洁剂、油漆、含水涂料、黏合剂、化妆品和洗涤剂等释放出来的，此外吸烟和烹饪过程中也会产生。

挥发性有机物（VOCs）对人体的污染和伤害基本可分为三种主要类型：气体和其他感觉效应（如刺激作用）、黏膜刺激和其他系统毒性导致的病变、基因毒性和致癌性。有研究表明，暴露在高浓度挥发性有机物的工作环境中可导致人体的中枢神经系统、肝、肾和血液中毒，个别过敏者即使在低浓度下也会有严重反应，甚至导致死亡。通常情况下，人们受到挥发性有机物伤害时表现的症状有：眼睛不适、感到赤热、干燥、砂眼、流泪；喉部不适，感到咽喉干燥；呼吸毛病，气喘、支气管哮喘；头疼、难以集中精神、眩晕、疲倦、烦躁等。挥发性有机物对人们的健康和生命存在严重的威胁，而且通常挥发性有机物对人体的伤害是慢性的，短期内不会及时发觉，当出现明显症状时，往往伤害已经很严重，因此，应该加强对 VOCs 气体的检测，防患于未然。

祝柏林[148]系统地研究了基于 ZnO 纳米颗粒的厚膜对几种 VOCs（苯、甲苯、二甲苯、丙酮和乙醇）蒸气的敏感特性。研究结果表明：针状纳米 ZnO 对 VOCs 的气敏特性较普通 ZnO 的好，且最佳敏感温度较低，敏感度高，响应—恢复时间短。图 4－55 给出了针状纳米 ZnO、多种形态纳米 ZnO 和市售 ZnO 粉末制备的厚膜对 VOCs 蒸气的敏感度与工作温度的关系。由图可以看出，市售 ZnO 的最佳敏感温度为 420℃，这与一般认为的 ZnO 的最佳敏感温度（450℃）一致；具有多种形态的纳米 ZnO 的最佳敏感温度大约为 320～370℃；而针状 ZnO 的最佳敏感温度为 320℃，达到了 SnO_2 材料的一般工作温度，这有利于减少能量的消耗。在各自的最佳敏感温度，针状 ZnO 的敏感度数值大约为市售 ZnO 的 2 倍；具有多种形态的纳米 ZnO 的敏感度也高于市售 ZnO。在整个工作温度范围，厚膜对五种 VOCs 蒸气的敏感度顺序均为：乙醇 ≈ 丙酮 > 二甲苯 > 甲苯 > 苯，并且对乙醇和丙酮蒸气的敏感度显著高于二甲苯、甲苯和苯，这显然与三类 VOCs 蒸气的官能团相关。对具有相同官能团的苯、甲苯和二甲苯蒸气,敏感度随甲基数目的增加而增加。1966年,Seiyma[136]在研究 ZnO 薄膜对有机蒸气的敏感性能的实验中也观察到上述实验现象。

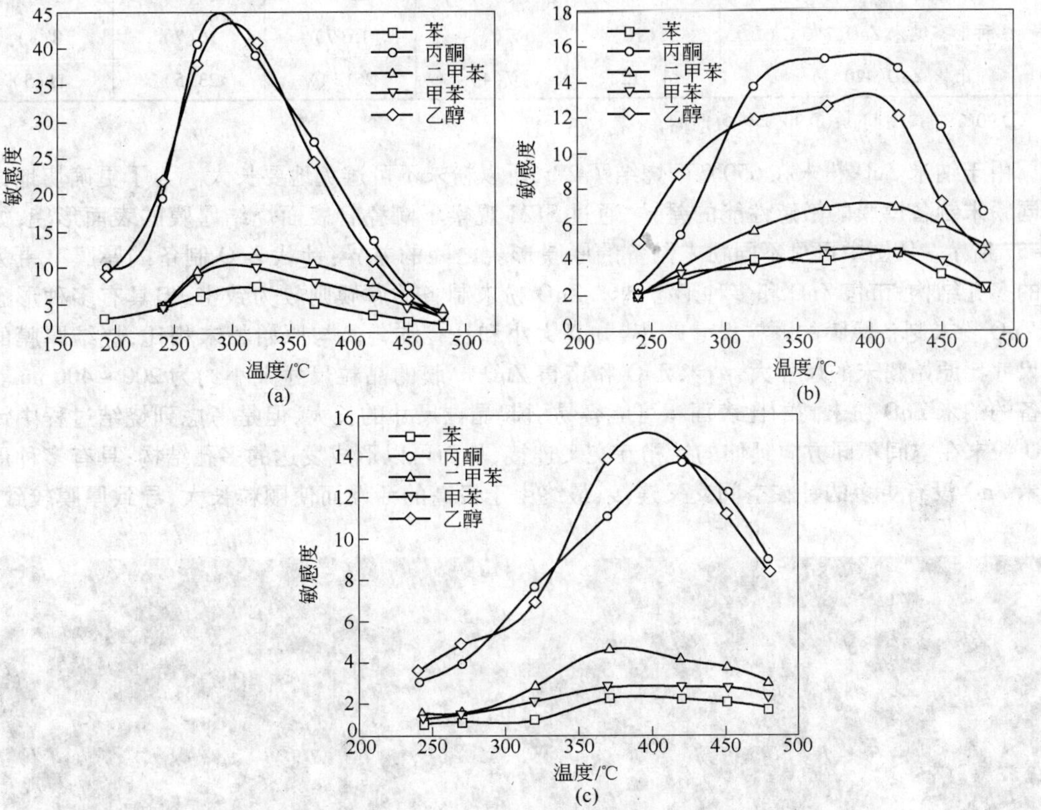

图 4-55　ZnO 粉末制备的厚膜对蒸气的敏感度与工作温度的关系

(a) 针状纳米 ZnO;(b) 多种形态纳米 ZnO;(c) 市售 ZnO

针状纳米 ZnO 粉末制备的厚膜在最高敏感温度(320℃)下的响应—恢复特征如图 4-56 所示。由于实验条件的限制,响应过程实际包括了有机化合物的蒸发过程和扩散过程,所以响应时间表现为有机化合物的沸点越低,时间越短。一旦有机化合物完全蒸发,由图 4-56 可见,厚膜保持稳定的饱和敏感数值。撤除有机蒸气,厚膜很快恢复到原始状态,恢复时间没有明显的不同。厚膜具体的响应和恢复时间数值如表 4-28 所示。在此所指的响应时间是不够确切的,从表 4-28 中总的来看:尽管纳米 ZnO 的工作温度低于市售 ZnO,但是纳米 ZnO 的响应和恢复时间比市售 ZnO 短。

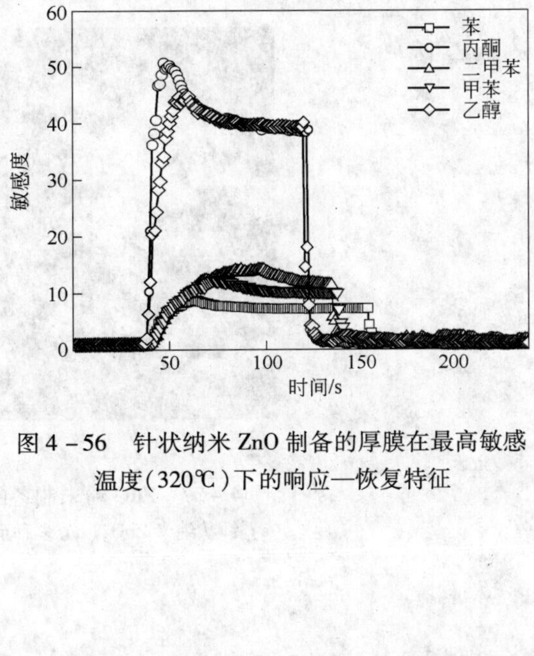

图 4-56　针状纳米 ZnO 制备的厚膜在最高敏感温度(320℃)下的响应—恢复特征

表 4－28　不同形态 ZnO 制备厚膜在各自最高敏感温度的响应—恢复时间

种　类	苯	丙　酮	二甲苯	甲　苯	乙　醇
针状纳米 ZnO(320℃)	13①(5②)	3(3)	21(7)	18(8)	9(6)
多种形态纳米 ZnO(370℃)	11(10)	7(9)	15(7)	16(7)	8(3)
市售 ZnO(420℃)	14 (12)	7(4)	26(14)	23(5)	11(5)

① 90% 响应时间,s;② 90% 恢复时间,s。

由于纳米 ZnO 粉末在 650℃下烧结了 2 h,所以粉末不可避免地要长大。为了更确切地讨论不同粉末制备厚膜的敏感性能的差异,通过 SEM 观察了陶瓷管表面烧结厚膜的表面形貌,如图 4－57 所示。从图中可见不同粉末制备的厚膜形貌之间的差异:针状 ZnO 制备的厚膜有更为发达的多孔结构;市售 ZnO 和多种形态纳米 ZnO 粉末制备的厚膜则较为致密,但具有多种形态纳米 ZnO 粉末制备厚膜的颗粒尺寸略小,并且大小和孔径均匀。与原始粉末相比,烧结厚膜的晶粒尺寸比原始粉末的尺寸大,纳米 ZnO 和市售 ZnO 厚膜的晶粒尺寸大小约为 200～400 nm。所制备的纳米 ZnO 粉末高的比表面积可能容易引起晶粒尺寸的长大,但是考虑到烧结过程中针状 ZnO 粉末在空间不同方向延伸的针相互交叉连接,从而可以形成发达的多孔结构;具有多种形态纳米 ZnO 没有更多的针在空间交叉连接,最终由于极高的活性而使颗粒长大,导致厚膜较致密。

(a)　(b)　(c)

图 4－57　ZnO 粉末制备的厚膜的表面 SEM 形貌
(a) 针状纳米 ZnO;(b) 多种形态纳米 ZnO;(c) 市售 ZnO

而市售颗粒状 ZnO 粉末的大小不均匀且有一定程度的团聚，这些造成烧结过程中颗粒进一步长大、团聚，从而最终导致厚膜的孔隙率较低。

ZnO 气敏元件属于表面电阻控制型，即利用表面电阻的变化检测各种气体。其工作原理是：在空气中氧分子吸附在 ZnO 表面并从 ZnO 表面获得电子而形成化学吸附氧 O_2^-、O^-、O^{2-}，结果表面电阻增加。如果 VOCs 等还原性气体作为被检测气体与气敏器件表面接触时，这些气体与化学吸附氧进行反应，导致氧原子捕获的电子重新回到 ZnO 中去，表面电阻下降。很显然，化学吸附氧的浓度越高，与 VOCs 反应导致氧原子捕获的电子重新回到 ZnO 中的浓度也越高，导致表面电阻下降越多，即敏感性能越高。发达多孔结构的针状 ZnO 粉末制备厚膜可以吸附更多的氧分子而形成化学吸附氧，故敏感度较比表面积低的市售颗粒状 ZnO 粉末的敏感度高得多。由于高的比表面积，导致氧与 ZnO 表面的交互作用增强，在较低的工作温度（320℃）下就可以使化学吸附氧离子的数目达到最大，也就是最高敏感温度降低。而且高度发达的多孔结构使气体的吸附脱附即使在低温下也可以快速地发生，即其响应—恢复时间较短。

4.11.5.2　爆炸物的检测

随着世界经济发展水平差异性的扩大、单边主义的盛行和极端宗教分离势力的发展，许多国家面临恐怖主义的威胁。自 2001 年 9 月 11 日美国遭受恐怖分子袭击以来，每年世界各地都有因爆炸物造成的人员伤亡，阻止不法分子进行破坏性活动已刻不容缓。因此，研究对危险爆炸物的检测和报警就具有十分重要的实用价值和现实意义。传统的爆炸物探测技术包括：X 射线技术、探地雷达、红外成像等扫描成像探测技术；热中子激活、中子后向散射、核四极矩共振等核能探测技术以及超声探测技术。但是这些检测方法都因结构复杂、体积庞大、成本高等缺点而使其使用受到一定程度的限制。近年来，随着传感器技术和计算机技术的迅速发展，由半导体气体传感器阵列和模式识别系统组成的电子鼻得到广泛的研究。与人和动物的嗅觉相比，电子鼻技术更为客观，不受生物体主观因素的影响，结果更为可靠。电子鼻与上述检测设备相比，具有明显的优点：体积小、质量轻、功耗低、成本低、可靠性高、性能优异、多功能集成、可批量生产等。这些优点使爆炸物探测器低成本、高精度、小型化的实现成为可能。

王玲等人[149]利用由 18 个纳米氧化锌厚膜气敏传感器组成的阵列对硝铵、矿山炸药、苦味酸、2，4-二硝基甲苯（DNT）4 种典型爆炸物样品进行了测量，采用动、静态相结合的采样方法研究了传感器阵列的检测能力。静态实验结果表明，传感器阵列在不同浓度上对 4 种典型爆炸物均有不同程度的响应。该方法能检测到硝铵、矿山炸药、苦味酸的浓度低至 3.34 μg/L，DNT 为 83.3 μg/L。动态实验结果表明，采用提取极值为特征值的方法对阵列进行主元分析（PCA）和聚类分析（CA），可使 4 种典型爆炸物在毫克级上能完全区分。

表 4 – 29 是阵列中不同传感器的原始成分组成及处理。其中传感器阵列是由激光—感应复合加热法制备的纳米 Zn 粉、ZnO 粉为原料，通过掺杂、烧结后制成的 ZnO 系厚膜气敏传感器组成。图 4 – 58 是其中一个传感器对不同浓度的苦味酸的静态响应值随时间的变化曲线。图 4 – 59 是硝铵、矿山炸药、苦味酸三种样品的浓度—敏感度关系曲线。由图可见，随着样品浓度的增加，传感器的灵敏度呈指数函数上升。

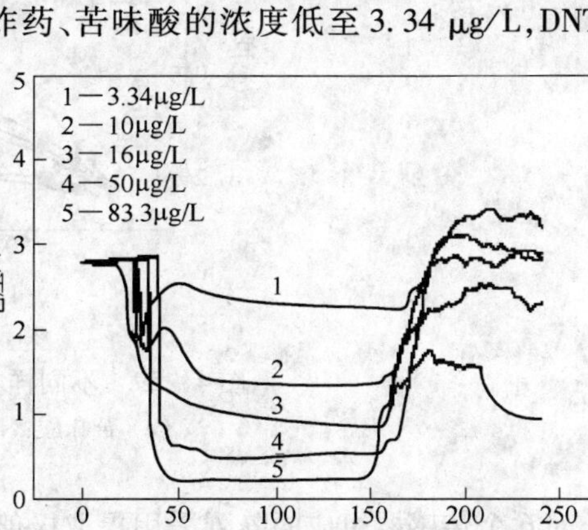

图 4 – 58　传感器对不同浓度的苦味酸的响应值随时间的变化曲线

表 4 - 29　传感器的原始成分

编　号	成分(摩尔分数)	编　号	成分(摩尔分数)
1	10% TiO_2 + Zn	10	1% V_2O_5 + Zn
2	10% V_2O_5 + Zn	11	1% WO_3 + Zn
3	Zn(1% $PdCl_2$ 敏化)	12	5% V_2O_5 + Zn(烧前敏化)
4	10% WO_3 + Zn	13	5% Sb_2O_3 + Zn
5	10% Sb_2O_3 + Zn	14	5% TiO_2 + Zn
6	Zn	15	5% V_2O_5 + Zn
7	ZnO	16	5% WO_3 + Zn
8	1% Sb_2O_3 + Zn	17	5% V_2O_5 + Zn(烧后敏化)
9	1% TiO_2 + Zn	18	10% TiO_2 + Zn(敏化)

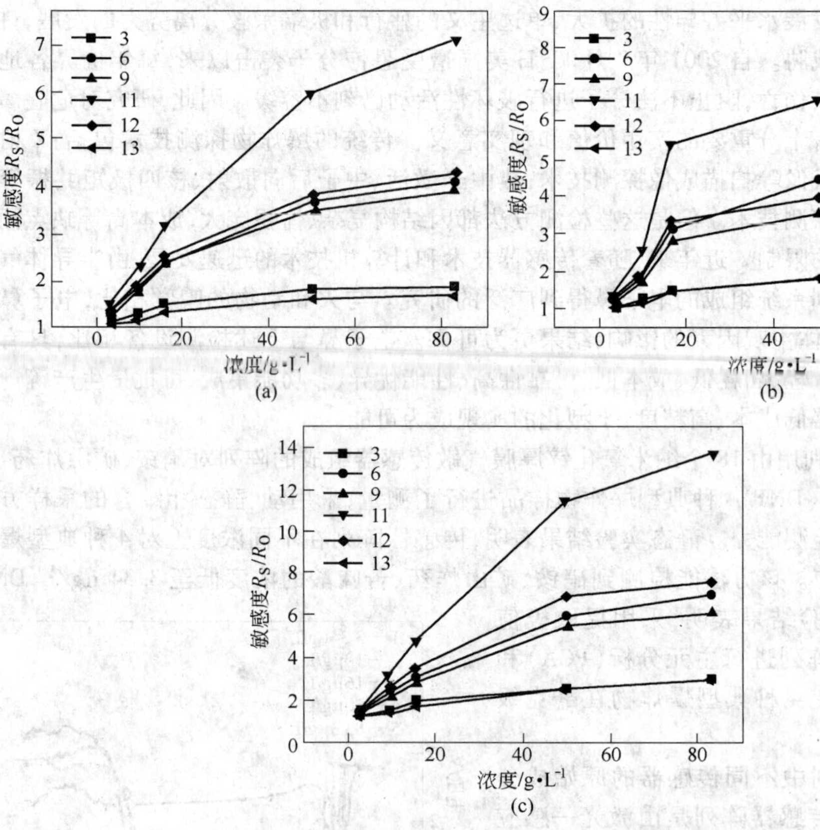

图 4 - 59　不同样本的浓度—敏感度关系曲线

(a) 苦味酸;(b) 矿山炸药;(c) 硝酸铵

对 6 个传感器组成的阵列采用提取极值为特征值的方法分别进行主元分析和聚类分析,如图 4 - 60 所示。这表明 6 个传感器组成的阵列对于 4 种典型爆炸物的分类识别能达到很好的效果。也说明电子鼻技术在危险爆炸物检测中是一种很有发展前途的实用技术。

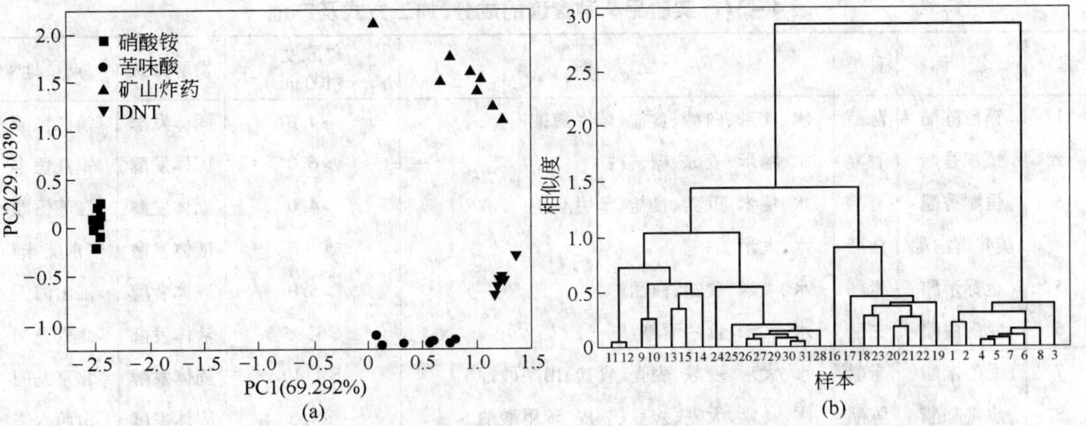

图4-60 6个传感器组成的阵列提取极值分别进行的主元分析和聚类分析

(a) 极值PCA;(b) 极值CA:1~8—硝酸铵;9~15—矿山炸药;16~23—苦味酸;24~31—DNT

4.11.5.3 食品安全的检测

A 醋的检测

醋是人们生活中常用的调味品,有很大的食用价值。按照中国行业标准,食醋可以分为酿造醋和调配醋两种。酿造醋又可依据原料和发酵方式的不同分为酒醋、果醋、米醋、陈醋和香醋等。食醋的产品质量直接关系到人的身体健康,因此食醋的质量检测是非常重要的。

食醋质量检测目前常用的方法是热分解质谱法(PY-MS)、顶空固相提取气相色谱法(HSSPME/GC)和原子吸收光谱法等。这些方法都是通过测定一些成分或某种成分的含量或特征谱进行区分和鉴别的,优点是能较准确地提取信息,但分析过程比较复杂、周期长、成本高,且不能实现实时在线测量。一种有效的解决方法是采用电子鼻技术,该方法测试过程简单,分析周期短,可用于实时检测,有很好的工业应用前景。

张顺平等人[150]利用由10个掺杂纳米氧化锌厚膜气敏传感器组成的阵列对9种食醋和乙酸溶液进行了测量,并通过主元分析和聚类分析对数据进行了分析和识别。主元分析表明,不同的食醋在品牌、种类、酸度等方面具有一定的相似性。聚类分析进一步研究了食醋种类之间的相似程度。

表4-30是阵列中不同传感器的原始成分组成。其中传感器阵列是由激光—感应复合加热法制备的纳米ZnO粉为原料,通过掺杂、烧结后制成的ZnO系厚膜气敏传感器组成。表4-31是实验用9种食醋的成分、加工方式及产地。食醋的主要成分是水和乙酸,为考察电子鼻对仿制食醋的识别能力,实验中配制了5%(体积分数)乙酸溶液作为对比样本同时进行测量。

表4-30 传感器的原始成分

传感器编号	成 分	传感器编号	成 分
1	2% CeO_2 + ZnO(质量分数)	6	10% Bi_2O_3 + ZnO(质量分数)
2	1% Sb_2O_3 + ZnO(质量分数)	7	5% W + ZnO(质量分数)
3	10% Co_2O_3 + ZnO(质量分数)	8	5% MnO_2 + ZnO(质量分数)
4	10% MnO_2 + ZnO(质量分数)	9	40% Cr_2O_3 + ZnO(摩尔分数)
5	1% V_2O_5 + ZnO(质量分数)	10	10% TiO_2 + ZnO(质量分数)

表 4-31　实验用 9 种食醋的成分、加工方式及产地

编号	名　称	种类	配　　料	总酸度 /g·(100 mL)$^{-1}$	发酵方式	产　地
1	镇江陈醋	陈醋	水、糯米、白糖、食盐、苯甲酸钠	>4.0	固体发酵	镇江恒康
2	镇江香醋	香醋	水、糯米、麦麸、糖、食盐	>6.0	固体发酵	镇江恒丰
3	恒顺香醋	香醋	水、糯米、蔗糖、食盐、苯甲酸钠	>4.0	固体发酵	江苏恒顺
4	美味鲜白醋	白醋	水、大米、酒精	>3.5	液体发酵	广东美味鲜
5	金标米醋	米醋	水、大米、食盐、白酒	>5.0	液体发酵	佛山海天
6	龙门白醋	白醋	水、大米、食用酒精	>3.95	液体发酵	北京龙门
7	龙门米醋	米醋	水、大米、麦麸、麦壳、食盐、山梨酸钾	>4.40	固体发酵	北京龙门
8	水塔陈醋	陈醋	水、高粱、大麦、豌豆、麸皮、苯甲酸钠	>4.5	固体发酵	山西水塔
9	苹果醋	果醋	水、葡萄糖、果糖、苹果、大米	>2.5	液体发酵	佛山海天

图 4-61 是采用主元分析的结果。由图 4-61(a)可以看出，虽然本实验所分析的食醋中乙酸的酸度为 2.5~6.0 g/100 mL，对应乙酸含量 2.38%~5.71%（体积分数），与所配置的乙酸溶液（5%）相当，但在电子鼻测量中有着明显的差别，这反映出电子鼻对仿制食醋有很好的识别能力。造成这一现象的原因是食醋中除了乙酸和水为主要成分外，还含有少量的多元醇、醛类化合物、糖类、酒精等。正是这些含量很少的有机化合物，成为电子鼻判别不同食醋种类的重要依据。

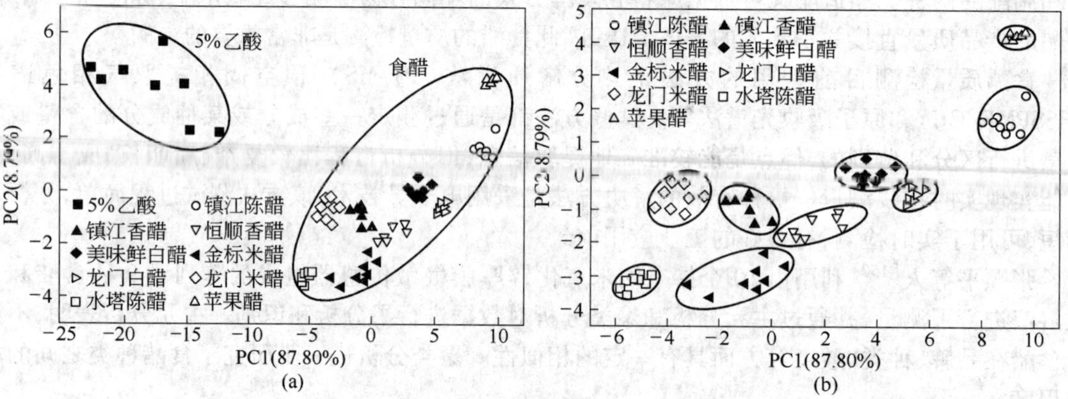

图 4-61　主元分析的结果
（a）醋与乙酸的划分；（b）醋与品牌的划分

由图 4-61(b)可知，电子鼻可以对不同品牌的食醋进行很好的区分。虽然各种品牌的醋在酿造原料、酿造工艺和产地上有一定的相似性，如镇江陈醋和恒顺香醋，两者的酿造原料基本一样，总酸度、发酵方式、产地等也相同，但由于两者属于不同的种类（陈醋和香醋），在图中显示出很大的不同。除种类对食醋的识别有影响外，食醋的产地（美味鲜白醋和龙门白醋）、发酵方式（金标米醋和龙门米醋）、配料（镇江陈醋与水塔陈醋）等均会对食醋的分类造成一定的影响。

为进一步研究上述因素对食醋的分类的影响，图 4-62 对 9 种食醋的 PCA 投影进行了进一步的分析。由图 4-62 可知，食醋的种类对其识别的影响最大。虽然不同种类的食醋可以单一地被区分开来（见图 4-61(b)），但是，对于同一种类的食醋，在投影空间上还是可以看出具有很高的相似性（见图 4-62(a)），如金标米醋和龙门米醋、镇江香醋和恒顺香醋、美味鲜白醋和龙门白醋。陈醋在这类问题中是一个特例，关于陈醋类食醋之间的联系还需更进一步的研究。图

4－62(b)为依据不同的酸度对样本空间重新划分后的结果。从图中可以看出，醋的酸度对醋的分类同样有较高的影响。相对于图4－62(a)而言，在按酸度划分的空间中，相似酸度的食醋之间的距离相对较大，这说明酸度对识别的影响不及食醋种类对识别的影响。

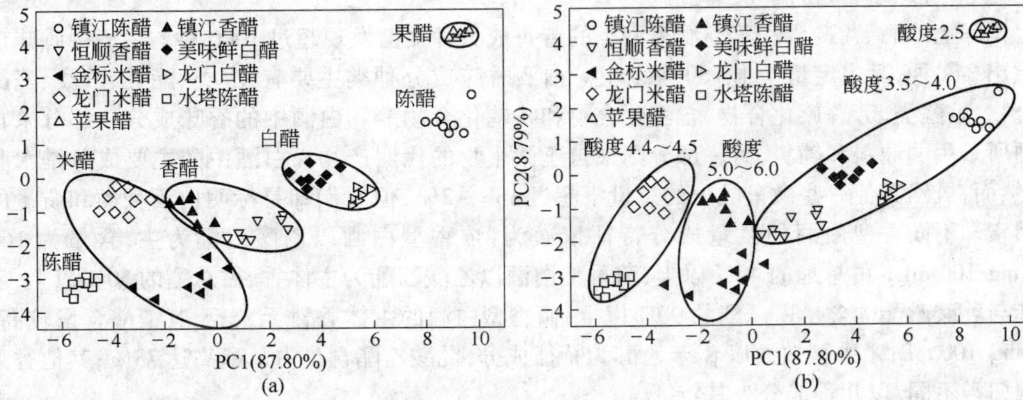

图4－62　主元分析结果

(a) 醋按种类划分；(b) 醋按酸度划分

按照上述方法，对食醋的配料、发酵方式以及产地对食醋识别的影响进行了分析。总的来说，这些因素的影响远远不如食醋的种类和其酸度所造成的影响大，但从图4－61的分析中得知，同种类的食醋的区分往往取决于它们的配料、发酵方式以及产地。

图4－63是聚类分析结果。从图4－63中可以看到，乙酸与食醋的相似性很小，苹果醋由于酸度低、糖度高，且种类不同，所以与其他类食醋的差别较大。与PCA分析结果一样，聚类分析也指出醋的种类对醋的识别影响最大，如白醋、香醋和米醋类的样本之间的相似性很高。从聚类分析结果中还可以看出不同种类食醋之间的关系。如香醋与米醋同为通过粮食固体发酵而成，所以比较相似，而白醋主要由酒精液体发酵而成，与它们的差别较大。陈醋在CA分析中依然呈现出特异性，需进一步研究。

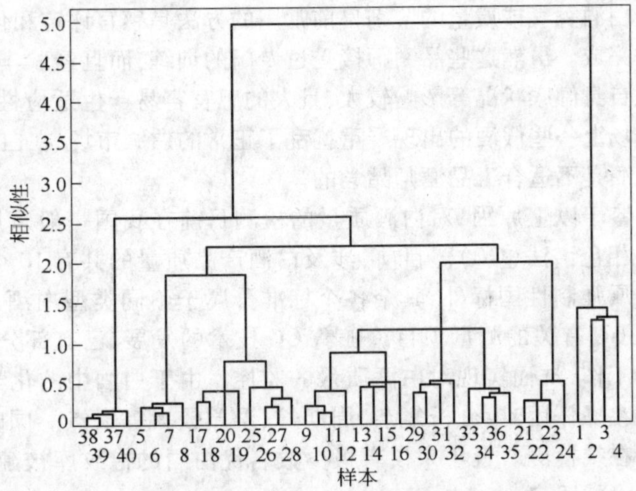

图4－63　各样本聚类分析结果

1～4—5%乙酸溶液；5～8—镇江金山寺陈醋；9～12—镇江香醋；13～16—恒顺香醋；17～20—美味鲜白醋；21～24—金标米醋；25～28—龙门白醋；29～32—龙门米醋；33～36—水塔陈醋；37～40—苹果醋

总之，电子鼻技术可正确识别各种食醋，同时对仿制食醋也有很高的识别能力，这表明电子鼻技术在食醋的分析、质量检测以及识别上具有广泛的商业应用前景。

B　白酒的检测

中国是白酒的生产和消费大国。中国白酒按酒精含量可分为高度酒(酒精含量＞55%)、中度酒(酒精含量40% ~55%)和低度酒(酒精含量<40%);按原料分为粮食白酒和代用原料白酒(如薯类、橡子等);按发酵方式分为固态法白酒和液态法白酒;按发酵剂分为大曲、小曲和麦曲白酒;按香型分为浓香型、酱香型、清香型、米香型和其他香型白酒,前四种香型白酒的典型代表分别为五粮液、茅台、汾酒和三花酒。

国际上啤酒、葡萄酒和蒸馏酒等酒类的芳香成分种类已发现超过1000种。白酒中香味成分已检出342种,其中定量检出180种以上。白酒香味成分种类主要有:醇类、酯类、酸类、醛酮类化合物、缩醛类、芳香族化合物、含氮化合物和呋喃化合物等。白酒中的香味成分一部分来自于酿酒所采用的原料和辅料,另一部分则来自于微生物的代谢产物。白酒中的主要成分是水和乙醇,然而,虽然其他一些微量成分的总量不超过1% ~2%,但它们却是标明白酒种类和质量的关键因素。不同香型白酒的微量成分特征依次为:浓香型白酒以乙酸乙酯为主,含量为160 ~250 mg/100 mL,占总酯的40%以上;清香型白酒以乙酸乙酯为主体香,占总酯的50%以上,乙酸乙酯与乳酸乙酯的含量占总酯的90%以上;酱香型白酒的主体香暂无定论,其糠醛含量较高,达260 mg/100 mL;米香型白酒以β-苯乙醇为特征成分,乳酸乙酯含量占总酯高达73%;其他香型白酒因门类不同,以几种成分为其特征。

白酒的香气直接关系到白酒的质量,香气来源于白酒中的微量成分,而这些微量成分又与原料、发酵方式、发酵剂、生产工艺以及产地等有直接的关系。对白酒中呈香型物质的检测和控制可实现对白酒质量的检测和控制。

白酒香气或质量的鉴别目前常用的方法是感官评定和化学分析。感官评定借助品酒师的打分来完成。虽然这些品酒师接受过专门的训练,而且经验丰富,但他们的评价结果受环境、情绪以及自身健康状况等影响较大,且人的感官容易产生适应性,不适合长时间评价。进一步看,最近市场上一些假酒的出现严重扰乱了正常的白酒市场,在白酒的质量控制中应能对其进行区分,而假酒是不适合于品酒师品尝的。

鉴于以上原因,对白酒质量的检测目前在我国一般采用的是化学分析方法,更准确地说,是气相色谱法(GC)。目前,涉及白酒产品质量的共有10个国家标准和4个行业标准,除卫生标准属强制性国标外,其余各个标准分属于不同类型白酒。上述14个标准中共有10个制定了与GC有关的测量项目。随着GC技术的发展,已有部分学者利用GC开展了白酒指纹库的建立工作,从而实现对白酒质量的监控。由于白酒中的化学成分超过300种,因此在GC测量时存在操作困难、分析复杂、周期长、误差较大等缺点。同时,GC设备体积庞大、价格昂贵,不适合在线检测。近年来仅有极少数名优白酒的指纹库被建立,这与市场上千余种白酒品牌尚有很大的距离。

利用电子鼻技术实现中国白酒香气的鉴别,进而实现对白酒质量的控制具有广阔的开发与应用前景。在欧洲,研究人员采用电子鼻技术成功实现了葡萄酒按葡萄园、生产年代、品种等的分类工作。白酒虽与葡萄酒不同,但测试与分析方法可以借鉴。国内近年来也有一些关于这些方面的研究,虽然还比较粗糙,但已揭示了电子鼻在白酒质量评价中的潜在应用价值。

张覃轶[151]利用由6个掺杂纳米氧化锌厚膜气敏传感器组成的阵列对5种商业白酒、乙醇和兑水酒精进行了测量。通过主元分析,传感器阵列能很好地区分出乙醇、兑水酒精(假酒)以及不同香型的白酒。表4-32是阵列中不同传感器的原始成分组成。其中传感器阵列是由激光—感应复合加热法制备的纳米ZnO粉为原料,通过掺杂、烧结后制成的ZnO系厚膜气敏传感器组成。表4-33是实验用样本的浓度和香型。

表4-32 白酒测量用传感器阵列

序号	掺杂剂	掺杂含量(质量分数)
1	MnO_2	1%
2	MnO_2	5%
3	TiO_2	5%
4	TiO_2	10%
5	Co_2O_3	1%
6	Co_2O_3	5%

表4-33 实验用样本的浓度和香型

序号	种类	酒精度	香型
1	白云边	45%	浓香型
2	北京二锅头	56%	清香型
3	红星二锅头	56%	清香型
4	枝江大曲	45%	浓香型
5	监利粮酒	46%	米香型
6	乙醇(分析纯)	≥99.7%	-
7	兑水酒精	56%	-

图4-64是主元分析结果。通过主元分析,传感器阵列能很好地区分出乙醇、兑水酒精(假酒)以及不同香型的白酒。然而对于同种香型白酒识别起来有困难,如同属于浓香型的白云边和枝江大曲,边缘处有一定重合,特别是北京二锅头和红星二锅头,不仅同属于清香型白酒,而且酒精度以及生产用的配料均一样,在图中基本不能区分。由图4-64还可以看出,不同白酒的酒精度对于白酒的分类结果影响不大,如监利粮酒与枝江大曲,它们的酒精度分别为46%和45%,但由于两者属于不同的香型,在图中呈现明显的不同。白酒的主要成分除酒精外,还含有极少量有机化合物,如醇、酯、酸、羟基化合物、缩醛、酚类等。正是这些含量极少的有机化合物成为电子鼻判别不同白酒种类的重要依据。这也是为什么用酒精勾兑的假酒,虽然其酒精度同为56%,但传感器阵列的响应值明显地与北京二锅头和红星二锅头不同。上述分析也证实了电子鼻分辨假酒的效果十分明显。

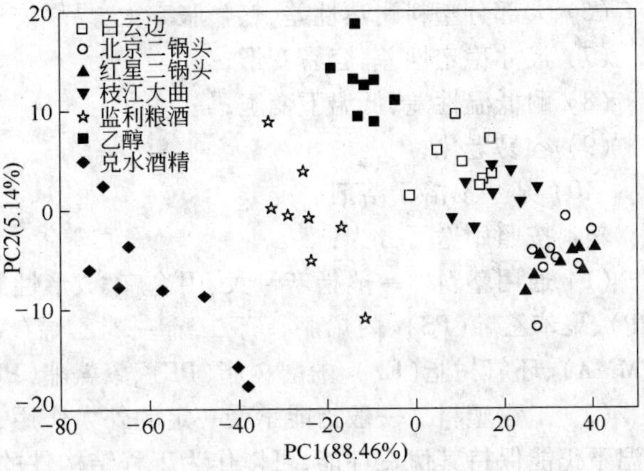

图4-64 主元分析结果

4.12 纳米二氧化硅在塑料中的应用

纳米二氧化硅(纳米白炭黑)作为国内最早实现规模化生产的纳米材料,具有诸多常规材料所不具备的奇异特性,因而受到科技界与企业界的广泛关注。经BET法测试分析,一般10~20 nm的二氧化硅的比表面积高达640 m^2/g,其表面存在大量的不饱和残键及不同键合状态的羟基,因表面欠氧而偏离了稳态的硅氧结构,所以该材料具有高反应活性。此外,纳米二氧化硅对紫外光和可见光都呈现较高的反射特性,这明显区别于其他纳米材料的吸收特性。其对紫外短波(200 ~ 280 nm)的反射率达 70% ~ 80%;对紫外中长波(280 ~ 400 nm)的反射率达 80% ~ 85%;对可见光(400 ~ 800 nm)的反射率高达 85% 以上;对 800 ~ 1350 nm 波段的近红外线的反射率也达 70% 以上。因此纳米二氧化硅在陶瓷增韧、橡胶改性、黏结剂改性、功能纤维添加剂、塑料改性、抗油漆老化添加剂、高级研磨介质等领域得到了广泛的应用。本节主要介绍纳米二氧化硅在塑料改性领域的应用。因为纳米 SiO_2 对塑料不仅能起到补强作用,而且具有许多新的特性。利用它透光、粒度小的特性,可使塑料变得更致密,使塑料薄膜的透明度、强度、韧性和防水性能大大提高。纳米 SiO_2 粒子对塑料的改性主要有四个方面的作用,即增韧增强作用、改善塑料的抗老化性、塑料功能化和通用塑料工程化。

4.12.1　塑料的定义与分类

塑料是指以树脂(或在加工过程中用单体直接聚合)为主要成分,以增塑剂、填充剂、润滑剂、着色剂等添加剂为辅助成分,在加工过程中能流动成形的材料。其主要特性有:

(1) 质轻,化学稳定性好,不会锈蚀;

(2) 耐冲击性好;

(3) 具有较好的透明性和耐磨耗性;

(4) 绝缘性好,导热性低;

(5) 一般成形性、着色性好,加工成本低;

(6) 大部分塑料耐热性差,热膨胀率大,易燃烧;

(7) 尺寸稳定性差,容易变形;

(8) 耐低温性差,低温下变脆;

(9) 容易老化;

(10) 某些易溶于溶剂。

塑料按照用途可分为:

(1) 通用塑料。一般指产量大、用途广、成形性好、价廉的塑料。包括:聚乙烯(PE)、聚丙烯(PP)、聚苯乙烯(PS)、丙烯腈 - 丁二烯 - 苯乙烯(ABS)、聚氯乙烯(PVC)、聚甲基丙烯酸甲酯(PMMA)、环氧树脂(EP)、酚醛树脂(PF)、聚氨酯(PU)、不饱和聚酯。

(2) 工程塑料。一般指能承受一定的外力作用,并有良好的力学性能和尺寸稳定性,在高、低温下仍能保持其优良性能,可以作为工程结构件的塑料。包括五种:聚酰胺(PA)、聚对苯二甲酸丁二醇酯(PBT)和聚对苯二甲酸乙二醇酯(PET)、聚碳酸酯(PC)、聚甲醛(POM)、聚苯醚(PPO)。

(3) 特种塑料。一般指具有特种功能(如耐热、自润滑等),应用于特殊要求的塑料。如聚苯硫醚(PPS)、聚砜(PSU)、聚醚砜(PES)、聚四氟乙烯(PTFE)等氟塑料、聚醚醚酮(PEEK)等。

塑料按照理化特性可分为热固性塑料和热塑性塑料两种。热固性塑料是指在受热或其他条件下能固化或具有不溶(熔)特性的塑料,如酚醛塑料、环氧塑料等。热塑性塑料是指在特定温度范围内能反复加热软化和冷却硬化的塑料,如聚乙烯、聚四氟乙烯等。

4.12.2　纳米二氧化硅在热固性塑料中的应用

热固性塑料是指在受热或其他条件下能固化或具有不溶(熔)特性的塑料,如酚醛树脂、脲醛树脂、三聚氰胺树脂、不饱和聚酯树脂、环氧树脂、有机硅树脂、聚氨酯等,是最早实现工业化应用的塑料品种之一,具有优良的力学特性、尺寸稳定性、良好耐腐蚀性和耐老化性,广泛用于机械、电气电子、汽车、航天等结构部件。然而其韧性和加工性能相对较差,影响其进一步的应用。加入纳米二氧化硅则可改善其性能[152~154]。

4.12.2.1 纳米二氧化硅改性环氧树脂

在环氧树脂中添加纳米二氧化硅可明显改善其脆性,可以克服弹性体增韧导致的材料刚性和强度降低的缺陷,达到增强增韧的目的。当添加量(质量分数)为3%时,可使复合体系冲击强度提高40%,拉伸强度等提高21%。若通过偶联剂对纳米二氧化硅进行改性,则可使其冲击韧性提高124%,拉伸性能提高30%。另外,也可使制品的硬度、耐磨、耐温和绝缘等性能得到提高。

此外,作为热固性塑料家族中的树脂基复合材料具有轻质、高强、耐腐蚀等特点,但近年来材料界和国民经济支柱产业对树脂基材料使用性能的要求越来越高,如何合成高性能的树脂基复合材料,已成为当前材料界和企业界的重要课题。纳米二氧化硅的问世,为树脂基复合材料的合成提供了新的机遇,为传统树脂基材料的改性提供了一条新的途径,只要能将纳米二氧化硅颗粒充分、均匀地分散到树脂材料中,完全能达到全面改善树脂基材料性能的目的:

(1) 提高强度和伸长率。环氧树脂是基本的树脂材料,把纳米二氧化硅添加到环氧树脂中,在结构上完全不同于粗晶二氧化硅(白炭黑等)添加的环氧树脂基复合材料,粗晶二氧化硅一般作为补强剂加入,它主要分布在高分子材料的链间中,而纳米二氧化硅由于表面严重的配位不足、庞大的比表面积以及表面欠氧等特点,表现出极强的活性,很容易和环氧环状分子的氧起键合作用,提高了分子间的键力,同时尚有一部分纳米二氧化硅颗粒仍然分布在高分子链的空隙中,与粗晶二氧化硅颗粒相比较,表现很高的流连性,从而使纳米二氧化硅添加的环氧树脂材料强度、韧性、延展性均大幅度提高。

(2) 提高耐磨性和改善材料表面的洁净度。纳米二氧化硅颗粒比普通二氧化硅要小100~1000倍,将其添加到环氧树脂中,有利于拉成丝。由于纳米二氧化硅的高流动性和小尺寸效应,材料表面更加致密细洁,摩擦系数变小,加之纳米颗粒的高强度,使材料的耐磨性大大增强。

(3) 改善抗老化性能。环氧树脂基复合材料使用过程中一个致命的弱点是抗老化性能差,其主要是由于太阳辐射的280~400 nm波段的紫外线中、长波作用,它对树脂基复合材料的破坏作用是十分严重的,高分子链的降解致使树脂基复合材料迅速老化。而纳米二氧化硅可以强烈地反射紫外线,加入到环氧树脂中可大大减少紫外线对环氧树脂的降解作用,从而达到延缓材料老化的目的。

4.12.2.2 纳米二氧化硅改性聚甲基丙烯酸甲酯(PMMA)

飞机的窗口材料常规采用的是PMMA。飞机在高空飞行,窗口材料经紫外线辐射易老化,造成透明度下降。为解决这一问题,利用纳米 SiO_2 的透明性和耐紫外线的特性,在有机玻璃生产时加入经表面改性的纳米二氧化硅,可以抗紫外线辐射而达到抗老化的目的。

欧玉春等人[155]利用就地分散聚合法制得PMMA/纳米二氧化硅复合材料,体系中的二氧化硅起交联点作用,使体系的拉伸强度、弹性模量先降后升,而伸长率先升后降。在有机玻璃生产时加入表面经改性的纳米二氧化硅,可使有机玻璃抗紫外线辐射性能增强,从而达到抗老化的目的。郭卫红等人[156]将纳米二氧化硅进行表面处理后,分散于PMMA单体中形成胶体,原位聚合制备了PMMA/纳米二氧化硅复合材料。研究表明,复合材料的耐紫外线辐射能力提高1倍以上,冲击强度提高80%。同时由于纳米粒子尺寸小于可见光波长,复合材料具有高的光泽度和良好的透明度。张启卫等人[157]利用溶胶—凝胶法制备了PMMA/纳米二氧化硅复合材料。发现 PMMA 与纳米二氧化硅两相间的相容性好，材料透光率可达 80%，并且热稳定性和 T_g 都比纯 PMMA 有较大的提高。

4.12.2.3　纳米二氧化硅改性聚氨酯(PU)

聚氨酯泡沫塑料是含羟基聚醚或聚酯树脂与异氰酸酯反应的产物，它分为硬质、半硬质、软质三种，软质 PU 泡沫塑料俗称海绵，具有多孔蜂窝状结构，主要应用于家具、床垫、制鞋、服装、装饰等领域。1935 年以前，Bayer 和他的同行已经发现一羟基化合物生成聚合物的可能性，但直到 1950 年，软质 PU 泡沫才实现了商品化。随着近年来国内工业的发展和人民生活水平的提高，对各类高级坐垫、沙发、床垫的需求日益增长，对于软质 PU 泡沫的研究也越来越多。好的 PU 泡沫需要有较高的强度和抗压缩永久变形，而加入纳米材料可以达到增强的目的。

邹润德等人[158]在传统的聚氨酯泡沫塑料制法的基础上，为了改善聚氨酯泡沫塑料的性能，根据各个不同的配方添加不同量的纳米二氧化硅填料，并依次调节各种辅助剂的用量，分别制得纳米材料增强软质聚氨酯泡沫塑料弹性体。结果表明，加入的纳米填料和聚氨酯材料有很好的相容性，可以均匀地分布在聚氨酯材料之中，使聚氨酯泡沫的压缩永久变形大幅度下降。表 4－34 是纳米二氧化硅填料用量对聚氨酯泡沫材料力学性能影响的测试结果。由表可知，随着纳米二氧化硅填料量的增加，材料的扯断伸长率略有下降，拉伸强度、撕裂强度影响不大，压缩永久变形大幅下降，过量填料时略有回落。这是因为纳米二氧化硅参与了原位聚合，增加了网络的密度和完整性。

表 4－34　纳米二氧化硅填料用量对聚氨酯泡沫材料力学性能的影响

配　方	二氧化硅填料用量/份	扯断伸长率/%	拉伸强度/MPa	撕裂强度/N · mm^{-1}	压缩永久变形/%
5	0.0	210	0.10	2.01	6.7
6	1.0	206	0.11	2.14	1.3
7	1.5	160	0.11	2.01	1.2
8	2.0	180	0.10	1.43	1.7

硬质聚氨酯泡沫塑料具有较高的压缩强度和较好的尺寸稳定性，可以部分代替木材、金属和其他塑料，在国防、军工、汽车、交通、运输、建筑和体育等行业具有广泛的应用。

谢海安等人[159]通过原位法制备出含纳米二氧化硅的聚氨酯硬质泡沫塑料。该聚氨酯硬质泡沫塑料的吸水率先升后降。因为原位生成纳米二氧化硅的加入，聚氨酯硬质泡沫塑料的拉伸强度得到显著提高，冲击强度缓慢增大，而压缩强度则先轻微降低，一直到二氧化硅的含量(质量分数)为 0.9% 时才开始急剧增大。图 4－65 是纳米二氧化硅填料对聚氨酯硬质泡沫塑料力学性能的影响曲线。图中 S 组为单纯的聚氨酯硬质泡沫塑料，F 组为含原位生成纳米二氧化硅的聚氨酯硬质泡沫塑料。

由图 4－65(a)可知，随着原位生成纳米二氧化硅含量的增加，F 组中试样的压缩强度缓慢减小，直到含量(质量分数)变为 0.9% 才开始急剧增大。随着泡体的膨胀，泡体膜壁开始减薄，液相聚氨酯从气孔壁面和棱边处排液，纳米二氧化硅的加入能够产生额外的排液作用，并使泡孔棱边变得更薄，从而使泡沫体系压缩强度降低。随后压缩强度的升高，可解释为较多纳米二氧化硅的加入所导致的泡沫体系的高密度和更多的分散纳米二氧化硅与基体反应交联所引起的基体运动能力的下降和模量的增加。图 4－65(b) 显示，随着原位生成纳米二氧化硅含量的增加，F 组中试样的拉伸强度大幅增大。图 4－65(c) 显示，聚氨酯硬质泡沫塑料的冲击强度随原位生成纳米二氧化硅填充量的增加而缓慢增大，但其增大速度小于由泡沫体系密度升高所引起的冲击

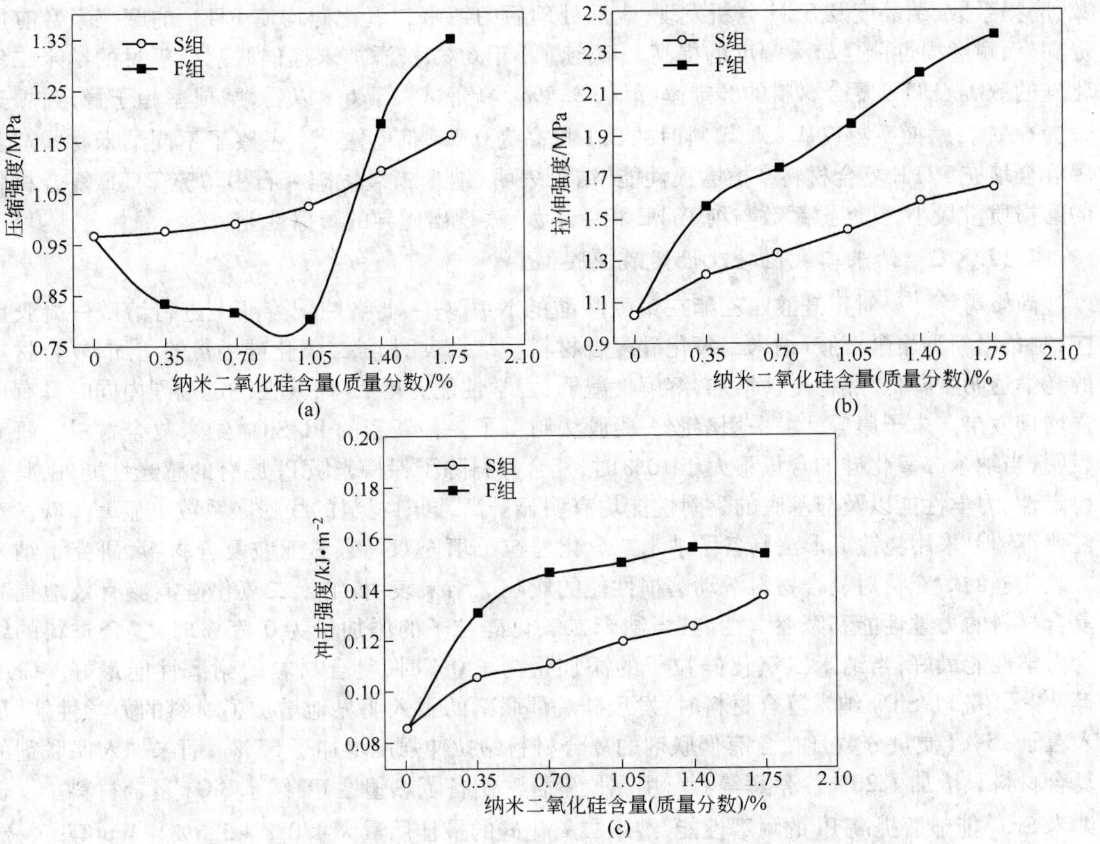

图 4-65 纳米二氧化硅填料含量及泡沫密度对聚氨酯硬质泡沫塑料力学性能的影响

强度增大的速度。纳米二氧化硅填充所引起的冲击强度的增大,可能是由于材料受冲击时填料粒子脱粘产生空洞化损伤而消耗了大量能量。再者,原位生成纳米二氧化硅和基体间的界面处可产生更多更有效的化学联结,使弱界面得到加强,因此聚氨酯硬质泡沫塑料表现出升高的冲击强度。比较 F 组及 S 组中对应样品,压缩强度、拉伸强度和冲击强度随泡沫体系密度的增大而逐渐增大。

4.12.3 纳米二氧化硅在热塑性塑料中的应用

热塑性塑料是指在特定温度范围内能反复加热软化和冷却硬化的塑料,如聚乙烯、聚丙烯等。热塑性塑料应用广泛,往往通过添加无机颗粒降低塑料制品的成本,同时还可以采用颗粒超微细和表面改性技术,增强增韧和功能化通用塑料[152]。

4.12.3.1 纳米二氧化硅改性聚四氟乙烯(PTFE)

聚四氟乙烯具有十分优异的化学稳定性,极小的摩擦系数,耐高低温性。然而严重的蠕变,耐磨性、黏结性差极大地限制了它的使用。为此,国内外对 PTFE 树脂进行了改性研究,并取得了良好的效果,进一步拓宽了 PTFE 的应用领域。

朱友良等人[160]研究了纳米二氧化硅填充改性 PTFE 复合材料力学和耐磨性能的影响。结果表明,用量 3% 的纳米二氧化硅显著改善了 PTFE 复合材料的耐磨耗性能。黄丽等人[161]通过高速混合微米、纳米及改性纳米二氧化硅填充改性 PTFE 的摩擦磨损性能,通过测量其摩擦系数、磨损系数、结晶度及 SEM 分析发现，表面处理后的纳米二氧化硅均使 PTFE 的摩擦系数有所提高，而耐磨损性能也有大幅度的提高。填充量小于 6% 时，添加未经偶联剂处理过的纳米二氧化硅的 SiO_2/PTFE 复合材料的磨损率降低 98.5%，填充量大于 6% 以后，磨损率趋于稳定；填充量为 6% 时，摩擦系数仅从未加填料时的 0.1 提高为 0.2。何春霞[162]考察了不同纳米材料与石墨混合填充 PTFE 复合材料摩擦磨损性能，结果表明，纳米二氧化硅 - 石墨填充 PTFE 复合材料的磨损质量最小，其摩擦系数与纯 PTFE 相差不大，表现出优异的摩擦性能。

4.12.3.2　纳米二氧化硅改性聚酰亚胺(PI)

尚修勇等[163]对正硅酸四乙酯在聚酰胺酸的 N-甲基 - 吡咯烷酮溶液中进行溶胶—凝胶反应，制备出新型聚酰亚胺/纳米二氧化硅复合材料。结果表明，随二氧化硅用量的增加，复合材料的光学透明度降低，热稳定性增加，溶解性减弱，力学性能先增后降，并在一定范围内同时具有增强增韧效果。朱子康等[164]采用溶胶—凝胶法制备了一种新型的 PI/SiO_2 纳米复合材料。研究表明，当纳米二氧化硅的含量不大于 10% 时，复合材料除了保持光敏 PI 原有的感光性能外，其热稳定性、力学性能以及与基底的黏附性能均有明显升高，同时材料的线膨胀系数也显著降低。颜红侠等[165]采用浇铸成形法制备了纳米二氧化硅粒子填充双马来酰亚胺复合材料，研究了纳米二氧化硅的填充量对复合材料滑动磨损性能的影响。结果表明，纳米二氧化硅能够有效地提高复合材料的力学性能和摩擦学性能，当纳米二氧化硅粒子的添加量为 0.75% 时，复合材料的综合力学性能最好；当纳米二氧化硅粒子的添加量为 1.0% 时，复合材料的耐磨性能最好。Chen 等[166]研究 PI/SiO_2 纳米复合材料时，发现硅烷偶联剂的引入明显地增加了材料的力学性能，加入粒子 15%（质量分数）时，含有偶联剂的复合材料的拉伸强度增加了 65%，而未加入偶联剂的复合材料只增加了 20%。蔡辉等[167]用原位聚合法制备了热塑性 PI/纳米 SiO_2 复合材料。发现纳米 SiO_2 能显著提高 PI 的耐磨性能，纳米二氧化硅的最佳用量为 4.0% ~5.0%。Wu 等[168]制备了主链上嵌段聚硅氧烷链段的 PI/纳米 SiO_2 复合材料。通过对该复合材料的热学性质深入研究发现，复合材料的分解表观活化能与纳米二氧化硅的含量有关，纳米二氧化硅含量增加，分解表观活化能降低。这说明纳米二氧化硅对有机聚合物具有催化热分解的作用，可能是纳米二氧化硅具有的热导性所致。

4.12.3.3　纳米二氧化硅改性聚酰胺(PA)

Yang 等[169]采用原位聚合的方法合成了 PA6/SiO_2 纳米复合材料。聚合前，首先将 SiO_2 进行了表面有机化处理。结果表明：PA6/表面改性 SiO_2 纳米复合材料的力学性能，如冲击强度、拉伸强度和断裂伸长率，随着纳米 SiO_2 含量增加呈现先升高而后降低的趋势，而 PA6/未表面处理 SiO_2 纳米复合材料的上述性能则随着纳米 SiO_2 含量的增加呈逐渐降低的趋势。李莹等[170]采用原位聚合法制备了 PA6/纳米 SiO_2 复合材料。结果表明：无论是否对纳米 SiO_2 表面进行偶联化处理，纳米 SiO_2 均在原位聚合过程中与 PA6 发生接枝反应；采用经偶联剂处理并具有较小粒径和较大比表面积的纳米 SiO_2 可使复合材料的力学性能达到较高水平，且硅烷偶联剂的最佳用量为纳米 SiO_2 的 3% 左右。臧树良等[171]利用原位聚合法制备了浇铸型 PA6/纳米 SiO_2 复合材料。当纳米 SiO_2 的用量为 1% 时，复合材料的综合力学性能最优，拉伸强度提高 21%，弯曲弹性模量提高 40.3%，简支梁冲击强度提高 69.1%，断裂伸长率降低 43%。经表面处理的纳米 SiO_2（30 nm）在 PA6 中分散均匀，随着纳米 SiO_2 用量的增加，浇铸型 PA6/纳米 SiO_2 复合材料的结晶度下降，复合材料的熔点比纯浇铸型 PA6 提高了 2 ~3℃。葛世荣等[172]测试了纳米 SiO_2 对 PA 复合材料摩擦学性能的影响。结果表明：当添加量为 10% 时，尼龙（PA1010）复合材料达到最低摩擦系数 0.32 和最低磨损量 0.2 mg，磨损量比纯 PA1010 降低了 60 多倍，摩擦系数降低了 1 倍。

4.12.3.4 纳米二氧化硅改性聚苯硫醚(PPS)

张文栓等[173]首先将纳米 SiO_2 粒子与硅烷偶联剂 KH-550 的乙醇混合,在40℃以下用超声波振荡60 min后脱去溶剂,烘干后与聚苯硫醚(PPS)在高速搅拌机中混合均匀,然后用双螺杆挤出机造粒,制得 PPS/纳米 SiO_2 复合材料。纳米 SiO_2 粒子呈颗粒状均匀分布在 PPS 基体中,尺寸为10~40 nm。当纳米 SiO_2 用量为3%时,PPS/纳米 SiO_2 复合材料的力学性能最佳,拉伸强度、弯曲弹性模量和缺口冲击强度分别提高13.4%、7.4%和27.3%。

4.12.3.5 纳米二氧化硅改性聚醚醚酮(PEEK)

Wang 等[174]系统研究了 SiO_2、SiC 等纳米粒子填充 PEEK 复合材料的摩擦磨损性能。发现聚醚醚酮(PEEK)复合材料的摩擦系数随纳米粒子含量的增加而降低,当纳米 SiO_2 和纳米 SiC 质量分数分别为15%时,PEEK 复合材料的摩擦系数分别小于0.22和0.24,而磨损率则随纳米粒子含量的增加而呈现先下降后上升趋势。同时 PEEK 复合材料的摩擦系数随载荷的增加而下降,这表明在高载荷下纳米粒子更能有效地降低材料的摩擦系数。Kuo[175]用15~30 nm的 SiO_2 或 Al_2O_3 填充 PEEK,在400℃真空热压模塑得到纳米复合材料,PEEK 的结晶度和热稳定性都有较大提高。当 SiO_2 和 Al_2O_3 填充量为5%~7.5%时,材料的硬度、弹性模量和拉伸强度增幅最大,达到20%~50%,而延展性有所下降。未经表面改性的无机纳米粒子在基体中分布相当均匀,纳米粒子与基体界面间没有明显的化学反应和新相生成。

4.12.3.6 纳米二氧化硅改性线形低密度聚乙烯(LLDPE)

张彦奇等[176]采用熔融共混方法制备了线形低密度聚乙烯纳米 SiO_2 复合材料,并对该体系的力学性能和光学性能进行了系统研究。结果表明,随着纳米 SiO_2 的加入,复合材料的弹性模量显著提高,冲击强度与拉伸强度呈峰形变化,且均在 SiO_2 含量为3份左右达到最大值。加入少量的纳米 SiO_2 后,复合材料薄膜对长波红外线(7~11 μm)的吸收能力较 LLDPE 膜有了显著提高,透光率略有下降,但雾度提高,透光质量得到改善。同时表明,纳米 SiO_2 的表面处理方法对膜的光学性能有显著影响。黄玉强等[177]的研究也证明,添加3份纳米 SiO_2 时,LLDPE/纳米 SiO_2 复合材料比基体的红外吸收性能提高了42.5%,LLDPE/纳米 SiO_2 复合材料具有较好的红外吸收性能,该种新型复合材料在高保温性农用大棚膜方面具有广阔的应用前景。

4.12.3.7 纳米二氧化硅改性聚丙烯(PP)

在 PP 树脂中添加2%~5%的纳米 SiO_2 制成聚丙烯产品,其强度和韧性明显提高,具有良好的低温冲击性能,且尺寸稳定,加工性能改善,有极好的表面粗糙度,适合于制造汽车车身防护板、保险杠和设备仪表组件等,从而降低汽车生产成本。Kong 等[178]用传统混合方法研究了纳米 SiO_2-g-PS 改性 PP,在 SiO_2 含量(体积分数)不到1%时,PP/SiO_2-g-PS 体系的拉伸强度由34 MPa增加到约38 MPa。吴唯等[179]对以纳米二氧化硅(SiO_2)为刚性微粒、以三元乙丙橡胶(EPDM)为弹性微粒组成的聚丙烯(PP)/纳米 SiO_2/EPDM 的同时增强增韧效果进行了研究。结果表明,上述两种微粒可同时大幅度提高 PP 的韧性、强度和模量,当 PP/纳米 SiO_2/EPDM 为80/3/20时,两种微粒体现较明显的协同增韧效应。纳米 SiO_2 可提高 PP 的结晶温度和结晶速度,并使球晶细化。纳米 SiO_2 刚性微粒在 PP 连续相中以微粒团聚体形态分布,构成团聚体的平均微粒数约为6~7,其与 PP 基体表现出较强的结合牢度。PP/纳米 SiO_2/EPDM 的综合性能已接近或达到工程塑料的性能。

4.12.3.8 纳米二氧化硅改性聚乳酸(PLA)

随着石油等不可再生资源的日益减少,世界各地努力开发新型高分子材料,聚乳酸(PLA)由于其原料乳酸的可再生性、生产过程的低污染性而受到广泛关注。而且 PLA 在自然环境条件下可完全生物降解，生成二氧化碳和水，对环境不会产生污染，克服了高分子材料的最大弊病，被称为绿色塑料。同时聚乳酸还具有优良的生物相容性和吸收性，因此广泛应用在包装材料、医药卫生等领域。PLA 具有较好的机械强度、弹性模量和热成形性，但它在实际应用中还存在一定的不足，这就促使人们对 PLA 材料的改性展开深入的研究。而纳米二氧化硅复合材料既能发挥纳米二氧化硅自身的小尺寸效应、表面效应以及粒子的协同效应，又兼有高分子材料本身的优点，使复合材料具有良好的机械、光、电和磁等功能特性，受到了国内外科学家的高度重视。制备 PLA/纳米二氧化硅复合材料是希望两者发挥各自的优点，得到更加实用的高分子材料。

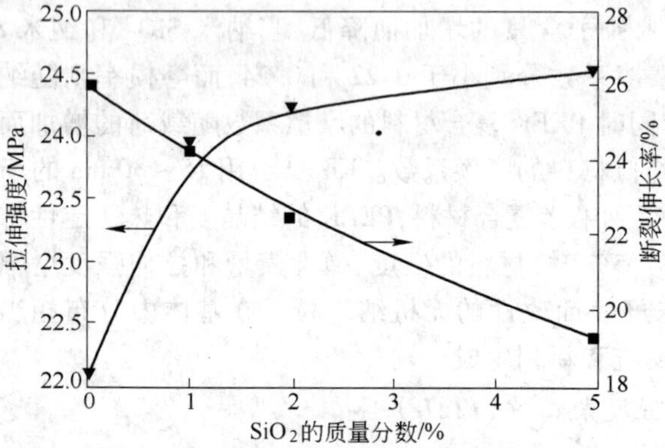

图 4－66 纳米二氧化硅用量对材料的拉伸强度和断裂伸长率的影响曲线

刘立柱等[180]采用原位聚合法，以辛酸亚锡为催化剂，使丙交酯单体在改性后的纳米二氧化硅表面聚合，改善了 PLA 的性能，简化了制备工艺，可直接制得 PLA/纳米二氧化硅复合材料。图 4－66 是纳米二氧化硅用量对复合材料拉伸强度和断裂伸长率的影响曲线。由图可知，随着纳米二氧化硅用量的增加，复合材料的拉伸强度逐渐增大，但其断裂伸长率下降。这是由于经过改性后的纳米二氧化硅在聚乳酸中起到交联点作用，使得聚乳酸之间结合力较强，限制了分子的形变，增加了材料断裂时体系的抗拉伸能力，并且在拉伸过程中，纳米二氧化硅粒子可承受从聚乳酸基体转移过来的部分应力，当裂纹遇到纳米粒子时会发生偏转，偏到不利于裂纹发展的方向，延长裂纹途径，加大了能量的消耗，提高了复合材料的拉伸强度。同时，纳米二氧化硅粒子分布于聚乳酸基体中间，当受外力作用时，分子链的链段取向变得困难，导致材料的断裂伸长率下降。

4.13 纳米二氧化硅在阻燃材料中的应用

随着人们生活水平的提高，家庭、旅馆、商场和歌舞厅的装修成为一种时尚。在装修中不可避免地要用到聚合物类材料，而聚合物类材料具有潜在的火灾危险性，包括热灾害（燃烧释放的热量）和非热灾害（烟气和毒性）。火灾中因窒息和烟气中毒造成的人员伤亡可占火灾总伤亡人数的 50%～80%。为了减少聚合物热和非热灾害需要发展阻燃技术。而阻燃技术目前存在的主要问题有：填充量大、相容性差，材料的物理力学和加工性能差；热稳定性、耐老化和耐溶剂性差；燃烧释放出大量烟雾、粉尘和有毒或腐蚀性气体，产生“二次危害”和环境污染。为此需要大力发展聚合物改性技术，特别是要结合无卤协同阻燃和纳米复合技术，实现协同阻燃新技术。这就需要优化阻燃剂、阻燃协效剂和纳米复合的配方和工艺，以便构成高效协同复合阻燃体系，提高阻燃性能，同时降低材料燃烧时释放的烟气和毒性气体的量，提高材料的火灾安全性。本节介绍纳米 SiO_2 在有机聚合物/纳米 SiO_2 复合阻燃材料中的应用情况。

无论作为阻燃剂或者填料使用，SiO_2 与基体相容性差是其最大缺陷。但采用纳米级 SiO_2 均匀分散在聚合物连续相中，可以制备有机聚合物/二氧化硅纳米复合阻燃材料[181]。制备方法有两种：原位聚合法（纳米级 SiO_2 直接分散）[182]和通过有机硅化合物来制备[183]。因为纳米 SiO_2 分子是三维链状结构，表面存在不饱和键及不同键合状态的羟基，能够与聚合物基体发生化学或物理反应,所以不但克服了相容性难题,也改善了填充聚合物的物理力学性能如刚性和韧性等。

SiO_2 粒子在聚合物连续相中实现纳米尺度均匀分散,能够增强聚合物的热稳定性能,纳米级 SiO_2 颗粒填充聚合物的玻璃化温度比相应纯聚合物大幅提高。其次,它的加入不影响聚合物的透光性。另外,纳米级 SiO_2 提供有效的阻隔功能,能够阻止或者延缓挥发性降解产物的逸出,所俘获的降解产物形成热稳定性较好的残留物和焦炭[184]。

与此同时,有研究表明有机聚合物/二氧化硅纳米复合阻燃材料的阻燃性能不及聚合物/SiO_2 复合凝胶体系。原因是在聚合物/SiO_2 复合凝胶体系燃烧过程中,二氧化硅在试样表面逐渐积累,原位生成二氧化硅三维网络,该网络被聚合物燃烧生成的焦炭增强,形成性能优良的隔热保护层和聚合物燃烧放出的挥发性物质的屏障层[185]。而有机聚合物/二氧化硅纳米复合阻燃材料中的纳米级 SiO_2 虽然也有在试样表面积累的趋势,但只是形成规则形状的固体小颗粒组成的疏松层状物,并不是致密坚硬的结构连续的氧化硅立体网络,所以它的阻隔性能和稳定性要差一些。促进有机聚合物/二氧化硅纳米复合阻燃材料燃烧过程原位生成氧化硅网络的一个可行的方法是预先对纳米级 SiO_2 颗粒进行微胶囊化。

可见有机聚合物/二氧化硅纳米复合阻燃材料的阻燃级别并不理想(限氧指数 LOI < 25),不能作为阻燃材料使用。而且,其燃烧速率高于纯聚合物,这一现象可以解释为“灯芯效应”,对许多有机物/无机物纳米复合材料而言,燃烧将耗尽有机相,残留下无机相,从而使复合材料的燃烧速率加快。

为解决上述问题,人们开始利用阻燃协同效应[183]。希望在保持纳米复合材料物化性能的前提下,提高其阻燃级别。其中利用磷与硅的阻燃协同效应提高阻燃级别就是典型实例。

Liu 等人[183]通过特殊方法把磷烷氧基硅烷添加到通用环氧树脂中,形成环氧树脂/二氧化硅纳米复合网络结构,反应型阻燃剂含磷硅烷化合物嵌入环氧树脂基体中。通过形成二氧化硅立体网络,能够克服添加型阻燃剂与环氧树脂基体之间相容性较差、易析出等缺陷。由于二氧化硅网络对环氧树脂分子链具有限制作用,所以复合体系的玻璃化转变温度大幅提高。环氧树脂结构中的磷元素通过“酸诱导脱氢反应机理”促进焦炭生成,在高温度区域,硅在试样表面形成二氧化硅保护层,抑制焦炭热氧化降解反应,阻止或者抑制低温状态下生成的焦炭的质量损失,因此体系的阻燃性能有较大提高,见表 4-35。体系 *LOI* 随磷元素和硅元素两者数量的增加而增加,焦炭生成量也呈现相同的趋势。

表 4-35 环氧树脂/二氧化硅纳米复合材料的成炭量和 *LOI*

试样编号	P/%	Si/%	700℃成炭量/%		900℃成炭量/%		LOI/%
			N_2	空气	N_2	空气	
1	0.00	0.00	14.2	0.0	13.7	0.0	26.0
2	0.00	2.76	25.3	5.3	24.8	5.2	29.0
3	0.00	5.07	25.5	9.1	27.9	9.0	30.0
4	0.00	7.04	31.3	11.8	30.8	11.8	30.5
5	0.00	8.73	33.7	16.2	33.2	16.2	31.0
6	0.00	10.20	35.7	19.6	37.0	19.6	31.0
7	8.72	0.00	21.0	20.2	20.6	5.3	36.1
8	7.75	3.48	37.8	29.3	36.8	56.0	41.2
9	6.97	6.26	34.7	30.8	33.7	28.7	43.0
10	6.34	8.53	39.2	31.7	38.2	29.3	43.5

续表 4-35

试样编号	P/%	Si/%	700℃成炭量/%		900℃成炭量/%		*LOI*/%
			N_2	空气	N_2	空气	
11	5.51	10.43	44.3	32.0	43.3	31.4	44.1
12	5.36	12.03	47.5	33.8	45.5	32.9	43.9
13	4.98	13.40	52.1	35.2	51.4	34.9	44.2
14	4.64	14.59	53.4	38.4	52.4	37.9	44.4
15	4.35	15.63	55.3	42.3	54.5	41.7	44.5
16	1.33	2.88	31.8	12.2	29.8	11.2	33.0
17	2.68	3.01	32.5	14.3	30.5	13.8	34.5
18	4.21	3.15	35.4	19.6	34.3	18.6	36.3
19	5.89	3.31	44.3	26.6	43.0	26.2	37.1

Fu 等[186]在 EVA 中添加一定量的纳米二氧化硅可以明显地提高限氧指数 *LOI*(见表 4-36),并且可以在保持 UL-94 测试为 V-0 级时,减少氢氧化镁的添加量。通过锥形量热仪测试表明纳米二氧化硅的添加不仅可以大幅度减少热释率和失重率,而且可以抑制 EVA/MH 共混体在燃烧时的烟释放率(见表 4-37)。通过形貌特征和热重数据分析进一步表明:纳米二氧化硅在 EVA/MH 材料中的协效阻燃机制主要是由于纳米二氧化硅通过在凝聚相的物理过程提高了炭硅层的强度,使之能够阻止燃烧中热量和物质的传递。通过在 EVA/MH 共混体中添加纳米二氧化硅并且减少总的填充量,在阻燃性能不变的情况下,其断裂伸长率可以提高 1 倍(见表 4-38)。

表 4-36 *LOI* 和 UL-94 数据

试样号		成分(质量分数)/%			*LOI*	UL-94
		EVA	MH	SiO_2		
0	A	100	0	0	18	Fail
1	B	40	60	0	35	V-0
	C	40	58	2	37	V-0
	D	40	55	5	39	V-0
	E	40	52	8	39	V-0
	F	40	48	12	37	V-1
2	G	45	55	0	32	Fail
	H	45	53	2	34	V-2
	I	45	50	5	35	V-0
	J	45	47	8	35	V-0

表 4-37 烟数据

试 样	平均比消光面积/$m^2 \cdot kg^{-1}$	总烟释放量/$m^2 \cdot m^{-2}$	CO 产量/$kg \cdot kg^{-1}$	CO_2 产量/$kg \cdot kg^{-1}$	CO/CO_2 质量比
A	566	1499	0.0274	2.36	0.01161
B	504	1118	0.0122	1.56	0.00782
C	452	1012	0.0101	1.52	0.00664
D	273	638	0.0096	1.54	0.00623
E	253	553	0.0082	1.50	0.00547
F	419	866	0.0123	1.49	0.00826

表 4-38 EVA/MH/SiO_2 混合物的力学性能

试 样	拉伸强度 σ/MPa	断裂处的拉伸强度 σ_b/MPa	断裂处的伸长率 ε_b/%
A	3.48	17.2	1470
B	10.4	10.4	75
C	10.9	10.9	72
D	11.1	11.1	70
E	11.0	11.4	65
G	8.2	8.8	156
H	8.3	8.6	162
I	8.5	8.9	146

聚苯醚(PPO)具有优良的综合性能,使用温度范围广,吸水性小。缺点是熔体黏度大,流动性差,软化温度在300℃以上,而高温加工(330℃以上)又易发生热氧降解,加工成形困难和能耗过大,实际应用推广受到限制。1967年美国GE塑料公司成功地通过与PS,特别是与HIPS合金化,开发出商品名为Noryl的改性PPO,加工性能大为提高,基本保留了PPO的原有特性,因此PPO绝大部分是以改性产品出售和应用的,之后改性聚苯醚获得了迅速发展。它是工程塑料中典型且用途广、发展前景广阔的塑料合金,在电子电气、家用电器、办公自动化设备、汽车、建筑、航空和军工等领域具有广泛的用途,成为发达国家的垄断核心产品之一。消费居领先的日本、北美和欧洲的消费结构不同,日本以办公室设备、电子电器为主,而美国以汽车为主的运输工业消费居首位。

在PPO/HIPS中,用不同的方法加入不同的阻燃剂,制成阻燃型PPO/HIPS合金,可以达到抑制火蔓延、阻止燃烧和离火自熄的目的。方法通常有两种:一种是用含有阻燃元素的原料(即反应型阻燃剂)合成,属于化学方法;另一种是在制品(材料)成形过程中加入阻燃剂(即添加型阻燃剂),属于物理方法。

由于全球阻燃剂无卤化的趋势,磷系阻燃剂在工程塑料上得到了迅速的发展,一系列添加型磷系阻燃剂已经应用于热固性树脂。双酚A双(二苯基)磷酸酯(BDP)和间苯二酚双(二苯基磷磷酯(RDP)这类芳香族双磷酸酯阻燃剂,具有分子量大、蒸气压低、热稳定性高等优点,能赋予材料较好的阻燃效果和阻燃持久性。

辛非等人[187]采用芳香族双磷酸酯如双酚A双(二苯基)磷酸酯(BDP)和间苯二酚双(二苯基)磷酸酯(RDP),分别与纳米二氧化硅、三聚氰胺氰尿酸盐(MCA)复配制备了阻燃PPO/HIPS和阻燃PPO/HIPS纳米复合材料。利用限氧指数(*LOI*)、水平垂直燃烧(UL94V)、热失重分析(TGA)和锥形量热仪(CONE)等技术探讨了复配体系对PPO/HIPS的阻燃作用和阻燃机理。结果证明:采用复配体系阻燃的PPO/HIPS取得了很好的效果;在相同添加量的情况下RDP比BDP较优;材料氧指数最高达到了35.0%,具有UL94V-0阻燃级;纳米二氧化硅的加入可以使阻燃性能有所提高(见表4-39)。由表可知,加入极少量的纳米二氧化硅可以提高体系的*LOI*,添加量达到0.5即可使*LOI*值达到34.9。但是添加量继续增大并不能使LOI值增加。这说明,体系中*LOI*值的增加主要是由于体系中可能存在纳米效应,而在纳米效应出现之后,继续加大纳米SiO_2量已经起不到作用了。

表 4－39　BDP/MCA、纳米 SiO_2 阻燃 PPO/HIPS 的阻燃性能

试　样	配方/份					*LOI*/%	EFF	UL94
	PPO	HIPS	MCA	BDP	纳米 SiO_2			
PHM B3	46.8	25.2	20.0	8	0	33.6	13.5	V-0
PHM BS1	46.5	25.0	20.0	8	0.5	34.9	14.0	V-0
PHM BS2	46.2	24.8	20.0	8	1.0	35.0	14.1	V-0
PHM BS3	45.9	24.6	20.0	8	1.5	35.0	14.1	V-0
PHM BS4	45.6	24.4	20.0	8	2.0	35.1	14.2	V-0

4.14　纳米羟基磷灰石在人工骨中的应用

随着社会的进步与人们生活水平的提高，人们的平均寿命不断延长，但人体本身的老化却不可避免，世界人口老龄化问题日益突显。全球人口平均寿命已延长到 66 岁，全球老龄人口总数已达 6.29 亿。人体的老化过 30 岁就开始了，人体的结构组织，特别是保持人体直立姿势的骨骼组织随之开始劣化。随着年龄的增长，由于骨组织的变化，其强度逐渐降低，发生骨折的几率增大。此外，创伤、肿瘤切除、事故、战争和畸形矫正等因素造成的骨缺损、骨不连也是临床骨科的常见疾病。长期以来，临床所用的骨修复材料主要是自体和异体骨移植物两类。自体骨移植虽是最理想的植骨材料，既具有骨诱导又具有骨传导功能，但由于自体骨来源有限，且会造成供骨区的各种并发症如血肿形成、继发感染、局部疼痛等，故限制了其在临床的广泛应用。异体骨虽然来源相对充足，但易产生免疫排斥反应及传播 HIV、肝炎等疾病可能，因而影响了移植的成功率。随着材料学的不断发展，应用纳米技术制备的生物材料——纳米人工骨，为解决这一问题开辟了一条崭新的途径。该生物材料模仿天然骨的成分及结构特征，可为细胞提供与天然骨相类似的微环境，展现了广阔的应用前景。本节介绍这方面的内容。

4.14.1　骨的基础知识

4.14.1.1　骨[188～190]

人体骨骼系统由 206 块形状大小不一的骨构成，形成支持全身整体结构和功能的支架，对内脏器官起保护作用，与附着的肌肉组织协调地完成各种运动和对环境应力变化的反应。骨是一个复杂的生物矿化系统，是由有序排列的胶原、取向的羟基磷灰石和水组成的复合材料，其含量比例随着生物体年龄变化而变化。

胶原在骨组织中以纤维的形式存在，其中Ⅰ型胶原占有机物质量的 93%（质量分数），其纤维直径在 100～2000 nm 之间变化。构成胶原纤维的胶原分子是由三股 α 螺旋结构的多肽链相互缠绕而形成的，具有三重螺旋结构。胶原分子相互错开 1/4 的阵列排列构成胶原纤维，并形成了孔区与重叠区相互交替的周期性结构。胶原纤维为矿物沉积提供了模板，矿物在孔区择优形核。羟基磷灰石在骨中取向排列，宽度 4.0～7.5 nm，长度 40～100 nm，位于胶原分子的空隙内，其晶体 *c* 轴（羟基磷灰石 $Ca_{10}(PO_4)_6(OH)_2$ 晶体为六方晶系，属 L6PC 对称型和 P63/m 空间群，其结构为六角柱体，与 *c* 轴垂直的面是一个六边形，*a*、*b* 轴夹角 120°，其晶胞参数为 $a=0.943\sim0.938$ nm，$c=0.688\sim0.686$ nm，$z=2$，单位晶胞含有 10 个 Ca^{2+}、6 个 PO_4^{3-} 和 2 个 OH^-）平行于胶原纤维。天然骨中羟基磷灰石的结晶度约为 33%～37%。骨内的水状态可分为游离水和结合水。钙化前的类骨组织含有大量的游离水，其功能是转运离子。与胶原纤维形成氢键结合或

成为羟基磷灰石内的水称为结合水,其功能是增强骨的柔韧性。骨胶原纤维的抗压性能较差,羟基磷灰石脆性大,但两者在生物体的装配下形成高强度的骨材料,而且骨中的水分使骨具有良好的黏弹性。

4.14.1.2　骨的结构[188~190]

骨具有复杂的多级结构,从低级到高级依次为编织骨、初级骨和哈弗斯系统。其构造和综合性能都优于人工合成的纳米羟基磷灰石/胶原复合材料。编织骨是原始骨质,矿物质含量较低,其中的胶原纤维随机排列。初级骨是编织骨在被板层骨替代过程的一种过渡形式。初级板层骨整个的内层或外层呈现环形致密排列,并且具有部分血管腔。初级板层骨具有较高的力学强度。哈弗斯系统又称骨单位,是骨密质的主要结构单位,以骨胶原纤维束高度有规律排列为特征,它与无机盐和有机质结合紧密共同构成板层骨。同一层板骨内的纤维大多相互平行,相邻两层板骨中的纤维层的方向成交叉状。板骨厚度一般为3~7 μm。板骨中胶原与哈弗斯系统的长轴呈斜向螺旋交叉排列。哈弗斯系统是骨承载的最小结构单元,并具有仿树木年轮结构,这是骨具有优异力学性能的原因之一。

骨的结构以长骨为例,由骨密质、骨松质、骨膜、骨髓、血管和神经构成,如图4－67所示。密质骨和松质骨是骨在最高层次的分类,其结构区别可以用肉眼分辨。骨密质分布于长骨的骨干和骨骺的外侧面,结构单位是哈弗斯系统,具有致密的结构。按骨板的排列方式可分为外环骨板、内环骨板、骨单位和间骨板,如图4－68所示。外环骨板是环绕在骨干外侧面的骨板,由10~40层骨板环绕骨干平行排列组成。其中有穿通纤维,将骨外膜固定于骨。还有横向穿越外环骨板的穿通管,与纵向走行的骨单位的中央管相连通。穿通管内有血管和神经通过。内环骨板包绕在骨干内面,仅由数层排列不规则的骨板组成,也有穿通管横向穿越。骨单位,又称哈弗斯系统,是骨密质的主要结构单位,数量很多,集中在内环骨板和外环骨板之间,构成骨干的主体。骨单位由骨单位骨板(又称哈弗斯骨板)和中央管(又称哈弗斯管)组成。约4~20层骨单位骨板以中央管为中轴同心圆环绕排列,构成骨单位。骨单位是含骨盐较多骨胶原纤维较少的骨基质。中央管表面铺衬一层成骨细胞和骨原细胞,管内有血管、神经和结缔组织。相邻骨单位的中央管通过横穿的穿通管互相连通。

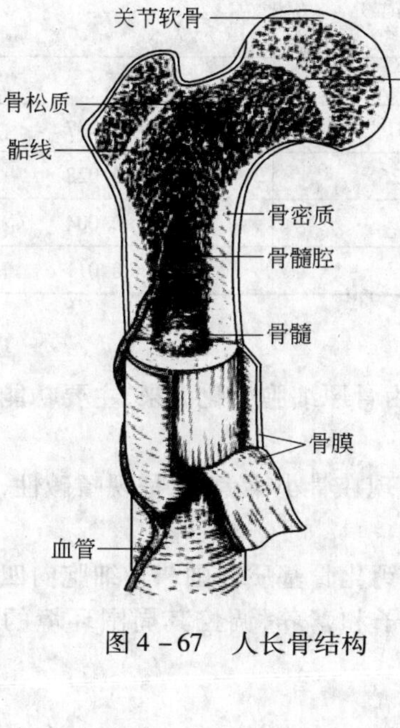

图4－67　人长骨结构

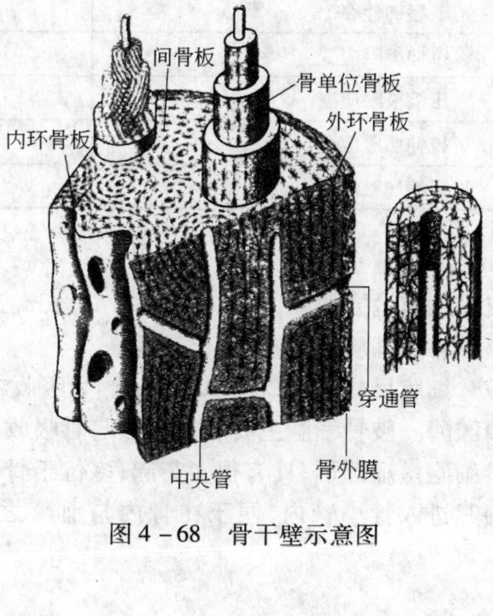

图4－68　骨干壁示意图

骨松质分布于长骨的骨骺和骨干的内侧面，由许多针状或片状的骨小梁交织构成，结构单位为三维骨小梁框架，具有高孔隙率。骨膜包括骨外膜和骨内膜。骨膜通过血管为骨提供营养物质和运送代谢产物，在骨的改建和再生过程中，骨膜的骨原细胞和成骨细胞执行成骨作用。

4.14.1.3　骨的力学性能[188~190]

骨具有良好的力学性能，其力学性能随着人的年龄变化而变化，部位不同而不同。Wolff 提出一个重要假说，即沃尔夫定律。他认为："骨在其功能需要的地方生长，在不需要的地方吸收。"骨功能适应性原理说明骨的变化与其承受的应力有密切的关系，也是导致骨具有不规则形状的重要原因。即骨进化的趋势是用最小的重量承受最大的外部应力。以此原理为基础发展出康复医学，特别是在骨折修复阶段，适当的外力刺激骨折部位有助于骨组织生长。

骨的力学性能指标可在较大范围内变动，并与加载模式、加载方向及骨的类型、形态尺寸和干湿状态等有关。随骨密度的增加，其模量和强度均显著升高。皮质骨的力学性能具有明显的各向异性，沿骨干轴向其强度较高。骨中的含水量、骨密度、孔隙率、骨矿物含量、胶原纤维的取向、骨中有机相和无机相之间的界面键合以及加载速率等都是影响骨力学性能的主要因素，皮质骨的力学性能见表 4-40。

表 4-40　皮质骨的力学性能

性能指标	加载方向与骨干轴向的关系	
	平　行	垂　直
拉伸强度/MPa	124~174	49~51
压缩强度/MPa	170~193	133
弯曲强度/MPa	160	
剪切强度/MPa	54~68	
杨氏模量/GPa	17.0~18.9	11.5
剪切模量/GPa	3.3	
泊松比	0.46	0.58
断裂功/$J \cdot m^{-2}$	6000（低应变速率） 98（高应变速率）	
断裂韧性/$MPa \cdot m^{1/2}$	2~12	
拉伸极限应变	0.014~0.031	0.007
压缩极限应变	0.0185~0.026	0.028
拉伸屈服应变	0.007	0.004
压缩屈服应变	0.010	0.011

4.14.1.4　骨的组织学[188~190]

成骨细胞呈方块状，尺寸约为 20~30 μm。成骨细胞由骨原细胞分化而来，主要功能是合成并分泌骨有机基质，参与骨钙化过程。

破骨细胞尺寸约为 20~100 μm，当骨吸收或分解时出现在骨小梁旁边，呈现嗜碱性，且含有酸性磷酸酶。破骨细胞主要功能是参与骨吸收。

骨细胞呈扁圆形，具有很多突起，多位于骨陷窝内，被钙化骨基质包围。骨细胞向四周伸出许多突起进入骨小管内，便于在骨内与血液之间交换离子和营养，调控其周围环境的无机物含量。

4.14.1.5 骨的功能

骨组织可以看做是一种无机/有机复合材料,人体骨通过非常复杂的方式巧妙地将有机的骨基质结构和无机的骨盐框架结构互相紧密地结合起来,并满足生物和力学上的各种功能要求。骨存在各向异性,具有黏弹性和良好的动力适应性。骨的优良性质与它的功能相一致。其功能主要有两个方面:一是组成骨骼系统,作为人体支撑和维持人体正常形态的部分,它保护内脏器官,为人体的运动创造条件,骨组织会不断改变其形状和结构,重建新的骨组织,吸收陈旧的骨组织,保持其功能适应性;二是通过调整血液电解质(包括 Ca^{2+}、H^{+}、HPO_4^{2-} 等),保持体内矿物质的动态平衡,即骨髓造血,钙、磷的储存与代谢等功能。

骨是一种活的生物材料,它在人的生长发育和骨病康复过程中不是一成不变的,而是不断地塑造和重建。骨正是通过塑造与重建以适应变化的力学环境,更好地调整其功能适应性。

骨塑建是指引起骨的几何形状、大小及所含骨量的改变,并塑造成一定外观形状和内外直径的骨活动。该活动一直存在到骨成熟为止。骨塑建过程包括初级骨化中心的成骨活动从骨干中部逐渐向两端推移,骨的长度逐渐增加:皮质骨不断在骨外膜沉积,同时骨膜发生骨吸收,使骨干的直径增大。随后成骨细胞填充类骨,进而矿化成骨。

骨塑建与骨重建不同之处在于骨塑建是构建骨的形状、大小和骨含量,而重建是骨的转换,不能改变骨的形状和骨含量。骨塑建的破骨和成骨活动在骨成熟后即停止。骨重建是只要有生命活动就存在的骨转换过程。

当骨组织因为创伤、感染、肿瘤及发育异常等原因被实施手术剔除病变骨组织后,会造成大块骨缺损,仅仅依靠骨自身的修复能力无法愈合,必须进行骨移植手术将合适的骨材料填充缺损部位,以便于新骨生长。否则纤维组织会填充缺损位置,阻碍缺损部位的新骨形成,造成骨不连。移植骨的来源有自体骨、异体骨和人工骨材料。最理想的骨修复材料是自体骨,自体骨移植是把部分骨从人体某一部位(骨盆、肋骨等)取出后再移植到待修复部位。它是以牺牲健康组织为代价的方法,治疗效果令人满意,但存在供体有限且需要二次手术取骨,给患者带来更多痛苦的问题。异体骨移植虽然不需要二次手术,且具有自体骨的一些优点,但也存在诸多问题,如存在免疫排斥反应、带有潜在的 HIV 病毒或肝炎病毒等病原体。异体骨移植在消毒处理后会失去强度、生长因子,而且制样、处理和储存成本很高。因而人工骨材料是最后一个选择。其中,理想的人工骨修复替代材料应具备以下特性:良好的生物相容性;良好的生物力学性能;良好的生物稳定性或可生物降解性;良好的骨传导性和骨诱导性;良好的可加工性能和临床操作性能。

4.14.2 羟基磷灰石的特点

羟基磷灰石(HA)是人骨无机质最主要的组成成分,分子式为 $Ca_{10}(PO_4)_6(OH)_2$,Ca/P = 1.67。羟基磷灰石具有与自然骨磷灰石类似的结构,它作为骨修复材料具有良好的生物活性、生物相容性,植入体内不仅安全、无毒,还能传导骨生长[191]。

当羟基磷灰石植入骨组织后,通过外延生长可与骨形成牢固的化学键结合,即骨性结合。羟基磷灰石可为骨的迁移提供生物相容的界面,即具有引导成骨的性能。由于羟基磷灰石表面本身就由羟基磷灰石晶体构成,所以与骨可以直接键合。羟基磷灰石植入体与骨界面的结合强度可达到甚至超过植入体或骨自身的结合强度。发生断裂时往往是发生在骨的内部,而不是在界面上。羟基磷灰石还对大部分人体蛋白质具有亲和性,在水溶液和体液中基本保持稳定。

羟基磷灰石由于分子结构和钙/磷比与正常骨的无机成分非常近似,具有优异的生物相容性。大量的体外和体内试验表明:羟基磷灰石在与成骨细胞共同培养时,羟基磷灰石表面有成骨细胞聚集;植入骨缺损时,骨组织与羟基磷灰石之间无纤维组织界面;植入体内后表面类骨磷灰石形成。许多研究表明,羟基磷灰石植入骨缺损区有较好的修复效果,这是因为羟基磷灰石以固体或离子状态广泛存在人体内,并动态参与骨组织吸收与重建钙离子和磷离子代谢过程。因此羟基磷灰石被广泛用作骨科或上颌面手术中修复骨缺损的人工骨材料。

羟基磷灰石在体内不存在免疫和干扰免疫系统的问题,耐腐蚀强度高,具有良好的化学稳定性,表面带有极性,能与细胞膜表层的多糖和糖蛋白等通过氢键相结合,特别是能与骨形成紧密的结合。大量的生物相容性试验证明它无毒、无刺激、不致过敏反应、无致畸、无致突变、不致溶血、不破坏生物组织,并能与骨形成牢固的化学结合,具有骨传导性。骨传导性是指允许血管长入,细胞渗透和附着、软骨形成、组织沉积和钙化。现在普遍认为多孔双相钙磷材料具有良好的骨传导性。体内外研究表明,人类的成骨细胞可以通过内部连接通道扩散进入大孔,并在其中增殖。对孔径的要求:成骨细胞渗透的内部连接通道最小直径为 20 μm,最有利于成骨细胞渗透的内部连接通道直径要大于 40 μm;而孔径在 150 μm 时,能为骨组织的生长提供理想场所。可见材料内部连接通道在骨形成中起重要作用。骨诱导性是指激发未定型细胞(比如间充质细胞)显性地转化为软骨或成骨细胞。钙磷生物材料表现出骨诱导现象,除了其自身的性能外,还与钙磷材料的多孔结构有关。

虽然羟基磷灰石具有良好的生物相容性和生物活性,被认为是最有前途的人工骨置换材料,但是纯羟基磷灰石的力学性能较差,其断裂韧性值(K_{IC})不超过 1.0 MPa · $m^{1/2}$,而天然骨的 K_{IC} 值为 2 ~ 12 MPa · $m^{1/2}$。到目前为止,羟基磷灰石仍难以用于承重部位(如人造牙齿和人工骨)的移植体,其在医学上的应用仅限于非承重部位、低承重部位移植体和粉末及涂层材料。随着纳米科学技术的发展,人们已经采用各种方法制备出性能优异的纳米羟基磷灰石,并用它成功地制造出纳米人工骨。

纳米人工骨具有优异的生物相容性、力学相容性和生物活性,不但能与自然骨形成生物性骨链合,且极易与人体肌肉和血管牢固地长在一起,并可诱导软骨生成,从而使磨损及松动的发生率大大下降,翻修手术也大幅度减少。这将使一些受伤的病人远离瘫痪的威胁。纳米人工骨与原有传统人工骨材料的最大区别在于修复后的骨头和人体骨完全一样,不会在体内留下植入物。它仿照人类的骨头生成的机理,采用自组装方法制备纳米晶羟基磷灰石—胶原复合的生物硬组织修复材料,使复合材料的微结构具有天然骨分级结构和天然骨的多孔结构[192]。

4.14.3　纳米羟基磷灰石的特点

江捍平等[193]对人工合成的纳米羟基磷灰石进行了亚急性毒性试验、热原试验、细胞毒性试验、溶血试验等试验,结果证实纳米羟基磷灰石无毒、不引起溶血、不含致热原,具有很好的安全性和细胞相容性。此外,他们[194]还进行了急性毒性试验、皮内试验、肌肉植入试验、骨植入试验等生物相容性试验,结果证实纳米羟基磷灰石人工骨材料无毒、无热原性,植入兔肌肉后逐渐发生降解,具有良好的生物相容性。

温波等[195]采用压制成形和无压烧结工艺制备了纳米羟基磷灰石和常规羟基磷灰石材料,并与乳鼠的成骨细胞复合培养,发现接种于纳米羟基磷灰石表面的成骨细胞在细胞内总蛋白、碱性磷酸酶活性及细胞外基质钙含量等方面均优于接种在常规羟基磷灰石表面的成骨细胞。

董青山等[196]分别将纳米羟基磷灰石和普通羟基磷灰石材料植入 75 只大鼠下颌骨缺损区内,分别于 1 周、2 周、3 周、4 周、8 周后取材观察,发现纳米羟基磷灰石组骨细胞增生活跃,1 周即有新生骨形成,且炎症反应轻;普通羟基磷灰石组骨细胞不活跃,炎症反应明显,术后 3 周才消退。

Zhao 等[197]研究发现,纳米羟基磷灰石的生物活性还与其形状有关,他们以沉淀法分别制备了球形和棒状纳米羟基磷灰石结晶颗粒，两者的钙磷比分别为1.67和1.80，直径分别为40～60 nm和40～55 nm。将成骨细胞分别接种在两种材料上，经检测发现，成骨细胞在球形纳米羟基磷灰石结晶颗粒表面增殖、黏附等生物活性强于接种在棒状纳米羟基磷灰石上的成骨细胞。孙凯莹[198]的研究结果表明，纳米羟基磷灰石与致密羟基磷灰石相比有促进细胞增殖作用。

此外，纳米羟基磷灰石粒子具有很高的表面能，与细胞具有很强的相互作用，对细胞膜具有很强的穿透能力，对细胞的生长和功能产生了独特的纳米效应。

李世普课题组[199]对纳米羟基磷灰石与多种癌细胞的作用进行了大量的研究。研究发现，纳米羟基磷灰石粒子对多种癌细胞如肝癌细胞（Bel-7402）、胃癌细胞（MGC-803）、骨肉瘤细胞（Os-732）、W-256癌肉瘤细胞、鼻咽癌细胞（KB）、结肠癌细胞（HCT）、食管癌细胞（EC-109）均有一定的抑制作用，而对正常细胞影响轻微，具有一定的广谱性和选择性，对癌细胞的抑制作用与作用时间和作用浓度成正对应关系。

纳米羟基磷灰石与人胃癌MGC-803细胞作用后细胞集落形成率明显降低，细胞分布分散，作用24 h微管网架大部分消失，微丝束略有破坏，48 h后微管网架基本消失，微丝束减少网架结构破损，出现许多肌动蛋白体结构；骨癌Os-732细胞与HAP纳米粒子共培养后，Os-732细胞分裂速度明显减慢，细胞形态变得不规则，出现大小不等的凹陷及缺陷，细胞萎缩，尾走拉长，细胞核成肾形，线粒体嵴断裂，核染色质边集浓缩，核膜破裂，核浆混合，核内蛋白质和染色质减少或消失，细胞核内形成空洞；纳米羟基磷灰石粒子的作用使得W-256癌肉瘤细胞的形态和内部结构均发生一系列变化，细胞形态变得不规则，胞膜微绒毛突起减少或消失，胞膜出现大小不等的凹陷，空泡变性，细胞核不规则，大小不等，核质淡而核仁松散，核膜破裂，核浆混合等细胞凋亡表现；Bel-7402肝癌细胞与纳米羟基磷灰石粒子作用后，细胞体积增大、变圆，出现胞质空泡，胞质染色变浅，部分细胞膜向外突起，细胞核染色质浓缩、边集，线粒体及内质网数量减少，核膜间隙不等，胞浆溶解，肝癌细胞Bel-7402的M1处有凋亡峰出现，肝癌细胞G1、G2期细胞增多，使得肝癌细胞增殖停滞于细胞增殖中间期，阻止细胞进入S期和有丝分裂期，影响整个细胞周期的进程。

对于纳米羟基磷灰石粒子抑制癌细胞生长的机理给出了一些解释。首先，纳米羟基磷灰石粒子所引起的胞液Ca^{2+}浓度的上升可能是纳米羟基磷灰石粒子抑制其增殖的一个机理。纳米羟基磷灰石粒子对于细胞膜具有很强的穿透能力，大量的纳米羟基磷灰石粒子进入到癌细胞内后，由于纳米羟基磷灰石粒子溶解性增加，细胞内Ca^{2+}浓度迅速升高，改变了癌细胞内的微环境。Ca^{2+}对细胞有极重要的生理功能，调节着许多生理活动，如果细胞钙平衡失调，将导致细胞功能紊乱。一旦肿瘤细胞内钙离子浓度上升，则可激活细胞内Ca^{2+}/Mg^{2+}依赖性核酸内切酶，使DNA发生降解并导致细胞程序性死亡。其次，纳米羟基磷灰石粒子对癌细胞基因合成的影响可能是纳米羟基磷灰石粒子抑制其增殖的另一个机理。纳米粒子进入到肿瘤细胞内，抑制c-myc基因的表达，失去对其他基因转录的调节，同时上调p53抑癌基因的表达，充分发挥G1/S期控制点的功能，使肝癌细胞停滞于DNA合成前期，阻止其恶性增殖，导致癌细胞死亡。另外，纳米羟基磷灰石粒子可能通过影响癌细胞内质网结构和功能对细胞的转录产生影响，抑制蛋白质的合成，致使肿瘤细胞的代谢受阻，从而改变细胞的分化过程，影响肿瘤细胞的增殖。

应该指出的是，纳米羟基磷灰石单独作为植骨材料或支架材料具有强度低、韧性差、易碎裂等缺陷，限制了它在临床的应用。根据仿生学原理，在纳米羟基磷灰石中加入第二相或多相材料以构建纳米羟基磷灰石复合材料，以获得满意的力学性能和生物学性能，具有更广阔的应用前景。依据加入材料的成分不同，纳米羟基磷灰石复合材料大致可分为两大类：纳米羟基磷灰石与有机材料的复合材料和纳米羟基磷灰石与无机材料的复合材料。

4.14.4　纳米羟基磷灰石(n-HA)复合材料

4.14.4.1　纳米羟基磷灰石(n-HA)与有机材料的复合[192]

A　纳米羟基磷灰石与天然有机材料的复合材料

天然高分子材料与纳米羟基磷灰石制备而成的复合材料,既有天然高分子材料的良好生物相容性和生物可降解性,又有良好的力学性能。可选用的天然高分子材料有胶原蛋白、壳聚糖、藻酸盐、蚕丝蛋白等。

a　n-HA/胶原(nanohydroxyapatite/collagen, nHAC)复合材料

胶原是多种组织如骨、皮肤、肌腱及其他结构组织天然的细胞外基质。在骨组织中,I 型胶原在骨有机质中含量达 90% 以上,是由三股螺旋的多肽链组成的三维螺旋样结构。胶原与羟基磷灰石共同围成直径为 10 ~ 15 nm 的骨陷窝,构成了骨细胞在体内的微环境。I 型胶原的 α 链可与成骨细胞的特异受体结合,激活信号传导通路,从而促进成骨细胞的黏附、增殖和分化。而且其具有免疫原性小、组织相容性好、分解产物无副作用等优点。以 I 型胶原作为基质复合 n-HA 构建的复合材料,是最符合体内骨组织成分的复合材料。

Roveri 等[200]模仿体内骨胶原的矿化过程,在 $Ca(OH)_2$ 水溶液中逐渐加入 H_3PO_4 和 I 型胶原溶液,在 pH 值为 9 ~ 10、温度约为 25℃ 的条件下,合成了片状 nHAC。其中 nHAC 轴沿胶原纤维规则排列,并与胶原分子之间形成牢固的化学键连接,这与天然骨结构相似。

林朋等[201]将人骨髓基质细胞与 n-HA 复合培养,经共聚焦显微镜、环境扫描电镜观察,细胞可深入材料内部空隙;第 2 天,细胞黏附在多孔材料上,细胞开始伸展,伸出伪足向材料微孔中长入;第 7 天,细胞在材料上完全伸展,伪足相互连接呈桥状;第 14 天,大量细胞在材料表面和孔隙中生长,尤以孔隙中明显,细胞间广泛存在突起连接,在孔隙中呈网状连接,提示 nHAC 易与骨髓间充质干细胞复合,有利于细胞的黏附、生长、增殖和分化。

Kikuchi 等[202]用 n-HA 和猪胶原纤维作基质合成了 nHAC 复合材料,在 200 MPa 均衡压力下制备的 nHAC 与骨有类似的纳米结构,机械强度是天然骨的 1/4。动物实验证实,nHAC 复合材料植入 8 周后,X 线片显示骨缺损被新骨填充,组织切片显示新骨周围有成骨细胞和破骨细胞,复合材料内出现陷窝样结构。

黄永辉等[203]应用 nHAC 复合材料治疗骨折后骨缺损患者 21 例,术后随访 6 ~ 13 个月进行临床观察。X 线片显示,术后 1 ~ 3 个月 nHAC 复合材料植入区与缺损周围的骨组织界限模糊,有新骨形成;3 ~ 6 个月有明显的新骨长入,nHAC 复合材料与骨组织融合一体,达到骨性连接,骨缺损已基本修复;6 ~ 12 个月完全塑形改建。

Du 等[204]利用 n-HA/胶原复合材料,进行了兔尺骨节断性缺损修复实验,初期结果表明该材料具有良好的细胞亲和性。

Yao 等[205]采用先进设备工艺,合成了组成、性质与自然骨非常相似的纳米羟基磷灰石/胶原复合人工骨修复材料,并用于修复兔颅领骨骨缺损,结果表明,该材料具有良好的生物相容性和骨传导性,促进骨愈合的作用明显。

总之,n-HA/胶原仿生骨修复材料生物相容性好,能有效促进骨组织的再生,促进和加快骨创伤愈合的作用明显,是一种有前途的骨缺损修复材料。但其力学性能仍然不能满足承重骨的替代和修复,仅用于不承重和小承重的骨缺损修复,如骨缺损的填充。

b　n-HA/壳聚糖(n-HA/CS)复合材料

壳聚糖(CS)是多糖中仅有的一种碱性氨基多糖,由葡糖胺和 N-乙酰葡糖胺聚合而成,与细胞外基质中的主要成分氨基多糖极其相似。CS 可由甲壳素脱乙酰化而制备,在不同制备条件

下,可获得分子量从几万到几十万的产物。壳聚糖经喷丝、拉网、盐析等工艺可制成有一定孔隙的材料,具有良好的生物降解性、生物相容性和一定的抗炎作用。CS 作为良好的基质材料与 n-HA 复合,可构建与天然骨成分类似的材料。

Yamaguchi 等[206]用共沉淀法制成 n-HA/CS 复合材料,研究发现,n-HA 在复合材料中呈椭圆形聚集状态,与 CS 分子长度相对应且与其分子链相平行。表明 CS 分子的氨基可能与钙离子结合成核,促进 n-HA 在此处的结晶生长。CS 含量(质量分数)为 10% 时,两者构成具有黏弹性的复合体,具有良好的机械韧性。Li 等[207]证实 n-HA 与 CS 质量比为 7:3 时,其最大抗压强度为 120MPa。张利等[208]通过粒子沥滤法制备了 n-HA/CS 多孔支架材料,经 IR 谱、X 射线、扫描电镜、孔隙率及力学性能检测,n-HA/CS 复合材料中 n-HA 呈弱结晶状态,与 CS 复合前后,两组分的化学组成未发生显著变化,复合后两者间存在相互作用。n-HA/CS 复合材料呈高度多孔结构,孔壁上富含微孔,孔间贯通性高;与致孔剂的质量比为 1:1 时,材料孔隙率为 53%,其抗压强度为 17 MPa,可满足骨组织工程支架材料的要求。Manjubala 等[209]采用双相扩散法制备了 n-HA/CS 复合材料,经检测其为多孔材料,与 Saos-2 细胞复合培养,细胞可稳定增殖、迁徙,显示 n-HA/CS 复合材料具有良好的生物相容性。Hu 等[210]将 n-HA/CS 复合材料制成棒状内固定物,经体内实验证实,其具有生物可降解性,机械强度比骨水泥强 2 ~ 3 倍,他们认为 n-HA/CS 有望作为可吸收内固定物用于临床。孙凯莹[198]的研究结果表明,NIH3T3 细胞可以在致密的 n-HA/CS 材料上和材料周围黏附、生长、增殖。n-HA/CS 材料表面的细胞黏附数量高于 HA 组,表明该复合材料有促进细胞增殖作用。石国华[211]的研究结果表明,壳聚糖/羟基磷灰石纳米聚合物移植 10 周时可完全修复骨缺损,而且壳聚糖/羟基磷灰石纳米聚合物具备良好的生物兼容性及骨引导能力,此材料可应用于骨损伤的修复,它是一种有应用前景的骨替代品和骨组织工程支架基质材料。

c n-HA/蚕丝蛋白复合材料

Wang 等[212]采用共沉淀法制备出纳米羟基磷灰石/蚕丝蛋白复合材料,须状的结晶长 20 ~ 30 nm,宽 4 ~ 6 nm,沿 *c* 轴自组合生长。该复合材料为三维网状结构,孔隙率达 70%,显微硬度提高了 35%。

B n-HA 与高分子聚合物的复合

常用的高分子聚合物包括聚乳酸、聚酰胺、聚乙烯、聚乙醇酸、聚己内酯等。这类材料可以水解,可通过控制聚合物的分子量及组成来调控降解速度;其代谢产物在体内经新陈代谢后可经呼吸系统排出体外,对机体无害;其可塑性好,在热力下可用挤出、注射、溶剂浇注等方法加工成各种形状。但其亲水性较差,细胞黏附力弱;可引起无菌炎症。因此,常用作复合材料应用于临床。

a n-HA/L-聚乳酸(n-HA/PLA)复合材料

L-聚乳酸(PLA)是由乳酸直接缩聚而成的 α-聚酯类高分子聚合物。根据合成时条件的不同,PLA 的相对分子质量可以从几百到几十万。PLA 体内降解的产物为乳酸,可进入三羧酸循环,分解为二氧化碳和水。由于 PLA 力学性能较好,现已作为可吸收缝线、内固定物应用于临床。但纯 PLA 制成的内防固定器材通常需要 3 年以上才能被完全吸收,而 95% 的强度在 2 ~ 3 周内就基本丧失了,这就限制了它的临床应用,因为临床上需要的理想内固定器材不仅要求有生物降解、吸收的特性,而且要求该器材结构完整性保持大约 10 周,以利于新骨质生成和结构重建。n-HA 与其复合后,提高了 n-HA 的韧性;PLA 降解产生的乳酸也可被碱性的 n-HA 中和,减少了乳酸在体内的堆积所造成的对细胞代谢的影响和无菌性炎症的产生。

Shikinami 等[213]将 n-HA 均匀分散于 PLA 基质中制备了 n-HA/PLA 复合材料,经检测发现,随着 n-HA 含量的增加,n-HA/PLA 复合材料的弯曲强度和弹性模量逐渐增大,当 n-HA 质量分数达 30% 时,n-HA/PLA 复合材料的弯曲强度最大。Rothapalli 等[214]对 n-HA/PLA 复合材料的研究发现，当 n-HA 的质量分数达 50% 时，其抗压强度为 9.87 ± 1.80 MPa，屈服强度为 0.44 ± 0.01 MPa，可用作非负重部位的植骨材料。徐国富等[215]依据仿生原理在 PLA 多孔框架的基础上制备了 n-HA/PLA 复合材料，其孔隙率为 70% ~ 95%，孔径为 100 ~ 300 μm，与天然骨相似；其抗压性能达 2.07 MPa，高于 PLA 的抗压性能 0.89 MPa；成骨细胞能与 n-HA/PLA 复合材料黏附且生物功能良好。

b　n-HA/聚酰胺 66(n-HA/PA66)复合材料

聚酰胺 66(PA66)是一种具有很高韧性的高分子聚合物材料，其分子结构中含有大量的极性酰胺基团，分子间能形成氢键，与天然骨中的胶原极其相似。其主链末端含有氨基和羧基，具备一定的生物活性。由于其可吸收性和良好的力学性能，已在临床上用于手术缝线。

Ye 等[216]将成骨细胞接种在 n-HA/PA66 复合材料上，发现成骨细胞活性未受到 n-HA/PA66 复合材料影响，显示 n-HA/PA66 复合材料具有良好的生物相容性。

孟纯阳等[217]将 n-HA/PA66 复合材料及材料浸提液与人胚胎成纤维细胞共培养，观察 24 h、48 h、72 h、5 d 时细胞形态及增殖率，发现 n-HA/PA66 复合材料表面的细胞黏附生长良好；他们[218]还将 n-HA/PA66 复合材料植入兔桡骨缺损处，在 2 周、4 周、8 周、12 周、16 周时分别进行大体观察、X 线照片、组织学切片、扫描电镜观察及力学实验，发现术后 16 周骨缺损完全修复，与自体骨移植的对照组比较，无统计学差异，有望成为骨组织工程中骨缺损修复的理想材料。

王群波等[219]将 n-HA/PA66 复合材料制成人工椎体，用于治疗 14 例胸腰椎椎体肿瘤患者，术中行胸腰椎前路椎体切除后，植入复合人工椎体以修复骨缺损，术后随访 3 ~ 18 个月，平均植骨融合率为 85.7%，脊柱稳定性良好，显示 n-HA/PA66 复合材料是一种理想的植骨替代材料。

邵高海[220]的研究表明：新型纳米羟基磷灰石/聚酰胺人工椎板、人工椎体具有良好的组织相容性和骨传导性以及诱导成骨活性。

张健[221]的研究表明：n-HA/PA66 植入体柄具有一定的界面骨结合能力。界面具有一定的生物力学强度，初期纤维组织及毛细血管长入，逐渐为新骨组织替代；n-HA/PA66 植入动物体内 3 周，界膜上仅见少量淋巴细胞浸润，免疫反应较弱，显示 n-HA/PA66 具有良好的生物相容性。n-HA/PA66 植入体柄具有一定的生物降解能力。植入体柄从 12 周开始出现降解，以表面降解为主，形成多个“凹陷”。在降解同时有新骨组织长入，使植入体生物力学强度明显增加。而人工肱骨头直到 24 周末才见降解；n-HA/PA66 植入体界面 BMP 及 BMP-mRNA 表达较文献报道的骨折模型晚，显示假体界面成骨较骨折愈合模型滞后。因此 n-HA/PA66 人工关节具有良好的生物相容性及生物活性，是一种极有前途的新型的人工关节材料，可用于替代金属材料以减少假体松动。但是，该材料的远期降解程度、降解速度同骨替代是否适应，以及如何加快假体界面成骨还需要进一步研究。

魏杰[222]直接用纳米类骨磷灰石晶体浆料作为磷灰石来源，通过常压共溶法制备了纳米类骨磷灰石晶体/聚酰胺复合材料(n-HA/PA66)。结果表明：类骨磷灰石以纳米级形态均匀地分散在复合材料中，纳米磷灰石晶体在复合材料中的含量(质量分数)可达 65%，达到了自然骨中磷灰石的含量水平；纳米磷灰石和聚酰胺之间存在化学键合及分子间作用，复合材料的力学性能(特别是抗弯、抗压强度和弹性模量)与自然骨一致；采用注塑发泡方式可制得孔隙率在 55% ~ 70% 之间，孔径在 100 ~ 500 μm 之间，平均孔径为 300 μm 左右的多孔复合材料；多孔类骨修复材料不仅有大孔，而且大孔壁上含有丰富微孔，这对于骨修复是非常重要的。

他将 n-HA/PA66 复合材料浸泡在修正 SBF(simulated body fluid，即模拟体液)和植入兔肌肉及骨中，体外体内研究复合材料的生物活性的结果表明：复合材料的表面在 SBF 中和在体内都形成了一层类骨磷灰石层，所形成磷灰石层的 Ca/P 比介于 1.50 ~ 1.67 之间，是缺钙、非化学计量、含少量碳酸根的类骨磷灰石。复合材料表面形成类骨磷灰石层的机制是如下两个过程之一或其共同作用的结果:开始复合材料中的n-HA有少量的溶解,在其表面周围富集钙磷离子,使钙磷离子浓度增大,进而导致沉积出磷灰石;或以复合材料中的n-HA为晶种或成核点,诱导磷灰石在复合材料表面形核,SBF中的过饱和钙、磷离子浓度促使晶核长大,逐步形成球状或片状的磷灰石晶体层。植入兔股骨中的复合材料与自然组织形成了直接的键性结合,表明该复合材料具有良好的生物活性。

他还对n-HA/PA66复合骨修复材料进行了体内和体外生物学评价。结果表明,复合材料不溶血,无毒,无刺激性,无遗传毒性,无过敏反应,无热源。肌肉埋植90天和骨内植入180天,无任何不良组织反应。用n-HA/PA66复合材料对犬下颌皮质骨的缺损进行了修复,术区伤口愈合良好,未发现有排异反应,骨修复材料可与骨组织形成骨性结合,复合材料有引导成骨作用,修复组织在材料周围是以膜内成骨方式形成骨组织。植入实验结果表明,复合材料具有良好的生物相容性和生物活性。材料加工性能好,塑形容易,适用于不规则区域的骨缺损修复,适用于皮质骨及承力骨的修复。

c n-HA/聚乙烯(n-HA/PE)复合材料

聚乙烯(PE)是结构最简单的高分子聚合物,由乙烯通过加成聚合而成。其聚合方式的不同决定了其性能的不同。

Bonfield等[223]用热混合法制成n-HA/PE复合材料,经实验证实,其强度、弹性模量及生物活性随着n-HA含量的增加而增加,而断裂应变则逐渐降低。当n-HA体积比达40%时,复合材料的生物活性、弹性模量与皮质骨接近,刚度稍低于皮质骨,其综合性能最好。

Bonner等[224]研究发现,对n-HA/PE复合材料的流体力学挤压可增加其柔韧性,其拉伸强度可增加3倍。但PE是惰性材料且可降低n-HA的生物活性,可延长骨愈合的时间,其临床应用受到限制,仍需进一步改善其性能。

超高分子量聚乙烯(ultra-high molecular weight polyethylene, UHMWPE)是分子量在300万~600万的线性聚乙烯,具有良好的机械强度。Fang等[225]制备了n-HA/UHMWPE复合材料,研究发现n-HA体积分数达0.23时,n-HA/UHMWPE复合材料的弹性模量是UHMWPE的9倍,断裂应力是UHMWPE的3倍,显示n-HA/UHMWPE复合材料可用作负重部位的植骨。

d n-HA/聚醚醚酮(n-HA/PEEK)复合材料

王林等[226]以氯化钙和磷酸为先驱体,用水热合成法制成纳米羟基磷灰石粉末,再用注射成形法将纳米羟基磷灰石与聚醚醚酮复合,采用拉伸实验和硬度测量证实该材料的力学性能良好,可作为植骨材料。

e n-HA/聚己内酯(n-HA/PCL)复合材料

Thomas等[227]将n-HA、PCL制成复合材料,经实验检测发现,n-HA质量分数达20%时,两者复合最均匀;随着n-HA含量的增加,n-HA/PCL复合材料的抗张强度逐渐增大,n-HA质量分数达20%时,抗张强度可达5.49 MPa、弹性模量可达21.05 MPa,显示n-HA/PCL复合材料具有良好的力学性能。

f n-HA/聚乳酸-聚羟基乙酸共聚物(n-HA/PLGA)复合材料

Kim等[228]分别应用共混—离子滤沥和产气—离子滤沥的方法制备n-HA/PLGA复合材料,将大鼠成骨细胞分别接种在两种材料上对比研究,接种5周和8周后,在用产气—离子滤沥的方法制备的复合材料上钙质沉积的量较多,说明该种方法制备的复合材料更有利于骨的形成。

C n-HA与多种材料的复合

a n-HA/胶原/PLA(n-HAC/PLA)复合材料

Liao 等[229]将 n-HA 晶体、I 型胶原采用自组装的方法制成长约 300 nm、直径约 6 nm 的矿化纤维 nHAC，再将 nHAC 加入 PLA 基质中，构建孔径为 100～300 μm 的多孔材料。经检测其弹性模量为 47.3 MPa，与天然松质骨的弹性模量相似。将小鼠成骨细胞接种在复合材料上，经扫描电镜观察，接种 2 天后细胞即可黏附在 nHAC/PLA 复合材料表面，7 天后在材料表面相互融合；激光共聚焦显微镜观察，小鼠成骨细胞不仅可黏附在细胞表面，而且可以在内部孔隙中黏附、增殖；将细胞—材料复合物植入兔桡骨 15 mm 的骨缺损处，12 周后骨缺损处修复完好。

张超等[230]以 I 型胶原蛋白分子为模板，引入钙磷盐生成体系，合成 n-HA/胶原主体；再以 1:1 的质量比加入 PLA 制成多孔支架材料，与重组人骨形态发生蛋白复合后植入兔桡骨 15 mm 骨缺损处，术后 12 周骨缺损完全修复。

祝建中等[231]将兔骨髓基质细胞与 n-HAC/PLA 材料复合后，植入兔桡骨 1.5 cm 骨缺损处，4 周、8 周、16 周以后分别以放射学、组织学观察，4 周、8 周时骨质形成明显，16 周时桡骨缺损处完全连接。

俞兴等[232]以 nHAC/PLA 复合材料作为植骨材料应用于 64 例腰椎多节段椎板切除减压、后外侧植骨融合辅助椎弓根螺钉内固定治疗各类腰椎退行性疾病，1 年和 1 年半复诊，术后功能恢复良好，融合率分别为 83.9% 和 88.9%。这说明 nHAC/PLA 复合材料可作为自体骨移植的补充，弥补了减压过程中自体骨量的不足，是一种理想的植骨材料。

张胜利[192]将第三代大鼠脂肪间充质干细胞接种于纳米羟基磷灰石/胶原/L-聚乳酸构建体外细胞—支架材料复合体并进行成骨诱导，然后植入大鼠背部肌袋内 4 周、8 周、12 周，于不同时间点分别取材观察体内成骨情况。结果表明：大鼠脂肪间充质干细胞能黏附在纳米羟基磷灰石/胶原/L-聚乳酸支架材料的表面及孔洞内；细胞—支架材料复合体植入体内 4 周、8 周、12 周见大量类骨质形成，并逐渐取代支架材料，周围未见明显免疫反应；5-溴脱氧尿嘧啶核苷免疫组织化学染色证实类骨质来源于植入的大鼠脂肪间充质干细胞。这说明纳米羟基磷灰石/胶原/L-聚乳酸是一种理想的支架材料，大鼠脂肪间充质干细胞具有体内成骨的能力。

陈鹏[233]从材料的基本性能、体内外降解性能、与骨髓基质细胞体外复合、复合兔骨髓基质细胞异位成骨、复合自体骨髓基质细胞修复兔颅骨极限缺损和复合自体骨髓基质细胞修复犬下颌骨节段性缺损等方面对清华大学制造的纳米羟基磷灰石复合胶原/聚乳酸（nHAC/PLA）材料进行了系统研究。结果表明：(1) nHAC/PLA 为三维多孔材料，孔隙率为 79.8%，孔径为 50～300 μm，主要集中在 150 μm 左右，各孔之间互相通连，具有一定的抗折强度；(2) nHAC/PLA 材料 12 周时的体外降解率为 30.6%，浸提液 pH 值无明显变化，材料仍保持三维立体结构，其孔壁明显变薄，皮下埋植 12 周时材料的体内降解率为 48.7%，材料部分吸收崩解，无炎症反应，即 nHAC/PLA 具有一定的可降解性；(3) BMSCs 可以在 nHAC/PLA 材料表面及孔洞中良好地黏附、迁移、增殖和分化，复合培养 5 天后 nHAC/PLA 材料对 BMSCs 的增殖及分化表现出一定的促进作用，即 nHAC/PLA 材料可以作为 BMSCs 良好的载体；(4) 自体 BMSCs 组与 nHAC/PLA 材料组在新西兰兔背部肌袋内均无骨质形成，nHAC/PLA + 自体 BMSCs 组 8 周时有较成熟的骨质形成，同时材料本身部分吸收，即通过负压吸附的方法制备出的 nHAC/PLA + 自体 BMSCs 具有良好的异位成骨能力；(5) nHAC/PLA + 自体 BMSCs 组修复颅骨缺损的能力强，与自体髂骨组类似，nHAC/PLA 组材料修复骨缺损的能力较弱，但强于空白对照组，即 nHAC/PLA + 自体 BMSCs 具有良好的修复骨缺损能力，有望修复较大型的骨缺损；(6) 术后 6 个月，下颌骨缺损区被 nHAC/PLA 与 BMSCs 复合形成的组织工程骨完全修复，形态恢复良好，大量成熟的骨组织充满缺损区的全层，材料大部分被吸收。从免疫组织化学染色结果看，组织工程骨细胞来源于种子细胞 BMSCs。nHAC/PLA 复合自体 BMSCs 对骨缺损的修复效果与自体骨移植效果相似。用钛重建板和微型钛板联合固定或单纯用钛重建板固定都可行，即

nHAC/PLA 作为支架材料与自体 BMSCs 复合形成的组织工程骨可以修复大动物承力骨较大的节段性缺损，并可直接用钛重建板对其进行固定。

b n-HA/PA66/高密度聚乙烯(HDPE)复合材料

韩劲等[234]将 n-HA、PA66、HDPE 按 4∶3∶3 的比例混合、共沉淀制成复合材料，经化学分析法、燃烧实验、热重—差热分析等方法证实，复合材料中钙磷摩尔比为 1.68 与羟基磷灰石的理论化学计量比(1.67)相符，n-HA 含量为 40.46%。经原子力学显微镜观察，发现 n-HA 均匀地分布在聚合物基体中，晶体在 40 ~ 60 nm 之间，复合材料中三种成分形成了稳定的界面，具有较高的强度和较好的韧性，有望成为一种理想的承重部位骨替代材料。

c n-HA/聚乙烯醇(PVA)/明胶复合材料

王明波等[235]采用乳化法制备了 n-HA/PVA/Gel 多孔支架材料。SEM 观察表明该支架材料孔间贯通性良好，富含 100 ~ 500 μm 的大孔，大孔壁上有小于 20 μm 的小孔，其孔隙率达 78%，而吸水率高达 312.7%。由于明胶的降解，材料浸入水中时质量不断下降。当其浸入模拟体液后，由于 Ca^{2+} 和 PO_4^{3-} 在材料的内外表面不断沉积，其质量不断增加。通过分析证明，沉积物是碳酸根替代的羟基磷灰石。该材料由 MTT 法证明无细胞毒性。同时，n-HA/PVA/Gel 复合材料被皮下植入成年雌性大鼠的背部，12 周后，可观察到多孔材料与周围组织紧密结合，成纤维组织长入孔隙内部，并有部分材料发生降解。

d n-HA/胶原/卡拉胶复合材料

卡拉胶是一种来源于海藻的提取物，作为增稠剂、稳定剂、黏合剂等得到广泛的应用。Gan 等[236]研制了 n-HA/胶原/卡拉胶可注射复合材料，经检测发现，复合材料具有良好的可注射性，其中的 n-HA/胶原结构未发生改变，完全固化后，孔隙率可达 90%，推测其可作为注射性植骨材料应用于临床。

e n-HA/胶原/藻酸钙复合材料

Zhang 等[237]研制成了 n-HA/胶原/藻酸钙复合物，经实验证实，藻酸钙可增强 n-HA/胶原的力学性能，成骨细胞能在复合物表面正常生长、增殖，显示 n-HA/胶原/藻酸钙具有良好的生物相容性。

f n-HA/PA66/CS 复合材料

向鸿照[191]通过溶液共混法制备了 n-HA/PA66/CS 骨修复材料，并对其性质进行了检测。实验结果表明，复合材料中 n-HA、PA66 和 CS 三相间有良好的相容性，没有相分离现象发生；复合材料中各相间存在较强的相互作用，由此赋予材料良好的力学性能。当复合材料中 n-HA/PA66/CS 含量(质量分数)为 40%/45%/15% 时，其抗压强度最高，达到 70 MPa 左右。体外模拟体液(SBF)浸泡试验结果表明，在复合材料表面有类骨磷灰石层形成，说明 n-HA/PA66/CS 复合材料具有较高的生物活性。

他还通过粒子沥滤法制备了 n-HA/PA66/CS 多孔支架材料。结果显示，该多孔材料中兼具大孔和微孔，大孔壁上又富含微孔，孔与孔之间连通性良好。当平均孔隙率为 60.8% 时，其抗压强度仍可达 7.2 MPa 左右，可基本满足骨组织工程对细胞支架材料的要求。

对 n-HA/PA66/CS 复合材料进行的多项生物学评价试验显示，复合材料小鼠急性全身毒性试验中未见毒性症状，表明复合材料无毒性；皮内刺激试验显示复合材料无刺激性作用；细胞毒性试验显示复合材料无细胞毒性。动物植入试验中，肌肉植入早期有轻度炎症反应，后期形成薄层纤维包膜，炎症反应消失；骨内植入后材料与骨组织结合紧密，材料/骨组织之间无纤维薄层，表现出复合材料具有良好的组织相容性和骨结合性能。从生物学评价结果可以看出，复合材料具有良好的生物相容性，是一类具有发展前景的新型骨组织修复和替代材料。

g　n-HA/PA66/PMMA 复合材料

王子明[238]的研究结果表明：n-HA/PA66/PMMA 中 n-HA/PA66 颗粒的质量比不超过 3∶10 时，其聚合过程接近于单纯骨水泥，聚合后的机械强度能够牢固固定兔人工股骨柄假体；应用髓腔栓技术可以提高兔骨水泥型人工股骨柄的早期固定效果，应用 3∶10 的 n-HA/PA66 /PMMA 固定假体，新骨可以从骨床沿颗粒跨过骨—骨水泥界面，长入骨水泥内部，使界面强度在术后 24 周内逐渐增强，提高假体的晚期固定效果。

4.14.4.2　n-HA 与无机材料复合

A　n-HA/半水硫酸钙（$2CaSO_4 \cdot H_2O$）复合材料

葛亮等[239]将 n-HA 与半水硫酸钙按质量比 1∶4 构建可注射的复合材料，并与 293T 细胞株复合培养。以 MTT 法检测 293T 细胞株的增殖活性，平均细胞增殖率在 77% 以上，n-HA 与半水硫酸钙材料毒性在 0 ~ 1 级。他将 n-HA 与半水硫酸钙复合材料植入股骨骸内，术后 6 周有明显新生骨形成，8 ~ 12 周人工骨完全降解，缺损处具有正常骨小梁形态。

B　n-HA/二氧化钛（TiO_2）复合材料

TiO_2 是一种光催化剂，在光照下可以对细菌的生长有很好抑制作用，对有机物也有很好的催化分解和清洁作用。杨晓庆等[240]用 n-HA 与 TiO_2 制成复合材料，经红外光谱和 X 线衍射仪检测，复合材料颗粒依然保持纳米颗粒尺寸，可充分发挥 n-HA 和 TiO_2 的优点，具有自清洁性、杀菌性和良好的生物活性，可应用于骨科治疗。

C　n-HA 涂层材料与金属假体复合材料

金属假体与周围骨组织的融合是金属假体获得和保持稳定的前提条件，而两者之间的界面是影响两者融合的关键因素。假体植入体内后，由于金属与体液有电化学反应，溶解的金属粒子扩散到邻近的组织，形成无菌性炎症反应，影响纤维细胞的生长和骨的形成，甚至导致骨吸收。在金属假体表面制备 n-HA 涂层，有利于细胞的黏附，并能诱导骨形成，可以增加金属假体的稳定性。

与普通羟基磷灰石涂层相比，n-HA 涂层颗粒细小，涂层内部缺陷减少，表面颗粒均匀，能够增加成骨细胞的黏附、增殖和矿化；颗粒间结合更紧密，抗剥脱和抗降解能力得到提高。利用等梯度结构涂层技术，可提高 n-HA 涂层与金属基底之间的结合强度。材料学剥脱实验证实 n-HA 涂层—钛合金剥脱临界点为 29.3 MPa，而普通级羟基磷灰石涂层仅为 10 MPa。

谭延斌等[241]研究发现，n-HA 涂层能促进成骨细胞表型因子的表达，I 型胶原、碱性磷酸酶、骨钙素的合成均高于普通羟基磷灰石和纯钛的对照组，电镜下成骨细胞黏附能力得到提高。Wei 等[242]在不同的温度条件下分别制备了层状、针状和球状 n-HA 涂层，其中球状 n-HA 抗剥脱的能力最强。Zhao 等[243]将 n-HA 涂层改良为 n-HA/胶原涂层，研究发现胶原的加入增强了细胞在金属涂层表面的黏附能力，有利于金属假体与骨的融合。Huang 等[244]研制了一种 n-HA/硅复合涂层材料，直径为 60 ~ 80 nm，其能促进接种的人成骨细胞的黏附和增殖。这种生物活性表面可促进假体与骨组织的融合。

4.14.4.3　纳米羟基磷灰石与促骨愈合细胞因子复合

A　n-HA 与骨形态发生蛋白复合[245]

骨形态发生蛋白（BMP）是一种二聚物分子，为疏水性酸性蛋白，其主要生物学作用是诱导未分化的间充质细胞分化形成软骨和骨，其作用无种属特异性，具有跨种诱导成骨的性能。将 BMP 与人工骨复合物植入骨缺损处后发现，复合物可诱导成群的未分化间充质细胞分化为成骨细胞，形成骨组织；诱导骨将充满人工骨内部间隙，并从植入体边缘向四周生长，与骨缺损边缘长出的新骨融合。

Itoh 等[246]实验将合成的纳米羟基磷灰石—胶原复合材料吸附 400 μg/mL 重组入 BMP-2(rhBMP-2)后植入狗胫骨缺损处,并做 Ilizarov 固定,放射学和组织观察结果显示植入物携带的 rhBMP-2 刺激胫骨缺损处并促进了新骨生成,诱导了骨重建。

Kaito 等[247]构建出一种 BMP 载体支架系统,孔隙相连的羟基磷灰石陶瓷起到基本的机械支持与骨传导作用,可降解的聚乳酸—聚乙二醇共聚物作为载体使 BMP 稳定而持续地释放。该系统用于修复骨缺损的结果表明,这是一种优良的 rhBMP-2 释放系统,极大地提高了 rhBMP-2 的成骨效能。

马宁等[248]采用化学沉淀法制备纳米羟基磷灰石,采用乙酸溶解和蛋白酶降解消化法从牛肌腱中提取 I 型胶原并用戊二醛交联,将纳米羟基磷灰石和 rhBMP-2 与胶原溶液按比例混合、冻干制成 rhBMP-2-nHA-Co 复合材料。将材料与骨髓基质细胞复合培养,并分别植入裸鼠肌囊内、兔下颌骨缺损处及犬牙周组织缺损处,结果发现复合生物膜呈三维网孔状结构,具有良好的生物相容性,植入裸鼠肌囊内能异位诱导成骨,修复兔下颌骨缺损的时间较对照组短,成骨量也较多,犬牙周组织缺损处有大量新生牙槽骨、牙骨质和牙周膜。说明 rhBMP-2-nHAC 复合材料充分发挥出每种材料的优点,具有良好的骨诱导和骨传导性。

B n-HA 与其他骨生长因子复合

骨移植愈合的 3 个基本过程是移植物血管化、骨再生及骨端融合,其中移植物血管化是关键环节。碱性成纤维细胞因子(bFGF)对促进血管内皮细胞增殖有明显作用,大量动物实验观察到 bFGF 的诱导成骨活性。Wang 等[249]研究认为,不同剂量的 bFGF 对成骨细胞的增殖和分化呈现双相剂量—反应曲线,诱导新骨形成的最佳剂量区间为每个载体含 bFGF 8 ~ 200 ng,过低剂量不能刺激新骨形成,过高剂量不仅不能刺激新骨形成,反而加速纤维组织的侵袭,可能是高剂量 bFGF 有利于纤维组织形成,或对成纤维细胞有更大的影响。血管内皮生长因子(VEGF)是血管再生的主要调节因子,它在血管前体细胞的早期发育时期发挥重要作用。VEGF 是内皮细胞的特异性有丝分裂源,在体外对内皮细胞有趋化作用。VEGF 在血管生成中具有直接和间接的调控作用,一方面它可刺激内皮细胞的增殖、迁移,甚至改变其基因表达;另一方面又可增加血管的通透性,使许多血浆蛋白渗出血管外,这对改造局部细胞外基质以适应血管生成具有重要作用。然而,纳米羟基磷灰石与上述两种生长因子复合的国内外文献报道,目前还较少见。

4.15 碳纳米管在场效应管中的应用

1991 年,日本电子公司(NEC)的饭岛澄男博士在用电子显微镜观察石墨电极直流放电的产物时,发现一种新的碳结构——碳纳米管。它具有一维中空的纳米结构,管径一般为几个纳米到几十纳米,管长可达几十微米甚至更长,比表面积大,机械强度高,热导率是目前导热性能最好的金刚石的 2 倍,电流传输能力是金属铜线的 1000 倍,同时还有独特的金属或半导体导电性,在场发射、分子电子器件、复合材料增强体、催化剂载体等领域有着广泛的应用前景。目前,碳纳米管在制备、结构、性能、应用等方面均取得了重大的成果,特别是规模化生产的实现大大促进了碳纳米管在电子器件上的研究。

随着芯片集成度的不断提高,集成电路的基础元件——MOS 晶体管的尺寸越来越小,将接近器件的物理极限。而碳纳米管以其纳米尺寸的结构、特殊的电学性能为人们带来了新的希望。碳纳米管的基本组成单元是六元环,而且碳纳米管可因其取向、直径和外加电压的不同而表现出金属、半导体特性。可用金属型碳纳米管作引线和电极材料,而用半导体型的碳纳米管作开关器件。因此,在进入纳米电子器件时代的过程中,碳纳米管器件被认为是其中的一个重要方向。

碳纳米管电子器件的发展将主要经历如下几个阶段:首先,研究清楚碳纳米管的电学性质;

其次，研制出基于碳纳米管的电子器件基元，即对应于硅基微电子学中的电子器件基元，如二极管、场效应晶体管等；再次，用这些碳纳米管的电子器件构建出具有一定功能的逻辑电路；最后就是将这些电路集成化，保证其可控性和可重复性，实现工业化大规模生产。目前，碳纳米管电子学研究的前两个阶段已取得了很大进展，第三个阶段的研究工作正在展开，已有关于碳纳米管的逻辑电路的报道。虽然目前在构建器件和单个逻辑电路时，可以对半导体型和金属型碳纳米管进行筛选，但是在大规模生产中很难保证碳纳米管电学性质的一致性；另外就是大规模电路中数量极大的碳纳米管的定位和操纵问题。当这些问题被解决之后，碳纳米管器件将突飞猛进地发展。本节着重介绍碳纳米管在场效应管中的应用情况。

4.15.1 晶体管的定义和分类

晶体管是一种固体半导体器件，可以用于检波、整流、放大、开关、稳压、信号调制和许多其他功能。晶体管作为一种可变开关，基于输入的电压，控制流出的电流，因此晶体管可作为电流的开关，和一般机械开关不同处在于晶体管是利用电信号来控制，而且开关速度可以非常快，在实验室中的切换速度可达 100 GHz 以上。

晶体管按使用的半导体材料可分为硅材料晶体管和锗材料晶体管；按极性可分为锗 NPN 型晶体管、锗 PNP 型晶体管、硅 NPN 型晶体管和硅 PNP 型晶体管；按结构及制造工艺可分为扩散型晶体管、合金型晶体管和平面型晶体管；按电流容量可分为小功率晶体管、中功率晶体管和大功率晶体管；按工作频率可分为低频晶体管、高频晶体管和超高频晶体管等；按封装结构可分为金属封装晶体管、塑料封装晶体管、玻璃壳封装晶体管、表面封装晶体管和陶瓷封装晶体管等；按功能和用途可分为低噪声放大晶体管、中高频放大晶体管、低频放大晶体管、开关晶体管、高反压晶体管、带阻晶体管、带阻尼晶体管、微波晶体管、光敏晶体管和磁敏晶体管等多种类型。

4.15.2 晶体管的发展历史

1947 年 12 月 16 日，威廉 · 肖克莱（William Shockley）、约翰 · 巴丁（John Bardeen）和沃特 · 布拉顿（Walter Brattain）成功地在贝尔实验室制造出第一个晶体管。

1950 年，威廉 · 肖克莱开发出双极晶体管（bipolar junction transistor，BJT），这是现在通行的标准的晶体管。

1953 年，第一个采用晶体管的商业化设备投入市场，即助听器。

1954 年 10 月 18 日，第一台晶体管收音机投入市场，仅包含 4 支锗晶体管。

1961 年 4 月 25 日，第一个集成电路专利被授给罗伯特 · 诺伊斯（Robert Noyce）。最初的晶体管对收音机和电话而言已经足够，但是新的电子设备要求规格更小的晶体管，即集成电路。

1965 年，摩尔定律诞生。当时，戈登 · 摩尔（Gordon Moore）预测，未来一个芯片上的晶体管数量大约每年翻 1 倍（10 年后修正为每两年），摩尔定律在《Electronics Magazine》杂志的一篇文章中公布。

1968 年 7 月，罗伯特 · 诺伊斯和戈登 · 摩尔从仙童（Fairchild）半导体公司辞职，创立了一个新的企业，即英特尔公司，英文名 Intel，为“集成电子设备（integrated electronics）”的缩写。

1969 年，英特尔成功开发出第一个 PMOS 硅栅晶体管技术。这些晶体管继续使用传统的二氧化硅栅介质，但是引入了新的多晶硅栅电极。

1971 年，英特尔发布了其第一个微处理器 4004。4004 规格为 3.175 mm × 1.588 mm（1/8 in × 1/16 in），包含仅 2000 多个晶体管，采用英特尔 10 μm PMOS 技术生产。

1978 年，英特尔标志性地把英特尔 8088 微处理器销售给 IBM 新的个人电脑事业部，武装了

IBM 新产品 IBM PC 的中枢大脑。16 位 8088 处理器含有 2.9 万个晶体管，运行频率为 5 MHz、8 MHz 和 10 MHz。8088 成功地推动英特尔进入了《Fortune》(《财富》)500 强企业排名，《Fortune》杂志将英特尔公司评为“七十大商业奇迹之一(Business Triumphs of the Seventies)”。

1982 年，286 微处理器(又称 80286)推出，成为英特尔的第一个 16 位处理器，可运行为英特尔前一代产品所编写的所有软件。286 处理器使用了 13400 个晶体管，运行频率为 6 MHz、8 MHz、10 MHz 和 12.5 MHz。

1985 年，英特尔 386™微处理器问世，含有 27.5 万个晶体管，是最初 4004 晶体管数量的 100 多倍。386 是 32 位芯片，具备多任务处理能力，即它可在同一时间运行多个程序。

1993 年，英特尔奔腾处理器问世，含有 300 万个晶体管，采用英特尔0.8 μm 制程技术生产。

1999 年 2 月，英特尔发布了奔腾 3 处理器。奔腾 3 是 1×1 正方形硅，含有 950 万个晶体管，采用英特尔 0.25 μm 制程技术生产。

2002 年 1 月，英特尔奔腾 4 处理器推出，高性能桌面台式电脑由此可实现每秒钟 22 亿个周期运算。它采用英特尔 0.13 μm 制程技术生产，含有 5500 万个晶体管。

2002 年 8 月 13 日，英特尔透露了 90 nm 制程技术的若干技术突破，包括高性能、低功耗晶体管，应变硅，高速铜质接头和新型低 k(k 为介电常数)介质材料。这是业内首次在生产中采用应变硅。

2003 年 3 月 12 日，针对笔记本的英特尔迅驰移动技术平台诞生，包括了英特尔最新的移动处理器“英特尔奔腾 M 处理器”。该处理器基于全新的移动优化微体系架构，采用英特尔 0.13 μm 制程技术生产，包含 7700 万个晶体管。

2005 年 5 月 26 日，英特尔第一个主流双核处理器“英特尔奔腾 D 处理器”诞生，含有 2.3 亿个晶体管，采用英特尔领先的 90 nm 制程技术生产。

2006 年 7 月 18 日，英特尔安腾 2 双核处理器发布，采用世界最复杂的产品设计，含有 17.2 亿个晶体管。该处理器采用英特尔 90 nm 制程技术生产。

2006 年 7 月 27 日，英特尔酷睿™2 双核处理器诞生。该处理器含有 2.9 亿多个晶体管，采用英特尔 65 nm 制程技术在世界最先进的几个实验室生产。

2006 年 9 月 26 日，英特尔宣布，超过 15 种 45 nm 制程产品正在开发，面向台式机、笔记本和企业级计算市场，研发代码 Penryn，是从英特尔酷睿™微体系架构派生而出的。

2007 年 1 月 8 日，为扩大四核 PC 向主流买家的销售，英特尔发布了针对桌面电脑的 65 nm 制程英特尔酷睿™2 四核处理器和另外两款四核服务器处理器。英特尔酷睿™2 四核处理器含有 5.8 亿多个晶体管。

2007 年 1 月 29 日，英特尔公布采用突破性的晶体管材料即高 k 栅介质和金属栅极。英特尔将采用这些材料在公司下一代处理器——英特尔酷睿™2 双核、英特尔酷睿™2 四核处理器以及英特尔至强系列多核处理器的数以亿计的 45 nm 晶体管或微小开关中用来构建绝缘“墙”和开关“门”，研发代码 Penryn。采用了这些先进的晶体管，已经生产出了英特尔 45 nm 微处理器。

4.15.3 场效应晶体管

场效应晶体管(field effect transistor，FET)是利用场效应原理工作的晶体管。场效应就是改变外加垂直于半导体表面上电场的方向或大小，以控制半导体导电层(沟道)中多数载流子的密度或类型。它是由电压调制沟道中的电流，其工作电流是由半导体中的多数载流子输运。这类只有一种极性载流子参加导电的晶体管又称单极型晶体管。与双极型晶体管相比，场效应晶体管具有输入阻抗高、噪声小、极限频率高、功耗小，制造工艺简单、温度特性好等特点，广泛应用于各种放大电路、数字电路和微波电路等。以硅材料为基础的金属氧化物半导体场效应管(MOS-

FET)和以砷化镓材料为基础的肖特基势垒栅场效应管(MESFET)是两种最重要的场效应晶体管,分别为 MOS 大规模集成电路和 MES 超高速集成电路的基础器件。

众所周知,半导体三极管是内部含有两个 pn 结,外部通常为三个引出电极的半导体器件。它对电信号有放大和开关等作用,应用十分广泛。半导体三极管主要分为两大类:双极性晶体管和场效应晶体管。双极性晶体管的三个极分别由 n 型与 p 型组成发射极(emitter)、基极(base)和集电极(collector);场效应晶体管的三个极分别是源极(source)、栅极(gate)和漏极(drain)。因为晶体管有三种极性,所以它有三种使用方式,分别是发射极接地(又称共射放大)、基极接地(又称共基放大)和集电极接地(又称共集放大)。在双极性晶体管中,发射极到基极的很小电流,会使发射极和集电极之间产生大电流;在场效应晶体管中,在栅极施加小电压,来控制源极和漏极之间的电流。

4.15.4 碳纳米管场效应晶体管

碳纳米管(CNT)是一种一维材料,具有优异的电学特性。根据结构的不同,碳纳米管可以表现为半导体型和金属型。半导体型的碳纳米管可以用来制作场效应晶体管,金属型的碳纳米管可以用来做互连线。碳纳米管可以看做是由石墨片卷曲而成。根据结构的不同,碳纳米管有 1/3 为金属型,2/3 为半导体型。人们利用半导体型的碳纳米管制作出了碳纳米管场效应晶体管,它能够成为后摩尔时代硅基 CMOS(complementary metal oxide semiconductor,即互补金属氧化物半导体)技术的替代或补充。碳纳米管场效应晶体管的载流子类型是由金属电极和碳纳米管的功函数的相对大小决定的。人们利用不同功函数的金属电极制备出了 p 型和 n 型的碳纳米管场效应晶体管,并进一步制备出了一系列基本逻辑电路。另外,随着 CMOS 器件特征尺寸的缩小,传统的铜互连线的电阻率增加,可靠性降低,金属型碳纳米管以其优异的性质有可能成为其替代材料。

4.15.4.1 硅基 MOS 场效应管的结构和工作原理[250,251]

传统的 MOS(metal oxide semiconductor,即金属氧化物半导体)场效应晶体管是利用栅极电压控制导电沟道中载流子数目从而实现其功能。在轻掺杂的 p 型衬底上,用扩散的方法或离子注入工艺形成源、漏区,然后在源漏之间的区域上,用氧化或沉淀的方法,生长一优质的薄栅绝缘层(如 100 nm 的优质 SiO_2 层);再在此绝缘层上,用高电导材料,例如用金属或掺杂多晶硅质制作栅电极,并在源漏极上用蒸发、合金等工艺制成欧姆接触电极而形成 MOS 器件的管芯,结构如图 4-69 所示。

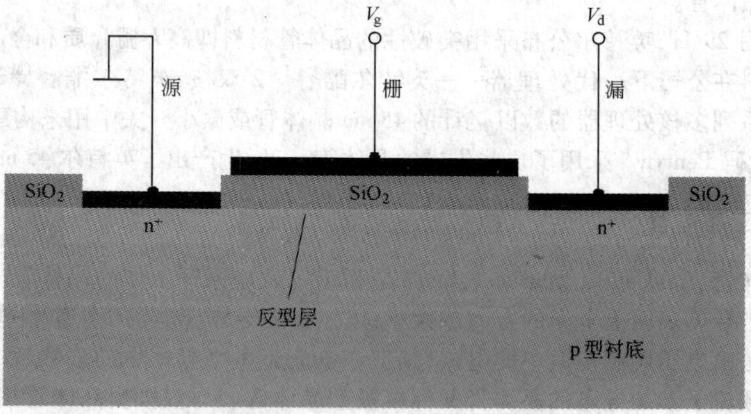

图 4-69　MOSFET 的结构示意图

MOSFET 的工作原理是利用半导体的表面效应,当栅压逐渐增大时,p 型半导体表面的空穴被逐渐耗尽,直到电子在表面逐渐积累形成被称为反型层的导电沟道,从而实现了由栅压控制两个 n 型区之间沟道的导通状态,或者说实现了开关特性。MOS 场效应晶体管原理简单,工艺技术成熟,可靠性高,现普遍应用于电子器件和集成电路的制造。微电子技术的核心是高性能电子 n 型和空穴 p 型场效应晶体管的制备,以及将这两种互补的场效应晶体管集成的技术,即 CMOS 工艺。

随着微电子器件集成度的提高,芯片上的功能元件尺寸不断减小,但以固态微电子器件平面光刻工艺为基础的半导体集成电路加工精度已经接近生产技术与器件原理的极限尺寸。而且,对于传统的硅平面 CMOS 晶体管,进一步减小尺寸会由于到达物理学极限而引起诸多问题,如量子涨落和散热会影响芯片性能的稳定;源漏电极尺寸变薄后,电阻变得很大,而高的源漏结电容又导致晶体管需要较长时间来聚集能量,降低晶体管的开关速度;栅绝缘层变薄后绝缘性能下降,栅极漏电流急剧增大;沟道变短后,晶体管关闭状态时经硅衬底所产生的源漏电极之间的漏电流 I_{sub} 以及经沟道所产生的源漏之间的漏电流 I_{off} 都将显著增大,使得晶体管在关闭状态也消耗功率,并且提高了管子的开通电压等。

而 CNT 因其独特的优良特性被视为替代硅材料的一个理想选择。CNT 具有优越的电子学特征:碳原子的所有化学键完整,不需要像硅表面由于存在悬挂键而需化学钝化;CNT 中载流子的传输是一维的,意味着载流子散射的相空间减小、产生弹道传输,使相应功耗降低;强共价键使 CNT 具有高的机械强度,高的热稳定性和抗电迁移性,可以承受高达 10^9 A/cm^2 的电流密度;CNT 的直径不是由常规工艺制作,而是由化学工艺控制;有源器件(晶体管)和互连可以分别采用半导体性和金属性 CNT 来制作。另外,半导体性 CNT 具有接近自然界材料理论上的最高电子迁移率和机械强度,且半导体性 CNT 的导电特性很容易改变,比硅工艺中复杂的掺杂技术要简单很多。而金属性 CNT 的电导率和最大电流密度可达到或超过现有最好的金属。

用 CNT 做成的晶体管有很多传统 MOS 晶体管所不能比拟的优点,比如消除了短沟效应;器件的响应速度快、效率高;通过 CNT 的电流密度比一般金属要高 4 个数量级。这些优异的性能有望促使 CNT 取代传统半导体硅材料来制作场效应晶体管。

4.15.4.2 碳纳米管场效应晶体管源漏电极的参数设计及选材[250,251]

A 源漏电极的参数设计

考虑到电子在碳纳米管内部的弹道输运性质,源、漏间距越小,碳纳米管场效应晶体管(CNTFET)的电子输运能力将越强;相反,较大的源、漏间距会使得晶体管开启状态下的电流变弱,降低器件的开关电流比。一般情况下,300 nm 左右的源—漏间距可使晶体管呈现出很强的电子输运性能;而当源、漏间距增大 10 倍即达到 3 μm 时,碳纳米管的电子输运能力将减小近 1 个数量级。

而为了保证碳纳米管和电极间有一个较好的欧姆接触,电极本身的宽度也要选取适当。一般情况下,考虑到目前国内微电子的加工能力,设计源、漏电极的尺度在 500 nm 左右。

B 源漏电极的选材

电极材料的选择会对碳纳米管与电极间的电学接触产生重要影响。目前国际上制作纳电极常用的材料有 Au、Pt、Al、AlN 及 Au-Pt 合金等。

理想条件下,若碳纳米管和源、漏电极间的接触电阻为零,则电子在碳纳米管中为弹道输运,此种情况下理论计算的电导极限为 $4e^2/h$(电阻为 $h/4e^2 \approx 7.5$ kΩ),即可以达到每根碳纳米管 25 μA 量级的电子输运能力[252]。实际测试中,由于半导体型碳纳米管与电极的非理想接触,两者之间的肖特基势垒会大大影响 CNTFET 的开启性能和电子传输能力。

4.15.4.3 碳纳米管场效应晶体管的结构[250,251]

Tans 等人于 1998 年制作出了第一个碳纳米管场效应晶体管(CNTFET)[253],1998 年 IBM 公司也制作出了 CNTFET[254]。IBM 小组的器件结构如图 4－70 所示。在重掺杂的硅衬底上制作 140 nm 厚 SiO_2 层;再在氧化层上制作两个厚度为 30 nm 的金电极,分别作为源极和漏极,将单壁碳纳米管或多壁碳纳米管撒在两电极之上,用硅作为背栅,在源、漏之间加上偏压。

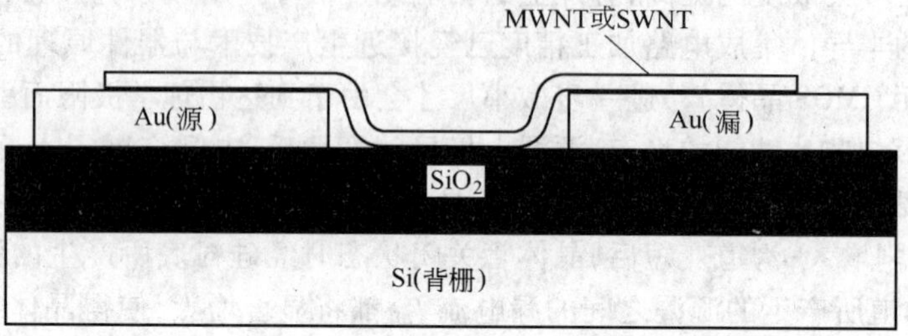

图 4－70 IBM 小组制作的 CNTFET 结构示意图

在室温下,这种结构的碳纳米管晶体管工作稳定,表现出了良好的电学特性。以直径为 1.6 nm 的单壁碳纳米管为例:其输出特性曲线如图 4－71(a)所示,当栅极电压 $V_g = 0$ V 时,源漏极之间电压 V_{sd} 和电流 I_d 表现出良好的线性关系,其电阻为 29 MΩ;当 $V_g < 0$ 时,I_d-V_{sd} 曲线仍然保持线性关系;而 $V_g \gg 0$ V($V_t = 6$ V)时,电流几乎变为 0。这与传统 MOS 场效应晶体管有一定差异,表现在没有电流饱和区域。不过,这一问题在后来的碳纳米管晶体管中得到了很好的解决。

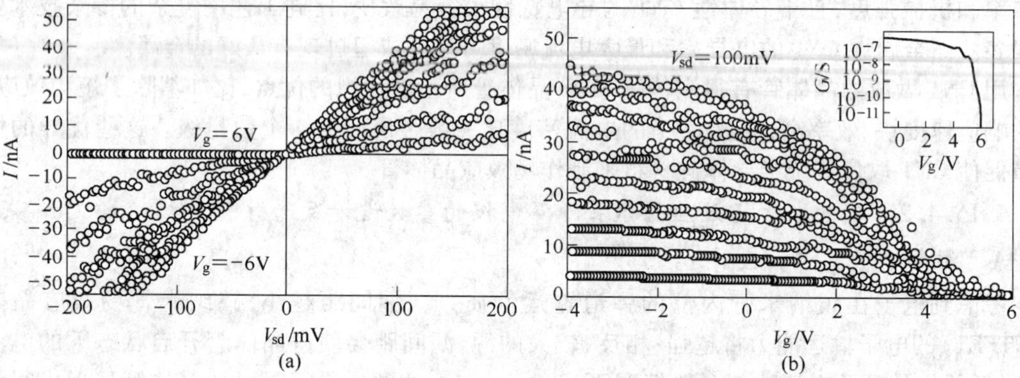

图 4－71 图 4－70 中 CNTFET 的 I-V_{sd} 曲线(a)和 I-V_g 曲线(b)

其转移特性曲线如图 4－71(b)所示,碳纳米管晶体管的阈值电压约为 6 V;而在 $V_g < 0$ 时,电流趋于饱和。从转移特性可以看出,碳纳米管晶体管的行为与 P 沟道 MOSFET 的行为相似:漏电流随着栅压的增大而迅速减小,沟道在负栅压下开启而在正栅压下截止。这表明在单层碳纳米管中起导电作用的是空穴。随着栅压增大,纳米管内的空穴逐渐被耗尽(相当于被正电场排开),纳米管不再导通,变成绝缘体。在 $V_{sd} = 10$ mV 时,栅压的增大使电导的降低超过 5 个数量级,见图 4－71(b)中的插图,这说明碳纳米管的导电性在栅压的控制下可以是准金属性或者是绝缘性的。如此优良的开关特性使碳纳米管足以胜任传统场效应晶体管的角色。

可见,碳纳米管晶体管完全有能力实现传统的 MOS 场效应晶体管的功能。由于碳纳米管晶体管也是利用栅压控制导电通道的开启或关闭来实现晶体管的放大或整流,因此它是一种新型的场效应晶体管。

应该指出的是，此 CNTFET 表现为 p 型，并且由于碳纳米管是搭在电极之上，金电极与碳纳米管之间的接触电阻比较大。后来 n 型的 CNTFET 也被制备出来，并且 CNTFET 的制备方法也逐渐改进，降低了金属电极与碳纳米管之间的接触电阻，提高了 CNTFET 的性能，为了便于 CNT-FET 的集成，顶栅结构的碳纳米管场效应管也被成功制备[255]，其结构如图 4－72 所示。在顶部沉积一层很薄的高 k 材料作为顶栅绝缘层，然后溅射制备顶栅。同背栅相比，顶栅是一种封闭结构，避免了 CNT 与空气的直接接触，可大大改善器件的稳定性，并且由于每个器件都有自己独立的顶栅，从而可实现对 CNFET 的单独操控，即顶栅结构的 CNTFET 可以被单个栅压独立控制，由于顶栅氧化层厚度要小于背栅结构，达到同样的栅控效果，顶栅结构所需要的栅压的大小要小于背栅结构。

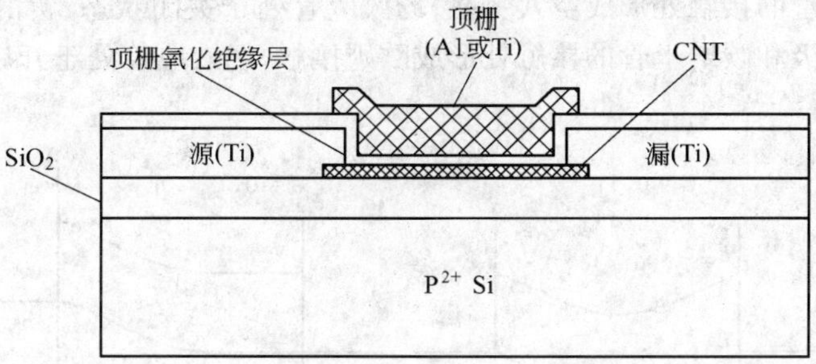

图 4－72 顶栅结构的碳纳米管场效应晶体管

表 4－41 是 Si-FET 和 CNT-FET 的性能比较[256]。

表 4－41 Si-FET 和 CNT-FET 的性能比较

项目	p-CNTFET 1030 nm	p-CNTFET 260 nm	p-CNTFET 1400 nm	MOSFET 100 nm	MOSFET 50 nm	MOSFET 25 nm
饱和电流 I_{dsat} /mA · μm^{-1}		1.05 (V_{DD} = 1.2 V)	1.25 (V_{DD} = 0.8 V)	1.04(n-FET) 0.46(p-FET) (V_{DD} = 1.5 V)	0.95(n-FET) 0.41(p-FET) (V_{DD} = 1.2 V)	0.514(n-FET) 0.285(p-FET) (V_{DD} = 0.85 V)
跨导/mS · μm^{-1}	0.122	1.16	3.33	1.0(n-FET) 0.46(p-FET)	1.10(n-FET) 0.418(p-FET)	1.2(n-FET) 0.64(p-FET)
亚阈值斜率 /mV · dec^{-1}	>2000	130	80	90	87～96	100
栅的几何形状	平面、单栅	平面、单栅	同轴	平面、单栅	平面、单栅	平面、单栅
等效栅氧化物/nm	150(k = 3.9)	150(k = 3.9)	I(k = 80)	2.0(T_{in} = 3.0 nm)	1.4(T_{in} = 2.3 nm)	0.8(T_{in} = 1.8 nm)
反向电容	0.23 pF/cm	0.57 pF/cm	4 pF/cm (态电容密度)	1.15 μF/cm^2	1.5 μF/cm^2	1.9 μF/cm^2
G_{msat}/C/cm · s^{-1}	1.5×10^6	5.7×10^6	5×10^6	8.7×10^6(n-FET) 4.0×10^6(p-FET)	7.3×10^6(n-FET) 2.8×10^6(p-FET)	6.3×10^6(n-FET) 3.4×10^6(p-FET)
CV/I/ps		6.7	82	1.65(n-FET) 3.78(p-FET)	0.95(n-FET) 2.63(p-FET)	1.0(n-FET) 1.7(p-FET)
$V_G = V_D = V_{DD}$时的电荷密度/e · cm^{-2}		8.1×10^{12}	1.6×10^{13}	8.6×10^{12}	$(8\sim9.4)\times10^{12}$	约 1×10^{13}

4.15.4.4　碳纳米管场效应晶体管的工作原理

半导体型的碳纳米管是一种一维材料，直径在纳米量级，远远小于金属电极的尺度，碳纳米管与金属电极接触平衡的过程中，费米钉扎效应非常微弱，可以忽略，电子或空穴从金属注入碳纳米管中成为载流子。如果金属的功函数小于碳纳米管的功函数，则金属的导带与碳纳米管接触，载流子为电子；反之，如果金属的功函数大于碳纳米管的功函数，则金属的价带与碳纳米管接触，载流子为空穴。这样就完全避免掺杂，避开了传统硅基 CMOS 技术所面临的最基本的器件加工和掺杂所导致的器件不均匀问题。栅极电压调制的是碳纳米管的能带相对于金属电极费米能级的位置。

因此，使用不同功函数的金属电极作为源漏，就可得到 n 型或 p 型的碳纳米管场效应晶体管。图 4－73 是 p 型碳纳米管场效应晶体管的能带示意图。正的栅压使碳纳米管的能带向下弯曲，在电极和碳纳米管的接触处形成空穴势垒，场效应管处于关闭状态；负的栅压使碳纳米管的能带向上弯曲，在电极和碳纳米管的接触处形成欧姆接触，场效应管处于开启状态。碳纳米管的功函数约为 4.8 eV。

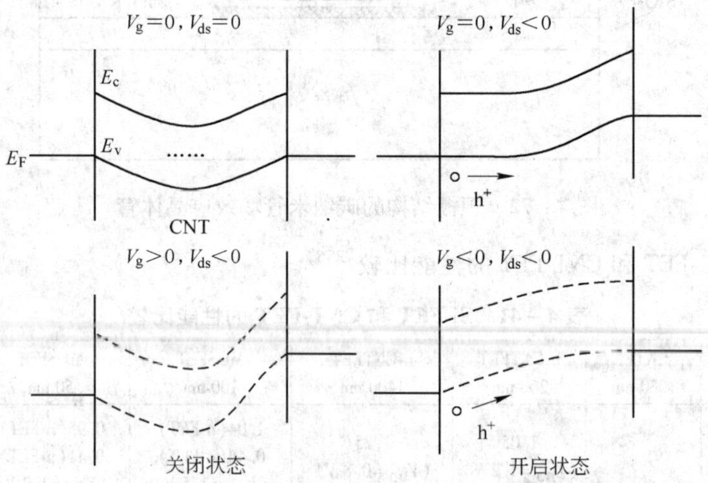

图 4－73　p 型碳纳米管场效应晶体管的能带示意图

另外，金属表面吸附的气体或掺杂会改变金属的功函数，从而影响碳纳米管场效应晶体管的类型。事实上，早期的 n 型场效应管就是利用了这一点制备出来的，并以此方法制作出了基于碳纳米管场效应晶体管的反相器。目前分别采用 Pd 和 Sc 制备出了性能稳定的 p 型和 n 型的 CNTFET。

4.15.4.5　基于碳纳米管场效应晶体管的逻辑器件

自从碳纳米管场效应晶体管被发明之后，人们一直致力于基于碳纳米管场效应晶体管的基本逻辑电路的制作。

Bachtold 等人制备了一系列的基本逻辑电路，如反相器、与非门、环形振荡器、存储器等[257]，首先展示了基于碳纳米管场效应晶体管制作逻辑器件的可行性，其结果如图 4－74 所示，但是不足之处在于使用了外部的电阻，不便于集成，并且器件结构不是互补型，功耗较大。

图 4－74(a)是一逻辑“非”门的设计原理图和测量结果。“非”门是一个基本的逻辑元件，它的作用是使逻辑值反转，具体来说就是使逻辑 0 反转为逻辑 1，使逻辑 1 反转为逻辑 0。用场

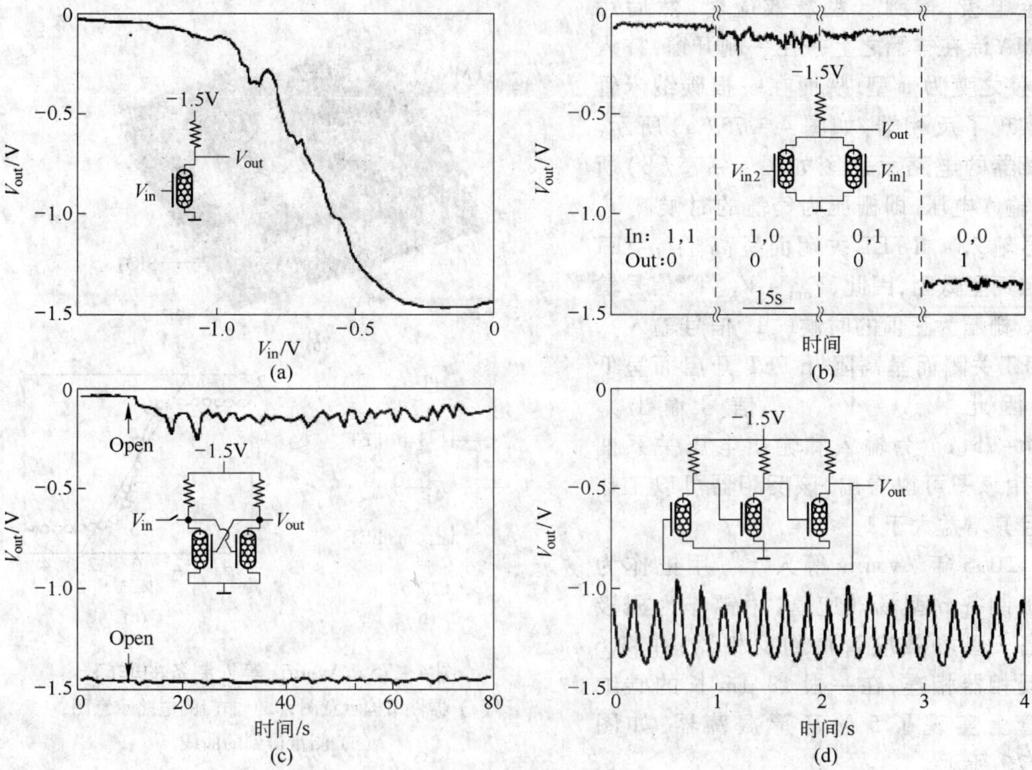

图 4 – 74 基于碳纳米管场效应晶体管的基本逻辑器件以及其测量结果

（a）反相器（非门）；（b）或非门；（c）静态存储器；（d）环形振荡器

效应晶体管设计的逻辑“非”门均是利用了导电沟道的导电性在栅极电场的控制下可以改变的性质，碳纳米管晶体管也是如此。首先可以约定两个不同的电压分别代表逻辑值 0 和 1。从晶体管的转移特性曲线中可以看出，碳纳米管的阈值电压约为 – 1 V。所以在此电路中，让 – 1.5 V 代表逻辑值 1，0 V 代表逻辑值 0。随着输入电压 V_{in} 的不同，纳米管的导通状态也随之改变：在输入电压为 0 时，碳纳米管处在截止状态，是不导通的，所以电路中没有电流，输出端 V_{out} 的电压与偏压 V_{bias} 一致，为 – 1.5 V，即逻辑 1。当输入端电压为 – 1.5 V 时，碳纳米管处于导通状态，电路中有电流流过，由于碳纳米管的电阻远小于偏压电阻，偏压几乎全部降在偏压电阻上，所以输出端 V_{out} 的电压为 0。这样就可以通过输入端 V_{in} 控制输出电压 V_{out}，使 V_{in} 与 V_{out} 状态相反，从而实现了通过改变输入的逻辑值实现逻辑“非”运算。

图 4 – 74（b）是一“或非”（NOR）逻辑门电路原理图和测量结果，只需要在上面的“非”门电路图再并联上另一个碳纳米管晶体管即可。“或非”门也是基本逻辑电路之一。图中 V_{in1} 和 V_{in2} 分别是代表两路输入。从电路图中可以看出，只有当 V_{in1} 和 V_{in2} 输入均为逻辑 0 时，即两个碳纳米管均为截止状态时，V_{out} 才输出逻辑值 1；而 V_{in1} 或 V_{in2} 中有一个或两个都输入为 1 时，其控制的碳纳米管就会处在导通状态，这时输出端 V_{out} 就为 0。

逻辑“非”门和逻辑“或非”门是基本的逻辑电路，通过将这两个逻辑电路进行不同的组合，可以实现包括“与”、“或”、“异或”等逻辑运算在内的各种逻辑运算电路。

此外，Avouris 等[258]人在一根碳纳米管上实现了 p 型和 n 型场效应管，根据 MOS 电路中反相器的结构，制备出了不使用外部器件的 CNT 反相器，如图 4 – 75 所示。他们在碳纳米管上镀上金电极，得到 p 型场效应管，然后用 PMMA 涂在样品之上并在一侧开窗，掺入钾，使之变为 n 型，从而在一根碳纳米管上实现了反相器，如图 4－75(a) 所示。反相器的电路示意图如图 4－75(b) 所示，输入电压，即栅压为负值的时候（“0”信号输入），n-FET 关闭而呈高阻，p-FET 开启而呈低阻，因此，V_{out} +V（“1”信号输出）；栅压为正值的时候（“1”信号输入），p-FET 关闭而呈高阻，n-FET 开启而呈低阻，因此，V_{out} －V（“0”信号输出）。图 4－75(c) 为输入和输出电压关系曲线，由该图可以看出，该反相器可以工作并且其增益大于 1。

图 4－75　Avouris 等人制备的非门
(a) 器件结构示意图；(b) 非门的电路示意图；(c) 测量得到的曲线

2006 年 Avouris 等人[259] 用钯作为栅极制备 p 型场效应管，用铝作为栅极制备 n 型场效应管得到反相器，并将 6 个反相器相连，在一根 18 μm 长的碳纳米管上实现了 5 阶环形振荡器，如图 4－76 所示。

图 4－76　Avouris 等人制作的基于碳纳米管的 5 阶环形振荡器

国内的李萍剑等人[260] 也于 2007 年展示了由碳纳米管场效应管构成的三种逻辑电路，分别为单个 p 型碳纳米管场效应管的开关电路、由集成在同一片硅片上的单个 p 型碳纳米管场效应管和单个 n 型掺氮碳纳米管场效应管构成的互补型反相器，以及两个独立的 p 型碳纳米管场效应管构成的或非门。其中 p 型碳纳米管场效应管以单壁碳纳米管作为沟道，而 n 型碳纳米管场效应管则以掺氮的多壁碳纳米管作为沟道，器件的源漏电极均为铂电极。

A 基于单壁碳纳米管的 p 型场效应管的构建

图 4-77 是利用铂作为源漏电极材料，单壁碳纳米管作为输运沟道的场效应管的结构示意图（a）和扫描电子显微镜图（b）。重掺杂的硅片作为基底，其上面热生长一层 200 nm 厚的二氧化硅作为绝缘层。硅作为门电极，然后采用光刻技术在 SiO_2 上制备金电极图案（作为源漏电极的引出）。单壁碳纳米管经由 1,2-二氯乙烷分散在 SiO_2 表面，随后利用离子束技术沉积一层厚 50 nm 的铂，一端连接单壁碳纳米管，另一端则连接作为引出用的金电极。他们测量了沟道在 500 nm ~ 3 μm 的多个样品，得到了相似的电学特性测量结果。图 4-77（a）中，50 nm 厚的铂沉积在碳纳米管上作为源漏电极，重掺杂的硅片作为门电极引出，硅片上热生长的 200 nm 厚度的 SiO_2 层作为绝缘层；图 4-77（b）为扫描电子显微镜图，沉积的铂电极间的距离约为 2 μm。

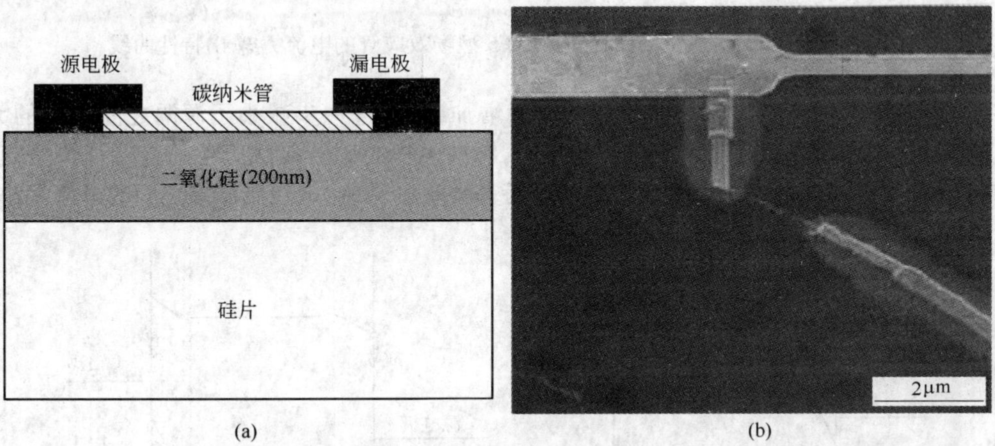

图 4-77 基于碳纳米管构建的 p 型场效应管的结构示意图

图 4-78 是采用单壁碳纳米管作为沟道构建的场效应管的电流输出特性曲线，图中，源漏电极材料采用铂，SiO_2 厚 200 nm；（a）中门电压 V_g 的扫描范围为 0 ~ 2.5 V，源漏电压 V_{ds} 的扫描范围为 -1 ~ 0 V。开启阈值电压 $V_t = -0.5$ V，跨导 $g_m = 4$ μA/V；（b）中门电压 V_g 的扫描范围为 0 ~ 2 V，源漏电压 V_{ds} 的扫描范围为 -5 ~ 0 V。从图中可以发现，碳纳米管场效应管的开启电压 $V_t = -0.5$ V，跨导 $g_m =$ 4 μA/V。器件在负的门电压下开启，随着门电压的减小，源漏电流 I_{ds} 相应地增大；而在正的门电压下则进入截止区，电流则随着门电压的增大而相应减小，整个器件在门电压的调制下呈现出典型的 p 型输运特性，说明这种结构的碳纳米管场效应管输运载流子主要是空穴。目前基于半导体型碳纳米管构建的场效应管的工作原理通常被解释为肖特基势垒的调制，即通过门电压调制金属电极与半导体型碳纳米管在接触界面产生的肖特基势垒的高度，从而控制源漏之间的电流大小。p 型碳纳米管场效应管的输运特性可以用图 4-79 的能带结构来很好地解释。

将图 4-79 中的能带结构用虚线分为两个部分，中间的部分代表碳纳米管本身的能带结构，两边的部分分别代表源极和漏极与碳纳米管的接触情况。从图 4-79（a）中可以看到，在场效应管开启的状态下，空穴通过肖特基势垒从源电极隧穿到碳纳米管。当固定源漏电压时，碳纳米管的能带随着门电压的减小而上移，导致源电极与碳纳米管接触产生的肖特基势垒的宽度减小，增大了空穴从源电极到碳纳米管的隧穿几率，因而源漏电流的大小随之增加。图 4-79（b）是 p 型碳纳米管场效应管截止状态下的能带结构示意图，空穴被源电极与碳纳米管接触产生的肖特基势垒阻挡，在固定源漏电压的情况下，碳纳米管的能带随着门电压的增大而上移，导致源

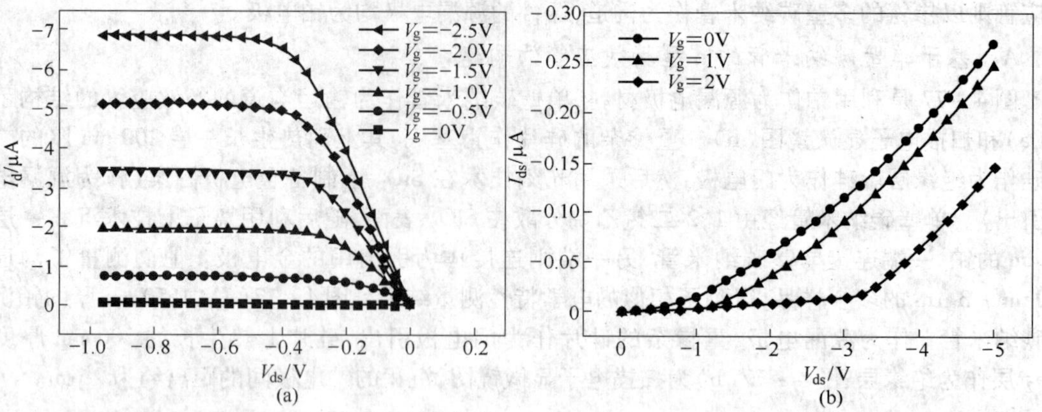

图 4－78　基于中壁碳纳米管构建的 p 型场效应管的电流 I_{ds}输出特性曲线

电极与碳纳米管接触产生的肖特基势垒的宽度增加，从而进一步减小了源漏之间电流的大小。因此在 p 型碳纳米管场效应管的输运机理里面，源漏电极与碳管接触产生的肖特基势垒起到了关键的作用，可以通过门电压和源漏电压对肖特基势垒的调制，来控制源漏之间的电流大小。

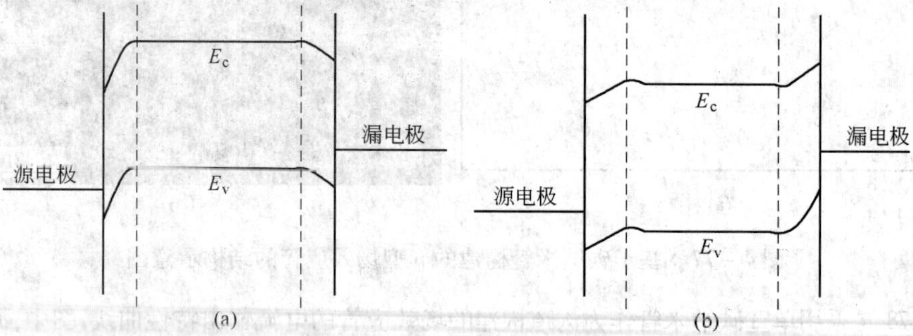

图 4－79　负向漏源偏压下 p 型碳纳米管场效应管的能带结构（E_c 是导带底；E_v是价带顶）

（a）开启状态，门电压小于开启电压；（b）截止状态，门电压大于开启电压

B　基于掺氮多壁碳纳米管的 n 型场效应管的构建

掺氮碳纳米管场效应管的结构与 p 型碳纳米管场效应管的结构相似，如图 4－77（a）所示。重掺杂的硅片作为基底，其上面热生长一层厚 200 nm 的二氧化硅作为基底，其中 SiO_2 作为绝缘层，硅作为门电极，然后采用光刻技术在 SiO_2 上制备金电极图案（作为源漏电极的引出，图 4－80 中的圆形图案为定位标记）。掺氮多壁碳纳米管经由异丙醇溶液分散在 SiO_2 表面，随后利用离子束技术沉积一层厚 50 nm 的铂作为源漏电极，一端连接单壁碳纳米管，另一端则连接作为引出用的金电极，图 4－80 是器件结构的扫描电子显微镜图。他们测量了沟道在 2 ~5 μm 的多个样品，得到了相似的电学特性测量结果。

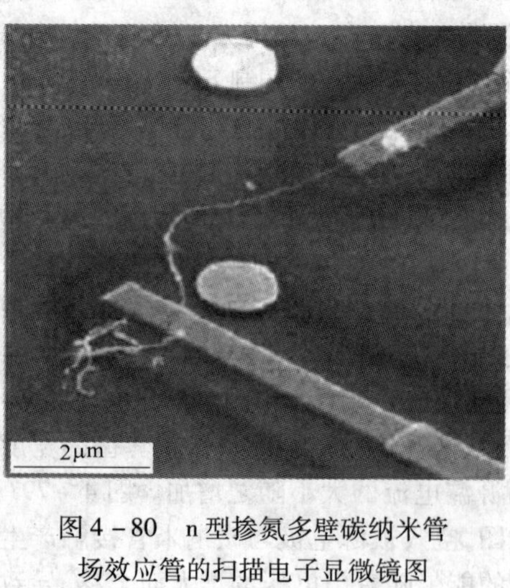

图 4－80　n 型掺氮多壁碳纳米管场效应管的扫描电子显微镜图

图4-81是基于掺氮多壁碳纳米管构建的场效应管的电流输出特性曲线，源漏电极材料采用铂，绝缘层采用200 nm厚的SiO_2。从图中可以发现，碳纳米管场效应管的开启电压$V_t=0.5$ V，跨导$g_m=2.4$ μA/V。器件在正的门电压下开启，随着门电压的增加，源漏电流相应增大；而在负的门电压下则进入截止区，电流随着门电压的增大而相应减小，整个器件在门电压的调制下呈现出典型的n型输运特性，说明在这种结构的碳纳米管场效应管中，输运载流子主要是电子。这表明掺杂的氮原子具有很强的给电子能力，强烈地修正了多壁碳纳米管的能带结构，使得掺氮碳纳米管呈现出典型的n型半导体特性。

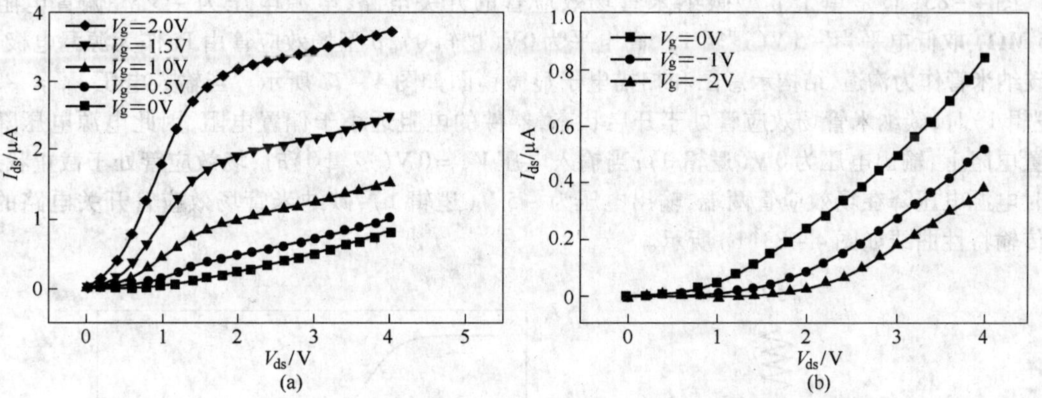

图4-81 基于掺氮多壁碳纳米管构建的n型场效应管的电流I_{ds}输出特性曲线

(a) 门电压的扫描范围为0~2 V，源漏电压的扫描范围为0~4 V，开启阈值电压$V_t=0.5$ V，跨导$g_m=2.4$ μA/V；(b) 门电压的扫描范围为0~-2 V，源漏电压的扫描范围为0~4 V

掺氮碳纳米管场效应管的输运机理同样可以应用肖特基势垒调制的模型来加以解释，由于铂的功函数为5.2 eV，大于掺氮多壁碳纳米管的功函数，所以电极和掺氮碳纳米管接触界面的能带向上弯曲，形成肖特基势垒。当门电压为正电压时，碳纳米管的能带下移，减小了源电极与掺氮碳纳米管接触界面肖特基势垒的宽度，从而增大了电子从电极到碳纳米管的隧穿几率，因此器件处于开启状态；反之，当门电压为负电压时，碳纳米管的能带上移，增大了源电极与掺氮碳纳米管接触界面肖特基势垒的宽度，导致电子从电极到碳纳米管的隧穿几率减小，从而器件进入截止状态，具体的能带结构如图4-82所示。

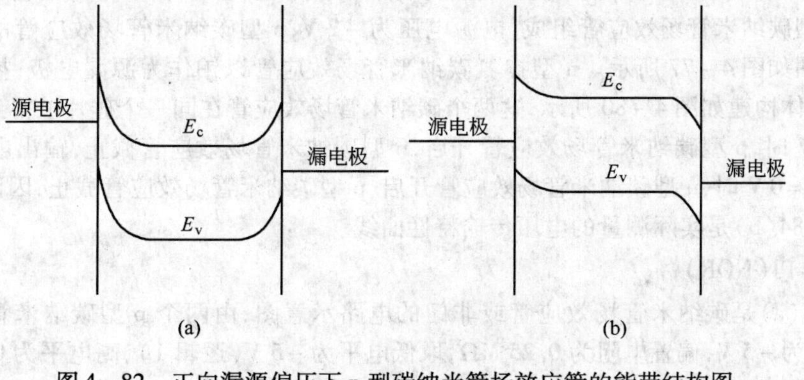

图4-82 正向漏源偏压下p型碳纳米管场效应管的能带结构图

(a) 开启状态，门电压大于开启电压；(b) 截止状态，门电压小于开启电压

同时在测量的结果中可以发现，基于掺氮多壁碳纳米管构建的n型场效应管的截止电流较大，这可能是由于铂的功函数远高于掺氮碳纳米管（相对碳纳米管的禁带宽度），导致接触界面的能带弯曲较大，从而使得铂的费米能级靠近掺氮碳纳米管的价带能级，所以当门电压为负时，碳纳米管能带的上移虽然减小了电子从源电极到掺氮碳纳米管的隧穿几率，但同时也增大了少量的空穴从漏电极到掺氮碳纳米管的隧穿，这显然不利于掺氮碳纳米管场效应管的应用。如何改进结构，减小器件的截止电流需要进一步研究。

C　单个p型碳纳米管场效应管的开关电路

图4－83（a）是单个p型碳纳米管场效应管的开关电路，电源电压为－5 V，偏置电阻为0.5 MΩ，取低电平为－5 V（逻辑1），高电平为0V（逻辑0），p型场效应管由Pt作为源漏电极，单壁碳纳米管作为沟道，结构示意图和扫描电子显微镜图如图4－77所示。当输入电压V_{in} = －5 V（逻辑1）时，碳纳米管场效应管处于开启状态，器件的电阻远小于偏置电阻，因此电源电压降在偏置电阻上，输出电压为0 V（逻辑0）；当输入电压V_{in} = 0 V（逻辑0）时，场效应管处于截止状态，此时电源电压降在场效应管两端，输出电压为－5 V（逻辑1），碳纳米管场效应管开关电路的电压传输特性曲线如图4－83（b）所示。

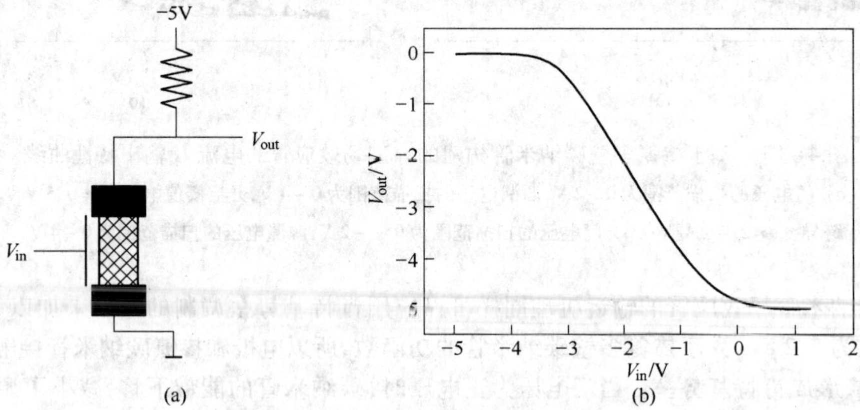

图4－83　p型碳纳米管场效应管开关电路

（a）电路示意图；（b）电压传输特性曲线

D　互补碳纳米管场效应管反相器

图4－84（a）是互补型碳纳米管场效应管反相器的电路示意图，由一个p型碳纳米管场效应管和一个n型碳纳米管场效应管组成，电源电压为－2 V，p型碳纳米管场效应管的结构和扫描电子显微镜图如图4－77所示。n型掺氮碳纳米管场效应管以铂作为源漏电极，掺氮碳纳米管作为沟道，具体构建如图4－80所示，这两个碳纳米管场效应管在同一个硅片上得到。当输入电压V_{in} = －5 V时，p型碳纳米管场效应管开启，n型碳纳米管场效应管截止，输出电压为0 V；当输入电压V_{in} = 0 V时，n型碳纳米管场效应管开启，p型碳纳米管场效应管截止，因而输出电压为－2 V，图4－84（b）是实际测量的电压传输特性曲线。

E　或非门（NOR）

图4－85（a）是碳纳米管场效应管或非门的电路示意图，由两个p型碳纳米管场效应管组成，电源电压为－5 V，偏置电阻为0.25 MΩ，取低电平为－5 V（逻辑1），高电平为0 V（逻辑0），左边的p型碳纳米管场效应管的构建如图4－77所示，右边的p型碳纳米管场效应管的构建如图4－85（b）所示。当输入电压为（1，1）态，即V_{in1}为－5 V（逻辑1），V_{in2}为－5V（逻辑1）时，两个

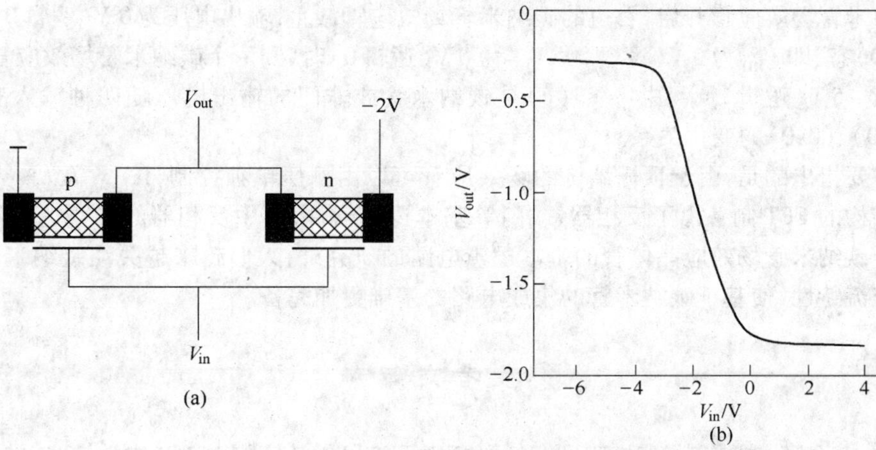

图 4-84 互补碳纳米管场效应管反相器

(a) 电路示意图;(b) 电压传输特性曲线

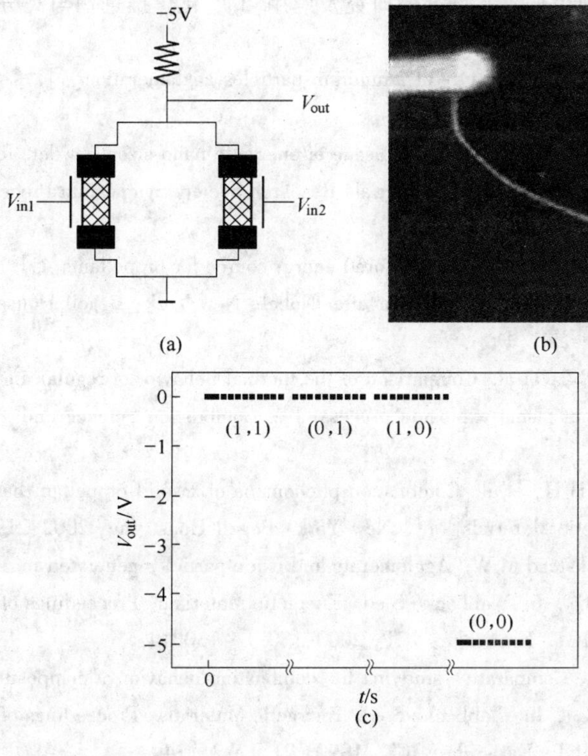

图 4-85 碳纳米管场效应管或非门

(a) 电路示意图;(b) 扫描电子显微镜图;(c) 输出电压随四种输入态的变化关系,每个输入态测量时间为 20 s

碳纳米管场效应管都开启,输出电压为 0 V(逻辑 0);当输入电压为(0,1)态,即 V_{in1} 为 0V(逻辑 0),V_{in2} 为 −5 V(逻辑 1)时,则左边的碳纳米管场效应管截止,右边的碳纳米管场效应管开启,输出电压为 0 V(逻辑 0);当输入电压为(1,0)态,即 V_{in1} 为 −5 V(逻辑 1),V_{in2} 为 0 V(逻辑 0)时,则左边的碳纳米管场效应管开启，右边的碳纳米管场效应管截止，输出电压为 0 V(逻辑 0)；当输入电压为(0,0)态，即 V_{in1} 为 0 V(逻辑 0)，V_{in2} 为 0 V(逻辑 0)时，则两个碳纳米管场效应管都截止，输出电压为 -5 V(逻辑 1)。图 4-85(c)是碳纳米管或非门的输出电压随四种输入态(1,1)、(0,1)、(1,0)、(0,0)的变化关系。

最后需要指出的是，由于顶栅结构的场效应管可以由栅压单独控制，Javey 等人[261]在 2002 年用顶栅结构的 FET 制备出了反相器、或门等基本逻辑器件，其中反相器的增益达到了 60。目前除了基于碳纳米管场效应晶体管的基本逻辑电路的研究外，人们越来越关注碳纳米管场效应晶体管的交流特性，使基于碳纳米管的集成电路的基础更加完备。

参 考 文 献

[1] 汪少平. 复合固体推进剂燃烧机理及燃速预估程序研究[D]. 南京：南京理工大学，2007.

[2] 冉秀伦，杨荣杰. 高燃速推进剂研制现状分析[J]. 飞航导弹，2006(9)：44～50.

[3] 张启信，燕霞，张莉英. 纳米技术在导弹固体火箭发动机研制中的应用[J]. 飞航导弹，2003(3)：58～60.

[4] 刘晶如，罗运军. 固体推进剂用金属燃烧剂的研究及应用[J]. 化学推进剂与高分子材料，2007，5(4)：6～12.

[5] Gany R V. A microscopic and analytic study of aluminum particles agglomeration[J]. Combustion Science and Technology, 2001, 166(1): 91～108.

[6] Kuo K K, Risha G A, Evans B J, et al. Potential usage of energetic nano-sized powders for combustion and rocket propulsion[C]. In: Warrendale P ed. Materials Research Society Symposium Proceedings, Materials Research Society, USA, 2004, 800: 3～14.

[7] Ivanov G V, Tepper F. Activated aluminum as a stored energy source for propellants[C]. In: Kuo K K ed. Challenges in Propellants and Combustion 100 Year after Nobel, New York: Begell House Inc, 1997: 636～645.

[8] Mench M M, Kuo K K, Yeh C L, et al. Comparison of the thermal behavior of regular and ultra-fine aluminum powders (Alex) made from plsma explosion process[J]. Combustion Science and Technology, 1998, 135: 269～292.

[9] Baschung B, Grune D, Licht H H, et al. Combustion phenomena of a solid propellant based on aluminium powder. Combustion of Energetic Materials[M]. New York: Begell House Inc, 2002: 219～225.

[10] Glotov O G, Zarko V E, Beckstead M W. Agglomerate and oxide particles generated in combustion of Alex containing solid propellants[C]. In: Labbecke S ed. Energetic Materials, Proceedings of the 31th International Annual Conference of ICT. Karlsruhe: ICT, 2000, 130.1～130.14.

[11] Simonenko V N, Zarko V E, Comparative studying the combustion behavior of composite propellants containing ultra fine aluminum[C]. In: Labbecke S ed. Energetic Materials, Proceedings of the 30th International Annual Conference of ICT. Karlsruhe: ICT, 1999: 21.1～21.14.

[12] Mench M M, Yeh C L, Kuo K K, Propellant buring rate enhancement thermal behavior of ultra-fine aluminum powders (Alex) [C]. In: Labbecke S ed. Energetic Materials, Proceedings of the 29th International Annual Conference of ICT. Karlsruhe: ICT, 1998: 30.1～30.14.

[13] 孙运兰. 新型含能材料的燃烧机理研究[D]. 合肥：中国科技技术大学，2007.

[14] 夏强，李疏芬，王桂兰，等. 超细铝粉在 AP/HTPB 推进剂中的燃烧研究[J]. 固体火箭技术，1994，17(4)：35～42.

[15] 邓康清，王光天，王桂兰. 超细铝粉的燃烧特性及燃烧模型[J]. 固体火箭技术，1996，19(1)：28～37.

[16] Jiang Z, Li S F, Zhao F Q. Research on the combustion properties of propellants with low content of nano metal powders[J]. Propellants, Explosives, Pyrotechnics, 2006, 31(2): 139 ~ 147.

[17] 段军鸿,丁敦辉,张宇驰,等. 含纳米铝粉复合固体推进剂的燃烧特性及机理分析[C]. 见:中国宇航学会固体火箭推进剂委员会编,中国宇航学会固体火箭推进剂第 22 届年会论文集(推进剂分册). 北京:航空工业出版社,2005:1 ~ 4.

[18] 张小塔,宋武林,郭连贵. 激光感应复合加热法制备碳包覆纳米铝粉[J]. 推进技术,2007,28(3):333 ~ 336.

[19] 高东磊,张炜,朱慧,等. 纳米铝粉在复合推进剂中的应用[J]. 固体火箭技术,2007,30(5):420 ~ 423.

[20] 王晓峰,郝仲璋. 炸药发展中的新技术[J]. 火炸药学报,2002(4):35 ~ 38.

[21] 赵凤起,覃光明,蔡炳源. 纳米材料在火炸药中的应用研究现状及发展方向[J]. 火炸药学报,2001(4): 61 ~ 65.

[22] 韩勇. 含铝炸药非理想爆轰行为的研究[D]. 绵阳:中国工程物理研究院,2002.

[23] Merzhanov A G. Thermal theory of metal particle ignition[J]. AIAA, 1975, 13(2): 209 ~ 214.

[24] Deiter J S, Wilmot G B. Detonation chemistry of underwater explosives[C]. In: Deal W E ed. Proceedings for the 10th International Symposium on Detonation. Los Alamos: Los Alamos National Laboratory, 1993: 619 ~ 627.

[25] 胡栋,孙珠妹. TATB 含铝炸药粉反应特性的激波管研究[J]. 气动实验与测量控制,1996,10(2): 29 ~ 33.

[26] Cook M A. Aluminized explosives[J]. Physical Chemistry, 1957, 1(1): 189 ~ 196.

[27] Miller P J, Bedford C D, Davis J J. Effect of metal particle size on the detonation properties of various metallized explosives[C]. In: Deal W E ed. Proceedings for the 11th International Symposium on Detonation. Los Alamos: Los Alamos National Laboratory, 1998: 214 ~ 220.

[28] Selezenev A A, Kreknin D A, Lashkov V N, et al. Comparative analysis of the effects of aluminum and aluminum hydride on the detonation parameters and performance of mixed explosives[C]. In: Deal W E ed. Proceedings for the 11th International Symposium on Detonation. Los Alamos: Los Alamos National Laboratory, 1998: 231 ~ 236.

[29] Finger M, Horning H C, Lee E L, et al. Metal acceleration by composite explosives[C]. In: Deal W E ed. Proceedings for the 5th International Symposium on Detonation. Los Alamos: Los Alamos National Laboratory, 1970: 137 ~ 139.

[30] Bjarnholt G. Effects of aluminum and lithium fluoride admixtures on metal acceleration ability of Comp B [C]. In: Deal W E ed. Proceedings for the 6th International Symposium on Detonation. Los Alamos: Los Alamos National Laboratory, 1976: 510 ~ 512.

[31] Guiruis R H, Miller P J. Time-dependent equations of state for aluminized underwater explosives[C]. In: Deal W E ed. Proceedings for the 10th International Symposium on Detonation. Los Alamos: Los Alamos National Laboratory, 1993: 675 ~ 682.

[32] 丁刚毅,徐更光. 含铝炸药二维冲击起爆的爆轰数值模拟[J]. 兵工学报,1994(4): 25 ~ 29.

[33] 王晓峰,陈鲁英. 炸药的水下爆炸威力[J]. 兵工学报:火化工分册,1995(1):30 ~ 34.

[34] 薛再清,徐更光,王廷增,等. 用 KHT 状态方程计算炸药爆轰参数[J]. 爆炸与冲击,1998,18(2): 172 ~ 176.

[35] Keicher T, Happ A, Kretschmer A. Influence of aluminium/ammonium perchlorate on the performance of underwater explosives[J]. Propellants, Explosives, Pyrotechnics, 1999, 24(3): 140 ~ 143.

[36] 陈朗,张寿齐,赵玉华. 不同铝粉尺寸含铝炸药加速金属能力的研究[J]. 爆炸与冲击,1999,19(3): 250 ~ 255.

[37]　黄辉,黄勇,李尚斌.一种含纳米级铝粉的复合炸药[C].中国材料研究学会:全国第二届纳米材料和技术应用会议,2001:42～45.

[38]　Liu J P, Franson M D, Cliff M D. Evaluation the effect of ultrafine aluminum in metallised explosive using plate dent tests[C]. In: Labbecke S ed. Energetic Materials, Proceedings of the 34th International Annual Conference of ICT. Karlsruhe: ICT, 2003:128.1～128.14.

[39]　Alexandre L, Christian L G. Expertise of nanometric aluminum powder on the detonation efficiency of explosives[C]. In: Labbecke S ed. Energetic Materials Ignition, Proceedings of the 32th International Annual Conference of ICT. Karlsruhe: ICT, 2001:36.1～36.14.

[40]　Brousseau P, Cliff M D. The effect of ultrafine aluminum powder on the detonation properties of various explosives[C]. In: Labbecke S ed. Energetic Materials Ignition, Proceedings of the 32th International Annual Conference of ICT. Karlsruhe: ICT, 2001: 37.1～37.13.

[41]　黄辉,黄亨建,黄勇,等. 以 RDX 为基的含铝炸药中铝粉粒度和氧化剂形态对加速金属能力的影响[J]. 爆炸与冲击,2006,26(1):7～11.

[42]　夏先平.新型宫内节育器材料——纳米金属铜/聚乙烯复合材料的制备与表征[D].武汉:华中科技大学,2005.

[43]　王莉.宫内节育器作用机制的研究现状[J].甘肃中医,2003,16(1):6～9.

[44]　梁成浩,陈邦义.宫内节育器及其耐蚀性研究进展[J].腐蚀科学与防护技术,2003,15(2):94～96.

[45]　徐乃欣,张承典,薛华实.关于含铜宫内节育器腐蚀的研究[J].腐蚀与防护,1999,20(5):222～225.

[46]　Kar A B, Engineer A D, Goel R, et al. Effect of anintrauterine contraceptive device on biochemical composition of uterine fluid[J]. American Journal of Obstetrics and Gynecology, 1968,101(7): 966～970.

[47]　Mora N, Cano E, Mora E M, et al. Influence of pH and oxygen on copper corrosion in simulated uterine fluid[J]. Biomaterials, 2002,23(3): 667～671.

[48]　张承典,徐乃欣,陆菊芳,等.模拟宫腔液中铜腐蚀行为的研究[J].中国腐蚀与防护学报,1995,15(4):261～266.

[49]　朱建军,徐乃欣,张承典,等.模拟宫腔液中蛋白质对铜腐蚀的影响[J].生殖与避孕,2000,20(3):161～164.

[50]　Xue H S, Xu N X, Zhang C D. Corrosion behavior of copper in a copper bearing intrauterine device in the presence of indomethacin[J]. Contraception, 1998,57(1): 49～53.

[51]　蔡水洲,夏先平,谢长生.载铜宫内节育器(IUD)及其腐蚀的研究[J].生殖与避孕,2004,24(5):299～302,317.

[52]　Bastidas J M, Mora N, Cano E, et al. Characterization of copper corrosion products originated in simulated uterine fluids and on packaged intrauterine devices[J]. Journal of Materials Science: Materials in Medicine, 2001,12(5): 391～397.

[53]　Bastidas J M, Mora N, Cano E. Copper corrosion simulated uterine solutions[J]. Contraception, 2000,61(6): 395～399.

[54]　Bastidas J M, Simancas J. Characterization of corrosion products on a copper-containing intrauterine device during storage at room temperature[J]. Biomaterials, 1997,18(3): 247～250.

[55]　Zielske H, Koch U J, Badura R, et al. Studies on copper release from copper-T device (T-Cu200) and its influence on sperm migration invitro[J]. Contraception, 1974,10: 651～666.

[56]　甄波,朱长虹,谢长生,等.纳米铜/聚合物复合材料宫内节育器对猕猴宫腔液 t-PA, PAF, PGE_2 水平的影响[J].生殖与避孕,2006,26(8):467～471.

[57]　陈燕.纳米铜微粒在润滑油中分散剂的合成与性能研究[D].南京:南京工业大学,2006.

[58]　于鹤龙,徐滨士,许一,等.纳米铜颗粒作为润滑油添加剂的研究进展[J].材料导报,2005,19(10):53～55,62.

[59] 周静芳. 表面修饰纳米颗粒的制备表征与摩擦学行为研究[D]. 兰州:中国科学院兰州化学物理研究所,2000.

[60] Zhou H T, Lin Y S, Yin Y S. A novel one-step chemical method for preparation of copper nanofluids[J]. Journal of Colloid and Interface Science, 2004,277(1): 100 ~ 103.

[61] 池俊成,乔玉林,于军, 等. 含纳米材料的减磨修复添加剂的加速强化发动机台架试验[J]. 摩擦学学报,2002,22(4):19 ~ 22.

[62] Makowski R. Evaluation of the effect of metal particles in a lubricant on surface layer state[J]. Tribologia, 2001,32(4): 669 ~ 672.

[63] Tarasov S, Kolubaev A, Belyaev S, et al. Study of friction reduction by nanocopper additives to motor oil [J]. Wear, 2002, 252(1-2): 63 ~ 69.

[64] 姜秉新,陈波水,董俊修. 铜型添加剂摩擦修复作用的可行性[J]. 润滑与密封,1999,132(2):50 ~ 53.

[65] 徐滨士. 纳米表面工程[M]. 北京:化学工业出版社,2004:229.

[66] 刘维民. 纳米颗粒及其在润滑油脂中的应用[J]. 摩擦学学报,2003,23(4):265 ~ 268.

[67] 徐健生,钟康年,常跃, 等. 纳米润滑剂的制备与特性研究[J]. 润滑与密封,2002,134(4): 13 ~ 15.

[68] Hu Z S, Lai R, Lou F, et al. Preparation and tribological properties of nanometer magnesium borate as lubricating oil additive[J]. Wear, 2002,252(5,6): 370 ~ 374.

[69] 于鹤龙,许一,刘谦, 等. 纳米铜颗粒作为50CC 润滑油添加剂的摩擦学性能研究[J]. 中国表面工程,2005,18(2):23 ~ 25.

[70] 乔玉林,徐滨士,马世宁, 等. 含纳米铜的减摩修复添加剂摩擦学性能及其作用机理研究[J]. 石油炼制与化工,2002,33(8):34 ~ 36.

[71] 夏延秋,丁津原,马先贵, 等. 几种减摩添加剂对钢—钢摩擦副的磨损性能试验研究[J]. 润滑与密封,1999,131(1):40 ~ 42.

[72] 刘谦,徐滨士,许一, 等. 纳米铜添加工艺对润滑油摩擦学性能的影响[J]. 润滑与密封,2005,137(2):12 ~ 13,46.

[73] 郭延宝,许一,徐滨士, 等. 纳米铜粉作为润滑油添加剂时负磨损现象研究[J]. 中国表面工程,2004,17(2):15 ~ 17.

[74] 欧忠文,徐滨士,马世宁, 等. 磨损部件自修复原理与纳米润滑材料的自修复设计思想[J]. 表面技术,2001,30(6):47 ~ 49.

[75] 马丽果,杨秀华,谢继丹, 等. 微乳液法制备纳米铜粉及其在润滑油中的应用研究[J]. 润滑与密封,2004,134(4):87 ~ 89.

[76] 乔文凤. 纳米金属粉的制备及其润滑性能研究[D]. 南京:南京工业大学,2006.

[77] 顾彩香,李庆柱,李磊, 等. 纳米粒子润滑油的抗磨减摩机理[J]. 机械工程材料,2007,31(10): 1 ~ 3,6.

[78] Saw T S. 纳米氧化铈和铜粒子用作润滑油添加剂的摩擦学性能研究[D]. 上海:上海海事大学,2007.

[79] 赵婷,戴红,许伟, 等. 纳米抗菌材料及其在制革领域的应用[J]. 中国皮革,2005,34(17):31 ~ 35.

[80] 王洪水. 纳米银及载银纳米抗菌材料的研究[D]. 武汉:华中科技大学,2006.

[81] 殷杰. 纳米银粉的制备工艺及抗菌应用研究[D]. 成都:四川大学,2006.

[82] 刘维良. 纳米载银抗菌粉体材料的制备工艺与性能[J]. 中国陶瓷,2001,37(1):1 ~ 6.

[83] 赵娣芳,周杰,刘宁. 含银无机抗菌材料的开发及应用[J]. 矿产保护与利用,2005,(3):12 ~ 15.

[84] 戴晋明,魏丽乔,许并社. 纳米 TiO_2-Ag 复合材料抗菌机理及其在聚乙烯基体中分散性的研究[J]. 合成纤维,2003(5):22 ~ 24.

[85] Rustogi R, Mill J, Fraser J F, et al. The use of Acticoat™ in neonatal burns[J]. Burns, 2005, 31(7):

878 ~ 882.
[86] 郭立俊,于娟娟,李蕴才. PNBA 分子在银纳米粒子表面的吸附取向[J]. 科学通报,2000,45(6):571 ~ 574.
[87] Michael A A, Neill O N, George J V, et al. Antinicrobial properties of silver-containing wound dressing a microcalorinetric study[J]. International Journal of Phamaceutics, 2003, 263(1): 61 ~ 68.
[88] Yi Y, Wang Y T, Liu H. Preparation of new crosslinked chitosan with crown ether and their adsorption for silver for antibacterialactivities[J]. Carbohydratepolymers, 2003,53(3): 425 ~ 430.
[89] 张文钲,王广文. 纳米银抗菌材料研发现状[J]. 化工新材料,2003,31(2):42 ~ 44.
[90] 杨超,王云普,郭余山,等. 环境友好型纳米银/氟碳抗菌涂料的研究[J]. 现代涂料与涂装,2008,11(2):21 ~ 23.
[91] 吴亚蓉. 棉织物纳米银抗菌整理[D]. 东华大学,2008.
[92] 邵明,赵敏,周翔. 棉织物纳米银抗菌整理[J]. 印染,2006(10):1 ~ 4.
[93] 马楠,季君晖,崔德健,等. 纳米抗菌塑料的抗菌性能测定[J]. 中国消毒学杂志,2006,23(4):319 ~ 321.
[94] 霍俊平. 碳包覆铁纳米晶低维材料的合成、结构及性能研究[D]. 北京:北京化工大学,2007.
[95] 余声明. 迈向新世纪的磁性科学技术(一)[J]. 磁性材料及器件,1998,29(4):1 ~ 4.
[96] 余声明. 纳米磁性技术的发展如日中天[J]. 世界产品与技术,2001,6:14 ~ 16.
[97] 郑国梁,郑华均,倪似愚,等. 铁纳米线阵列的制备及磁性研究[J]. 浙江工业大学学报,2005,33(4):365 ~ 367,394.
[98] 杨佳音. 纳米氧化物材料紫外屏蔽性能评估方法的新探索[D]. 华东师范大学,2006.
[99] 李发胜. 化妆品化学[M]. 北京:科学出版社,2002.
[100] 李元庆,杨果,杨洋,等. 氧化锌/环氧纳米复合材料的制备及其光学性能研究[J]. 功能材料与器件学报,2006,12(5):366 ~ 370.
[101] 张秀红,姜连仁. 抗紫外纺织品概述[J]. 中国科技信息,2006(5):70.
[102] 王小丹,铁绍龙. 纳米氧化锌的性能及其在涂料中的应用[J]. 电镀与涂饰,2005,24(3):27 ~ 30.
[103] Ammala A, Hill A J, Meakin P, et al. Degradation studies of polyolefins incorporating transparent nanoparticulate zinc oxide UV stabilizers[J]. Journal of Nanoparticle Research, 2002,4(4): 167 ~ 174.
[104] 刘富春,韩恩厚,柯伟. 抗紫外线纳米 ZnO/氧化锌复合丙烯酸酯涂料[J]. 材料研究学报,2003,17(2):138 ~ 144.
[105] 姚超,张智宏,林西平,等. 纳米技术与纳米材料——防晒化妆品中的纳米二氧化钛[J]. 日用化学工业,2003,33(5):333 ~ 336.
[106] 杨宗志. 化妆品用的二氧化钛[J]. 钛白情报通讯,1996(6):18 ~ 19.
[107] 刘桂阳,张增强. 纺织品防紫外整理的开发现状[J]. 浙江纺织服装职业技术学院学报,2006(1):29 ~ 33.
[108] 徐研,高雅春,王春云. 纳米 TiO_2 在紫外吸收玻壳中的应用[J]. 桂林工学院学报,2008,28(1):86 ~ 88.
[109] Harbour J R, Hair M L. Transient radicals in heterogeneous systems: detection by spin trapping[J]. Advances in Colloid and Interface Science, 1985,24(2,3): 103 ~ 141.
[110] 刘俊,徐志兵,王燕群. 纳米氧化锌的制备及其光催化性能研究[J]. 合肥工业大学学报(自然科学版),2008,31(6):898 ~ 901.
[111] 张靖峰,杜志平,赵永红,等. 纳米氧化锌光催化降解壬基酚聚氧乙烯醚[J]. 日用化学工业,2007,37(1): 16 ~ 19.
[112] 万益群,钟己未,郭岚,等. 网络状纳米氧化锌光催化降解水中有机染料的研究[J]. 分析科学学报,2007,23(1): 48 ~ 50.

[113] 袁爱华,包小波,唐丽,等. 水热法制备 ZnO 纳米棒及其光催化性能研究[J]. 化学研究与应用,2008,20(2):122~125.

[114] 张艳辉,田彦文,赵迎宪,等. 半导体氧化锌的制备及其光催化性能研究[J]. 兵器材料科学与工程,2008,31(1):60~63.

[115] 周建萍,傅万里,丘克强,等. 纳米四针状氧化锌晶须光催化降解甲基橙[J]. 功能材料与器件学报,2007,13(3):195~201.

[116] 王存,王鹏,徐柏庆. ZnO-SnO_2 纳米复合氧化物光催化剂催化降解对硝基苯胺[J]. 催化学报,2004,25(12):967~972.

[117] 高海霞,程国峰,成荣明,等. 基于纳米 ZnO/聚氯乙烯的复合材料光催化性能研究[J]. 无机化学学报,2006,22(5):872~876.

[118] 高海霞,施利毅,成荣明,等. 纳米 ZnO/共轭聚合物复合材料光催化降解苯胺的研究[J]. 水处理技术,2007,33(9):39~42.

[119] 胡安正. 纳米二氧化钛 Sol-Gel 法制备技术研究[D]. 武汉:华中师范大学,2007.

[120] 薛寒松,李华基,陈永盛. 纳米二氧化钛光催化性能的研究进展及应用前景[J]. 材料导报,2007,21(5A):21~23.

[121] Choi W, Termin A, Hoffmann M R. The role of metal ion dopants in quantum-sized TiO_2: correlation between photoreactivity and charge carrier recombination dynamics[J]. Journal Physical Chemistry, 1994, 98(51):13669~13679.

[122] 邵颖,薛宽宏,陈巧玲. 纳米管的光催化作用[J]. 应用化学,2003,20(5):433~435.

[123] 尹晓敏,程永清. 纳米二氧化钛光催化剂在废水处理中的应用研究[J]. 纳米材料与应用,2005,2(3):10~14.

[124] 杨娟玉,陈晓青,张俊山,等. 纳米二氧化钛作为光催化剂在环保领域的应用研究新进展[J]. 精细化工中间体,2002,32(6):5~9.

[125] Hoffman M R, Martin S T, Choi W Y, et al. Environmental applications of semiconductor photocatalysis [J]. Chemical Reviews, 1995, 95(1): 69~96.

[126] 陈梅兰. 二氧化钛光催化降解次甲基蓝的研究简报[J]. 浙江化工,2000(2):31~33.

[127] 崔鹏,范益群. TiO_2 负载膜的制备、表征及光催化性能[J]. 催化学报,2000,21(5):494~496.

[128] 陈梅兰. TiO_2 光催化降解低浓度溴氰菊酯[J]. 环境污染与防治,2000(1):13~14.

[129] 颜秀茹. TiO_2/SiO_2 的制备及其光催化降解敌敌畏[J]. 应用化学,1999,16(4):94~96.

[130] 高远,徐安武. 掺铁 TiO_2 用于 NO_2^- 光催化降解研究[J]. 中山大学学报,2000,39(5):44~48.

[131] 李功虎,马胡兰,等. 纳米二氧化钛气相光催化降解三氯乙烯[J]. 催化学报,2000,21(4): 350~354.

[132] 张峰,李庆霖. TiO_2 光催化剂的可见光敏化研究[J]. 催化学报,1999,3(3):329~332.

[133] 汤会香. ZnO 纳米颗粒气敏性能的研究[D]. 杭州:浙江大学,2005.

[134] Windischmann H, Mark P, A model for the operation of a thin film SnO_x conductance -modulation carbon monoxide sensor[J]. Journal of the Electrochemical Society, 1979,126(4): 627~633.

[135] Seiyama T, Kato A, Fujiishi K, et al. A new detector for gaseous components using semiconductive thin films[J]. Analytical Chemistry, 1962,34(11): 1502~1503.

[136] Seiyama T, Kagawam S. Study on a detector for gaseous components using semiconductive thin films[J]. Analytical Chemistry, 1966,38(8): 1069~1073.

[137] Rao B B. Zinc oxide ceramic semiconductor gas sensor for ethanol vapour[J]. Materials Chemistry and Physics, 2000,64(1): 62~65.

[138] Bae H Y, Choi G M. Electrical and reducing gas sensing properties of ZnO and ZnO-CuO thin films fabricated by spin coating method[J]. Sensors and Actuators B: Chemical, 1999,55(1): 47~54.

[139] Nanto H, Sokooshi H, Kawai T, et al. Zinc oxide thin-film trimethylamine sensor with high sensitivity and excellent selectivity[J]. Journal Materials Science Letter, 1992,11(1): 235 ~ 237.

[140] Nanto H, Sokooshi H, Kawai T. Aluminium-doped ZnO thin film gas sensor capable of detecting freshness of sea foods[J]. Sensors and Actuators, 1993,13 ~ 14(1): 715 ~ 717.

[141] Zhu B L, Zeng D W, Wu J, et al. Synthesis and gas sensitivity of In-doped ZnO nanoparticles[J]. Journal of Materials Science: Materials in Electronics, 2003,14(1): 521 ~ 526.

[142] Trinchi A, Li Y X, Wlodarski W, et al. Investigation of sol-gel prepared Ga-Zn oxide thin films for oxygen gas sensing[J], Sensors and Actuators A, 2003,108(1): 263 ~ 270.

[143] Oh S W, Kim Y H, Yoo D J, et al. Sensing behavior of semiconducting metal oxides for the detection of organophosphorus compounds[J]. Sensors and Actuators B: Chemical, 1993,13(1 ~ 3): 400 ~ 403.

[144] Lin F C, Takao Y, Shimizu Y, et al. Zinc oxide varistor gas sensors: I, effect of Bi_2O_3 content on the H_2-sensing properties[J]. Journal of the American Ceramic Society, 1995,78(9): 2301 ~ 2306.

[145] Chadwick A V, Russell N V, Whitham A R, et al. Nanocrystalline metal oxide gas sensors[J]. Sensors and A ctuators B: Chemical, 1994,18(1 ~ 3): 99 ~ 102.

[146] 马勇. ZnO 薄膜制备及性质研究[D]. 重庆:重庆大学,2004.

[147] 柏自奎. 金属氧化物气敏元件阵列的制备与性能研究[D]. 武汉:华中科技大学,2008.

[148] 祝柏林. 纳米 ZnO 对 VOCs 敏感特性的研究[D]. 武汉:华中科技大学,2003.

[149] 王玲,桂阳海,张顺平,等. 电子鼻在危险爆炸物检测中的应用研究[J]. 传感技术学报,2007,20(1):42 ~ 45.

[150] 张顺平,张覃轶,李登峰,等. 电子鼻技术在食醋识别中的应用[J]. 传感技术学报,2006,19(1):104 ~ 107.

[151] 张覃轶. 电子鼻:传感器阵列、系统及应用研究[D]. 武汉:华中科技大学,2005.

[152] 路琴,张静,何春霞. 纳米 SiO_2 对工程塑料改性的研究进展[J]. 化工新材料,2008,36(4):4 ~ 6.

[153] 蔡亮珍,杨挺. 纳米 SiO_2 在高分子领域中的应用[J]. 现代塑料加工应用,2002,14(6):20 ~ 23.

[154] 李建新,王磊,孙洪巍. 纳米二氧化硅的制备、改性和在塑料中的应用[J]. 安阳工学院学报,2008(2):43 ~ 45,57.

[155] 欧玉春,杨锋,庄严,等. 原位分散聚合聚甲基丙烯酸甲酯/SiO_2 纳米复合材料研究[J]. 高分子学报,1997(2):199 ~ 205.

[156] 郭卫红,李盾,苏诚信,等. PMMA/SiO_2 共混体系的研究[J]. 塑料工业,1995,26(5):10 ~ 14.

[157] 张启卫,章永化,陈守明. 聚甲基丙烯酸甲酯/二氧化硅杂化材料制备与性能[J]. 应用化学,2002,19(9):874 ~ 877.

[158] 邹润德,童筱莉,张家恺,等. 纳米填料对聚氨酯泡沫弹性体力学性质影响的研究[J]. 弹性体,2005,15(3):5 ~ 7.

[159] 谢海安,王振轩. 原位生成纳米 SiO_2 及其作为填料对聚氨酯硬质泡沫塑料性能的影响[J]. 玻璃钢/复合材料, 2005(6):31 ~ 34.

[160] 朱友良,裴建云. 无机纳米粒子填充改性聚四氟乙烯复合材料研究[J]. 塑料工业,2005, 32(5):8 ~ 11.

[161] 黄丽,杨孺,郭江江,等. 微米和纳米 SiO_2 改性聚四氟乙烯的摩擦磨损性能[J]. 复合材料学报,2004,21(4):82 ~ 86.

[162] 何春霞. 不同纳米材料与石墨混合填充 PTFE 复合材料摩擦磨损性能[J]. 复合材料学报,2002,19(6):111 ~ 115.

[163] 尚修勇,朱子康,印杰,等. 可溶性 PI/SiO_2 纳米复合材料中微相结构变化的研究[J]. 高分子材料科学与工程,2001,17(2):68 ~ 71.

[164] 朱子康,尚修勇,印杰. 可溶性 PI/SiO_2 纳米复合材料的研究[J]. 塑料,2000,29(2):9 ~ 12.

[165] 颜红侠,宁荣昌,梁国正,等. 纳米 SiO_2/双马来酰亚胺复合材料的性能研究[J]. 中国塑料,2004,18(11):36~38.

[166] Chen B K, Chin T M, Tsay S Y. Influence of coupling agents on the morphology and properties of PI/SiO_2 nanocomposite[J]. Journal of Applied Polymer Science, 2004,94(1):382~390.

[167] 蔡辉,阎逢元,薛群基. 聚酰亚胺/纳米 SiO_2 复合材料的摩擦学行为及 SEM 研究[J]. 电子显微学报,2003,22(5):420~425.

[168] Wu K H, Chang T C, Yang J C, et al. Organic-inorganic hybrid materials: Ⅱ. Chain mobility and stability of polysiloxaueimide-silica hybrids[J]. Journal of Applied Polymer Science, 2001,79: 965~973.

[169] Yang F, Preparation of PA6/SiO_2 nanocomposite by in situ polymerization[J]. Applied Polymer Science, 1998,69:355~361.

[170] 李莹,于建,郭朝霞. 原位聚合制备尼龙 6/纳米 SiO_2 复合材料研究[J]. 工程塑料应用,2002,30(9):7~10.

[171] 臧树良,张建中,周莉. MC 尼龙 6/纳米 SiO_2 复合材料的制备与表征[J]. 塑料工业,2005,33(9):11~13.

[172] 葛世荣,张德坤,刘金龙,等. 纳米 SiO_2 填充尼龙 1010 的摩擦磨损性能实验研究[J]. 中国矿业大学学报,2003,32(3):218~222.

[173] 张文栓,罗运军,宋海香,等. 纳米 SiO_2 改性聚苯硫醚力学性能研究[J]. 工程塑料应用,2003,31(8):4~6.

[174] Wang Q H, Xue Q, Shen W C. The friction and wear properties of nanometer SiO_2 filled poly-etheretherketoue[J]. Trihology International, 1997,30(3):193~197.

[175] Kuo M C, Tsai C M, Huang J C, et al. PEEK composites reiuforced by nanosized SiO_2 and Al_2O_3 particulates[J]. Materials Chemistry and Physics,2005,90:185~195.

[176] 张彦奇,华幼卿. LLPE/纳米 SiO_2 复合材料的力学性能和光学性能研究[J]. 高分子学报,2003,5:683~687.

[177] 黄玉强,张彦奇,华幼卿. LLPE/纳米 SiO_2 复合材料的制备与性能研究[J]. 中国塑料,2003,17(1):25~29.

[178] Kong M Z, Zhang M Q. Improvement of tensile properties of nano-SiO_2/PP composites in relation to percolation mechanism[J]. Polymer, 2001,42(7):3301~3304.

[179] 吴唯,徐种德. 纳米刚性微粒与橡胶弹性微粒同时增强增韧聚丙烯的研究[J]. 高分子学报,2000(1):99~104.

[180] 刘立柱,马红杰,朱兴松. 聚乳酸/纳米二氧化硅原位复合材料的制备和性能[J]. 北京化工大学学报,2008,35(1):66~69.

[181] 刘喜军,李青山,陈洪明. PP/SiO_2 纳米复合材料的研究[J]. 化学通报,2002,65:1~5.

[182] Kashiwagi T, Morgan A B, Antonucci J M, et al. Thermal and flammability properties of a silica-poly (methylmethacrylate) nanocomposite[J]. Journal of Applied Polymer Science, 2003,89(8): 2072~2078.

[183] Liu Y L, Wu C S, Chiu Y S, et al. Preparation, thermal properties and flame retardance of epoxy-silica hybrid resins[J]. Journal of Polymer Science, 2003,41(15):2354~2367.

[184] 贾修伟,刘治国,楚红英. 有机聚合物/无机化合物纳米复合阻燃材料研究进展[J]. 中国塑料,2005,19(9):28~34.

[185] Kashiwagi T, Gilman J W, Butler K M, et al. Flame retardant mechanism of silica gel/silica[J]. Fire Materials, 2000,24: 277~289.

[186] Fu M Z, Qu B J. Synergistic flame retardant mechanism of fumed silica in ethylene-vinyl acetate/magnesium hydroxide blends[J]. Polymer Degradation and Stability, 2004,85(1):633~639.

[187] 辛菲,欧育湘,李秉海. 芳香族双磷酸酯复配体系阻燃 PPO/HIPS 的制备与阻燃性能[J]. 塑料,2007,36(5):49 ~ 53.

[188] 钱梓文. 人体解剖生理学[M]. 北京:人民卫生出版社,1992:30 ~ 31.

[189] 安靓,李进. 组织学与胚胎学[M]. 北京:科学出版社,2004:45 ~ 47.

[190] 佘永华,肖洪文. 系统解剖学[M]. 成都:四川大学出版社,2004:9 ~ 12.

[191] 向鸿照. 纳米羟基磷灰石/聚酰胺/壳聚糖复合骨修复材料研究[D]. 成都:四川大学,2007.

[192] 张胜利. 大鼠脂肪间充质干细胞复合纳米羟基磷灰石/胶原/L-聚乳酸成骨的研究[D]. 长沙:中南大学,2007.

[193] 江捍平,王大平,阮建明,等. 纳米羟基磷灰石人工骨的毒性与细胞相容性实验研究[J]. 中国医学工程,2005,13(5):458 ~ 461.

[194] 江捍平,王大平,阮建明,等. 纳米羟基磷灰石人工骨的生物相容性研究[J]. 中国现代医学杂志,2005,15(10):1477 ~ 1480.

[195] 温波,陈治清,蒋引珊,等. 纳米羟基磷灰石对成骨细胞功能代谢影响的研究[J]. 生物医学工程学杂志,2005,22(3):463 ~ 467.

[196] 董青山,李祖兵,王虎中,等. 纳米羟基磷灰石修复鼠下颌骨缺损[J]. 第四军医大学学报,2005,26(13):1180 ~ 1184.

[197] Zhang Y, Ning F, et al. Synthesis and cellular biocompatibility of two kinds of HAP with different nanocrystal morphology[J]. Journal of Biomedical Materials Research Part B: Applied Biomaterials, 2007, 83B(1): 121 ~ 126.

[198] 孙凯莹. 纳米羟基磷灰石—壳聚糖复合材料对细胞黏附行为的初步观察[D]. 南京医科大学,2007.

[199] 韩颖超. 纳米尺度羟基磷灰石的制备技术及其纳米特性研究[D]. 武汉:武汉理工大学,2007.

[200] Roveri N, Falini G, Sidoti M C, et al. Biological inspired growth of hydroxyapatite nanocrystals inside self-assemble collagen fibers[J]. Materials Science and Engineering, 2003,23(1): 441 ~ 446.

[201] 林朋,孙伟,李子荣,等. 纳米晶胶原基骨与人骨髓间充质干细胞的复合培养[J]. 中国临床康复,2006,10(13):41 ~ 43.

[202] Kikuchi M M, Itoh S, Ichinose S, et al. Self-organization mechanism in a bone-like hydroxyapatite/collagen nanocomposite synthesized in vitro and its biological reaction in vivo[J]. Biomaterials, 2001, 22(13):1705 ~ 1711.

[203] 黄永辉,沈铁城,徐晓峰. 纳米羟基磷灰石/胶原骨在骨折后骨缺损中的应用[J]. 江苏大学学报(医学版),2004,14(4):292 ~ 294.

[204] Du C, Cui F Z, Zhang W, et al. Formation of calcium phosphate/collagen composites through mineralization of collagen matrix[J]. Journal of Biomedical Materials Research, 2000,50(1): 518 ~ 527.

[205] Yao H, Du X, Yang S H, et al. The repair of bony defects in rabbits by implanting nacreminicking structural hydroxyapatite/collagen composite[J]. Dialysis and Artificial Organ, 2000,11(1): 5 ~ 8.

[206] Yamaguchi I, Toduchi K, Fukuzadi H, et al. Preparation and characterization of biodegradable chitosan/hydroxyapatite nanocomposites[J]. Key Engineering Materials,2001,12(5): 673 ~ 675.

[207] Li Z, Yubo L, Aiping Y, et al. Preparation and in vitro investigation of chitosan /nano-hydroxyapatite composite used as bone substitute material[J]. Journal of Materials Science: Materials Medical, 2005,16(3):213 ~ 219.

[208] 张利,李玉宝,杨爱萍,等. 骨组织工程用纳米羟基磷灰石/壳聚糖多孔支架材料的制备及性能表征[J]. 功能材料,2005,2(36): 314 ~ 317.

[209] Manjubala I, Scheler S, Bossert J, et al. Mineralization of chitosan scaffolds with nano-hydroxyapatite formation by double diffusion technique[J]. Acta Biomaterials, 2006, 2(1):75 ~ 84.

[210] Hu Q, Li B, Wang M, et al. Preparation and characterization of biodegradable chitosan/hydroxyapatite nanocomposite rods via in situ hybridization: a potential material as internal fixation of bone fracture[J]. Biomaterials, 2004,25(5): 779 ~ 785.

[211] 石国华. 壳聚糖/羟基磷灰石纳米复合材料修复骨缺损的实验研究[D]. 长沙:中南大学,2007.

[212] Wang L, Nemoto R, Senna M, et al. Three-dimensional porous network structure developed in hydroxyapatite-based nanocomposites containing enzyme pretreated silk fibroin[J]. Journal of Nanoparticle Research, 2004,6(1): 91 ~ 98.

[213] Shikinami Y, Hata K, Okuno M, et al. Ultrahigh strength resorbable implants made from bioactive ceramic particles/polylactide composites[J]. Bioceramics, 1996,9(2): 391 ~ 394.

[214] Kothapalli C R, Shaw M T, Wei M. Biodegradable HA-PLA 3D porous scaffolds: effect of nanosized filler content on scaffold properties[J]. Acta Biomaterials, 2005,1(5): 653 ~ 662.

[215] 徐国富,牛申周,周灵平, 等. 仿生增强制备聚乳酸基骨组织工程复合材料[J]. 湖南大学学报(自然科学版),2006,33(2):86 ~ 89.

[216] Ye L, Su Q, Zhou X D, Biological effects of nanohydroxyapatite/polymide 66 on the osteoblast[J]. 华西口腔医学杂志,2005,23(2):142 ~ 144.

[217] 孟纯阳,安洪,蒋电明, 等. 纳米羟基磷灰石/聚酰胺 66 与人胚成纤维细胞的细胞相容性的研究[J]. 重庆医科大学学报,2005,30(2):169 ~ 172.

[218] 孟纯阳,安洪,蒋电明, 等. 网状纳米羟基磷灰石/聚酰胺 66 人工骨修复兔桡骨缺损[J]. 中华创伤杂志,2005,21(3):187 ~ 191.

[219] 王群波,蒋电明,李智, 等. 纳米羟基磷灰石/聚酰胺 66 复合人工椎体治疗胸腰椎椎体肿瘤的效果[J]. 第三军医大学学报,2006,28(3):263 ~ 265.

[220] 邵高海,焦春艳,钟斌, 等. 纳米羟基磷灰石/聚酰胺复合人工材料与自体髂骨重建椎体及椎板的比较[J]. 中国组织工程研究与临床康复,2007,11(9):1764 ~ 1765.

[221] 张健. 纳米羟基磷灰石/聚酰胺复合材料人工肱骨头的实验初步研究[D]. 重庆医科大学,2004.

[222] 魏杰. 纳米类骨磷灰石晶体及其与聚酰胺复合骨修复材料研究[D]. 成都:四川大学,2004.

[223] Bonfield W, Wang M, Tanner K E, et al. Interfaces in analogue biomaterials[J]. Acta Materials, 1998,46(7): 2509 ~ 2512.

[224] Bonner M, Ward L M. Hydroxyapatite/polypropylene composite: a novel bone substitute material[J]. Journal of Materials Science Letters, 2001,1(20): 937 ~ 940.

[225] Fang L, Leng Y, Gao P. Processing and mechanical properties of HA/UHMWPE nanocomposite[J]. Biomaterials, 2006,21(4): 33 ~ 37.

[226] 王林,孙清杰,翁履谦, 等. 纳米羟基磷灰石粉体及其与 PEEK 复合材料的制备[J]. 材料开发与应用,2006,21(4):33 ~ 37.

[227] Thomas V, Jagani S, Johnson K, et al. Electrospun bioactive nanocomposite scaffolds of polycaprolactone and nanohydroxyapatite for bone tissue engineering[J]. Nanoscience Nanotechnology, 2006,6(2): 487 ~ 493.

[228] Kim S S, Sun P K, Jeon O, et al. Poly(lactide-co-glycolide)/hydroxyapatite composite scaffolds for bone tissue engineering[J]. Biomaterials, 2006,27(8): 1399 ~ 1409.

[229] Liao S S, Cui F Z. In vitro and in vivo degradation of mineralized collagen-based composite scaffold: nanohydroxyapatite/collagen/poly(L-lactide)[J]. Tissue Engineering, 2004,10(1):73 ~ 80.

[230] 张超,胡蕴玉,吕荣, 等. 仿生活性人工骨修复兔桡骨节段性骨缺损的研究[J]. 中华实验外科杂志,2002,19(5):458 ~ 460.

[231] 祝建中,苗宗宇,钱寒光, 等. 骨髓间充质干细胞成骨性能的实验研究[J]. 苏州大学学报(医学版),2005,25(5):783 ~ 786.

[232]　俞兴,徐林,毕连涌, 等. 应用纳米晶胶原基骨材料行腰椎后外侧融合初步效果分析[J]. 中国矫形外科,2005,13(8):586 ~ 588.

[233]　陈鹏. 纳米羟基磷灰石复合胶原/聚乳酸材料应用于骨组织工程的实验研究[D]. 第四军医大学,2006.

[234]　韩劲,李玉宝,严水刚, 等. n-HA/PA66/HDPE 复合生物材料的制备和性能研究[J]. 功能材料,2005,36(1):146 ~ 149.

[235]　王明波. 纳米羟基磷灰石/聚乙烯醇/明胶复合材料的研究[D]. 成都:四川大学,2007.

[236]　Gan S L, Feng Q F. Preparation and characterization of a new injectable substitute carrageenan/nano-hydroxyapatite/collagen[J]. 中国医学科学院学报,2006,28(5):710 ~ 713.

[237]　Zhang S M, Cui F Z, Liao S S, et al. Synthesis and biocompatibility of porous nano-hydroxyapatite/collagen/alginate composite[J]. Journal of Materials Science: Materials. Medical, 2003,14(7): 651 ~ 655.

[238]　王子明. n-HA/PA66-PMMA 结合髓腔栓技术在兔人工股骨柄固定中的作用[D]. 第三军医大学,2007.

[239]　葛亮,苟三杯,杨四川, 等. 注射式复合纳米人工骨的生物相容性和降解性能的实验研究[J]. 第二军医大学学报,2006,27(10):1121 ~ 1126.

[240]　杨晓庆,李玉宝,魏杰, 等. 医用羟基磷灰石/二氧化钛纳米复合材料的制备及性能研究[J]. 中国现代医学杂志,2003,13(5):26 ~ 28.

[241]　谭延斌,王毅,杨庆铭, 等. 纳米羟基磷灰石涂层对成骨细胞表型因子表达的影响[J]. 上海第二医科大学学报,2005,25(4):382 ~ 384.

[242]　Wei M, Ruys A J, Milthorpe B K, et al. Precipitation of hydroxyapatite nanoparticles: effects of precipitation method on electrophoretic deposition[J]. Journal of Materials Science: Materials Medical,2005,16(4):319 ~ 324.

[243]　Zhao X, Liu X, Ding C. Acid induced bioactive titantic surface[J]. Biomedical Materials Research A, 2005,75(4):888 ~ 894.

[244]　Huang J, Jayasinghe S N, Best S M, et al. Novel deposit of nanosized silicon hydroxyapatite by electrosatic spraying[J]. Journal of Materials Science: Materials Medical,2005,16(12):1137 ~ 1142.

[245]　何伟,肖建德. 复合型纳米羟基磷灰石人工骨研究进展[J]. 国际骨科学杂志, 2007,28 (4):222 ~ 223,272.

[246]　Itoh S, Kikuchi M, Koyama Y, et al. Development of a novel biomaterial: hydroxyapatite/ collagen (HAP/Col) composite for medical use[J]. Biomedical Materials Engineering, 2005, 15(1 ~ 2): 29 ~ 41.

[247]　Kaito T, Myoui A, Takaoka K, et al. Potentiation of the activity of bone morphogenetic protein-2 in bone regeneration by a PLA-PEG/hydroxyapatite composite[J]. Biomaterials, 2005,26(1):73 ~ 79.

[248]　马宁,曾毅,张莉, 等. 多孔纳米羟基磷灰石/胶原复合材料的制备及性能[J]. 吉林大学学报(医学版),2006,32(1):90 ~ 93.

[249]　Wang J S. Basic fibroblast growth factor for stimulation of bone formation in osteoinduction or conductive implants[J]. Acta Orthop Scand Suppl. ,1996,269:1 ~ 33

[250]　朱玉振. 碳纳米管场效应晶体管的制备与性能测量[D]. 北京大学,2008.

[251]　黄改燕. 碳纳米管热学性质和电学性质的测试及应用[D]. 上海交通大学,2008.

[252]　Chen C X, Zhang Y F. Carbon nanotube multi-channeled field-effect transistors[J]. Journal of Nanoscience and Nanotechnology, 2006,6(12): 3789 ~ 3793.

[253]　Tans S J, Verschueren A R M, Dekker C. Room temperature transistor based on a single carbon nanotube[J]. Nature, 1998, 393(6680): 49 ~ 52.

[254]　Martel R, Schmidt T, Shea H R, et al. Single-and multi-wall carbon nanotube field-effect transistors

[J]. Applied Physics Letters, 1998,73(17): 2447 ~ 2449.

[255] Wind S J, Appenzeller J, Martel R, et al. Vertical scaling of carbon nanotube field-feffect transistors using top gate electrodes[J]. Applied Physics Letters, 2002, 80(20): 3817 ~ 3819.

[256] 李和委,王强. 碳纳米管 FET 的研究进展[J]. 微纳电子技术,2005(2):55 ~ 61,65.

[257] Bachtold A, Hadley P, Nakanishi T, et al. Logic circuits with carbon nanotube transistors[J]. Science, 2001,294(5545): 1317 ~ 1320.

[258] Avouris P H, Martel R, Derycke V, et al. Carbon nanotube transistors and logic circuits[J]. Physica B: Condensed Matter, 2002, 323(1 ~ 4): 6 ~ 14.

[259] Chen Z H, Appenzeller J, Lin Y M, et al. An integrated logic circuit assembled on a single carbon nanotube[J]. Science, 311(5768): 1735 ~ 1737.

[260] 李萍剑,张文静,张琦锋,等. 基于碳纳米管场效应管构建的纳米电子逻辑电路[J]. 物理学报, 2007,56(2): 1054 ~ 1060.

[261] Javey A, Kim H, Brink M, et al. High dielectrics for advanced carbon nanotube transistors and logic gates[J]. Nature Materials, 2002,1(4): 241 ~ 246.

冶金工业出版社部分图书推荐

书　　名	定价(元)
一维无机纳米材料	40.00
纳米材料与技术应用进展——第四届全国纳米材料会议论文集	149.00
材料成型设备	46.00
复合材料固—液成形理论与工艺	35.00
金属基复合材料及其浸渗制备的理论与实践	45.00
二氧化锆制备工艺与应用	39.00
钼材料及其加工	49.00
钨材料及其加工	59.00
镁质材料生产与应用	160.00
钛材料及其应用	29.00
冶金材料分析技术与应用	195.00
材料织构分析原理与检测技术	36.00
磁致伸缩材料与器件	38.00
无机非金属材料工业窑炉	26.00
晶体化学在矿物材料中的应用	30.00
激光材料	50.00
金属基复合材料导论	52.00
金属功能材料词典	120.00
材料科学基础	45.00
材料的结构	49.00
金属材料学	32.00
薄膜材料制备原理、技术及应用(第2版)	28.00
现代材料表面技术科学	99.00
材料加工新技术与新工艺	26.00
材料环境学	30.00
金属基复合材料及其浸渗制备的理论与实践	45.00
金属半固态成形理论与技术	29.00
材料成形工艺学	69.00
功能材料学概论	89.00
材料组织结构转变原理	32.00